高等学校数学类系列教材

组合数学

纪　建　魏静萱　编著

西安电子科技大学出版社

内 容 简 介

本书共 10 章：第 1 章是绪论；第 2 章介绍了组合数学的基础；第 3 章着重讨论了两种不同类型的母函数及其应用；第 4 章介绍了递推关系及两种典型数列在组合计数中的应用；第 5 章着重讨论了容斥原理在集合计数中的应用；第 6 章介绍了基于抽屉原理的解的存在性证明；第 7 章介绍了群论在组合数学中的应用，着重介绍 Pólya 定理在图染色问题上的应用；第 8 章介绍了先进智能算法在几种组合优化问题上的应用；第 9 章介绍了组合算法，着重介绍组合数学在计算机算法中的几种典型应用，并对其复杂性进行了分析；第 10 章介绍了编码理论。为方便学习与理解，全书提供了大量应用实例，且每章后均附有习题。

本书可作为理工科高校相关专业高年级本科生及研究生的教材或参考书，也可供相关专业领域的科研和工程技术人员参考。

图书在版编目（CIP）数据

组合数学 / 纪建，魏静萱编著. -- 西安 ：西安电子科技大学出版社，2024. 8. -- ISBN 978-7-5606-7291-5

Ⅰ. O157

中国国家版本馆 CIP 数据核字第 2024GY7447 号

策　　划　李惠萍
责任编辑　李惠萍
出版发行　西安电子科技大学出版社(西安市太白南路 2 号)
电　　话　(029)88202421　88201467　　邮　　编　710071
网　　址　www.xduph.com　　电子邮箱　xdupfxb001@163.com
经　　销　新华书店
印刷单位　西安日报社印务中心
版　　次　2024 年 8 月第 1 版　　2024 年 8 月第 1 次印刷
开　　本　787 毫米×1092 毫米　1/16　印张　16
字　　数　377 千字
定　　价　42.00 元
ISBN 978 - 7 - 5606 - 7291 - 5

XDUP 7593001 - 1

＊＊＊如有印装问题可调换＊＊＊

前　言

组合数学是既古老而又年轻的数学分支，中外历史上许多著名的数学游戏都是古典组合数学研究的主要内容。1666年，德国著名数学家莱布尼兹首次提出“组合学”(Combinatorics)。近年来，随着电子计算机科学、计算数学、通信以及其它学科的发展，组合数学这门历史悠久的学科得到了迅速发展。

组合数学主要研究一组离散量满足一定条件的安排的存在性，以及这种安排的构造、计数及优化，是离散数学的一个重要组成部分，也是现代数学的一个重要分支。组合数学与计算机科学有着十分密切的关系。例如利用计算机解决问题时，算法所需要的运算次数以及存储单元量是评价一个算法的两个基本标准，组合数学就为其提供了实用的分析方法和技巧，因而它成为计算机科学和计算机技术的重要基础理论课之一。

组合方法的实质就在于寻找一一对应的关系、方法，而对应的方法可以借助不同的工具形成与其它学科的交叉。对组合问题来说，工具的选取是很重要的。例如，当用计算机解决某个问题而有多种算法可供选择时，就要考虑算法的复杂度问题。衡量时间复杂度的一个重要指标就是算法的运算次数，即求出在最坏情况下的运算次数或按概率分布的平均运算次数。而衡量空间复杂度的主要指标就是所占用的存储空间大小。这些就要用到组合数学的方法和技巧。

作为数学的一个分支，组合数学的内容始终在不停地发展着，本书作者近几年在教学实践中不断体会、认识和总结，并对一些问题进行了进一步扩展，以适应不断发展的理论和应用方向的需要。

本书主要内容包括组合数学基础、母函数及其应用、递推关系、容斥原理、抽屉原理、群论在组合数学中的应用、求解组合优化问题的几种智能算法、组合算法和编码理论等。

本书具有如下几个显著特点：

(1) 紧密结合本科生与研究生教学实践和教学大纲，在内容编排上力求深入浅出，从具体到一般，先应用后理论，大量举例分析，并配备大量习题，以供学生练习；

(2) 力求叙述条理清晰，突出数学能力的培养和提高；

(3) 注重数学思想方法的渗透和解题水平的提高，重视对解题思路的分析，有利于提高读者独立分析问题和解决问题的能力；

（4）内容安排合理、新颖，参阅了国内外大量的相关资料，取长补短，繁简得当。

本书由纪建、魏静萱共同编著。限于作者水平，本书难免有不足之处，恳请读者批评指正。

作　者

2024 年 5 月

目 录

第1章 绪　论

组合数学在生活中随处可见，其研究对象涉及排列、模式、设计、配置、关联和布局等。在当今世界，各领域的人们发现解决具有组合数学性质的问题是重要且必要的。本章将从组合数学的背景、研究内容和方法出发，为读者简要介绍这门学科。

1.1 起　源

组合数学就是对给定描述的事物有多少种或者某种事物发生的途径有多少种的研究。组合数学起源于数学游戏，如幻方问题、拉丁方阵、图形染色、存在性问题等。

1. 幻方问题

给定自然数 1，2，…，n^2，将其排列成 n 阶方阵，要求每行、每列和每条对角线上 n 个数字之和都相等。这样的 n 阶方阵称为 n 阶幻方。每一行(列或对角线)之和称为幻方的和，简称幻和。

【例 1.1.1】 3 阶幻方，幻和 $=(1+2+3+\cdots+9)/3=15$。对此，人们要问：

(1) **存在性问题**：n 阶幻方是否存在？

(2) **计数问题**：如果存在 n 阶幻方，对某个确定的 n，这样的幻方有多少种？

(3) **构造问题**：即枚举问题，亦即如何构造 n 阶幻方。

图 1.1 为 3 阶幻方举例。

8	1	6
3	5	7
4	9	2

2	7	6
9	5	1
4	3	8

图 1.1　3 阶幻方

奇数阶幻方的生成方法如下：

一居上行正中央，依次斜填切莫忘，
上边出格往下填，右边出格往左填，
排重便在下格填，右上排重一个样。

尝试将 2，4，6，8，10，12，14，16，18 填入图 1.2 所示的幻方中。

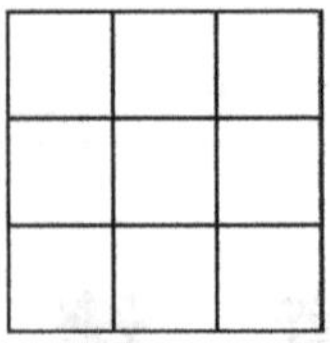

图 1.2 幻方

2. 拉丁方阵

【例 1.1.2】(36 名军官问题) 有 1，2，3，4，5，6 共六个团队，从每个团队中分别选出具有 A、B、C、D、E、F 六种军衔的军官各一名，共 36 名军官。能否把这些军官排成 6×6 的方阵，使每行及每列的 6 名军官均来自不同的团队且具有不同军衔？

本问题的答案是否定的。

反例：

A1	B2	C3	D4	E5	F6
B2	C3	D4	E5	F6	A1
C3	D4	E5	F6	A1	B2
D4	E5	F6	A1	B2	C3
E5	F6	A1	B2	C3	D4
F6	A1	B2	C3	D4	E5

A1	B2	C3	D4	E5	F6
B3	C4	D5	E6	F1	A2
C5	D6	E1	F2	A3	B4
D2	E3	F4	A5	B6	C1
E4	F5	A6	B1	C2	D3
F6					

3. 图形染色

【例 1.1.3】 用 3 种颜色红(r)、黄(y)、蓝(b)涂染平面正方形的四个顶点，若某种染色方案在正方形旋转某个角度后与另一个方案重合，则认为这两个方案是相同的。例如，对图 1.3(a)，当正方形逆时针旋转 90°时就变为图(b)，因此，在正方形可旋转的前提下，这两种方案实质上是一种方案。那么，不同的染色方案共有多少种？

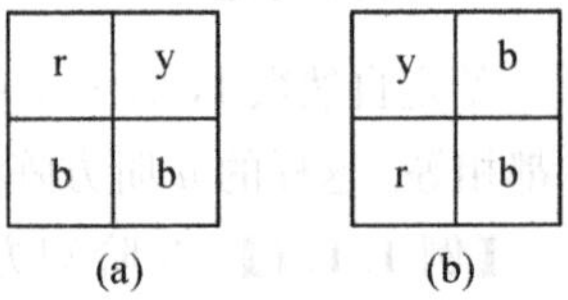

图 1.3 正方形的顶点染色

染色方案的总数为 $3^4=81$ 种。

问题：要计算不同的染色方案，显然属于计数问题。在旋转条件下，不同的染色方案总数为(见第 7 章)

$$L=\frac{1}{4}(3^4+3^2+2\times 3)=24$$

4. 存在性问题

【例 1.1.4】 不同身高的 26 个人随意排成一行，那么，总能从中挑出 6 个人，让其出列后，他们的身高必然是由低到高或由高到低排列的(见第 5 章)。

1.2 研究内容

组合数学是计算机科学的基础。计算机科学中的算法分为以下两大类：

(1) 计算方法：主要解决数值计算问题，如求方程的根、解方程组、求积分等，其数学基础是高等数学与线性代数。

(2) 组合算法：解决搜索、排序、组合优化等问题，其数学基础就是组合数学。

按所研究问题的类型，组合数学研究的内容可划分为组合计数理论、组合设计、组合矩阵论和组合优化。本书以组合计数理论为主，部分涉及其他内容。

1.3 求解方法

组合学问题的求解方法分为两类。第一类是从组合学的基本概念、基本原理出发解题的常规方法(如利用容斥原理、二项式定理、Pólya 定理解计数问题)，解递推关系的特征根方法、母函数方法，解存在性问题的抽屉原理等。第二类通常与问题所涉及的组合学概念无关，而对多种问题均可使用。此类求解方法常用的有：

(1) 数学归纳法。该求解方法的前提是已知问题的结果，本书不作详细讲解。

(2) 迭代法。例如：已知数列$\{h_n\}$满足关系$\begin{cases} h_n=2h_{n-1}+1 \\ h_1=1 \end{cases}$，求 h_n 的解析表达式。

直接迭代即得

$$\begin{aligned} h_n &= 2h_{n-1}+1 \\ &= 2(2h_{n-2}+1)+1=2^2h_{n-2}+2+1 \\ &= 2^2(2h_{n-3}+1)+2+1=2^3h_{n-3}+2^2+2+1 \\ &\vdots \\ &= 2^{n-1}h_1+2^{n-2}+2^{n-3}+\cdots+2^2+2+1 \\ &= 2^n-1 \end{aligned}$$

(3) 一一对应方法。其原理是建立两类事物之间的一一对应关系，把一个较复杂的组合计数问题 A 转化成另一个容易计数的问题 B，从而利用对 B 的计数运算实现对 A 的各种不同方案的计数。其思路就是将未解决问题的模式转化为一种已经解决问题的模式。

(4) 殊途同归方法。其原理是从不同角度讨论计数问题，以建立组合等式。该法应用于组合恒等式的证明，也称组合意义法。

(5) 数论方法，特别是利用整数的奇偶性、整除性等数论性质进行分析推理的方法。

组合数学使用较多的是方法(3)与(4)。

【例 1.3.1】 有 100 名选手参加羽毛球比赛，如果采用单循环淘汰制，要产生冠军共需要进行多少场比赛?

解 采用一一对应方法：每场比赛产生一个失败者，且每个失败者只能失败一次。反之，要淘汰一个选手，必须恰好经过一场比赛。因此，失败的人数与比赛场数之间一一对应。因

$$50+25+12+6+3+2+1=99(\text{场})$$

故应该比赛 99 场。

一般情况下，单循环淘汰制的比赛，若有 n 个选手参加比赛，则必须经过 $n-1$ 场比赛，方可产生冠军。

【例 1.3.2】 设某地的街道将城市分割成矩形方格，某人在其住处 $A(0,0)$ 向东 7 个街道、向北 5 个街道的大厦 $B(7,5)$ 处工作(见图 1.4)，按照最短路径(即只能向东或向北走)，他每次上班必须经过 12 个街道，共有多少种不同的上班路线？

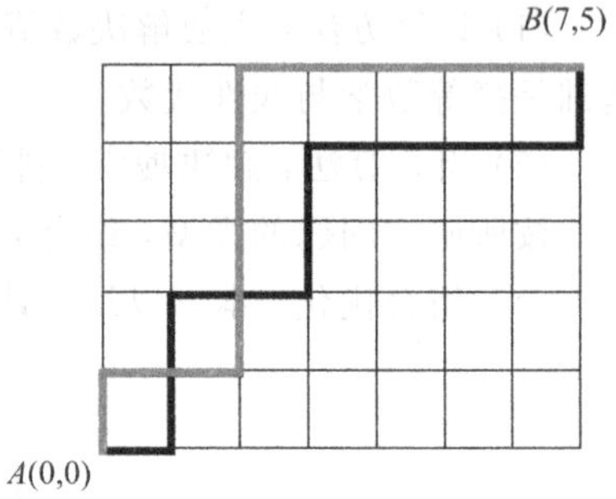

图 1.4 最短路径

解 (1) 将所有街道抽象为大小一样的矩形，其东西方向的长为 x，南北方向的长为 y。从 $A(0,0)$ 点出发，向东走一段为 x，向北走一段为 y。

(2) 将其对应为元素可重复的排列问题：一条从 A 到 B 的路线对应一个由 7 个 x、5 个 y 共 12 个元素构成的排列，如图 1.4 中的黑色路径排列：

$$x\ y\ y\ x\ x\ y\ y\ x\ x\ x\ x\ y$$

反之，给定一个这样的排列，按照 x、y 的含义，必对应一条从 A 到 B 的行走路线，如灰色路径排列：

$$y\ x\ x\ y\ y\ y\ y\ x\ x\ x\ x\ x$$

因此，从 $A(0,0)$ 到 $B(7,5)$ 的最短路径与 7 个 x、5 个 y 的排列一一对应。

(3) 对应为(元素不重复的)组合问题：

$$N=C_{7+5}^{5}=C_{12}^{5}=\frac{12!}{5!\cdot 7!}=792$$

一般情形下，从 $(0,0)$ 点到达 (m,n) 点的不同的最短路径数为

$$N=C_{m+n}^{m}$$

习 题 1

1. 想象一座由 64 个囚室组成的监狱，这些囚室被排列成 8×8 棋盘，所有相邻的囚室间都有门。某角落处一间囚室里的囚犯被告知，如果他能够经过其他每一个囚室一次之后，正好到达对角线上相对的另一间囚室，那么他就可以获释。他能够获得自由吗？

2. 验证不存在 2 阶幻方。

3. 证明 3 阶幻方的中心位置一定是 5，并推证正好有 8 个 3 阶幻方。

4. 尝试填充图 1.5 的部分方格来构造一个 4 阶幻方。

5. 证明图 1.6 由 10 个国家 $\{1,2,3,\cdots,10\}$ 组成的地图能用 3 种颜色但不少于 3 种颜色着色。如果使用的颜色是红色、黄色、蓝色，试确定不同着色方法。

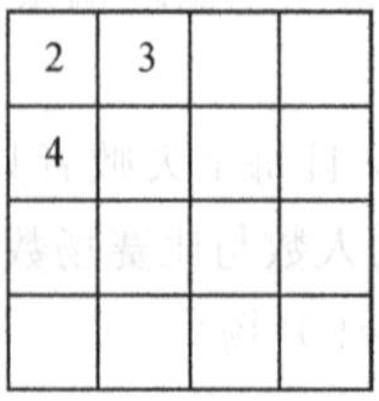

图 1.5 第 4 题图

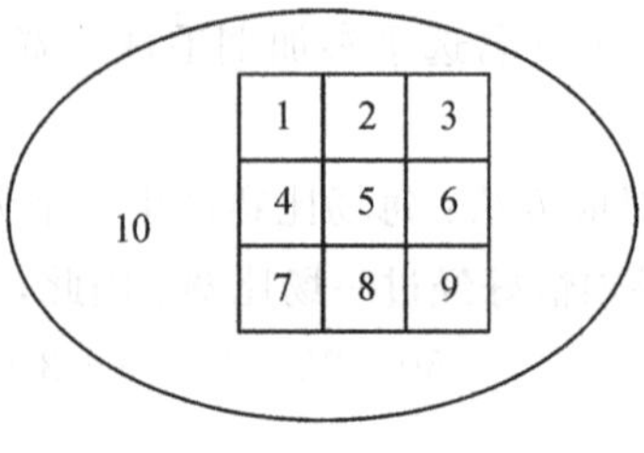

图 1.6 第 5 题图

6. 有 8 个人参加派对，把他们两两分成 4 队，有多少种分法？

第 2 章　组合数学基础

组合数学的基础由若干基本计数规则组成。本章将介绍这些规则，包括排列组合的基本问题、多项式系数以及相关的具体应用。本章的学习将会为后续的学习奠定基础，其中很多内容在以后的章节中会反复使用。

2.1　两个基本法则

本节介绍了两个基本法则：加法法则和乘法法则。

2.1.1　加法法则

1. 加法法则

• 常规描述：如果完成一件事情有两个方案，而第一个方案有 m 种方法可以实现，第二个方案有 n 种方法可以实现，只要选择任何方案中的某一种方法，就可以完成这件事情，并且这些方法两两互不相同，则完成这件事情共有 $m+n$ 种方法。

• 集合描述：设有限集合 A 有 m 个元素，B 有 n 个元素，且 A 与 B 不相交，则 A 与 B 的并共有 $m+n$ 个元素。

• 概率角度描述：设事件 A 有 m 种产生方式，事件 B 有 n 种产生方式，则事件“A 或 B”有 $m+n$ 种产生方式。当然，A 与 B 各自所含的基本事件是互相不同的。

2. 应用

【例 2.1.1】　一名学生想选修 1 门数学课程或 1 门计算机课程，但两者不能同时都选。如果现有 4 门数学课程和 5 门计算机课程供该学生选择，那么该学生有几种选课方法？

解　该学生选数学课程有 4 种选法，选计算机课程有 5 种选法，由加法法则知，该学生共有 $4+5=9$ 种方法选择一门课程。

【例 2.1.2】　某班有男生 18 人，女生 12 人，从中选出一名代表参加会议，共有多少种选法？

解　用集合 A 表示男生，B 表示女生，则该班中的学生要么属于 A，要么属于 B。根据加法法则，全班共有 $18+12=30$ 个学生，故有 30 种选法。

【例 2.1.3】 用一个小写英文字母或一个阿拉伯数字给一批机器编号，总共可能编出多少种号码？

解 英文字母共有 26 个，数字 0～9 共 10 个，由加法法则，总共可以编出 26+10=36 个号码。

2.1.2 乘法法则

1. 乘法法则

• 常规描述：如果完成一件事情需要两个步骤，第一步有 m 种方法可以实现，第二步有 n 种方法可以实现，则完成该件事情共有 $m\cdot n$ 种方法。

• 集合描述：设有限集合 A 有 m 个元素，B 有 n 个元素，且 A 与 B 不相交，$a\in A$，$b\in B$，记 (a, b) 为一有序对。所有有序对构成的集合称为 A 和 B 的积集（或笛卡儿乘积），记作 $A\times B$。那么，$A\times B$ 共有 $m\cdot n$ 个元素。

$$A\times B=\{(a, b)\mid a\in A,\quad b\in B\}$$

• 概率角度描述：设离散型随机变量 X 有 m 个取值，Y 有 n 个取值，则离散型随机向量 (X, Y) 有 $m\cdot n$ 种取值可能。

2. 应用

【例 2.1.4】 已知 $n=7^3\times 11^2\times 13^4$，求除尽 n 的整数的个数。

解 能除尽 n 的整数是

$$7^{l_1}\times 11^{l_2}\times 13^{l_3}\quad (0\leqslant l_1\leqslant 3,\ 0\leqslant l_2\leqslant 2,\ 0\leqslant l_3\leqslant 4)$$

根据乘法法则，能除尽 n 的数的数目为 4×3×5=60 个。

【例 2.1.5】 粉笔的长度有 3 种，颜色有 8 种，直径有 4 种。那么有多少种不同类型的粉笔？

解 为了确定某种类型的粉笔，需执行 3 项不同的任务（任务的选取顺序不影响最终结果）：选择一种长度，选择一种颜色，选择一种直径。

根据乘法法则，共有 3×8×4=96 种不同的粉笔。

【例 2.1.6】 从 A 地到 B 地有 n_1 条不同的道路，从 A 地到 C 地有 n_2 条不同的道路，从 B 地到 D 地有 m_1 条不同的道路，从 C 地到 D 地有 m_2 条不同的道路，那么，从 A 地经 B 或 C 到达目的地 D 共有多少种不同的走法？

解 首先由乘法法则知，从 A 地经 B 到达 D 地共有 $n_1\times m_1$ 种走法，由 A 经 C 到达 D 共有 $n_2\times m_2$ 种走法，再由加法法则知，从 A 地经 B 或 C 到达 D 地共有 $n_1m_1+n_2m_2$ 种不同的走法。

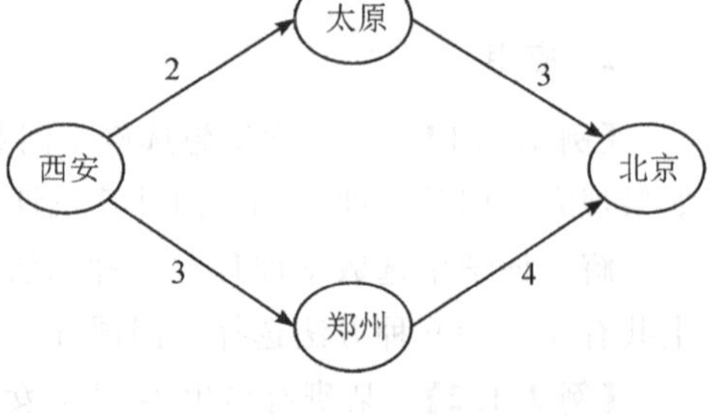

图 2.1 西安到北京走法示意图

如图 2.1 所示，从西安到北京共有 2×3+3×4=18 种走法。

2.2 排列与组合

本节介绍了排列和组合的各种形式。

2.2.1 相异元素不允许重复的排列数和组合数

1. 计算公式

从 n 个相异元素中不重复地取 r 个元素的排列数 P_n^r 和组合数 C_n^r 分别为

$$P_n^r = P(n, r) = n(n-1)\cdots(n-r+1) = \frac{n!}{(n-r)!} \tag{2.1}$$

$$C_n^r = C(n, r) = \binom{n}{r} = \frac{P_n^r}{r!} = \frac{n!}{(n-r)!\,r!} \tag{2.2}$$

例如，当 $n=5$，$r=3$，即元素为 1，2，3，4，5 时，排列数为 134，431，143，245，254，425；组合数为 134，245。

相异元素不允许重复的排列数和组合数的特点是排列考虑顺序，组合则不然。

2. 数学模型

(1) 排列问题：将 r 个有区别的球放入 n 个不同的盒子，每盒不超过一个，则总的放法数为 $P(n, r)$。

(2) 组合问题：将 r 个无区别的球放入 n 个不同的盒子，每盒不超过一个，则总的放法数为 $C(n, r)$。

具体数学模型如表 2.1 所示。

表 2.1　相异元素不允许重复的排列及组合数学模型表

对应关系	元素↔盒子					位置↔球
元素和位置编号	1	2	3	4	5	A B C
排列 1	A		B	C		1 3 4
排列 2	C		B	A		4 3 1
排列 3	A		C	B		1 4 3
排列 4		A		C	B	2 5 4
排列 5		B		A	C	4 2 5
组合 1	•		•	•		1 3 4
组合 2		•		•	•	2 4 5

3. 应用

【例 2.2.1】 将具有 9 个字母的单词 FRAGMENTS 进行排列，要求字母 A 总是紧跟在字母 R 的右边，有多少种排法？

解 由于 A 总是跟在 R 的右边，故这样的排列可以看成是具有 8 个元素的集合{F，R，A，G，M，E，N，T，S}的一个全排列。

根据计算公式，其排法有 $P_8^8=P(8, 8)=8!=40\ 320$ 种。

【例 2.2.2】 5 面不同颜色的旗帜，20 种不同的盆花，排成两端是两面旗帜，中间放 3 盆花的形式，有多少种不同的方案？

解 5 面旗取 2 面的排列数为 $P_5^2=P(5, 2)=5\times4=20$，20 盆花取 3 盆的排列数为 $P_{20}^3=P(20, 3)=20\times19\times18=6840$。

根据乘法法则，共有的方案数 $N=20\times6840=136\ 800$ 种。

【例 2.2.3】 5 个女生 7 个男生要组成一个含 5 个人的小组，要求该小组不允许男生甲和女生乙同时参加，有多少种方案？

解 12 个人取 5 个的组合为 $C(12, 5)=11\times9\times8=792$，男生甲和女生乙同时参加的方案数为 $C(10, 3)=\dfrac{10\times9\times8}{3\times2}=120$，故所求的方案数为总方案数减去甲乙同时参加的方案数，即 $792-120=672$ 种。

2.2.2 相异元素允许重复的排列

1. 问题

从 n 个不同元素中允许重复地选择 r 个元素的排列，简称 **r 元重复排列**。其排列数记为 $\mathrm{RP}(\infty, r)$。

2. 数学模型

将 r 个不同的球放入 n 个有区别的盒子，每个盒子中的球数不加限制而且同盒的球不分次序。具体数学模型如表 2.2 所示。

表 2.2 相异元素允许重复的排列数学模型表

对应关系	元素↔盒子					位置↔球
元素和位置编号	1	2	3	4	5	A B C
排列 1	AB			C		1 1 4
排列 2			C B	A		4 3 3
排列 3			A C	B		3 4 3
排列 4		A B C				2 2 2
排列 5		B		A	C	4 2 5

3. 计算公式

计算公式如下：

$$\mathrm{RP}(\infty, r)=n^r$$

4. 集合描述方式

设无穷集合 $S=\{\infty \cdot e_1, \infty \cdot e_2, \cdots, \infty \cdot e_n\}$，即 S 中共含有 n 类元素，每个元素有无穷多个，从 S 中取 r 个元素的排列数即为 $\mathrm{RP}(\infty, r)$。

不重复排列：$S=\{1 \cdot e_1, 1 \cdot e_2, \cdots, 1 \cdot e_n\}=\{e_1, e_2, \cdots, e_n\}$。

【例 2.2.4】 最多有 4 位的三元数(三进制数)的个数是多少？

解　这个问题的答案是多重集合 $\{\infty \cdot 0, \infty \cdot 1, \infty \cdot 2\}$ 或多重集合 $\{4 \cdot 0, 4 \cdot 1, 4 \cdot 2\}$ 的 4 排列个数。根据计算公式，其个数为 $\mathrm{RP}(\infty, 4)=3^4=81$。

2.2.3　不尽相异元素的全排列

1. 问题

不尽相异元素的排列又称有限重复的排列或称部分排列。设 $S=\{n_1 \cdot e_1, n_2 \cdot e_2, \cdots, n_t \cdot e_t\}$，即元素 e_i 有 n_i 个$(i=1, 2, \cdots, t)$，且 $n_1+n_2+\cdots+n_t=n$，从 S 中任取 r 个元素，求其排列数 $\mathrm{RP}(n, r)$。

2. 数学模型

将 r 个有区别的球放入 t 个不同的盒子，而每个盒子的容量是有限的，其中第 i 个盒子最多只能放入 n_i 个球，求分配方案数。具体排列数学模型如表 2.3 所示。

表 2.3　不尽相异元素的全排列数学模型表

对应关系	元素↔盒子					位置↔球
元素和位置编号	1	2	3	4	5	A B C
排列 1	AB			C		1 1 4
排列 2			C B	A		4 3 3
排列 3			A C	B		3 4 3
排列 4		A B C				2 2 2
排列 5		B		A	C	4 2 5

例如：$S=\{2 \cdot 1, 4 \cdot 2, 1 \cdot 3, 3 \cdot 4, 2 \cdot 5\}=\{1, 1, 2, 2, 2, 2, 4, 4, 4, 5, 5\}$

相异元素不重复的排列强调的是不重复，即盒子的容量为 1；允许重复的排列实际上针对的是无限重复，即盒子的容量无限。二者都是极端的情况。相对于前两种情况而言，此处讲的有限重复的排列问题，恰好介于两者之间，即盒子的容量有限。

3. 特例

(1) 当 $r=1$ 时，$\mathrm{RP}(n, 1)=t$。

(2) 当 $r=n$(全排列)时，有：

$$\mathrm{RP}(n,\ n)=\frac{n!}{n_1!\ n_2!\ \cdots n_t!} \tag{2.3}$$

即先视为 n 个不同元素的全排列，共有 $n!$ 种。但每个排列实际重复统计了 $n_1!\ n_2!\ \cdots n_t!$ 次。原因是当元素不同时，同类元素互相交换位置，对应不同的排列。而当同类元素相同时，针对每个确定的排列，同类元素互相交换位置，该排列不变。

例如，词 MISSISSIPPI 中字母的排列数，等于多重集合{1·M，4·I，4·S，2·P}的排列数，为 $\mathrm{RP}(11,\ 11)=\frac{11!}{1!\ 4!\ 4!\ 2!}=34\ 650$ 个。

(3) 当 $t=2$ 时，有

$$\mathrm{RP}(n,\ n)=\frac{n!}{n_1!\ n_2!}=\binom{n}{n_1}$$

(4) 当 $n_i=1$ 时，为不重复排列。

(5) 当 $n_i=\infty$ 时，为重复排列。

2.2.4 相异元素不允许重复的圆排列

1. 圆排列

【例 2.2.5】 把 n 个有标号的珠子排成一个圆圈，共有多少种不同的排法？

解 此题为典型的**圆排列**问题。对于围成圆圈的 n 个元素，同时按同一方向旋转，即每个元素都向左(或向右)转动一个位置，虽然元素的绝对位置发生了变化，但相对位置未变(如图 2.2 所示)，即元素间的相邻关系未变，这样的圆排列认为是同一种，否则便是不同的圆排列。

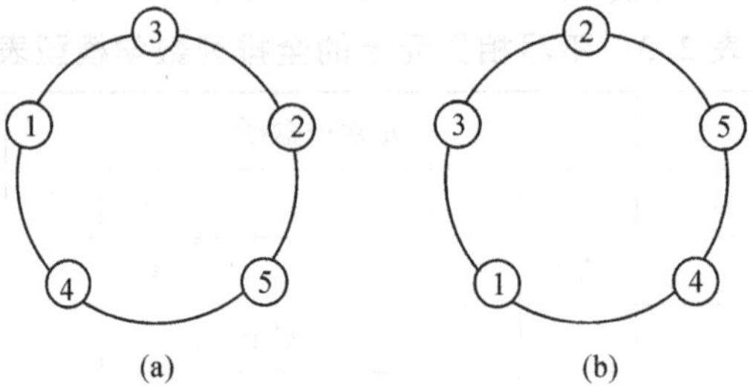

图 2.2 圆排列

解法一 先令 n 个相异元素任意排成一行(称为**线排列**)，共有 $n!$ 种排法，再将其首尾相接围成一圆，当圆转动一个角度时，对应另一个线排列，当每个元素又转回到原先的位置时，相当于 n 个不同的线排列，故圆排列数为

$$\mathrm{CP}(n,\ n)=\frac{P(n,\ n)}{n}=(n-1)! \tag{2.4}$$

解法二 先取出某一元素 k，放于圆上某确定位置，再令余下的 $n-1$ 个元素作成一个线排列，首尾置于 k 的两侧构成一个圆排列同样可得 $\mathrm{CP}(n,\ n)=(n-1)!$。

【例 2.2.6】 从 n 个相异元素中不重复地取 r 个围成圆排列，求不同的排列总数 $\mathrm{CP}(n,\ r)$。

解 要完成这个圆排列，需先从 n 个元素中取 r 个，再将其组成圆排列，得

$$CP(n, r)=\frac{P(n, r)}{r}=\frac{n!}{r(n-r)!} \tag{2.5}$$

【例 2.2.7】 n 对夫妻围一圆桌而坐，求每对夫妻相邻而坐的方案数。

解　n 对夫妻相邻而坐，但夫和妻可交换位置，故所求的方案数为

$$N=CP(n, n)\times 2^n=(n-1)!\times 2^n$$

2. 项链排列

【例 2.2.8】 将 5 个标有不同序号的珠子穿成一个环，共有多少种不同的穿法？

解　这是典型的**项链排列**问题。首先，由例 2.2.5 知，5 个相异元素的圆排列共有 $(5-1)!=24$ 种；其次，对于圆排列而言，将所穿的环翻过来是另一种圆排列，但对于项链排列，这仍然是同一个排列(如图 2.3 所示)，故不同的排法共有 $24/2=12$ 种。

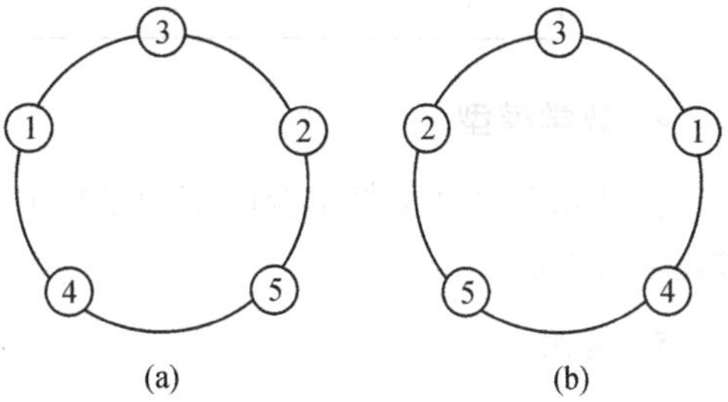

图 2.3　项链排列

一般情形，从 n 个相异珠子中取 r 个穿成一个项链，共有

$$\frac{P(n, r)}{2r}=\frac{n!}{2r(n-r)!} \tag{2.6}$$

种不同的穿法。

注：允许重复的圆排列情况复杂，参见反演公式相关内容。

2.2.5　相异元素允许重复的组合

1. 问题

设 $S=\{\infty\cdot e_1, \infty\cdot e_2, \cdots, \infty\cdot e_n\}$，从 S 中允许重复地取 r 个元素构成组合，称为 r 可重组合，其组合数记为 $RC(\infty, r)$。

2. 抽象

将 S 的 n 个不同元素分别用数字 1，2，…，n 来表示。

例如：$n=5$，$r=4$，则得 1111，1122，1345，5555

3. 计算公式

从 S 中所取出的 r 个元素从小到大设为 a_1，a_2，… a_r，则 a_i 满足：

$$1\leqslant a_1\leqslant a_2\leqslant\cdots\leqslant a_r\leqslant n$$

令

$$b_i=a_i+(i-1),\ i=1, 2, \cdots, r$$

则

$$1\leqslant b_1<b_2<\cdots<b_r\leqslant n+(r-1)$$

对应一个从 $n+r-1$ 个相异元素中不允许重复地取 r 个元素的组合。反之，后者的一种组合也与前者的一种组合相对应。所以，两种组合一一对应，从而

$$RC(\infty, r)=C(n+r-1, r)=\frac{(n+r-1)!}{r!\ (n-1)!} \tag{2.7}$$

例如：当 $n=5$，$r=4$ 时，组合可列为表 2.4。

表 2.4 $n=5$，$r=4$ 时，重复与不重复组合一一对应列表

分类	重复组合	不重复组合
元素	1，2，3，4，5	1，2，3，4，5，6，7，8
组合 1	1111	1234
组合 2	1122	1245
组合 3	2245	2368
组合 4	5555	5678

4. 数学模型

相异元素允许重复组合的模型是将 r 个无区别的球放入 n 个不同的盒子，每个盒子的球数不受限制。

5. 应用

【例 2.2.9】 某餐厅有 7 种不同的菜，为了招待朋友，一个顾客需要买 14 个菜，问有多少种买法？

解 这个问题可以归结为集合 $\{\infty \cdot 1, \infty \cdot 2, \cdots, \infty \cdot 7\}$ 的 14 组合。根据计算公式，共有 $\mathrm{RC}(\infty, 14)=C(7+14-1, 14)=C(20, 14)$ 种买法。

【例 2.2.10】 不同的 5 个字母通过通信线路被传送，每两个相邻字母之间至少插入 3 个空格，但要求空格的总数必须等于 15，问共有多少种不同的传送方式？

解 将问题分为 3 步求解：

(1) 先排列 5 个字母，全排列数为 $P(5, 5)=5!$。

(2) 两个字母间各插入 3 个空格，将 12 个空格均匀地放入 4 个间隔内。

(3) 将余下的 3 个空格插入 4 个间隔：即将 3 个相同的球放入 4 个不同的盒子，盒子的容量不限。其方案数即为从 4 个相异元素中可重复地取 3 个元素的组合数 $\mathrm{RC}(\infty, 3)=C(4+3-1, 3)=20$。

c △△△ b △△△ d △△△ e △△△ a

△△ △

△△△

(4) 总的方案数 $L=5! \cdot 1 \cdot 20=2400$。

2.2.6 不尽相异元素任取 r 个的组合问题

1. 问题

设集合 $S=\{n_1 \cdot e_1, n_2 \cdot e_2, \cdots, n_t \cdot e_t\}$，$n_1+n_2+\cdots+n_t=n$，从 S 中任取 r 个，求其组合数 $\mathrm{RC}(n, r)$。

2. 组合数

设多项式

$$\prod_{i=1}^{t}\sum_{j=0}^{n_i}x^j=\prod_{i=1}^{t}(1+x+x^2+\cdots+x^{n_i})=\sum_{r=0}^{n}a_rx^r$$

则 RC(n，r)就是多项式中 x^r 的系数，即

$$\mathrm{RC}(n, r)=a_r$$

3. 应用

【例 2.2.11】 整数 360 有几个正约数？

解 (1) 分解 360 为素因子的幂的乘积得

$$360=2^3\times 3^2\times 5$$

(2) 正约数为

$$1=2^0\times 3^0\times 5^0,\ 2=2^1\times 3^0\times 5^0,\ 3=2^0\times 3^1\times 5^0$$
$$5=2^0\times 3^0\times 5,\ 4=2^2\times 3^0\times 5^0,\ 6=2\times 3\times 5^0$$
$$\vdots$$
$$180=2^2\times 3^2\times 5,\ 360=2^3\times 3^2\times 5$$

(3) 问题转化：从集合 $S=\{3\cdot 2, 2\cdot 3, 1\cdot 5\}$ 的 6 个元素中任取 0，1，…，6 个的组合数之和。

(4) 求解：构造多项式

$$P_6(x)=(1+x+x^2+x^3)(1+x+x^2)(1+x)$$
$$=1+3x+5x^2+6x^3+5x^4+3x^5+x^6$$

求各项系数之和：

$$L=\sum_{i=0}^{6}\mathrm{RC}(6, i)=1+3+5+6+5+3+1=24$$

更简单的求解方法：多项式 $P_6(x)$的系数之和实质上就是求 $P_6(1)$，即

$$P_6(x)=\sum_{i=0}^{6}\mathrm{RC}(6, i)=4\times 3\times 2=24$$

(5) 结论：设正整数 n 可以因式分解为

$$n=p_1^{\alpha_1}p_2^{\alpha_2}\cdots p_k^{\alpha_k}$$

则 n 的正约数个数为

$$L=(\alpha_1+1)(\alpha_2+1)\cdots(\alpha_k+1)$$

2.3 组合等式及其组合意义

组合等式的证明方法大致可归纳为以下 3 种：

(1) 归纳法：本节不作详细介绍。

(2) 组合意义法：是指借助于阐明等号两端的不同表达式实质上是同一个组合问题的方案数(即殊途同归法)，或者虽是两个不同组合问题的方案数，但二者的组合方案之间存在着一一对应关系(等式两端必须相等)，从而达到证明等式成立的目的。

(3) 母函数法：利用无穷级数(包括有限时的多项式)证明有关组合等式的方法，是产

生和证明组合恒等式的普遍方法。

等式 1 对称关系式：

$$C(n,r)=C(n,n-r) \tag{2.8}$$

组合意义 从 n 个元素 $\{a_1, a_2, \cdots, a_n\}$ 中取走 r 个，必然余下 $n-r$ 个元素，故从 n 取 r 的组合与从 n 取 $n-r$ 的组合一一对应。

等式 2 加法公式：

$$C(n,r)=C(n-1,r)+C(n-1,r-1) \tag{2.9}$$

组合意义 从 n 个元素 $\{a_1, a_2, \cdots, a_n\}$ 中取 r 个组合，就其中某个元素，不妨设为 a_1 来看，全体组合可分为以下两类：

(1) 每次取出的 r 个元素中都含有 a_1，这一类组合可视为从剩下的 $n-1$ 个元素中任取 $r-1$ 个元素，然后再加上 a_1 而构成的组合，其组合数为 $C(n-1, r-1)$。

(2) 不含元素 a_1，这类组合可视为从其余 $n-1$ 个元素中任取 r 个元素的组合，其数目为 $C(n-1, r)$。

两类情况互不重复，由加法法则知，式(2.9)成立。

例如，从{1，2，3，4，5}中取 3 个的组合情况如下：

第一类(包含元素“1”)：123，124，125，134，135，145。

第二类（不包含元素“1”）：234，235，245，345。

加法公式(2.9)的等价形式是

$$C(m+n,m)=C(m+n-1,m)+C(m+n-1,m-1) \tag{2.10}$$

其组合意义可以理解为从(0，0)点到(m, n)点的路径数等于从(0，0)点分别到$(m, n-1)$点和$(m-1, n)$点的路径数之和，如图 2.4 所示。

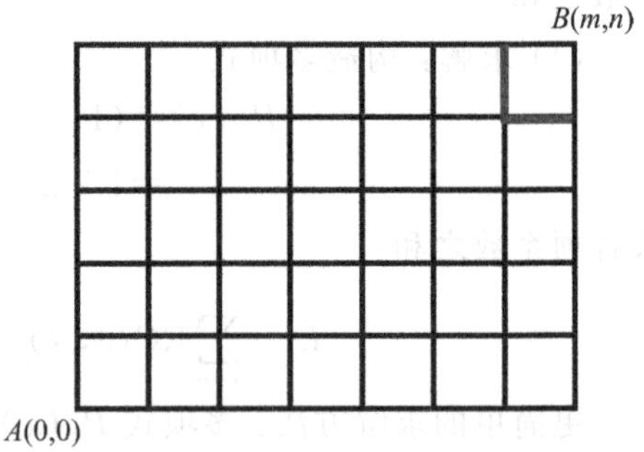

图 2.4 加法公式路径问题示意图

等式 3 乘法公式

$$C(n,k)C(k,r)=C(n,r)C(n-r,k-r) \tag{2.11}$$

组合意义 考虑等式

$$C(n,n-k)C(k,k-r)C(r,r)=C(n,r)C(n-r,n-k)C(k-r,k-r) \tag{2.12}$$

其左端是组合问题“将 n 个元素分为 3 堆，要求第一堆有 $n-k$ 个元素，第二堆有 $k-r$ 个，那么，第三堆就只有 r 个元素”的组合方案数。右端是另一个类似的组合问题“将 n 个元素分为 3 堆，要求第三堆有 r 个元素，第二堆有 $n-k$ 个，第一堆有 $k-r$ 个元素”的组合方案数。两个组合问题等价，故其方案数亦相等。

等式 4 朱世杰恒等式

$$\begin{aligned} C(n+r+1,r) &= \sum_{i=0}^{r} C(n+i,i) \\ &= C(n+r,r)+C(n+r-1,r-1)+C(n+r-2,r-2)+\cdots+C(n,0) \end{aligned} \tag{2.13}$$

或

$$C(n+r+1,\ r)=\sum_{i=0}^{r}C(n+i,\ i)$$
$$=C(n+r,\ n)+C(n+r-1,\ n)+C(n+r-2,\ n)+\cdots+C(n,\ n) \tag{2.14}$$

组合意义　从 $n+r+1$ 个元素 $\{a_1,\ a_2,\ \cdots,\ a_{n+r+1}\}$ 中取 r 个的组合情况，分类统计如下：

(1) 将所有组合针对 a_1 分为两类：即所取 r 个元素中含元素 a_1 或不含元素 a_1。对不含元素 a_1 的情形，相当于从 $n+r$ 个元素 $\{a_2,\ a_3,\ \cdots,\ a_{n+r+1}\}$ 中取 r 个的组合，其组合数为 $C(n+r,\ r)$。

(2) 仿照(1)，再将含有元素 a_1 的所有组合针对 a_2 分为两类：即所取 r 个元素中含 a_2 或不含 a_2。同样考虑不含 a_2 的情形，这又相当于从除去 a_1、a_2 后的 $n+r-1$ 个元素 $\{a_3,\ a_4,\ \cdots,\ a_{n+r+1}\}$ 中取 $r-1$ 个，再加上 a_1 而构成组合，其组合数为 $C(n+r-1,\ r-1)$。

(3) 同理，$r-1$ 组合中含元素 a_1、a_2，但不含 a_3 的组合数为 $C(n+r-2,\ r-2)$；组合中含元素 $a_1,\ a_2,\ \cdots,\ a_{r-1}$，但不含 a_r 的组合数为 $C(n+1,\ 1)$；组合中含元素 $a_1,\ a_2,\ \cdots,\ a_r$ 的组合数为 $C(n+1,\ 0)=C(n,\ 0)$。

实际上，组合等式 3 是等式 2 的推广，等式 2 将 r 组合分为两类，而等式 3 则分为 $r+1$ 类来考虑问题。

$$\begin{aligned}C_{n+r+1}^{r}&=C_{n+r}^{r}+C_{n+r}^{r-1}=C_{n+r}^{r}+(C_{n+r-1}^{r-1}+C_{n+r-1}^{r-2})\\&=C_{n+r}^{r}+C_{n+r-1}^{r-1}+(C_{n+r-2}^{r-2}+C_{n+r-2}^{r-3})\\&\ \vdots\\&=C_{n+r}^{r}+C_{n+r-1}^{r-1}+C_{n+r-2}^{r-2}+\cdots+(C_{n+1}^{1}+C_{n+1}^{0})\\&=C_{n+r}^{r}+C_{n+r-1}^{r-1}+C_{n+r-2}^{r-2}+\cdots+C_{n+1}^{1}+C_{n}^{0}\end{aligned}$$

等式 4 可以转化为如图 2.5 所示的路径问题。

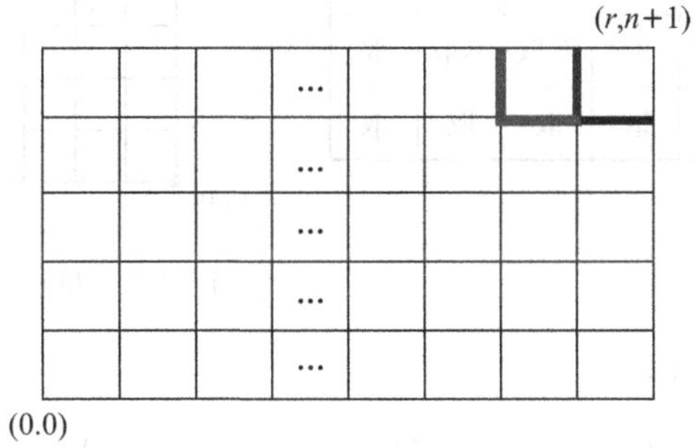

图 2.5　等式 4 路径问题示意图

等式 5　Vandermonde(范德蒙)恒等式：

$$\binom{m+n}{r}=\sum_{i=0}^{r}\binom{n}{i}\binom{m}{r-i}$$
$$=\binom{n}{0}\binom{m}{r}+\binom{n}{1}\binom{m}{r-1}+\cdots+\binom{n}{r}\binom{m}{0}\quad (r\leqslant \min(m,\ n)) \tag{2.15}$$

组合意义　现有 n 个相异的红球，m 个相异的蓝球，从 $n+m$ 个球中取 r 个球的组合，其结果必是下列情形之一：有 i 个红球，$r-i$ 个蓝球($i=0, 1, \cdots, r$)。对固定的 i，应有 $C(n, i)C(m, r-i)$种选法。

特例 当 $m=r$ 时，有

$$\binom{n+r}{r}=\binom{n}{0}\binom{r}{r}+\binom{n}{1}\binom{r}{r-1}+\cdots+\binom{n}{r}\binom{r}{0} \quad (r\leqslant n)$$

$$=\binom{n}{0}\binom{r}{0}+\binom{n}{1}\binom{r}{1}+\cdots+\binom{n}{r}\binom{r}{r}=\sum_{i=0}^{r}\binom{n}{i}\binom{r}{i} \tag{2.16}$$

等式 6 和式公式：

$$\sum_{i=0}^{n}C(n, i)=2^n \tag{2.17}$$

组合意义 对 n 个元素而言，每一个元素都有“取”与“不取”两种可能，并由此构成所有状态。根据乘法法则，其组合总数为 2^n，它等于从 n 个元素中分别取 0，1，…，n 个元素的总组合数。

例如，6 个元素的选取组合，结果如表 2.5 所示。

等式 6 可以转化为图 2.6 所示的路径问题。从(0，0)点出发，只能向右或者向上，到(n，0)和(0，n)点连线上诸点的路径总和为 2^n(如图 2.6 所示)，其中，$C(n, 0)$是(0，0)到(n，0)点的路径数；$C(n, 1)$是(0，0)到($n-1$，1)点的路径数。同理，$C(n, k)$是(0，0)到($n-k$，k)点的路径数；$C(n, n)$是(0，0)到(0，n)点的路径数。

表 2.5 6 个元素选取列表

组合	e_1	e_2	e_3	e_4	e_5	e_6
$\varnothing$	不取	不取	不取	不取	不取	不取
$e_1e_3e_6$	取	不取	取	不取	不取	取
$e_1e_2e_3e_4e_5e_6$	取	取	取	取	取	取

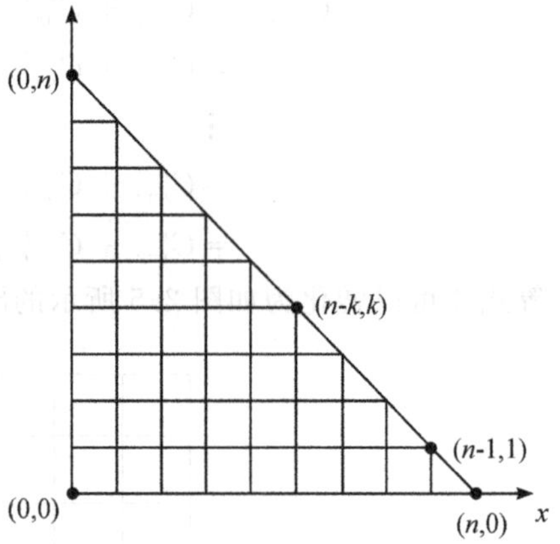

图 2.6 和式公式路径问题示意图

等式 7 交错和式公式：

$$\binom{n}{0}-\binom{n}{1}+\binom{n}{2}-\cdots+(-1)^n\binom{n}{n}=0 \tag{2.18}$$

组合意义 n 个元素中取 r 个组合，r 为奇数的组合数目等于 r 为偶数的组合数(包括 $r=0$)。

利用一一对应关系可以证明：从 n 个元素中任意取定某一个元素 a，所有 r 组合可以分为含有 a 和不含 a 两类。

设 r 为奇数($r\geqslant 1$)，若 r 组合中含有元素 a，则去掉 a 后就得一个 $r-1$ 为偶数的组合，反之，设 r 为偶数($r\geqslant 0$)，同样可将相应的组合通过去掉 a 或加上 a 而对应唯一的一个奇数组合。

例如，$n=4$ 的一一对应关系如表 2.6 所示。其中，同一列的两个组合符合上述对应关系，前 4 列为在第一行的奇数组合中去掉 a 而得到的第二行的偶数组合，后 4 列则为加入 a 的情形。

表 2.6 $n=4$ 时一一对应列表

r 为奇数的组合	a	abc	abd	acd	b	c	d	bcd
r 为偶数的组合	$\varnothing$	bc	bd	cd	ab	ac	ad	$abcd$

等式 8 变系数平方求和公式：

$$(C_n^1)^2+2(C_n^2)^2+\cdots+n(C_n^n)^2=nC_{2n-1}^{n-1} \tag{2.19}$$

组合意义 从 n 名先生、n 名太太中选出 n 人，这 n 人中有一人担任主席，并且必须为太太，考虑有多少种选法。

选法一 先选一名太太任主席有 $C_n^1=n$ 种方法，再从其余的 $2n-1$ 人中选 $n-1$ 人有种 C_{2n-1}^{n-1} 方法。所以共有 nC_{2n-1}^{n-1} 种选法。

选法二 对于 $k=1,2,\cdots,n$，先从 n 名太太中选出 k 人，并从 k 人中选一人任主席，有 kC_n^k 种方法，然后再从 n 名先生中选 $n-k$ 人，有 $C_n^{n-k}=C_n^k$ 种方法(即在 n 名先生中选 k 人不去充当“代表”)。选法总数 $=\sum\limits_{k=1}^{n}k(C_n^k)^2$。

等式 9 概率恒等式：

设 r，M 都是自然数，且 $M\geqslant r$ 则有

$$\frac{r}{M}+\frac{M-r}{M}\cdot\frac{r}{M-1}+\frac{M-r}{M}\cdot\frac{M-r-1}{M-1}\cdot\frac{r}{M-2}+\cdots+\frac{M-r}{M}\cdot\frac{M-r-1}{M-1}\cdots\frac{1}{r+1}\cdot\frac{r}{r}=1 \tag{2.20}$$

组合意义 设袋中有 M 个大小相同的球，其中有 r 个是白色，其余的是黑色。每次摸出一个球，不放回去，直至摸到白球为止。

这是一个必然事件(迟早会摸到白球)，所以概率为 1。

另一方面，第一次摸到白球的概率为$\frac{r}{M}$。第一次未摸到白球，第二次摸到白球的概率为$\frac{M-r}{M}\cdot\frac{r}{M-1}$，……，第 k 次才摸到白球的概率为

$$\frac{M-r}{M}\cdot\frac{M-r-1}{M-1}\cdots\frac{M-r-(k-2)}{M-(k-2)}\cdot\frac{r}{M-(k-1)},\ (k=2,3,\cdots,M-r+1)$$

因此，摸到白球的概率为式(2.20)左端，从而式(2.20)成立。

等式 10 乘法公式推广式：

当 $n\geqslant m$ 时，有

$$\sum_{k=0}^{n-m}C_n^{m+k}C_{m+k}^m=2^{n-m}\cdot C_n^m \tag{2.21}$$

组合意义 考虑从 n 人中选出 m 名正式代表及若干名列席代表的选法(列席代表人数不限，可以为 0)。

选法一 先选定正式代表，有 C_n^m 种方法，然后从 $n-m$ 人中选列席代表，有 2^{n-m} 种

方法。因此共有

$$2^{n-m}C_n^m \tag{2.22}$$

种选法。

选法二 可以先选出 $m+k$ 人($k=0, 1, \cdots, n-m$)，然后再从中选出 m 名正式代表，其余的 k 人为列席代表，对每个 k，这样的选法有 $C_n^{m+k}C_{m+k}^m$ 种，从而，总选法的种数为

$$\sum_{k=0}^{n-m} C_n^{m+k}C_{m+k}^m \tag{2.23}$$

综合式(2.22)、式(2.23)即得式(2.21)。

2.4 多项式系数

2.4.1 Newton 二项式

1. 二项展开式

当 n 是正整数时，Newton 二项式定理：

$$(a+b)^n = \sum_{r=0}^{n} \binom{n}{r} a^r b^{n-r} \tag{2.24}$$

的右端称为二项式 $(a+b)^n$ 的**展开式**，而组合数 $\binom{n}{r}=C(n, r)$ 叫作**二项式系数**。

2. 组合意义

将 n 个相异的球放入两个盒子，其中要求 a 盒放入 $n_1=r$ 个球，b 盒放入 $n_2=n-r$ 个球，且同盒的球不分次序，则方案数为

$$\frac{n!}{n_1!\cdot n_2!}=\frac{n!}{r!\cdot(n-r)!}$$

即 $a^r b^{n-r}$ 项的系数为组合数 $\binom{n}{r}$。

例如：

$$(a+b)^2=(a+b)(a+b)=aa+ab+ba+bb=a^2+2ab+b^2$$

$$\begin{aligned}(a+b)^3 &= (a+b)(a+b)(a+b)=(aa+ab+ba+bb)(a+b)\\ &= aaa+aab+aba+abb+baa+bab+bba+bbb\\ &= a^3+3a^2b+3ab^2+b^3\end{aligned}$$

产生系数的**根源**：同一单项式中有顺序，即排列问题(球不同的分配问题)。

2.4.2 一般分配问题

问题：将 n 个相异的球放入 t 个盒子，要求第 1 个盒子放入 n_1 个，第 2 个盒子放入 n_2 个，……，第 t 个盒子放入 n_t 个，且盒中的球无次序，求不同的分配方案数。

问题转化：由于第 i 个盒中的 n_i 个球是无序的，可视为 n_i 个相同的元素。因此，问题

归结为求重集 $S=\{n_1\cdot e_1, n_2\cdot e_2, \cdots, n_t\cdot e_t\}(n_1+n_2+\cdots+n_t=n)$ 的全排列数 $RP(n, n)$。由式(2.3)知

$$RP(n, n)=\frac{n!}{n_1!\ n_2!\ \cdots n_t!}$$

仿照二项式系数$\binom{n}{r}$，将其记为$\binom{n}{n_1 n_2 \cdots n_t}$。

2.4.3 多项式系数

一般多项式系数与$\binom{n}{n_1 n_2 \cdots n_t}$的关系为

$$\begin{aligned}(x+y+z)^3&=x^3+y^3+z^3+3x^2y+3xy^2+3x^2z+3xz^2+3y^2z+3yz^2+6xyz\\
&=\frac{3!}{3!\cdot 0!\cdot 0!}x^3+\frac{3!}{0!\cdot 3!\cdot 0!}y^3+\frac{3!}{0!\cdot 0!\cdot 3!}z^3+\frac{3!}{2!\cdot 1!\cdot 0!}x^2y+\\
&\quad\frac{3!}{1!\cdot 2!\cdot 0!}xy^2+\frac{3!}{2!\cdot 0!\cdot 1!}x^2z+\frac{3!}{0!\cdot 2!\cdot 1!}y^2z+\frac{3!}{1!\cdot 0!\cdot 2!}xz^2+\\
&\quad\frac{3!}{0!\cdot 1!\cdot 2!}yz^2+\frac{3!}{1!\cdot 1!\cdot 1!}xyz\\
&=\binom{3}{3\ \ 0\ \ 0}x^3+\binom{3}{0\ \ 3\ \ 0}y^3+\binom{3}{0\ \ 0\ \ 3}z^3+\binom{3}{2\ \ 1\ \ 0}x^2y+\\
&\quad\binom{3}{1\ \ 2\ \ 0}xy^2+\binom{3}{2\ \ 0\ \ 1}x^2z+\binom{3}{0\ \ 2\ \ 1}y^2z+\binom{3}{1\ \ 0\ \ 2}xz^2+\\
&\quad\binom{3}{0\ \ 1\ \ 2}yz^2+\binom{3}{1\ \ 1\ \ 1}xyz\end{aligned}$$

定理 2.4.1 设 n 与 t 均为正整数，则有

$$(x_1+x_2+\cdots+x_t)^n=\sum_{\substack{\sum_{i=1}^{t} n_i=n\\(n_i\geqslant 0)}}\binom{n}{n_1 n_2 \cdots n_t}x_1^{n_1}x_2^{n_2}\cdots x_t^{n_t} \tag{2.25}$$

其中求和是在使 $\sum_{i=1}^{t} n_i=n$ 的所有非负整数数列$(n_1, n_2, \cdots, n_t)$上进行的。

证

$$\begin{aligned}&(x_1+x_2+\cdots+x_t)^n\\
=&\underbrace{(x_1+x_2+\cdots+x_t)(x_1+x_2+\cdots+x_t)\cdots(x_1+x_2+\cdots+x_t)}_{\text{共}n\text{个因子连乘}}\end{aligned}$$

其展开式的项都是由每个因子中各取某个 x 相乘而得，即所有的项都具有以下形式：

$$x_1^{n_1}x_2^{n_2}\cdots x_t^{n_t}$$

而且 $\sum_{i=1}^{n} n_i=n$。一般项的系数等于在这 n 个因子中先选出 n_1 个因子且这 n_1 个因子中都取 x_1，然后再在其余的 $n-n_1$ 个因子中选出 n_2 个因子且这 n_2 个因子中都取 x_2，…，最后在剩下的 $n-n_1-n_2-\cdots-n_{t-1}=n_t$ 个因子中都取 x_t，那么，$x_1^{n_1}x_2^{n_2}\cdots x_t^{n_t}$ 的系数为

$$C(n,n_1)\cdot C(n-n_1,n_2)\cdots C(n_t,n_t)=\frac{n!}{n_1!\cdot(n-n_1)!}\cdot\frac{(n-n_1)!}{n_2!\cdot(n-n_1-n_2)!}\cdots\frac{n_t!}{n_t!\cdot 0!}$$

$$=\frac{n!}{n_1!\ n_2!\ \cdots n_t!}=\binom{n}{n_1 n_2\cdots n_t}$$

称$\binom{n}{n_1 n_2\cdots n_t}$为**多项式系数**。

2.4.4 多项式展开的项数

定理 2.4.2 $(x_1+x_2+\cdots+x_t)^n$ 展开式的项数等于$C(n+t-1,n)$，而这些项的系数之和为 t^n。

证 展开式的项 $x_1^{n_1}x_2^{n_2}\cdots x_t^{n_t}$ 与从 t 个元素 x_1，x_2，…，x_t 中取 n 个的 n 可重组合是一一对应的，由式(2.7)知，后者为公式 $\mathrm{RC}(\infty,n)=C(n+t-1,n)$。

令 $x_1=x_2=\cdots=x_t=1$，代入式(2.25)即得

$$\sum_{\substack{\sum_{i=1}^{t}n_i=n\\(n_i\geqslant 0)}}\binom{n}{n_1 n_2\cdots n_t}=(1+1+\cdots+1)^n=t^n$$

2.4.5 例题

【例 2.4.1】 求$(a+b+c+d)^3$ 的展开式。

解 由 $n=3$，$t=4$ 得，共有 $\mathrm{RC}(\infty,3)=C(3+4-1,3)=20$ 项式子，所以

$$\begin{aligned}(a+b+c+d)^3=&\binom{3}{3\ 0\ 0\ 0}a^3+\binom{3}{0\ 3\ 0\ 0}b^3+\binom{3}{0\ 0\ 3\ 0}c^3+\\&\binom{3}{0\ 0\ 0\ 3}d^3+\binom{3}{2\ 1\ 0\ 0}a^2b+\binom{3}{2\ 0\ 1\ 0}a^2c+\\&\binom{3}{2\ 0\ 0\ 1}a^2d+\binom{3}{1\ 2\ 0\ 0}ab^2+\binom{3}{1\ 0\ 2\ 0}ac^2+\\&\binom{3}{1\ 0\ 0\ 2}ad^2+\binom{3}{0\ 2\ 1\ 0}b^2c+\binom{3}{0\ 2\ 0\ 1}b^2d+\\&\binom{3}{0\ 1\ 2\ 0}bc^2+\binom{3}{0\ 1\ 0\ 2}bd^2+\binom{3}{0\ 0\ 2\ 1}c^2d+\\&\binom{3}{0\ 0\ 1\ 2}cd^2+\binom{3}{1\ 1\ 1\ 0}abc+\binom{3}{1\ 1\ 0\ 1}abd+\\&\binom{3}{1\ 0\ 1\ 1}acd+\binom{3}{0\ 1\ 1\ 1}bcd\\=&a^3+b^3+c^3+d^3+3a^2b+3a^2c+3a^2d+3ab^2+3ac^2+3ad^2+3b^2c+\\&3b^2d+3bc^2+3bd^2+3c^2d+3cd^2+6abc+6abd+6acd+6bcd\end{aligned}$$

【例 2.4.2】 $(a_1+a_2+a_3+a_4+a_5)^7$ 的展开式中，项 $a_1^2a_3a_4^3a_5$ 的系数是：

$$\binom{7}{2\quad 0\quad 1\quad 3\quad 1}=\frac{7!}{2!\cdot 0!\cdot 1!\cdot 3!\cdot 1!}=420$$

【例 2.4.3】 在$(2x_1-3x_2+5x_3)^6$ 的展开式中，项 $x_1^3x_2x_3^2$ 的系数是什么？

解　令 $a_1=2x_1$，$a_2=-3x_2$，$a_3=5x_3$，则$(a_1+a_2+a_3)^6$ 的展开式中 $a_1^3a_2a_3^2$ 的系数为$\binom{6}{3\quad 1\quad 2}$，即$(2x_1-3x_2+5x_3)^6$ 中$(2x_1)^3(-3x_2)(5x_3)^2$ 的系数。因此 $x_1^3x_2x_3^2$ 的系数是：

$$\binom{6}{3\quad 1\quad 2}2^3(-3)5^2=\frac{6!}{3!\cdot 1!\cdot 2!}\cdot 8\cdot(-3)\cdot 25=-36\ 000$$

【例 2.4.4】 求证下式

$$\sum_{k=0}^{n}(-1)^kC(n,k)x^k(1+x)^{n-k}=1\quad(n\geqslant 1)\tag{2.26}$$

证　在二项式定理中取 $a=-x$，$b=1+x$，则

$$1=1^n=[(-x)+(1+x)]^n=\sum_{k=0}^{n}C(n,k)(-x)^k(1+x)^{n-k}$$

整理即得式(2.26)。

【例 2.4.5】 今天是星期日，再过 10^{100} 天是星期几？

解　$$10^{100}=100^{50}=(14\times 7+2)^{50}=2^{50}+\sum_{r=1}^{50}\binom{50}{r}(14\times 7)^r2^{50-r}$$

问题转化为 10^{100} 除以 7 的余数$=2^{50}$ 除以 7 的余数，则

$$\begin{aligned}2^{50}&=2^{2+3\times 16}=4\cdot 8^{16}=4(7+1)^{16}=4\left[1+\sum_{r=1}^{16}\binom{16}{r}7^r\right]\\&\equiv 4 \bmod 7\end{aligned}$$

另一种解法：

$$10^{100}=(7+3)^{100}=3^{100}+\sum_{r=1}^{100}\binom{100}{r}7^r\cdot 3^{100-r}$$

$$3^{100}=3\cdot 27^{33}=3(28+(-1))^{33}=3\left[(-1)^{33}+\sum_{r=1}^{33}\binom{33}{r}28^r\cdot(-1)^{33-r}\right]$$

$$3(-1)^{33}=-3\equiv 4 \bmod 7$$

答：再过 10^{100} 天是星期四。

【例 2.4.6】 求证

$$\sum_{k=0}^{n}(-1)^kC(n,k)\left[\frac{1+kx}{(1+nx)^k}\right]=0\ (n\text{ 为自然数})\tag{2.27}$$

证　$$\begin{aligned}0&=\left(1-\frac{1}{1+nx}\right)^n-\left(1-\frac{1}{1+nx}\right)^n\\&=\left(1-\frac{1}{1+nx}\right)^n-\frac{nx}{1+nx}\left(1-\frac{1}{1+nx}\right)^{n-1}\\&=\sum_{k=0}^{n}C(n,k)\left(-\frac{1}{1+nx}\right)^k-\frac{nx}{1+nx}\sum_{k=0}^{n-1}C(n-1,k)\left(-\frac{1}{1+nx}\right)^k\end{aligned}$$

$$= \sum_{k=0}^{n} C(n,k) \quad (-1)^k \quad \left(\frac{1}{1+nx}\right)^k \quad - \quad \frac{x}{1+nx}\sum_{k=0}^{n-1}$$
$$(-1)^k (k+1) C(n,k+1) \left(\frac{1}{1+nx}\right)^k$$
$$= \sum_{k=0}^{n}(-1)^k C(n,k)\left(\frac{1}{1+nx}\right)^k + \sum_{k=0}^{n}\frac{(kx)\cdot(-1)^k C(n,k)}{(1+nx)^k}$$
$$= \sum_{k=0}^{n}(-1)^k C(n,k)\left[\frac{1+kx}{(1+nx)^k}\right]$$

【例 2.4.7】 请给出多项式$\left(a-2b+\frac{c}{2}+3d\right)^8$的展开式中 $a^2b^2c^2d^2$ 和 bc^5d^2 两项的系数。

答：两项的系数分别为 22680、$-\frac{189}{2}$。

2.5 应　　用

2.5.1 排列组合的应用

【例 2.5.1】 由 1，2，3，4，5 这 5 个数字能组成多少个大于 43 500 的五位数？

解 这是有限制条件的 RP(∞，5)的问题。下列情况之一发生便可导致数字组成“大于 43 500”：

(1) 万位上数字是 5，其余四位上的数字从 1，2，3，4，5 中允许重复选取，共有 1×5^4 个符合要求的数；

(2) 万位上数字为 4，千位上数字从 4，5 中选一个，其余三位上数字可从 5 个数字中重复选取，共有 $1\times2\times5^3$ 个；

(3) 万位、千位、百位上数字分别为 4、3、5，其余二位上的数字可在 1～5 间重复选取，共有 $1\times1\times1\times5^2$ 个。

因此，这样的数总计为

$$5^4+2\times5^3+5^2=900 \text{ (个)}$$

【例 2.5.2】 从−2，−1，0，1，2，3 共 6 个数中不重复地选 3 个数作为二次函数 $y=ax^2+bx+c$ 的系数，使得抛物线 $y=ax^2+bx+c$ 的开口方向向下，共可作出多少个二次函数？

解 抛物线的开口方向向下，必有 $a<0$。

第一步：a 从−2、−1 中选一个，有 P_2^1 种方法；

第二步：在余下的 5 个数中选出两个进行排列作为 b 和 c，有 P_5^2 种方法。

根据乘法法则，共可作出二次函数

$$P_2^1P_5^2=40 \text{ (个)}$$

【例 2.5.3】 满足 $x_1+x_2+x_3+x_4=100$ 的正整数解有多少组？

解 **方法 1**：设想长度为 100 的线段被分为 4 段，每段的长度均为正整数，分别为 x_1，

x_2，x_3，x_4。把 4 条线段再接成一条线段，需要 3 个“＋”。如，当 $x_1=10$，$x_2=35$，$x_3=40$，$x_4=15$ 时，有 $10+35+40+15=100$ 组。

— — … — ＋ — — … — ＋— …— — —＋ — … —

问题转化：长度为 1 的 100 条线段中间有 99 个空“○”将这些线段分开，在这 99 个空的位置上放置 3 个“＋”号，未放“＋”号的线段合成一条线段，求出放法的总数即为解的组数。

$$C_{99}^{3}=\frac{99\times98\times97}{3\times2\times1}=156\ 849\ (\text{组})$$

方法 2：将 100 个相同的“1”放入 4 个不同的盒子，每个盒子至少放一个。求不同的放法数。

第一步：每个盒子先放 1 个，共有 1 种放法。

第二步：将余下的 96 放入，有 $C_{4+96-1}^{96}=C_{99}^{96}=C_{99}^{3}$

拓展一：求非负整数解的组合数(即 $x_i\geqslant0$)。

用方法 1 求解：

— — … — — … — ＋ — — … — — ＋ — — … —＋

— — … — — … — ＋＋ — — … — — ＋ — — … —

答：解的组数为 $C_{101+3-1}^{3}=C_{103}^{3}=176\ 851$ 组。

用方法 2 求解：将 100 个相同的球放入 4 个不同的盒子，每个盒子的容量无限。求不同的放法数。

答：放法数为 $C_{4+100-1}^{100}=C_{103}^{100}=C_{103}^{3}=176\ 851$ 种。

拓展二：求解 $x_1\geqslant-3$，$x_2\geqslant5$，$x_3\geqslant0$，$x_4\geqslant0$ 的组合数。

思想：将问题转化为拓展一。

原方程为

$$(x_1+3)+(x_2-5)+x_3+x_4=98$$

故令 $y_1=x_1+3$，$y_2=x_2-5$，$y_3=x_3$，$y_4=x_4$，得

$$y_1+y_2+y_3+y_4=98\quad(y_i\geqslant0)$$

答：解数为 $C_{4+98-1}^{98}=C_{101}^{98}=C_{101}^{3}=166\ 650$ 种。

问题：将例 2.5.3 原题用拓展二的思路求解，此时有

$$y_1+y_2+y_3+y_4=96$$

【例 2.5.4】　把 r 个相异物体放入 n 个不同的盒子里，每个盒子允许放任意个物体，而且要考虑放入同一盒中的物体的次序，这种分配方案有多少？

解　本问题既不是相异元素的不重复排列，也不是简单的重复排列。

考虑第 1 个物体的放法有 n 种，把它放入某盒子后，可看作是该盒子的隔板，将盒子分成了两部分。这样，第 2 个物体的放法有 $n+1$ 种，同理，第 3 个物体的放法有 $n+2$ 种，……，第 r 个物体的放法有 $n+r-1$ 种。由乘法原理可知，符合条件的方案数为

$$n(n+1)(n+2)\cdots(n+r-1)=\frac{(n+r-1)!}{(n-1)!}=P(n+r-1,r)$$

若在上例中把将条件“考虑放入同一盒中的物体的次序”改为“不考虑放入同一盒中相异物体的次序”，则分配方案数应为 $\underbrace{n\cdot n\cdot\cdots\cdot n}_{r\text{个}}=n^r$ 个，即 n 个相异元素的 r 可重排列

数，原因是每个物体都恰有 n 种放法。

实际应用：A、B、C、D、E 共 5 位同学由两个门排队进入教室，每个门每次只能同时进一人，问有多少种进法？

答：根据 5 位同学进入教室的方法可以列出表 2.7。根据表 2.7 可知，共有 $2\times3\times4\times5\times6=720$ 种进法。

表 2.7 5 位同学进入教室方法列表

前门人数	后门人数	方 法	备注
0	5	$1\times5!=120$	$C_5^0\times0!\times5!$
1	4	$C_5^1\times1\times4!=120$	$C_5^1\times1!\times4!$
2	3	$C_5^2\times2!\times3!=120$	
3	2	$C_5^3\times3!\times2!=120$	
4	1	$C_5^4\times4!\times1!=120$	
5	0	$C_5^5\times5!\times0!=120$	

如果只关心从每个门进入教室的学生人数和具体的人，但不考虑从同一个门进入教室的学生的次序，则 5 个学生通过 2 个门进入教室的所有不同方式也就是 $2^5=32$ 种。

拓展问题 1：设前门宽大，可以同时进 2 人，那么又有多少种不同的进法？

拓展问题 2：火车站外有 100 名乘客，欲从 4 个门排队进入候车室，有多少种进门的排队方式？

拓展问题 3：大楼共有 19 层，今有 12 人从一楼进入电梯上楼，每层都可能有人出电梯，且电梯的门同时只能容许一个人出入，有多少种方式出电梯？

【例 2.5.5】 把 n 元集 S 划分成 $n-3$ 个无序非空子集($n\geqslant4$)，共有多少种分法？

解 此问题属于分配问题：将 n 个不同的球放入 $n-3$ 个相同的盒子，每个盒子最少一个球。

设共有 L 种分法，可将这些划分方法分成如下 3 类：

(1) 使得有一个子集是四元集，其余子集是一元集的划分方案数等于 n 元集的不重复的 4 组合数 C_n^4；

(2) 使得有一个子集是三元集，有一个子集是二元集，其余子集是一元集的划分方法。因为 N 元集 S 的 5 组合数为 C_n^5，把 5 元集划分成一个三元子集和一个二元子集的方法有 $C_5^3=10$ 种，故由乘法法则知，属于此类的划分方法有 $10C_n^5$ 种；

(3) 使得有 3 个子集是二元集，其余子集是一元集的划分方法。因为 N 元集的 6 组合数为 C_n^6，把 6 元子集划分成 3 个二元子集的方法有

$$\frac{1}{3!}\binom{6}{2\quad 2\quad 2}=\frac{1}{3!}\frac{6!}{2!2!2!}=15$$

种，所以属于此类的划分方法有 $15\cdot\binom{n}{6}$ 种。

3 类情况互不重复，故由加法法则得

$$L=\binom{n}{4}+10\binom{n}{5}+15\binom{n}{6}$$

【例 2.5.6】 设 $f_r(n, k)$ 是能够从集合 $\{1, 2, \cdots, n\}$ 中选出两两之差均大于 r 的 k 元子集的方案数，试求 $f_r(n, k)$。

解 在集合 $A=\{1, 2, \cdots, n\}$ 中任取 k 个两两之差超过 r 的数构成组合 $a_1, a_2, \cdots, a_k$，不妨设 $a_1<a_2<\cdots<a_k$，则 $a_j-a_i\geqslant r+1(1\leqslant i<j\leqslant k)$，令

$$b_i=a_i-(i-1)r \quad (i=1, 2, \cdots k)$$

那么，$b_j-b_i\geqslant 1(1\leqslant i<j\leqslant k)$，且有

$$1\leqslant b_1<b_2<\cdots<b_k\leqslant n-(k-1)r$$

即按条件从 A 中选取 k 个元素的一种方案对应于从集合 $B=\{1, 2, \cdots, n-(k-1)r\}$ 中不重复地选取 k 个元素的方案，反之亦然。因此，两个集合各自满足不同条件的 k 组合方案是一一对应的，后者的组合方案数为 $\binom{n-r(k-1)}{k}$，从而知

$$f_r(n, k)=\binom{n-rk+r}{k}$$

【例 2.5.7】 有 7 位科学家从事一项机密工作，他们的工作室装有电子锁，每位科学家都有打开电子锁的"钥匙"。为了安全起见，必须同时有 4 人在场时才能打开大门。该电子锁至少应具备多少个特征？每位科学家的"钥匙"至少应有多少种特征？

解 任意 3 个人在一起至少缺少一种特征，故不能打开电子锁。由 7 个人中的 3 个人组合数为 $C(7, 3)$，故电子锁至少应有

$$C(7, 3)=\frac{7\times 6\times 5}{3\times 2}=35$$

种特征(具体编号列表如表 2.8 所示)，才能保证有任意 3 人在场时至少缺少一个特征而打不开门。这就是说，每一种组合所形成的 3 人小组缺少的特征是不一样的，才能达到目的。如若不然，假设电子锁只有 34 种特征，那么，7 人中取 3 位的 35 种组合方案中，至少有两组缺少同一种特征，而这两种组合方案至少对应 4 位不同的科学家(当然至多 6 人)，这就说明，这 4 位科学家由于缺少同一特征而当 4 人同时在场时是打不开大门的。

表 2.8　7 位科学家所有 3 组合按序编号列表

1	ABC	8	ACF	15	AFG	22	BDG	29	CEF
2	ABD	9	ACG	16	BCD	23	BEF	30	CEG
3	ABE	10	ADE	17	BCE	24	BEG	31	CFG
4	ABF	11	ADF	18	BCF	25	BFG	32	DEF
5	ABG	12	ADG	19	BCG	26	CDE	33	DEG
6	ACD	13	AEF	20	BDE	27	CDF	34	DFG
7	ACE	14	AEG	21	BDF	28	CDG	35	EFG

对某一位科学家 A 的"钥匙"而言，其"钥匙"的特征个数至少为

$$C(6, 3)=\frac{6\times 5\times 4}{3\times 2}=20$$

种。例如：$A=\{16\sim35\}$，$B=\{6\sim15, 26\sim35\}$，$C=\{2\sim5, 10\sim15, 20\sim25, 32\sim35\}$。

【例 2.5.8】 从$(0, 0)$点到达(m, n)点$(m<n)$，要求中间所经过的每一个格子点(a, b)恒满足$b>a$，有多少条最短路径？

解 在从$(0, 0)$到(m, n)点的路径中，若排除经过点(a, b)，$b\leqslant a$的可能性，则第一步必须从$(0, 0)$到$(0, 1)$点。因此问题等价于求满足条件的从$(0, 1)$点到(m, n)点的路径数(如图 2.7 所示)。

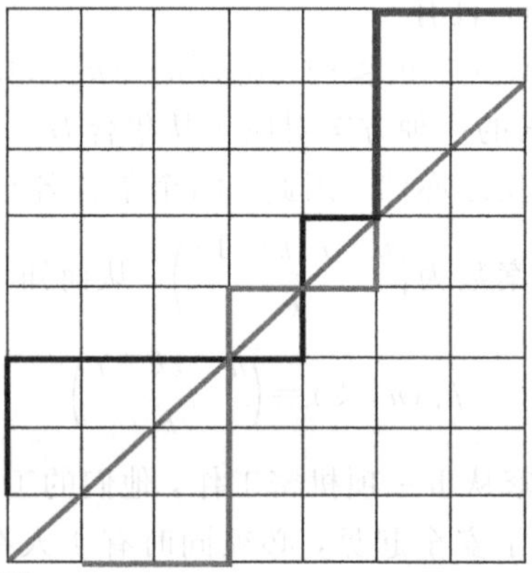

图 2.7 带有限制条件的最短路径问题

由于$m<n$，显然从$(1, 0)$点到(m, n)点的每一条路径，必然穿过$y=x$上的格子点。建立起从$(1, 0)$到(m, n)点每一条路径，与从$(0, 1)$到(m, n)点但经过$y=x$线上的格子点的路径间的一一对应关系。

从图 2.7 可见，若从$(1, 0)$到(m, n)点的某一路径与$y=x$的交点从左而右依次为$P_1, P_2, \cdots, P_k$，设P_k是最后一个在$y=x$上的格子点。作$(0, 1)$点到P_k的一条道路(黑色)使之与上述的从$(1, 0)$点到P_k点的路径(灰色)关于直线$y=x$对称，于是对从$(1, 0)$点到(m, n)点的一条路径，有一条从$(0, 1)$点到(m, n)点，但过$y=x$上的点的路径与之对应。反之对从$(0, 1)$点到(m, n)点的一条路径(经过$y=x$上的格子点)，必存在从$(1, 0)$点到(m, n)点的一条路径与之对应。故所求的路径数为$(0, 1)$点到(m, n)点的所有路径数减去$(1, 0)$点到(m, n)点的所有路径数，即

$$
\begin{aligned}
N&=\binom{m+n-1}{m}-\binom{m-1+n}{m-1}\\
&=(m+n-1)!\left[\frac{1}{m!\,(n-1)!}-\frac{1}{(m-1)!\,n!}\right]\\
&=(m+n-1)!\left[\frac{n}{m!\,n!}-\frac{m}{m!\,n!}\right]\\
&=\frac{(m+n-1)!}{m!\,n!}(n-m)=\frac{n-m}{n+m}\binom{n+m}{m}
\end{aligned}
$$

【例 2.5.9】 n，k，r都是非负整数，并且$n\geqslant k+r$。证明

$$C_n^{k+r}\geqslant C_{n-k}^{r} \tag{2.28}$$

等号何时成立？

解　在 $a_1, a_2, \cdots, a_n$ 中取 $k+r$ 个元素，有 C_n^{k+r} 种取法。其中一种特殊的取法是：先取前 k 个元素 $a_1, a_2, \cdots, a_k$；再从其余的 $n-k$ 个元素 $a_{k+1}, a_{k+2}, \cdots, a_n$ 中取 r 个，这样的取法有 C_{n-k}^r 种。显然后者不大于前者，这就是式(2.28)。

等号成立时 $n=k+r$，否则总有不全含 $a_1, a_2, \cdots, a_k$ 的 $k+r$ 元子集。反过来，当 $n=k+r$ 时，确实有

$$C_n^{k+r}=1=C_{n-k}^r$$

2.5.2　组合等式在汉明距离与汉明码中的应用

1. 二进制码的汉明距离

设 a、b 两个用 n 位二进制表示的码为

$$a=a_1a_2\cdots a_n, \ b=b_1b_2\cdots b_n$$

如若 $a_i \neq b_i$ 的个数为 k，则用 $d(a, b)=d(b, a)=k$ 表示，称为 a、b 码的汉明(Hamming)**距离**。

2. 性质

汉明距离满足三角不等式

$$d(a, b)+d(b, c) \geqslant d(a, c)$$

设 $c=c_1c_2\cdots c_n$，$d(a, c)=k$。如若 $a_i \neq c_i$，由于每位只有两种可能(0 或 1)，因此有以下两种情况：

(1) $a_i \neq b_i$，但 $b_i=c_i$；

(2) $a_i=b_i$，$b_i \neq c_i$。由于假定 $d(a, c)=k$，其中 k_1 位满足条件(1)，k_2 位满足条件(2)，且 $k=k_1+k_2$。

根据 Hamming 距离的定义有

$$d(a, b) \geqslant k_1, \ d(b, c) \geqslant k_2$$

故三角不等式成立。

3. 检错码与纠错码

检错码：奇偶校验码、汉明码、BCH 码等。

纠错码：汉明码、BCH 码、郭帕码等。

4. 汉明码

思想：如若 a' 与码 a 的距离 $d(a', a) \leqslant r$，则认为 a' 是 a 的错误而予以纠正，即将 a' 当作是码 a 而加以处理。

码字的距离：任意两个码 a、b 之间的 Hamming 距离不得小于 $2r+1$，否则可以构造 c，使之满足

$$d(a, c)=r, \ d(c, b)=r$$

即 c 与码 a 和 b 的距离相等，都等于 r，无法纠正。因若 a 与 b 的距离为 $2r$，即其中有 $2r$ 位满足 $a_i \neq b_i$。从这 $2r$ 位中选取 r 位，使之保持与 a 相同，另 r 位与 b 相同。这样所得的 c

便是所求。

反之，若有一组码，其中两两的 Hamming 距离不小于 $2r+1$。如若 a' 与 a 的距离 $d(a', a)\leqslant r$，则由 $d(a, a')+d(a', b)\geqslant d(a, b)$ 可知，a' 与其它任一码字 b 的距离大于 r，这是因为

$$d(a', b)\geqslant +d(a, b)-d(a, a')\geqslant(2r+1)-r=r+1>r$$

例如：$r=1$，$n=8$ 时字母 a、b、c 对应码字及其相近码可列表 2.9。

表 2.9 字母 a、b、c 对应码字及其相近码

字母	码字	相近码
a	00000000	10000000，01000000，…，00000001
b	11100000	01100000，10100000，…，11100001
c	00011100	10011100，01011100，…，00011101

5. 编码量

设有一组 Hamming 距离不小于 $2r+1$ 的 n 位二进制码为

$$a_1, a_2, \cdots, a_M$$

已知 n 位二进制数共有 2^n 个，其中与 a_i 的距离等于 k 的数的个数显然为 $\binom{n}{k}$，即从 a_i 中取出 k 位加以改变而得，故与 a_i 的距离小于等于 r 的数的个数为

$$\binom{n}{0}+\binom{n}{1}+\cdots+\binom{n}{r}=\sum_{k=0}^{r}\binom{n}{k}$$

凡是与 a_i 的距离小于等于 r 的二进制数都认为是由于 a_i 的错误引起的。

令 $U_i=\{a\mid d(a, a_i)\leqslant r\}(i=1, 2, \cdots, M)$，根据编码时对距离的规定，可知 2^n 个数中每个数最多只能属于 $U_1, U_2, \cdots, U_M$ 中的一个，所以

$$M\cdot\left[\binom{n}{0}+\binom{n}{1}+\cdots+\binom{n}{r}\right]\leqslant 2^n$$

即

$$M\leqslant\frac{2^n}{\binom{n}{0}+\binom{n}{1}+\cdots+\binom{n}{r}}$$

习 题 2

1. 在 1 到 9999 之间，有多少个每位上数字全不相同而且由奇数构成的整数？

2. 比 5400 小并具有下列性质的正整数有多少个？

(1) 每位的数字全不同；

(2) 每位数字不同且不出现数字 2 与 7。

3. 一教室有两排，每排 8 个座位，今有 14 名学生，按下列不同的方式入座，各有多少

种坐法？

(1) 规定某 5 人总坐在前排，某 4 人总坐在后排，但每人具体座位不指定；

(2) 要求前排至少坐 5 人，后排至少坐 4 人。

4. 一位学者要在一周内安排 50 个小时的工作时间，而且每天至少工作 5 小时，共有多少种安排方案？

5. 若某两人拒绝相邻而坐，12 个人围圆桌就坐有多少种方式？

6. 有 15 名选手，其中 5 名只能打后卫，8 名只能打前锋，2 名能打前锋或后卫，今欲选出 11 人组成一支球队，而且需要 7 人打前锋，4 人打后卫，有多少种选法？

7. 求解：

(1) 有 12 个人分两桌，每桌 6 人，围着圆桌而坐，有几种安排方案？

(2) 若有 12 对夫妻平分为两桌，围圆桌而坐有几种方案？

8. 求 $(x-y-2z+w)^8$ 展开式中 $x^2y^2z^2w^2$ 项前的系数。

9. 求 $(x+y+z)^4$ 的展开式。

10. 求 $(x_1+x_2+x_3+x_4+x_5)^{10}$ 展开式中 $x_2^3x_3x_4^6$ 的系数。

11. 证明 $n\cdot C(n-1,r)=(r+1)\cdot C(n,r+1)$，并给出组合意义。

12. 证明 $\sum_{k=1}^{n}kC(n,k)=n\cdot 2^{n-1}$。

13. 有 n 个不同的整数，从中取出两组来，要求第一组数里的最小数大于第二组的最大数，有多少种方案？

14. 六个引擎分列两排，要求引擎的点火次序两排交错开来，从某一特定引擎开始点火有多少种方案？

15. 试求从 1 到 1000000 的整数中，0 出现了多少次？

16. n 个完全一样的球，放到 r 个有标志的盒子，$n\geqslant r$，要求无一空盒，试证其方案数为 $\binom{n-1}{r-1}$ 个。

17. 设 $n=p_1^{\alpha_1}p_2^{\alpha_2}\cdots p_k^{\alpha_k}$，$p_1$、$p_2$、…、$p_k$ 是 k 个不同的素数，试求能整除尽数 n 的正整数数目。

18. 一家面包店有 8 种炸面包圈。如果一盒内装有一打炸面包圈，那么能够装配多少不同类型的炸面包圈盒？

19. n 个完全一样的骰子能掷出多少种不同的方案？

20. 凸十边形的任意 3 个对角线不共点，这凸十边形的对角线交于多少个点？又把所有的对角线分割成多少段？

21. 试证一整数 n 是另一个整数的平方的充要条件是除尽 n 的正整数的数目为奇数。

22. 统计力学需要计算 r 个质点放到 n 个盒子里去，假设盒子始终是不同的并分别服从下列假定之一，有多少种不同的图像？

(1) Maxwell-Boltzmann 假定：r 个质点是不同的，任何盒子可以放任意个。

(2) Bose-Einstein 假定：r 个质点完全相同，每一个盒子可以放任意个。

(3) Fermi-Dirac 假定：r 个质点都完全相同，每盒不得超过一个。

23. 从 26 个英文字母中取出 6 个字母组成一字，若其中有 2 或 3 个母音，分别可构成多少个字(不允许重复)?

24. 给出下式

$$\binom{n}{m}\binom{r}{0}+\binom{n-1}{m-1}\binom{r+1}{1}+\binom{n-2}{m-2}\binom{r+2}{2}+\cdots+\binom{n-m}{0}\binom{r+m}{m}=\binom{n+r+1}{m}$$

的组合意义。

25. 给出下式

$$\binom{r}{r}+\binom{r+1}{r}+\binom{r+2}{r}+\cdots+\binom{n}{r}=\binom{n+1}{r+1}$$

的组合意义。

26. 证明:

$$\binom{m}{0}\binom{m}{n}+\binom{m}{1}\binom{m-1}{n-1}+\cdots+\binom{m}{n}\binom{m-n}{0}=2^n\binom{m}{n}$$

27. 对于给定的正整数 n，证明在所有 $C(n, r)(r=1, 2, \cdots, n)$中，当

$$r=\begin{cases}\dfrac{n-1}{2},\dfrac{n+1}{2} & (n\text{ 为奇数})\\[2ex] \dfrac{n}{2} & (n\text{ 为偶数})\end{cases}$$

时，$C(n, r)$取得最大值。

28. 证明:

(1) 用组合方法证明$\dfrac{(2n)!}{2^n}$和$\dfrac{(3n)!}{2^n\cdot 3^n}$都是整数。

(2) 证明$\dfrac{(n^2)!}{(n!)^{n+1}}$是整数。

29. 求解:

(1) 在 $2n$ 个球中，有 n 个相同，求从这 $2n$ 个球中选取 n 个的方案数。

(2) 在 $3n+1$ 个球中，有 n 个相同，求从这 $3n+1$ 个球中选取 n 个的方案数。

30. 证明在由字母表{0, 1, 2}生成的长度为 n 的字符串中:

(1) 0 出现偶数次的字符串有$\dfrac{3^n+1}{2}$个;

(2) $\binom{n}{0}2^n+\binom{n}{2}2^{n-2}+\cdots+\binom{n}{q}2^{n-q}=\dfrac{3^n+1}{2}$，其中 $q=2\left\lfloor\dfrac{n}{2}\right\rfloor$。

31. 5 台教学仪器供 m 个学生使用，要求使用第 1 台和第 2 台的人数相等，有多少种分配方案?

32. 由 n 个 0 及 n 个 1 组成的字符串，其任意前 k 个字符中，0 的个数不少于 1 的个数的字符串有多少?

第 3 章　母函数及其应用

问题：对于不尽相异元素的部分排列和组合，采用第 2 章的方法求解比较烦琐(参见表 3.1)。

表 3.1　不尽相异元素的部分排列和组合

<table>
<tr><td colspan="3">条件</td><td>组合方案数</td><td>排列方案数</td><td>对应的集合</td></tr>
<tr><td colspan="3">相异元素，不重复</td><td>$C_n^r=\frac{n!}{r!\cdot(n-r)!}$</td><td>$P_n^r=\frac{n!}{(n-r)!}$</td><td>$S=\{e_1, e_2, \cdots, e_n\}$</td></tr>
<tr><td colspan="3">相异元素，可重复</td><td>C_{n+r-1}^r</td><td>n^r</td><td>$S=\{\infty\cdot e_1, \infty\cdot e_2, \cdots, \infty\cdot e_n\}$</td></tr>
<tr><td rowspan="4">不尽相异元素(有限重复)</td><td rowspan="2">特例</td><td>$r=n$</td><td>1</td><td>$\frac{n!}{n_1!\ n_2!\ \cdots n_m!}$</td><td rowspan="4">$S=\{n_1\cdot e_1, n_2\cdot e_2, \cdots, n_m\cdot e_m\}$
$n_1+n_2+\cdots+n_m=n$,
$n_k\geqslant 1(k=1, 2, \cdots, m)$</td></tr>
<tr><td>$r=1$</td><td>m</td><td>m</td></tr>
<tr><td colspan="2">所有 $n_k\geqslant r$</td><td>C_{m+r-1}^r</td><td>m^r</td></tr>
<tr><td colspan="2">至少有一个 n_k 满足 $1\leqslant n_k<r$</td><td></td><td></td></tr>
</table>

新方法：母函数方法。其基本思想是把离散的数列同多项式或幂级数一一对应起来，从而把离散数列间的结合关系转化为多项式或幂级数之间的运算。

3.1　母　函　数

本节介绍如何用母函数方法求解组合问题。

3.1.1　母函数的定义

定义 3.1.1　对于数列 $\{a_n\}$，称无穷级数 $G(x)=\sum_{n=0}^{\infty}a_nx^n$ 为该数列的普通型母函数，简称普母函数或母函数，同时称 $\{a_n\}$ 为 $G(x)$ 的生成数列。

【例 3.1.1】　有限数列 $C(n, r)(r=0, 1, 2, \cdots, n)$的普母函数是：

$$G(x)=C_n^0+C_n^1x+C_n^2x^2+\cdots+C_n^nx^n=(1+x)^n$$

【例 3.1.2】 无限数列{1, 2, 3, 4, …, k, …}的普母函数是：

$$\frac{x}{(1-x)^2}=1+x+2x^2+\cdots+nx^n+\cdots$$

说明：

(1) a_n 可以为有限个或无限个。

(2) 数列$\{a_n\}$与母函数一一对应，即给定数列便得知它的母函数；反之，求得母函数，则数列也随之而定。

例如，无限数列{0, 1, 1, …, 1, …}的普母函数是 $0+x+x^2+\cdots+x^n+\cdots=\dfrac{x}{1-x}$。

(3) 这里将母函数只看作一个形式函数，目的是利用其有关运算性质完成计数问题，故不考虑收敛问题，而且始终认为它是可逐项微分和逐项积分的。

常用母函数见表 3.2。

表 3.2 常用母函数

$\{a_k\}(k=0, 1, \cdots)$	$G(x)$	$\{a_k\}(k=0, 1, \cdots)$	$G(x)$
$a_k=1$	$\dfrac{1}{1-x}$	$a_k=a^k$	$a\dfrac{1}{1-ax}$
$a_k=k$	$\dfrac{x}{(1-x)^2}$	$a_k=k+1$	$\dfrac{1}{(1-x)^2}$
$a_k=k(k+1)$	$\dfrac{2x}{(1-x)^3}$	$a_k=k^2$	$\dfrac{x(1+x)}{(1-x)^3}$
$a_k=k(k+1)(k+2)$	$\dfrac{6x}{(1-x)^4}$	$a_k=\dbinom{\alpha}{k}$，α 为任意实数	$(1+x)^\alpha$
$a_0=0$，$a_k=\dfrac{a^k}{k}$	$-\ln(1-ax)$	$a_k=\dfrac{\alpha^k}{k!}$，α 为任意	$e^{\alpha x}$
$a_k=\dfrac{(-1)^k}{(2k)!}$	$\cos\sqrt{x}$	$a_k=\dfrac{(-1)^k}{(2k+1)!}$	$\dfrac{1}{\sqrt{x}}\sin\sqrt{x}$
$a_k=\dfrac{(-1)^k}{2k+1}$	$\dfrac{1}{\sqrt{x}}\arctan\sqrt{x}$	$a_k=\dbinom{n+k}{k}$	$(1-x)^{-(n+1)}$

3.1.2 组合的母函数

定理 3.1.1 设 $S=\{n_1\cdot e_1, n_2\cdot e_2, \cdots, n_m\cdot e_m\}$，且 $n_1+n_2+\cdots+n_m=n$，则 S 的 r 可重组合的母函数为

$$G(x)=\prod_{i=1}^{m}\left(\sum_{j=0}^{n_i}x^j\right)=\sum_{r=0}^{n}a_rx^r \tag{3.1}$$

其中，r 可重组合数为 x^r 的系数 a_r，$r=0, 1, 2, \cdots, n$。

其理论依据为：多项式的任何一项与组合结果一一对应。

定理 3.1.1 的优点：

(1) 将无重组合与重复组合统一起来处理；

(2) 使处理可重组合的枚举问题变得非常简单。

推论 1　$S=\{e_1, e_2, \cdots, e_n\}$，则 r 无重组合的母函数为

$$G(x)=(1+x)^n \tag{3.2}$$

组合数为 x^r 的系数 $C(n, r)$。

推论 2　$S=\{\infty\cdot e_1, \infty\cdot e_2, \cdots, \infty\cdot e_n\}$，则 r 无限可重组合的母函数为

$$G(x)=\left(\sum_{j=0}^{\infty}x^j\right)^n=\frac{1}{(1-x)^n} \tag{3.3}$$

组合数为 x^r 的系数 $C(n+r-1, r)$。

推论 3　$S=\{\infty\cdot e_1, \infty\cdot e_2, \cdots, \infty\cdot e_n\}$，每个元素至少取一个，则 r 可重组合 $(r\geqslant n)$ 的母函数为

$$G(x)=\left(\sum_{j=1}^{\infty}x^j\right)^n=\left(\frac{x}{1-x}\right)^n \tag{3.4}$$

组合数为 x^r 的系数 $C(r-1, n-1)$。

推论 4　$S=\{\infty\cdot e_1, \infty\cdot e_2, \cdots, \infty\cdot e_n\}$，每个元素出现非负偶数次，则 r 可重组合的母函数为

$$G(x)=(1+x^2+x^4+\cdots+x^{2n}+\cdots)^n=\frac{1}{(1-x^2)^n} \tag{3.5}$$

组合数为 x^r 的系数：

$$a_r=\begin{cases}0 & (r\text{ 为奇数})\\ C\left(n+\dfrac{r}{2}-1, \dfrac{r}{2}\right) & (r\text{ 为偶数})\end{cases}$$

推论 5　$S=\{\infty\cdot e_1, \infty\cdot e_2, \cdots, \infty\cdot e_n\}$，每个元素出现奇数次，则 r 可重组合的母函数为

$$G(x)=(x+x^3+x^5+\cdots+x^{2n+1}+\cdots)^n=\left(\frac{x}{1-x^2}\right)^n \tag{3.6}$$

组合数为 x^r 的系数：

$$a_r=\begin{cases}0 & (r-n\text{ 为奇数})\\ C\left(n+\dfrac{r-n}{2}-1, \dfrac{r-n}{2}\right) & (r-n\text{ 为偶数})\end{cases}$$

推论 6　设 $S=\{n_1\cdot e_1, n_2\cdot e_2, \cdots, n_m\cdot e_m\}$，且 $n_1+n_2+\cdots+n_m=n$，要求元素 e_i 至少出现 k_i 次，则 S 的 r 可重组合的母函数为

$$G(x)=\prod_{i=1}^{m}\left(\sum_{j=k_i}^{n_i}x^j\right)=\sum_{r=k}^{n}a_r x^r \tag{3.7}$$

其中，r 可重组合数为 x^r 的系数 a_r，$r=k, k+1, \cdots, n$，$k=k_1+k_2+\cdots+k_m$。

【例 3.1.3】　设 $S=\{20a, 30b, \infty\cdot c\}$，并设元素 a 只能出现 1～5，10，13，16 次，b 只允许出现奇数次，c 至少出现 5 次且必须出现偶数次，求 S 的 r 可重组合的母函数。

解　可重组合的母函数为

$$G(x)=(x+x^2+\cdots+x^5+x^{10}+x^{13}+x^{16})\cdot$$
$$(x+x^3+x^5+\cdots+x^{29})\cdot(x^6+x^8+\cdots)$$

3.1.3 母函数的应用

【例 3.1.4】 设有 2 个红球，1 个黑球，1 个白球。

(1) 共有多少种不同的选取方法？试加以枚举。

(2) 若每次从中任取 3 个，有多少种不同的取法？

解 (1) 设用 x，y，z 分别代表红、黑、白 3 种球，两个红球的取法与 x^0，x^1，x^2 一一对应，即红球的可能取法与 $1+x+x^2$ 中 x 的各次幂一一对应，亦即 $x^0=1$ 表示不取，x 表示取 1 个红球，x^2 表示取两个。对其它球，依此类推，则母函数为

$$G(x, y, z)=(1+x+x^2)(1+y)(1+z)$$
$$=1+(x+y+z)+(x^2+xy+xz+yz)+(x^2y+x^2z+xyz)+(x^2yz)$$

共有 5 种不同的选取方法，即

① 一个球也不取的情况，共有 1 种方案；

② 取 1 个球的方案有 3 种，分别为红、黑、白 3 种球只取 1 个；

③ 取 2 个球的方案有 4 种，即 2 红、1 红 1 黑、1 红 1 白、1 黑 1 白；

④ 取 3 个球的方案有 3 种，即 2 红 1 黑、2 红 1 白、三色球各 1 个；

⑤ 取 4 个球的方案有 1 种，即全取。

若令 $x=y=z=1$，所有不同的选取方案总数为

$$G(1, 1, 1)=1+3+4+3+1=12$$

(2) 若只考虑每次取 3 个的方案数，则令 $y=x$，$z=x$，有

$$G(x)=(1+x+x^2)(1+x)(1+x)=1+3x+4x^2+3x^3+x^4$$

由 x^3 的系数即得所求方案数为 3 种。

【例 3.1.5】 有 18 张戏票分给甲、乙、丙、丁 4 个班(不考虑座位号)。其中，甲、乙两班最少 1 张，甲班最多 5 张，乙班最多 6 张；丙班最少 2 张，最多 7 张；丁班最少 4 张，最多 10 张。有多少种不同的分配方案？

解 (1) **问题分析** 这实质上是由甲、乙、丙、丁 4 类共 28 个元素中可重复地取 18 个元素的组合问题。其中 $S=\{5\cdot e_1, 6\cdot e_2, 7\cdot e_3, 10\cdot e_4\}$，$m=4$，$n=n_1+n_2+n_3+n_4=5+6+7+10=28$，$k=k_1+k_2+k_3+k_4=1+1+2+4=8$，$r=18$。

(2) **求解** 由推论 6 知相应的母函数为

$$G(x)=\left(\sum_{i=1}^{5}x^i\right)\left(\sum_{i=1}^{6}x^i\right)\left(\sum_{i=2}^{7}x^i\right)\left(\sum_{i=4}^{10}x^i\right)=x^8+\cdots+140x^{18}+\cdots+x^{28}$$

所以，共有 140 种分配方案。

(3) **特殊情况处理** 若将戏票数改为 $r=4$ 张，各班所分戏票的下限数 $k_i=0(i=1, 2, 3, 4)$，此时：

$$G_1(x)=\left(\sum_{i=0}^{5}x^i\right)\left(\sum_{i=0}^{6}x^i\right)\left(\sum_{i=0}^{7}x^i\right)\left(\sum_{i=0}^{10}x^i\right)$$
$$=1+4x+\cdots+35x^4+\cdots+x^{28}$$

与

$$G_2(x)=\left(\sum_{i=0}^{\infty}x^i\right)^4=\frac{1}{(1-x)^4}=1+4x+\cdots+35x^4+\cdots+4495x^{28}+\cdots$$

中 x^4 的系数是一样的，因为将 $\sum_{i=0}^{5}x^i$ 扩展为 $\sum_{i=0}^{\infty}x^i$ 并不影响 x^4 的系数，所以用 $G_2(x)$ 计算要比用 $G_1(x)$ 方便得多。

同理，当 $r=6$ 时，可以用母函数

$$G_3(x)=\left(\sum_{i=0}^{5}x^i\right)\left(\sum_{j=0}^{\infty}x^j\right)^3=\frac{\left(\sum_{i=0}^{5}x^i\right)}{(1-x)^3}$$

来代替 $G_1(x)$ 求 x^6 的系数。

【例 3.1.6】 从 n 双互相不同的鞋中取出 r 只($r\leqslant n$)，要求其中没有任何两只是成对的，共有多少种不同的取法?

解　解法一：用母函数方法求解，即视为 $S=\{2\cdot e_1, 2\cdot e_2, \cdots, 2\cdot e_n\}$，但同类中的两个 e_i 不一样，则 S 应为

$$S=\{e_{11}, e_{12}, e_{21}, e_{22}, \cdots, e_{n1}, e_{n2}\}$$

故其 r 重组合的母函数为

$$G(x)=(1+2x)^n=\sum_{r=0}^{n}\binom{n}{r}2^rx^r\binom{n}{0}\binom{n}{r}+\binom{n}{1}\binom{n-1}{r-1}+\binom{n}{2}\binom{n-2}{r-2}+\cdots+\binom{n}{r}\binom{n-r}{0}$$

即不同的取法共有 $a_r=\binom{n}{r}2^r$ 种。

由于每类元素最多只能出现一次，因此 $G(x)=(1+2x)^n$ 中不能有 x^2 项，再由同双的两只鞋子有区别知，x 的系数应为 2。

解法二：用排列组合求解。先从 n 双鞋中选取 r 双，共有 $\binom{n}{r}$ 种选法，再从此 r 双中每双抽取一只，有 2^r 种取法，由乘法原理，即得结果同上。

解法三：仍用排列组合求解。先取出 k 只左脚的鞋，再在其余 $n-k$ 双鞋中取出 $r-k$ 只右脚的鞋($k=0, 1, 2, \cdots, r$)，即得取法数为

$$a_r=\binom{n}{0}\binom{n}{r}+\binom{n}{1}\binom{n-1}{r-1}+\binom{n}{2}\binom{n-2}{r-2}+\cdots+\binom{n}{r}\binom{n-r}{0}$$

由此得组合恒等式：

$$\binom{n}{0}\binom{n}{r}+\binom{n}{1}\binom{n-1}{r-1}+\binom{n}{2}\binom{n-2}{r-2}+\cdots+\binom{n}{r}\binom{n-r}{0}=\binom{n}{r}2^r$$

此类问题的可归纳为：设集合 S 中共有 m 类元素，其中第 i 类有 n_i 个，且同类的元素也互不相同，即 $S=\{e_{11}, e_{12}, \cdots, e_{1n_1}; e_{21}, e_{22}, \cdots, e_{2n_2}; \cdots; e_{m1}, e_{m2}, \cdots, e_{mn_m}\}$。现从中取出 r 个，若规定第 i 类元素不能少于 k_i 个，则 S 的 r 组合的母函数为

$$G(x)=\prod_{i=1}^{m}\left(\sum_{j=k_i}^{n_i}\binom{n_i}{j}x^j\right)$$

拓展　把 5 本相同的书分给甲、乙、丙 3 个班，再发到个人手上，每人最多发一本。考

虑将分给某班的某本书发给该班的同学 A 与将其发给同学 B 被认为是不同的分法(每个同学最多一本)，而且甲、乙两班最少 1 本，甲班最多 5 本，乙班最多 6 本，丙班最少 2 本，最多 9 本，有多少种不同的分配方案?

这时，$S=\{e_{11}, e_{12}, \cdots, e_{15}; e_{21}, e_{22}, \cdots, e_{26}; e_{31}, e_{32}, \cdots, e_{39}\}$，$m=3$，$n=n_1+n_2+n_3=5+6+9=20$，$k=k_1+k_2+k_3=1+1+2=4$，$r=5$。故 r 组合母函数为

$$\begin{aligned}G(x)&=\left(\sum_{i=1}^{5}\binom{5}{i}x^i\right)\left(\sum_{i=1}^{6}\binom{6}{i}x^i\right)\left(\sum_{i=2}^{9}\binom{9}{i}x^i\right)\\&=\binom{5}{1}\binom{6}{1}\binom{9}{2}x^4+\left[\binom{5}{1}\binom{6}{1}\binom{9}{3}+\binom{5}{1}\binom{6}{2}\binom{9}{2}+\binom{5}{2}\binom{6}{1}\binom{9}{2}\right]x^5+\\&\quad\cdots+\binom{5}{5}\binom{6}{6}\binom{9}{9}x^{20}\\&=1080x^4+7380x^5+\cdots+x^{20}\end{aligned}$$

所以，共有 7380 种分配方案。

说明： 这里不能认为此问题等价于从 20 个相异元素中不重复地抽取 5 个元素，其答案为 $\binom{20}{5}=15\ 504$ 了。

【例 3.1.7】 甲、乙、丙 3 人把 $n(n\geqslant 3)$本相同的书搬到办公室，要求甲和乙搬的本数一样多，共有多少种分配的方法?

解 (1) 本问题为组合问题，即从集合 $S=\{\infty\cdot e_1, \infty\cdot e_2, \infty\cdot e_3\}$ 中可重复地选取 n 个元素，但要求 e_1 与 e_2 的个数一样多，求不同的选取方案数。

(2) 当 $n=1$ 时，其分法只有 1 种，即甲和乙都分 0 本，丙分 1 本。

当 $n=2$ 时，其分法有 2 种：甲和乙都分 0 本(丙分 2 本)或甲和乙都分 1 本(丙分0 本)。

当 $n=3$ 时，也是 2 种分法。

当 $n=4$ 或 5 时，分法为 3 种，即甲和乙都分 0 本、1 本或 2 本。

(3) 当甲分 k 本时，乙也必须分 k 本，丙就只能分 $n-2k$ 本。为了在母函数的展开式中体现总数 n，本组合问题的母函数应为

$$\begin{aligned}G(x)&=(1+x^2+x^4+\cdots+x^{2k}+\cdots)(1+x+x^2+\cdots+x^k+\cdots)\\&=\frac{1}{(1-x^2)(1-x)}\\&=\frac{1}{4}\cdot\frac{1}{1+x}+\frac{1}{4}\cdot\frac{1}{1-x}+\frac{1}{2}\cdot\frac{1}{(1-x)^2}\\&=\frac{1}{4}\sum_{n=0}^{\infty}(-1)^n x^n+\frac{1}{4}\sum_{n=0}^{\infty}x^n+\frac{1}{2}\sum_{n=0}^{\infty}\binom{n+1}{n}x^n\\&=\sum_{n=0}^{\infty}\left[\frac{n+1}{2}+\frac{1+(-1)^n}{4}\right]x^n\\&=\sum_{n=0}^{\infty}\left\lceil\frac{n+1}{2}\right\rceil x^n\end{aligned}$$

所以，不同的分配方法共有$\left\lceil\frac{n+1}{2}\right\rceil$种。

【例 3.1.8】 证明组合等式：

(1) $\binom{n}{1}+2\binom{n}{2}+3\binom{n}{3}+\cdots+n\binom{n}{n}=n\cdot 2^{n-1}$ (3.8)

(2) $\binom{n}{1}+2^2\binom{n}{2}+3^2\binom{n}{3}+\cdots+n^2\binom{n}{n}=n(n+1)\cdot 2^{n-2}$ (3.9)

(3) $\binom{n}{0}\binom{m}{0}+\binom{n}{1}\binom{m}{1}+\binom{n}{2}\binom{m}{2}+\cdots+\binom{n}{m}\binom{m}{m}=\binom{n+m}{m}$ $(n\geqslant m)$ (3.10)

证 (1) 在二项式

$$(1+x)^n=\binom{n}{0}+\binom{n}{1}x+\binom{n}{2}x^2+\cdots+\binom{n}{n}x^n$$

的两端对 x 求导可得

$$n(1+x)^{n-1}=\binom{n}{1}+2\binom{n}{2}x+3\binom{n}{3}x^2+\cdots+n\binom{n}{n}x^{n-1} \tag{3.11}$$

令 $x=1$，即得式(3.8)。

(2) 式(3.11)两端同乘以 x 后求导得

$$n(1+x)^{n-1}+n(n-1)x(1+x)^{n-2}=\binom{n}{1}+2^2\binom{n}{2}x+3^2\binom{n}{3}x^2+\cdots+n^2\binom{n}{n}x^{n-1}$$

令 $x=1$，即得式(3.9)。

(3) 因为

$$(1+x)^n\left(1+\frac{1}{x}\right)^m=x^{-m}(1+x)^{m+n}$$

即

$$\left[\binom{n}{0}+\binom{n}{1}x+\binom{n}{2}x^2+\cdots+\binom{n}{n}x^n\right]\left[\binom{m}{0}+\binom{m}{1}\frac{1}{x}+\binom{m}{2}\frac{1}{x^2}+\cdots+\binom{m}{m}\frac{1}{x^m}\right]$$

$$=x^{-m}\left[\binom{m+n}{0}+\binom{m+n}{1}x+\binom{m+n}{2}x^2+\cdots+\binom{m+n}{m}x^m+\binom{m+n}{m+n}x^{m+n}\right]$$

比较两边的常数项，即得式(3.10)。

3.2 母函数的性质

数列和它的母函数一一对应，给定了数列便可以确定其母函数，反之亦然。利用此对应关系，能帮助我们构造出某些指定数列的母函数的有限封闭形式。特别地，还能得到一些求和的新方法。

设数列$\{a_k\}$、$\{b_k\}$、$\{c_k\}$的母函数分别为 $A(x)$、$B(x)$、$C(x)$，且都可以逐项积分和微分。

性质 1 若 $b_k=\begin{cases}0, & (k<r)\\ a_{k-r}, & (k\geqslant r)\end{cases}$(即 $a_k=b_{k+r}$)，则 $B(x)=x^rA(x)$。

证 $$B(x)=b_0+b_1x+b_2x^2+\cdots+b_rx^r+\cdots$$
$$=\underbrace{0+0+\cdots+0}_{r个}+b_rx^r+b_{r+1}x^{r+1}+\cdots$$
$$=a_0x^r+a_1x^{r+1}+\cdots=x^rA(x)$$

【例 3.2.1】 已知

$$A(x)=1+\frac{x}{1!}+\frac{x^2}{2!}+\cdots=e^x$$
$$b_0=b_1=b_2=\cdots=b_{m-1}=0$$
$$b_m=a_0=1$$
$$b_{m+1}=a_1=\frac{1}{1!}$$
$$\vdots$$
$$b_{m+k}=a_k=\frac{1}{k!}\quad(k=0,1,2,\cdots)$$

则

$$B(x)=\underbrace{0+0+\cdots+0}_{m个}+b_mx^m+b_{m+1}x^{m+1}+\cdots=x^m[a_0+a_1x+\cdots]=x^me^x$$

性质 2 若 $b_k=a_{k+r}$，则

$$B(x)=\frac{\left[A(x)-\sum_{i=0}^{r-1}a_ix^i\right]}{x^r}$$

证 $$B(x)=b_0+b_1x+\cdots=a_r+a_{r+1}x+\cdots$$
$$=\frac{1}{x^r}(a_rx^r+a_{r+1}x^{r+1}+a_{r+2}x^{r+2}+\cdots)$$
$$=\frac{[A(x)-a_0-a_1x-a_2x^2-\cdots-a_{r-1}x^{r-1}]}{x^r}$$

性质 3 若 $b_k=\sum_{i=0}^{k}a_i$，则

$$B(x)=\frac{A(x)}{1-x}$$

证 等式 $b_k=\sum_{i=0}^{k}a_i$ 的两端都乘以 x^k 并分别相加，得

$$k=0,\ 1:\ b_0=a_0$$
$$k=1,\ x:\ b_1=a_0+a_1$$
$$k=2,\ x^2:\ b_2=a_0+a_1+a_2$$
$$\vdots$$
$$k=n,\ x^n:\ b_n=a_0+a_1+a_2+\cdots+a_n$$
$$\vdots$$
$$B(x)=\frac{a_0}{1-x}+\frac{a_1x}{1-x}+\frac{a_2x^2}{1-x}+\cdots=\frac{A(x)}{1-x}$$

例如，设

$$A(x)=1+x+x^2+\cdots+x^n+\cdots=\frac{1}{1-x}\quad (a_k=1)$$

令 $b_k=\sum_{i=0}^{k}a_i=k+1$，则

$$B(x)=1+2x+3x^2+\cdots=\sum_{k=0}^{\infty}(k+1)x^k$$

$$=\frac{A(x)}{1-x}=\frac{1}{(1-x)^2}$$

即

$$B(x)=\sum_{k=0}^{\infty}kx^k+\sum_{k=0}^{\infty}x^k=\left(\sum_{k=0}^{\infty}x^k\right)\left(\sum_{k=0}^{\infty}x^k\right)=\frac{1}{(1-x)^2}$$

同理，令 $c_k=\sum_{i=0}^{k}b_i=1+2+\cdots+(k+1)$，可得

$$C(x)=1+3x+6x^2+10x^3+15x^4+\cdots$$

$$=\sum_{k=0}^{\infty}\frac{(k+1)(k+2)}{2}x^k$$

$$=\frac{1}{(1-x)^3}$$

即

$$C(x)=A(x)B(x)=(1+2x+3x^2+\cdots)(1+x+x^2+\cdots)$$

$$=\frac{1}{(1-x)^3}$$

依此类推，有

$$D(x)=C(x)A(x)$$

$$=(1+3x+6x^2+10x^3+\cdots)(1+x+x^2+\cdots)$$

$$=\sum_{k=0}^{\infty}\frac{(k+1)(k+2)(k+3)}{6}x^k$$

$$=\frac{1}{(1-x)^4}$$

性质 4 若 $\sum_{i=0}^{\infty}a_i$ 收敛，且 $b_k=\sum_{i=k}^{\infty}a_i$，则

$$B(x)=\frac{A(1)-xA(x)}{1-x}$$

证 首先由条件知 b_k 存在，按定义

$$b_0=a_0+a_1+a_2+\cdots=A(1)$$

$$b_1=a_1+a_2+a_3+\cdots=A(1)-a_0$$

$$\vdots$$

$$b_k=a_k+a_{k+1}+a_{k+2}+\cdots=A(1)-a_0-a_1-\cdots-a_{k-1}$$

对 b_k 对应的等式两端都乘以 x^k 并分别按左右求和，得

$$\text{左端}=\sum_{k=0}^{\infty}b_k x^k=B(x)$$

$$\begin{aligned}\text{右端}&=A(1)+x[A(1)-a_0]+x^2[A(1)-a_0-a_1]+x^3[A(1)-a_0-a_1-a_2]+\cdots\\&=A(1)[1+x+x^2+\cdots]-a_0x[1+x+x^2+\cdots]-a_1x^2[1+x+x^2+\cdots]-\cdots\\&=\frac{A(1)}{1-x}-\frac{x(a_0+a_1x+a_2x^2+\cdots)}{1-x}\\&=\frac{A(1)}{1-x}-\frac{xA(x)}{1-x}=\frac{A(1)-xA(x)}{1-x}\end{aligned}$$

性质 5 若 $b_k=ka_k$，则 $B(x)=xA'(x)$。

证

$$\begin{aligned}B(x)&=\sum_{k=0}^{\infty}b_kx^k=\sum_{k=0}^{\infty}ka_kx^k=x\sum_{k=1}^{\infty}ka_kx^{k-1}\\&=x\sum_{k=1}^{\infty}(a_kx^k)'=x\Big(\sum_{k=1}^{\infty}a_kx^k\Big)'\\&=x[A(x)-a_0]'=xA'(x)\end{aligned}$$

性质 6 若 $b_k=\dfrac{a_k}{1+k}$，则 $B(x)=\dfrac{1}{x}\displaystyle\int_0^x A(x)\mathrm{d}x$。

证

$$\begin{aligned}B(x)&=\sum_{k=0}^{\infty}b_kx^k=\sum_{k=0}^{\infty}\frac{a_k}{1+k}x^k=\sum_{k=0}^{\infty}a_k\frac{1}{x}\int_0^x x^k\mathrm{d}x\\&=\frac{1}{x}\int_0^x\Big(\sum_{k=0}^{\infty}a_kx^k\Big)\mathrm{d}x=\frac{1}{x}\int_0^x A(x)\mathrm{d}x\end{aligned}$$

性质 7 若 $c_k=\displaystyle\sum_{i=0}^{k}a_ib_{k-i}$，则 $C(x)=A(x)B(x)$。

证

$$\begin{aligned}c_0&=a_0b_0\\c_1&=a_0b_1+a_1b_0\\c_2&=a_0b_2+a_1b_1+a_2b_0\\&\vdots\\c_n&=a_0b_n+a_1b_{n-1}+\cdots+a_nb_0\end{aligned}$$

对 c_k 对应的等式两端都乘以 x^k 后左右两边分别求和，得

$$\begin{aligned}C(x)=&a_0b_0+(a_0b_1+a_1b_0)x+(a_0b_2+a_1b_1+a_2b_0)x^2+\cdots+(a_0b_n+a_1b_{n-1}+\cdots+\\&a_nb_0)x^n+\cdots\\=&a_0(b_0+b_1x+b_2x^2+\cdots)+a_1x(b_0+b_1x+b_2x^2+\cdots)+\cdots\\=&(a_0+a_1x+a_2x^2+\cdots)(b_0+b_1x+b_2x^2+\cdots)\end{aligned}$$

所以

$$C(x)=A(x)B(x)$$

3.3 指数型母函数

指数型母函数一般作为特殊选择与排列的混合问题的模型，并用于求解此类模型问题。本节讨论排列的母函数问题，尤其是从 n 个不全相异元素中取 r 个的排列问题。

为了说明指数型母函数的概念，我们先看下面的例子。

设有1，2，3三个数字，从中任取4个数字，每个数字可以重复取，但至少取两个1。用这样取得的数字能组成多少个四位数字(排列)?

首先求这样的四位数字集合的个数。这样的一个四位数字集合相当于把4个不同的小球放入3个不同的盒子中，第一个盒子中至少放2个球的分配方法，即方程

$$n_1+n_2+n_3=4 \quad (n_1\geqslant 2;\ n_2,\ n_3\geqslant 0)$$

的整数解。这样的四位数字集合有$C_4^2=6$个。

然后把取4个数字变为取r个数字，即把放4个球变为放r个球，则所求为方程

$$n_1+n_2+n_3=r \quad (n_1\geqslant 2;\ n_2,\ n_3\geqslant 0)$$

的整数解的个数a'_r。a'_r的生成函数为

$$g'(x)=(x^2+x^3+x^4+\cdots)(1+x+x^2+\cdots)^2$$

此例的四位数字组合的个数就是a'_4，为$g'(x)$的展开式中x^4的系数，也就是$g'(x)$的中间展开式中所有形如$x^{n_1}x^{n_2}x^{n_3}(n_1+n_2+n_3=4,\ n_1\geqslant 2,\ n_2,\ n_3\geqslant 0)$的乘积的个数。这6个4个数字组合分别为1111，1112，1113，1122，1123，1133。分别用这6个4个数字组合构成四位数字，它们的个数分别为$\frac{4!}{4!\ 0!\ 0!}$，$\frac{4!}{3!\ 1!\ 0!}$，$\frac{4!}{3!\ 0!\ 1}$，$\frac{4!}{2!\ 2!\ 0!}$，$\frac{4!}{2!\ 1!\ 1!}$，$\frac{4!}{2!\ 0!\ 2!}$，将它们相加就是所求个数。在前面求四位数字集合(可以重复选择)的个数时，方程的每一个整数解被计数一次。但对于所求的四位数问题，方程的每个整数解产生$\frac{4!}{n_1!\ n_2!\ n_3!}$个四位数，而所要求的所有四位数的个数是形如

$$\frac{(n_1+n_2+n_3)!}{n_1!\ n_2!\ n_3!}x^{n_1}x^{n_2}x^{n_3} \quad (n_1+n_2+n_3=4,\ n_1\geqslant 2,\ n_2,\ n_3\geqslant 0)$$

的乘积之和的系数。形如$x^{n_1}x^{n_2}x^{n_3}$的乘积可以来自普通母函数的展开式中。但乘积$\frac{(n_1+n_2+n_3)!}{n_1!\ n_2!\ n_3!}x^{n_1}x^{n_2}x^{n_3}$是普通母函数无法产生的，而这正好是指数型母函数产生的乘积。

分析：组合数数列的母函数在解决计数问题和证明组合恒等式时之所以成为一个有力工具，是因为它具有有限封闭形式。

启发：对排列问题也采用母函数方式，尤其是n个不尽相异元素中取r个的排列问题。

困难：对于排列数数列$\{P(n,\ r)\}$，若采用普通型母函数，则使用起来十分不便。这是因为它不能表示为初等函数形式。

改进：n集的r无重排列数和r无重组合数之间有如下关系：

$$C(n,\ r)=\frac{P(n,\ r)}{r!}$$

从而有

$$(1+x)^n=\sum_{r=0}^{n}C(n,\ r)x^r=\sum_{r=0}^{n}P(n,\ r)\frac{x^r}{r!}$$

总结：在$(1+x)^n$的展开式中，项$\frac{x^r}{r!}$的系数恰好是排列数。由此受到启发，排列数数列的母函数应该采用形如$\sum_{k=0}^{\infty}a_k\frac{x^k}{k!}$的幂级数。由于这种类型的幂级数与指数函数$e^{ax}$的展开式相像，因此取名为指数型母函数。

3.3.1 数列的指母函数

定义 3.3.1 对于数列$\{a_k\}=\{a_0, a_1, a_2, \cdots\}$，把幂级数

$$G_e(x)\equiv\sum_{n=0}^{\infty}a_n\frac{x^n}{n!}=a_0+a_1\frac{x}{1!}+a_2\frac{x^2}{2!}+\cdots+a_n\frac{x^n}{n!}+\cdots$$

称为数列$\{a_k\}$的**指数型母函数**，简称为**指母函数**，而数列$\{a_k\}$则称为指母函数$G_e(x)$的**生成序列**。例如：

(1) $\{a_k=1\}$，$G_e(x)=e^x$。

(2) $\{a_k=P_n^k\}$，$G_e(x)=\sum_{r=0}^{n}P(n, r)\frac{x^r}{r!}=(1+x)^n$。

说明：

(1) a_n可以为有限个或无限个。

(2) 数列$\{a_n\}$与母函数一一对应，即给定数列便得知它的母函数；反之，求得母函数则数列也随之而定。

例如，无限数列$\{0, 1, 1, \cdots, 1, \cdots\}$的指母函数是$0+\frac{x}{1!}+\frac{x^2}{2!}+\cdots+\frac{x^n}{n!}+\cdots=e^x-1$。

(3) 这里将母函数只看作一个形式函数，目的是利用其有关运算性质完成计数问题，故不考虑“收敛问题”，即认为它始终是收敛的。

(4) 对同一数列$\{a_k\}$，一般$G(x)\neq G_e(x)$。

例如，$\{a_k=1\}$的普母函数为$G(x)=\frac{1}{1-x}$，而其指母函数则为$G_e(x)=e^x$。只有当$a_k=0(k\geqslant 2)$时，有

$$G(x)=a_0+a_1x=a_0+a_1\frac{x}{1!}=G_e(x)$$

(5) 对同一函数$f(x)$，令

$$f(x)=G_e(x)=\sum_{k=0}^{\infty}a_k\frac{x^k}{k!}$$

或

$$f(x)=G(x)\sum_{k=0}^{\infty}b_kx^k$$

则一般情况下，$a_k\neq b_k$。例如：

$$\sin(x)=\frac{x}{1!}-\frac{x^3}{3!}+\frac{x^5}{5!}-\frac{x^7}{7!}+\frac{x^9}{9!}-\cdots+\frac{x^{4i+1}}{(4i+1)!}-\frac{x^{4i+3}}{(4i+3)!}+\cdots$$

视$\sin(x)=G(x)$为普母函数，则

$$\{b_n\}=\left\{0, \frac{1}{1!}, 0, -\frac{1}{3!}, 0, \frac{1}{5!}, 0, -\frac{1}{7!}, \cdots\right\}$$

视 $\sin(x)=G_e(x)$ 为指母函数，则

$$\{a_n\}=\{0, 1, 0, -1, 0, 1, 0, -1, \cdots\}$$

3.3.2　排列的指母函数

定理 3.3.1　设重集 $S=\{n_1\cdot e_1, n_2\cdot e_2, \cdots, n_m\cdot e_m\}$，且 $n_1+n_2+\cdots+n_m=n$，则 S 的 r 可重排列的指母函数为

$$G_e(x)=\prod_{i=1}^{m}\left(\sum_{j=0}^{n_i}\frac{x^j}{j!}\right)=\sum_{r=0}^{n}a_r\frac{x^r}{r!} \tag{3.12}$$

其中，r 可重排列数为 $\frac{x^r}{r!}$ 的系数 a_r，$r=0, 1, 2, \cdots, n$。

【例 3.3.1】　盒中有 3 个红球，2 个黄球，3 个篮球，从中取 4 个球，排成一列，共有多少种不同排列方案？

解　设 $m=3$，$n_1=3$，$n_2=2$，$n_3=3$，$r=4$，由定理知

$$\begin{aligned}G_e(x)&=\left(1+\frac{x}{1!}+\frac{x^2}{2!}+\frac{x^3}{3!}\right)\left(1+\frac{x}{1!}+\frac{x^2}{2!}\right)\left(1+\frac{x}{1!}+\frac{x^2}{2!}+\frac{x^3}{3!}\right)\\&=1+3x+\frac{9}{2}x^2+\frac{13}{3}x^3+\frac{35}{12}x^4+\frac{17}{12}x^5+\frac{35}{72}x^6+\frac{8}{72}x^7+\frac{1}{72}x^8\\&=1+3\frac{x}{1!}+9\frac{x^2}{2!}+26\frac{x^3}{3!}+70\frac{x^4}{4!}+170\frac{x^5}{5!}+350\frac{x^6}{6!}+560\frac{x^7}{7!}+560\frac{x^8}{8!}\end{aligned}$$

所以，从中取 4 个球的排列方案有 70 种。

枚举各种排列方案。令

$$G_e(r, y, b)=\left(1+\frac{r}{1!}+\frac{r^2}{2!}+\frac{r^3}{3!}\right)\left(1+\frac{y}{1!}+\frac{y^2}{2!}\right)\left(1+\frac{b}{1!}+\frac{b^2}{2!}+\frac{b^3}{3!}\right)$$

则有

$$\begin{aligned}G_e(r, y, b)=1&+\frac{1}{1!}(r+y+b)+\\&\frac{1}{2!}(r^2+y^2+b^2+2ry+2rb+2yb)+\\&\frac{1}{3!}(r^3+b^3+3r^2y+3r^2b+3ry^2+3rb^2+3yb^2+3y^2b+6ryb)+\\&\cdots+560\frac{r^3y^2b^3}{8!}\end{aligned}$$

取 1 个球的 3 种排列方案为红、黄、蓝各分别取 1 个；取 2 个球的 9 种排列方案为红红、黄黄、蓝蓝、红黄、黄红、红蓝、蓝红、黄蓝、蓝黄。

说明

(1) 利用普母函数能枚举到每一种组合情况，但指母函数做不到，只能对排列进行分类枚举。

(2) 一个问题的普母函数和指母函数可以互相转换。在 $G_e(r, y, b)$ 中，令每一项的系数为 1，即得该问题的普母函数。

(3) 已知问题的普母函数 $G(r, y, b)$，可以利用其生成该问题的指母函数：

$$G_e(r, y, b)=\frac{3!}{3!\ 0!\ 0!}r^3+\frac{3!}{0!\ 3!\ 0!}b^3+\frac{3!}{2!\ 1!\ 0!}r^2y+\frac{3!}{2!\ 0!\ 1!}r^2b+\frac{3!}{1!\ 2!\ 0!}ry^2+\frac{3!}{1!\ 0!\ 2!}rb^2+\frac{3!}{0!\ 2!\ 1!}y^2b+\frac{3!}{0!\ 1!\ 2!}yb^2+\frac{3!}{1!\ 1!\ 1!}ryb$$

3.3.3 指母函数的特例

推论 1 若 $S=\{e_1, e_2, \cdots, e_n\}$，则 r 无重排列的指母函数为

$$G_e(x)=\left(1+\frac{x}{1!}\right)^n=\sum_{r=0}^{n}P(n, r)\frac{x^r}{r!} \tag{3.13}$$

排列数为 $x^r/r!$ 的系数 $P(n, r)$。

推论 2 若 $S=\{\infty\cdot e_1, \infty\cdot e_2, \cdots, \infty\cdot e_n\}$，则 r 无限可重排列的指母函数为

$$G_e(x)=\left(\sum_{j=0}^{\infty}\frac{x^j}{j!}\right)^n=e^{nx}=\sum_{r=0}^{\infty}n^r\frac{x^r}{r!} \tag{3.14}$$

排列数为 n^r。

若每个元素 e_i 至少出现一次(即 $r\geqslant n$)，则 $G_e(x)=(e^x-1)^n$，从中取 r 个的排列数为 $\sum_{i=0}^{n}(-1)^iC_n^i(n-i)^r$。

$$\begin{aligned}(e^x-1)^n&=\sum_{i=0}^{n}C_n^i e^{(n-i)x}(-1)^i=\sum_{i=0}^{n}C_n^i(-1)^i\sum_{r=0}^{\infty}\frac{[(n-r)x]^r}{r!}\\&=\sum_{r=0}^{\infty}\left(\sum_{i=0}^{n}(-1)^iC_n^i(n-i)^r\right)\frac{x^r}{r!}\end{aligned}$$

推论 3 $S=\{n_1\cdot e_1, n_2\cdot e_2, \cdots, n_m\cdot e_m\}$，元素 e_i 至少取 k_i 个($k_i\geqslant 0$)，则有

$$G_e(x)=\prod_{i=1}^{m}\left(\sum_{j=k_i}^{n_i}\frac{x^j}{j!}\right) \tag{3.15}$$

推论 4 $S=\{n_1\cdot e_1, n_2\cdot e_2, \cdots, n_m\cdot e_m\}$，令 $r=n$，即得全排列数

$$\frac{n!}{n_1!\cdot n_2!\cdots n_m!}$$

3.3.4 指母函数的应用

【例 3.3.2】 五个数字 1，1，2，2，3 能组成多少个四位数？

解 用 a_r 表示组成 r 位数的个数，$\{a_r\}$ 的指母函数为

$$\begin{aligned}G_e(x)&=\left(1+\frac{x}{1!}+\frac{x^2}{2!}\right)\left(1+\frac{x}{1!}+\frac{x^2}{2!}\right)\left(1+\frac{x}{1!}\right)\\&=1+3x+4x^2+3x^3+\frac{5}{4}x^4+\frac{1}{4}x^5\\&=1+3\frac{x}{1!}+8\frac{x^2}{2!}+18\frac{x^3}{3!}+30\frac{x^4}{4!}+30\frac{x^5}{5!}\end{aligned}$$

由 $a_4=30$ 知能组成30个四位数。同时还知道能组成3个一位数、8个两位数、18个三位数等。

【例3.3.3】 求1，3，5，7，9五个数字组成的 n 位数的个数(每个数字可重复出现)，要求其中3，7出现的次数为偶数，1，5，9出现的次数不加限制。

解　设满足条件的 n 位数的个数为 a_n，则数列 $\{a_n\}$ 对应的指母函数为

$$\begin{aligned}G_e(x)&=\left(1+\frac{x^2}{2!}+\frac{x^4}{4!}+\cdots\right)^2\left(1+\frac{x}{1!}+\frac{x^2}{2!}+\frac{x^3}{3!}+\cdots\right)^3\\&=\left(\frac{e^x+e^{-x}}{2}\right)^2e^{3x}=\frac{1}{4}(e^{5x}+2e^{3x}+e^x)\\&=\frac{1}{4}\left(\sum_{n=0}^{\infty}5^n\frac{x^n}{n!}+2\sum_{n=0}^{\infty}3^n\frac{x^n}{n!}+\sum_{n=0}^{\infty}\frac{x^n}{n!}\right)\\&=\sum_{n=0}^{\infty}\frac{5^n+2\cdot 3^n+1}{4}\frac{x^n}{n!}\end{aligned}$$

所以

$$a_n=\frac{1}{4}(5^n+2\cdot 3^n+1)$$

【例3.3.4】 把例3.3.3的条件改为要求1、3、7出现的次数一样多，5和9出现的次数不加限制。求这样的 n 位数的个数。

解　设满足条件的数有 b_n 个，与3.1节类似的组合问题一样，本问题的指母函数为

$$\begin{aligned}G_e(x)&=\left(1+\frac{3!}{1!\cdot 1!\cdot 1!}\frac{x^3}{3!}+\frac{6!}{2!\cdot 2!\cdot 2!}\frac{x^6}{6!}+\cdots\right)\left(1+\frac{x}{1!}+\frac{x^2}{2!}+\frac{x^3}{3!}+\cdots\right)^2\\&=\left(1+\frac{x^3}{1!\cdot 1!\cdot 1!}+\frac{x^6}{2!\cdot 2!\cdot 2!}+\cdots\right)e^{2x}\\&=\left(1+\frac{x^3}{1!\cdot 1!\cdot 1!}+\frac{x^6}{2!\cdot 2!\cdot 2!}+\cdots\right)\left(1+\frac{2}{1!}x+\frac{2^2}{2!}x^2+\frac{2^3}{3!}x^3+\cdots\right)\\&=1+2\frac{x}{1!}+2^2\frac{x^2}{2!}+\left(2^3+\frac{3!}{1!\cdot 1!\cdot 1!}\right)\frac{x^3}{3!}+\\&\quad\left(2^4+2\frac{4!}{1!\cdot 1!\cdot 1!}\right)\frac{x^4}{4!}+\left(2^5+\frac{2^2}{2!}\frac{5!}{1!\cdot 1!\cdot 1!}\right)\frac{x^5}{5!}+\\&\quad\left(2^6+\frac{2^3}{3!}\frac{6!}{1!\cdot 1!\cdot 1!}+\frac{6!}{2!\cdot 2!\cdot 2!}\right)\frac{x^6}{6!}\cdots\\&=1+2\frac{x}{1!}+4\frac{x^2}{2!}+14\frac{x^3}{3!}+64\frac{x^4}{4!}+272\frac{x^5}{5!}+1114\frac{x^6}{6!}+\cdots\end{aligned}$$

因此有

$$b_0=1,\ b_1=2,\ b_2=4,\ b_3=14,\ b_4=64,\ b_5=272,\ b_6=1114$$

一般情形下，当 $n=3k+i\ (i=0,\ 1,\ 2;\ k=0,\ 1,\ 2\cdots)$ 时，有

$$b_n=2^n+\frac{2^{n-3}}{(n-3)!}\frac{n!}{1!\cdot 1!\cdot 1!}+\frac{2^{n-6}}{(n-6)!}\frac{n!}{2!\cdot 2!\cdot 2!}+\cdots+\frac{2^i}{i!}\frac{n!}{k!\cdot k!\cdot k!}$$

该式可以从允许重复的排列组合角度理解。

【例3.3.5】 在例3.1.6中，若把所取出的 r 只鞋再排成一列，共有多少种结果？

解 此问题即从集合 e_{i1} 的 n 类共 $2n$ 个元素中不重复地取出 r 个元素排成一列，且同一类元素 e_{i1}、e_{i2} 不能同时出现($1\leqslant i\leqslant n$)。因此，其 r 无重排列的指母函数应为

$$G_e(x)=(1+P_2^1x)^n=\sum_{r=0}^{n}\binom{n}{r}2^rx^r=\sum_{r=0}^{n}\binom{n}{r}2^rr!\ \frac{x^r}{r!}$$

即不同的排列共有 $\binom{n}{r}2^rr!=P_n^r2^r$ 种。

与例 3.1.6 类似，本问题的排列数也可以从排列的角度理解：先从 n 双鞋子中不重复地选出 r 双排成一列，共有 P_n^r 种排列情况，再从所选的每双鞋中抽取一只，有 2^r 种取法。由乘法原理即得所求结果。

(1) 分配问题：将 r 个不同的球放入 n 个不同的盒子，每个盒子最多放一个球，而且每个盒子中有两个相异的格子，故还需要进行二次分配。如果某个盒子中放进一个球，那么，二次分配时有两种可选的方案。

(2) 一般提法：集合 S 中有 m 类元素，第 i 类元素有 n_i 个，且同一类元素互不相同，今从 S 中取出 r 个元素排成一列，共有多少种排列结果？其中，要求第 i 类元素最少为 k_i 个，最多为 t_i 个，则此排列问题的指母函数为

$$G_e(x)=\prod_{i=1}^{m}\left(\sum_{j=k_i}^{t_i}P_{n_i}^j\frac{x^j}{j!}\right)$$

将其整理为指母函数的标准形式为

$$G_e(x)=\sum_{r=0}^{n}a_r\frac{x^r}{r!}$$

即得问题的答案为 $a_r(r=0,1,\cdots,n)$。

3.4 正整数的分拆

在一些组合计数里，常会遇到将一个正整数分拆成若干个正整数之和的问题，它和分配问题以及一次方程整数解的个数有密切关系。

1. 概念

定义 3.4.1 将一个正整数 n 分解成 k 个正整数之和：

$$\begin{cases}n=n_1+n_2+\cdots+n_i & (k\geqslant 1)\\ n_i\geqslant 1 & (i=1,2,\cdots,k)\end{cases}\tag{3.16}$$

称该分解是 n 的一个 k **分拆**，并称 n_i 为**分量**(或**分项**)。

2. 分类

(1) 有序分拆：需考虑 n_i 间的顺序。例如：

$$5=2+1+1+1=3+2=3+1+1$$

(2) 无序分拆：不需考虑顺序。这时可把各分项按大小重新排列。例如：

$$5=2+1+1+1=3+2=3+1+1$$

3.4.1 弗雷斯图

定义 3.4.2　一个从上而下的 k 层格子，设 m_i 为第 i 层的格子数，当 $m_i \geqslant m_{i+1}(i=1, 2, \cdots, n-1)$，即上层的格子数不少于下层的格子数时，称之为 Ferrers 图(弗雷斯图)，如图 3.1 所示。

图 3.1　共轭 Ferrers 图

弗雷斯图具有以下性质：

(1) 每一层至少有一个格子。

(2) Ferrers 图与无序分拆是一一对应的，其对应关系是：第 1 层的格子数对应分项 n_1，第 2 层的格子数对应分项 n_2，依此类推。图 3.1(a)就代表 20 的一种分拆 $20=7+5+5+2+1$。

(3) 将图形转置，即把行与列对调，所得的图仍然是 Ferrers 图，称为原 Ferrers 图的共轭图(图 3.1 中的(b)是(a)的共轭图)，或者说这两个图是一对共轭的 Ferrers 图。若某个 Ferrers 图与其共轭图形状相同，则称其是自共轭的。

反过来，共轭图对应的分拆相应地叫作共轭分拆，如图 3.1(b)对应的分拆 $20=5+4+3+3+3+1+1$ 是图(a)对应的分拆 $20=7+5+5+2+1$ 的共轭分拆。

定理 3.4.1

(1) n 的所有 k 分拆的个数等于把 n 分拆成最大分项等于 k 的所有分拆数；

(2) 把 n 分拆成最多不超过 k 个数之和的分拆数等于把 n 分拆成最大分项不超过 k 的所有分拆数。

显然，从共轭图对的一一对应关系即可得到两种分拆要求的一一对应关系，从而可知定理的结论成立。例如，由图 3.1 知，20 的 5 分拆对应的 Ferrers 图必为 5 行的 Ferrers 图，而其共轭图的最长的行必为 5 列，即 20 的最大分项等于 5 的一种分拆。

到此，关于正整数的无序分拆数的计数问题已经得到解决。

推论　正整数 n 分拆成互不相同的若干个奇数的和的分拆数，与 n 分拆成有自共轭的 Ferrers 图的分拆数相等。

证　设

$$n=(2n_1+1)+(2n_2+1)+\cdots+(2n_k+1)\quad (n_1>n_2>\cdots>n_k)$$

构造一个 Ferrers 图，其第 1 行、第 1 列都是 n_1+1，对应于 $2n_2+1$，第 2 行、第 2 列都是 n_2+1，对应于 $2n_2+1$，依此类推。由此所得的 Ferrers 图是自共轭的，反过来也一样。例如：

$$17=9+5+3$$

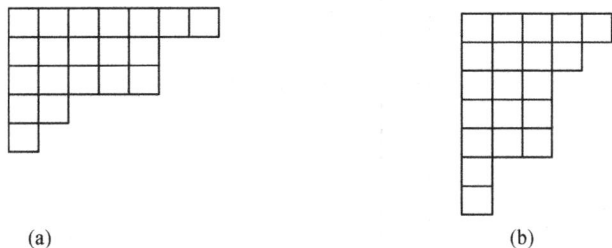

其对应的 Ferrers 图如图 3.2 所示。

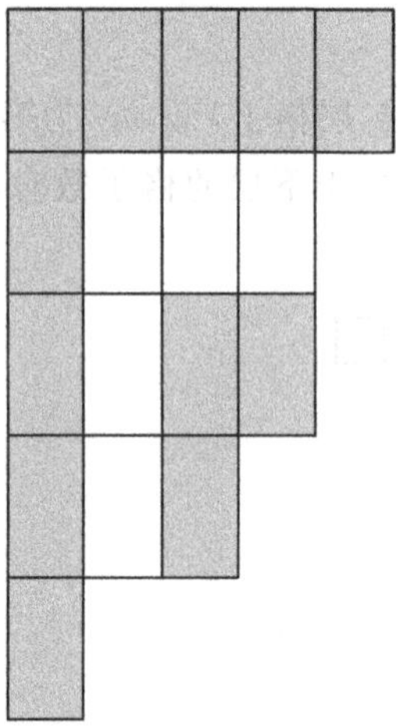

图 3.2 n 分拆为不同的奇数及其对应的自共轭的 Ferrers 图

3.4.2 有序分拆

求 n 的 k 有序分拆的个数，相当于求一次不定方程(3.16)全体正整数解的组数。对每个分量 n_i 加以条件限制，例如 $1\leqslant n_i\leqslant r_i(i=1, 2, \cdots, k)$，可得如下结果。

定理 3.4.2 对于 n 的 k 有序分拆：

$$\begin{cases} n=n_1+n_2+\cdots+n_k & (k\geqslant 1) \\ 1\leqslant n_i\leqslant r_i & (i=1, 2, \cdots, k) \end{cases} \tag{3.17}$$

其 k 有序分拆数列 $\{q_k(n)\}$ 的母函数是

$$\prod_{i=1}^{k}\left(\sum_{j=1}^{r_i}x^j\right)=(x+x^2+\cdots+x^{r_1})(x+x^2+\cdots+x^{r_2})\cdots(x+x^2+\cdots+x^{r_k})$$

组合意义(分配问题) 把 n 个相同的球放入 k 个不同的盒子里，第 i 个盒的容量为 $r_i(i=1, 2, \cdots, k)$，且使每盒非空。

推论 若对 n 的 k 有序分拆的各分量 r_i 没有限制，则其 k 有序分拆数列 $\{q_k(n)\}$ 的母函数是 $\left(\dfrac{x}{1-x}\right)^k$，且 $q_k(n)=C(n-1, k-1)$。

3.4.3 无序分拆

1. 问题

在 n 的分拆中，不考虑各分量的顺序，把分拆后的各项数值从大到小排列，即有

$$\begin{cases} n=n_1+n_2+\cdots+n_k & (k\geqslant 1) \\ n_1\geqslant n_2\geqslant\cdots\geqslant n_i\geqslant 1 \end{cases} \tag{3.18}$$

满足以上条件的每一组正整数解 $(n_1, n_2, \cdots, n_k)$ 就代表了一个 n 的 k 无序分拆，简称**分拆**，其分拆数记作 $P_k(n)$，n_1 称为**最大分项**。

问题转换　设满足后一种条件的 k 分拆数也为 $P_k(n)$，将 n 分拆为 k 项(每一项的大小不受限制)的分拆数等于将 n 分拆为最大分项为 k(分项个数不限)的分拆数。

2. 最大分项 $n_1=k$ 的分拆

把 n 分拆为最大分项等于 k，其分拆数相当于求不定方程

$$\begin{cases}1x_1+2x_2+\cdots+kx_k=n\\ x_i\geqslant 0\quad(i=1,2,\cdots,k-1)\\ x_k\geqslant 1\end{cases}\tag{3.19}$$

的整数解的组数，即整数 n 是 1，2，…，k 允许重复且 k 至少出现一次的所有(由条件式(3.18)限制的)的组合数，其母函数为

$$\begin{aligned}&(1+x+x^2+\cdots)(1+x^2+(x^2)^2+\cdots)(1+x^3+(x^3)^2+\cdots)\\&\qquad\cdots(x^k+(x^k)^2+(x^k)^3+\cdots)\\&\qquad=\frac{x^k}{(1-x)(1-x^2)\cdots(1-x^k)}\\&\qquad=\sum_{n=k}^{\infty}P_k(n)x^n\end{aligned}\tag{3.20}$$

其中，x^n 的系数为 n 的最大分项等于 k 的分拆个数。

3. 最大分项 $n_1\leqslant k$ 的分拆

若最大分项小于或等于 k，其分拆数相当于解不定方程：

$$\begin{cases}1x_1+2x_2+\cdots+kx_k=n\\ x_i\geqslant 0\quad(i=1,2,\cdots,k)\end{cases}\tag{3.21}$$

其分拆数列$\{r_k(n)\}$的母函数为

$$\begin{aligned}&(1+x+x^2+\cdots)(1+x^2+(x^2)^2+\cdots)(1+x^3+(x^3)^2+\cdots)\\&\qquad\cdots(1+x^k+(x^k)^2+(x^k)^3+\cdots)\\&\qquad=\frac{1}{(1-x)(1-x^2)\cdots(1-x^k)}\\&\qquad=\sum_{n=k}^{\infty}r_k(n)x^n\end{aligned}\tag{3.22}$$

其中，x^n 的系数为 n 的最大分项不超过 k 的分拆个数。

3.4.4　例题

【例 3.4.1】(各分项不同，即不重复)　设有 1 克、2 克、3 克、4 克的砝码各一枚，若要求各砝码只能放在天平的一边，能称出哪几种重量？有哪几种可能方案？

解　这是典型的正整数分拆问题。比如说，可以称 6 克重的物品，使用的砝码可以是 1 克、2 克、3 克的 3 个砝码放在一起，也可以是 2 克和 4 克的两个砝码放在一起来称，即当最大分项不超过 4 时，6 的无序不重复分拆只有两种：

$$6=3+2+1=4+2$$

首先，将整数 n 分拆为最大分项不超过 4，且各分项最多只能出现一次的分拆数数列的母函数为

$$1 + x + x^2 + 2x^3 + 2x^4 + 2x^5 + 2x^6 + 2x^7 + x^8 + x^9 + x^{10}$$

即在式(3.21)中令 $0 \leqslant x_i \leqslant 1$ 而得到的式(3.22)的特殊情形。

从右端的母函数知可称出从 1 克到 10 克共 10 种重量，幂 x^n 的系数即为称出 n 克重量的方案数。

若要枚举出具体的称重方案，则分拆数的母函数应为

$$\begin{aligned}&(1+x)(1+y^2)(1+z^3)(1+w^4)\\&=1+x+y^2+(xy^2+z^3)+(xz^3+w^4)+(xy^2z^3+y^2w^4)+(xw^4+y^2z^3)+\\&\quad(xy^2w^4+z^3w^4)+xz^3w^4+y^2z^3w^4+xy^2z^3w^4\end{aligned} \tag{3.23}$$

从式(3.23)中可以看出，若 $x^{n_1}y^{n_2}z^{n_3}w^{n_4}$ ($n_i = 0$ 或 i)中各因子的指数之和为 n，则该单项式 $x^{n_1}y^{n_2}z^{n_3}w^{n_4}$ 就对应一种称 n 克重量的方案。例如，z^3w^4 就是称 7 克重量的方案之一，而且用的是 3 克和 4 克的砝码；称 7 克重量的另一方案是 xy^2w^4 对应的用 1 克、2 克和 4 克的砝码。

说明

(1) 取 1+2+3=2+4，重量相同，元素个数不同，对应所取元素个数不同的组合方案。

(2) 若取两个元素，如 2+3=5，3+4=7，元素个数相同，但重量不同，是不同的整数的分拆方案。

(3) 组合关心的是元素的个数，本例关心的是元素的加权和(每个元素赋予一定的权值)。对于组合而言，其母函数应为

$$\begin{aligned}&(1+x)(1+y)(1+z)(1+w)\\&=1+(x+y+z+w)+(xy+xz+xw+yz+yw+zw)+\\&\quad(xyz+xyw+xzw+yzw)+xyzw\end{aligned}$$

【例 3.4.2】 (各分项无限重复)求用 1 分、2 分、3 分的邮票贴出不同面值的方案数。

解 这是可重复的无序分拆，相应的母函数为

$$\begin{aligned}G(x)&=(1+x+x^2+\cdots)(1+x^2+x^4+\cdots)(1+x^3+x^6+\cdots)\\&=\frac{1}{1-x}\,\frac{1}{1-x^2}\,\frac{1}{1-x^3}=\frac{1}{1-x-x^3+x^4+x^5-x^6}\\&=1+x+2x^2+3x^3+4x^4+5x^5+7x^6+\cdots\end{aligned}$$

以 x^4 为例，其系数等于 4，说明贴出 4 分面值的方案有 4 种，即

$$4=1+1+1+1,\quad 4=2+1+1,\quad 4=2+2,\quad 4=3+1$$

说明 这里是按照邮票总面值的不同来区别并统计方案数的。若将邮票贴成一行，则不同面值的邮票互换位置后算作另一种方案，问题将成为有序分拆。

【例 3.4.3】(有序分拆) 在例 3.4.2 中，按照有序分拆，贴成总面值等于 4 分的方案数是多少？

解 这时，在无序分拆中的分拆方案 4=2+1+1、4=3+1 将分别对应 3 个和 2 个有序分拆方案：

$$4=2+1+1=1+2+1=1+1+2,\quad 4=3+1=1+3$$

所以，总的方案数应为 7。

本例也可以利用定理3.4.1的推论来计算方案数：

(1) 4的1有序分拆数为 $q_1(4)=C(4-1, 1-1)=1$，即 $4=4$ 分拆为自身；

(2) 4的2有序分拆数为 $q_2(4)=C(4-1, 2-1)=3$，即 $4=3+1=1+3=2+2$；

(3) 4的3有序分拆数为 $q_3(4)=C(4-1, 3-1)=3$，即 $4=2+1+1=1+2+1=1+1+2$；

(4) 4的4有序分拆数为 $q_4(4)=C(4-1, 4-1)=1$，即 $4=1+1+1+1$。

各项 $q_i(4)$ 求和，即得4的全部有序分拆数为8，但本题中无4分面值的邮票，故不算 $q_1(4)$，恰好为7种方案。

【例3.4.4】 (各分项有限不重复)若有1克的砝码3枚，2克的4枚，4克的2枚，能称出多少种重量？各有几种方案？

解　这是无序分拆中处于不重复分拆(见例3.4.1)和无限重复分拆(见例3.4.2)之间的有限重复分拆问题，其母函数为

$$\begin{aligned}G(x)&=(1+x+x^2+x^3)(1+x^2+x^4+x^6+x^8)(1+x^4+x^8)\\&=1+x+2x^2+2x^3+3x^4+4x^6+4x^7+5x^8+\\&\quad 5x^9+5x^{10}+5x^{11}+4x^{12}+4x^{13}+3x^{14}+3x^{15}+2x^{16}+\\&\quad 2x^{17}+x^{18}+x^{19}\end{aligned}$$

共能称出19种重量，各种重量的方案数即为各 x^n 的系数。例如，称8克重量，即8的分项为1、2、4的无序分拆有

$$8=4+4=4+2+2=4+2+1+1=2+2+2+2=2+2+2+1+1$$

若将1克的砝码改为4枚，显然，称8克重量的方案还有

$$8=4+1+1+1+1=2+2+1+1+1+1$$

相应的母函数以及称重方案方法如上所述。

【例3.4.5】 在例3.4.4中，若砝码可以放在天平的两边，但两边不能同时有同样重量的砝码，请给出问题的母函数。要称出2克重的物体，有多少种不同的称法？给出每一种称法。

解　此时，物体一边的砝码实际起抵消天平另一边砝码重量的作用。故称重量问题的母函数为

$$\begin{aligned}G(x)&=\left(\frac{1}{x^3}+\frac{1}{x^2}+\frac{1}{x}+1+x+x^2+x^3\right)\cdot\\&\quad\left(\frac{1}{x^8}+\frac{1}{x^6}+\frac{1}{x^4}+\frac{1}{x^2}+1+x^2+x^4+x^6+x^8\right)\cdot\\&\quad\left(\frac{1}{x^8}+\frac{1}{x^4}+1+x^4+x^8\right)\\&=(x^{-11}+x^{-10}+2x^{-9}+2x^{-8}+3x^{-7}+3x^{-6}+4x^{-5}+3x^{-4}+\\&\quad 4x^{-3}+3x^{-2}+4x^{-1}+3+4x+3x^2+4x^3+3x^4+4x^5+\\&\quad 3x^6+3x^7+2x^8+2x^9+x^{10}+x^{11})(x^{-8}+x^{-4}+1+x^4+x^8)\\&=x^{-19}+\cdots+13+17x+13x^2+16x^3+\cdots+x^{19}\end{aligned}$$

可以看出，称2克重物体的不同称法有13种。

用3个符号 x、y、z 分别代表不同的砝码，构造该问题的母函数如下：

$$
\begin{aligned}
G(x)=&(x^{-3}+x^{-2}+x^{-1}+1+x+x^2+x^3)(y^{-8}+y^{-6}+y^{-4}+y^{-2}+1+y^2+y^4+y^6+y^8)\\
&(z^{-8}+z^{-4}+1+z^4+z^8)\\
=&[(x^{-3}y^{-8}+x^{-3}y^{-6}+x^{-3}y^{-4}+x^{-3}y^{-2}+x^{-3}+x^{-3}y^2+x^{-3}y^4+x^{-3}y^6+x^{-3}y^8)+\\
&(x^{-2}y^{-8}+x^{-2}y^{-6}+x^{-2}y^{-4}+x^{-2}y^{-2}+x^{-2}+x^{-2}y^2+x^{-2}y^4+x^{-2}y^6+x^{-2}y^8)+\\
&(x^{-1}y^{-8}+x^{-1}y^{-6}+x^{-1}y^{-4}+x^{-1}y^{-2}+x^{-1}+x^{-1}y^2+x^{-1}y^4+x^{-1}y^6+x^{-1}y^8)+\\
&(y^{-8}+y^{-6}+y^{-4}+y^{-2}+1+y^2+y^4+y^6+y^8)+\\
&(xy^{-8}+xy^{-6}+xy^{-4}+xy^{-2}+x+xy^2+xy^4+xy^6+xy^8)+\\
&(x^2y^{-8}+x^2y^{-6}+x^2y^{-4}+x^2y^{-2}+x^2+x^2y^2+x^2y^4+x^2y^6+x^2y^8)+\\
&(x^3y^{-8}+x^3y^{-6}+x^3y^{-4}+x^3y^{-2}+x^3+x^3y^2+x^3y^4+x^3y^6+x^3y^8)]\\
&(z^{-8}+z^{-4}+1+z^4+z^8)\\
=&[x^{-3}y^{-8}+x^{-2}y^{-8}+(x^{-3}y^{-6}+x^{-1}y^{-8})+(x^{-2}y^{-6}+y^{-8})+\\
&(x^{-3}y^{-4}+x^{-1}y^{-6}+xy^{-8})+(x^{-2}y^{-4}+y^{-6}+x^2y^{-8})+\\
&(x^{-3}y^{-2}+x^{-1}y^{-4}+xy^{-6}+x^3y^{-8})+(x^{-2}y^{-2}+y^{-4}+x^2y^{-6})+\\
&(x^{-3}+xy^{-4}+x^3y^{-6}+x^{-1}y^{-2})+(x^{-2}+y^{-2}+x^2y^{-4})+\\
&(x^{-3}y^2+x^{-1}+xy^{-2}+x^3y^{-4})+(x^{-2}y^2+1+x^2y^{-2})+\\
&(x^{-3}y^4+x^{-1}y^2+x+x^3y^{-2})+(x^{-2}y^4+y^2+x^2)+\\
&(x^{-3}y^6+x^{-1}y^4+xy^2+x^3)+(x^{-2}y^6+y^4+x^2y^2)+\\
&(x^{-3}y^8+x^{-1}y^6+xy^4+x^3y^2)+(x^{-2}y^8+y^6+x^2y^4)+\\
&(x^{-1}y^8+xy^6+x^3y^4)+(y^8+x^2y^6)+\\
&(xy^8+x^3y^6)+x^2y^8+x^3y^8](z^{-8}+z^{-4}+1+z^4+z^8)\\
=&x^{-3}y^{-8}z^{-8}+\cdots+(x^{-2}y^{-6}z^8+y^{-8}z^8+x^{-2}y^6z^4+z^4y^4+x^2y^2z^4+\\
&x^2y^2+1+x^2y^{-2}+x^{-2}y^6z^{-4}+y^4z^{-4}+x^2y^2z^{-4}+y^8z^{-8}+x^2y^6z^{-8})+\cdots+\\
&(x^{-2}y^{-4}z^8+y^{-6}z^8+x^2y^{-8}z^8+x^{-2}z^4+y^{-2}z^4+x^2y^{-4}z^4+\\
&x^{-2}y^4+y^2+x^2+x^{-2}y^8z^{-4}+y^6z^{-4}+x^2y^4z^{-4}+x^2y^8z^{-8})+\cdots+x^3y^8z^8
\end{aligned}
$$

例如，称 2 克的重量，有 13 种方法，具体称法(负数表示砝码放在左边，正数表示砝码放在右边)为

$$x^2=1+1$$

$$y^2=2$$

$$x^{-2}y^4=(-1)+(-1)+2+2$$

$$x^{-2}z^4=(-1)+(-1)+4$$

$$y^{-2}z^4=(-2)+4$$

$$x^2y^{-4}z^4=1+1+(-2)+(-2)+4$$

$$y^6z^{-4}=2+2+2+(-4)$$

$$x^2y^4z^{-4}=1+1+2+2+(-4)$$

$$x^{-2}y^{-4}z^8=(-1)+(-1)+(-2)+(-2)+4+4$$

$$x^{-2}y^8z^{-4}=(-1)+(-1)+2+2+2+2+(-4)$$

$$y^{-6}z^8=(-2)+(-2)+(-2)+4+4$$

$$x^2y^{-8}z^7=1+1+(-2)+(-2)+(-2)+(-2)+4+4$$

$$x^2y^8z^{-8}=1+1+2+2+2+2+(-4)+(-4)$$

以下这些称法(即天平两边放有同一重量的砝码，使得相同砝码抵消)，采用上面的母函数是无法反映的：

$$
\begin{aligned}
2&=(-1)+1+2\\
&=(-1)+(-2)+1+2+2=(-1)+(-2)+1+4\\
&=(-4)+1+1+4\\
&=(-4)+2+4\\
&=(-1)+(-1)+(-4)+2+2+4\\
&=(-2)+(-4)+2+2+4\\
&=(-1)+(-1)+(-2)+(-4)+2+2+2+4\\
&=(-1)+(-1)+(-2)+(-2)+(-2)+2+4+4
\end{aligned}
$$

【例 3.4.6】 投掷 3 个骰子，点数之和为 $n(3\leqslant n\leqslant 18)$，其方案有多少种？骰子的情况如下：

(1) 3 个骰子相异；

(2) 3 个骰子相同。

解 (1) 3 个骰子不同(比如，3 个骰子的颜色分别为红色、蓝色和黄色)，则问题等价于 n 的每个分量值都有限制的特殊有序 3 分拆，即

$$
\begin{cases}
n=n_1+n_2+n_3\\
1\leqslant n_i\leqslant 6\ (i=1,\ 2,\ 3)
\end{cases}
$$

由定理 3.4.1 知，相应的母函数为

$$
\begin{aligned}
G(x)&=(x+x^2+\cdots+x^6)^3\\
&=x^3+3x^4+6x^5+10x^6+15x^7+21x^8+\\
&\quad 25x^9+27x^{10}+27x^{11}+25x^{12}+21x^{13}+\\
&\quad 15x^{14}+10x^{15}+6x^{16}+3x^{17}+x^{18}
\end{aligned}
$$

骰子的点数之和等于 n 的投掷方案个数就是 x^n 的系数($2\leqslant n\leqslant 18$)。例如，点数之和等于 15 的方案有 10 种，即

$$
\begin{aligned}
6+6+3&=6+3+6=3+6+6=6+5+4=6+4+5=5+6+4\\
&=5+4+6=4+6+5=4+5+6=5+5+5
\end{aligned}
$$

其中，假设和式中的第一个加数为红色骰子的点数，后两个加数分别为蓝色和黄色骰子的点数，而这也恰好反映了 15 的每个分项值不超过 6 的全部有序 3 分拆。

(2) 3 个骰子相同，则问题等价于 n 的特殊无序 3 分拆。其特殊性体现在对每个分量的值都限制在 1～6 之间，即

$$
\begin{cases}
n=n_1+n_2+n_3\\
1\leqslant n_3\leqslant n_2\leqslant n_1\leqslant 6
\end{cases}
$$

利用 Ferrers 图，此问题又可转化为求 n 的最大分项等于 3 且项数不超过 6 的分拆数，即求方程

$$
\begin{cases}
1\cdot x_1+2\cdot x_2+3\cdot x_3=n\\
x_1\geqslant 0,\ x_2\geqslant 0,\ x_3\geqslant 1\\
x_1+x_2+x_3\leqslant 6
\end{cases}
$$

的非负整数解的个数，相应的母函数为

$$
\begin{aligned}
G(x)=&[(1+x+\cdots+x^5)+(1+x+x^2+x^3+x^4)x^2+(1+x+x^2+x^3)(x^2)^2+\\
&\cdots+1(x^2)^2]x^3+[(1+x+\cdots+x^4)+(1+x+x^2+x^3)x^2+\\
&(1+x+x^2)(x^2)^2+(1+x)(x^2)^3+1(x^2)^4](x^3)^2+\\
&[(1+x+x^2+x^3)+(1+x+x^2)x^2+(1+x)(x^2)^2+1(x^2)^3](x^3)^3+\\
&[(1+x+x^2)+(1+x)x^2+1(x^2)^1](x^3)^4+\\
&[(1+x)+1(x^2)](x^3)^5+1(x^3)^6\\
=&x^3+x^4+2x^5+3x^6+4x^7+5x^8+6x^9+6x^{10}+6x^{11}+6x^{12}+5x^{13}+\\
&4x^{14}+3x^{15}+2x^{16}+x^{17}+x^{18}
\end{aligned}
$$

点数之和等于 n 的方案数就是 x^n 的系数($3\leqslant n\leqslant 18$)。例如，点数之和等于 10 的方案有 6 种，即

$$10=6+3+1=6+2+2=5+4+1=5+3+2=4+4+2=4+3+3$$

这也是 10 的每个分项值不超过 6 的无序 3 分拆数。

3.5 应 用

本节介绍母函数方法的一些应用，例如解决排列组合问题、组合恒等式问题，以及在概率生成函数中的应用。

3.5.1 母函数在排列组合中的应用

母函数有着广泛的应用，它不仅可以用来处理排列组合的计数问题和整数拆分问题，还可以用来证明(或推导)各种有用的组合恒等式，同时在之后的递归关系中有着重要的应用。

首先我们考虑如下情况，a、b、c 分别表示 3 个不同的物体。显然有 3 种方法从 a、b、c 中选取任意一个。我们把这 3 种可能的选取形象地表示为 $a+b+c$。同理，从 a、b、c 中任取两个也有 3 种方法，我们同样表示为 $ab+bc+ca$。而从 abc 中取 3 个有一种方法，即 abc。

我们反观以下多项式：

$$(1+ax)(1+bx)(1+cx)=1+(a+b+c)x+(ab+bc+ca)x^2+abcx^3$$

由以上多项式可以看出，所有从 a、b、c 中选取的可能方式都作为 x 各项幂的系数表示出来。x^i 则表示从 3 个不同的物体中选取 i 个物体的方法表示。下面利用加法规则和乘法规则对上面的多项式进行解释。

对于物体 a，因子 $1+ax$ 表示有两种选取方法(不论是否选取 a，其中 x 仅代表一个形式变量)。x^0 的系数表示不选取 a，x^1 的系数表明 a 被选取。以此类推，$(1+ax)(1+bx)(1+cx)$表明对于 3 不同的物体 a、b、c，其选择情况为：是否选取 a；是否选取 b；是否选取 c。因此这 3 个因子的乘积中 x 的幂指数就表示被选取的物体的个数，而对应的系数则表明了所有可能的选取方法。因此，由母函数的定义易知，3 个因子的乘积$(1+ax)(1+bx)(1+cx)$就是选取 3 个物体的所有不同方法的母函数。

在实际情况中，我们可能只对选取方法的个数进行研究，而不对不同的选取方法讨论，

通常令 $a=b=c=1$，可得

$$(1+x)(1+x)(1+x)=(1+x)^3=1+3x+3x^2+x^3$$

该多项式表明从 3 个物体中一个也不选取的方法有一种 $C_3^0=1$，从 3 个物体中任选一个也有 3 种方法 $C_3^1=3$，依次类推。一般来说，考虑多项式：

$$(1+x)(1+x)\cdots(1+x)=(1+x)^n=\sum_{r=0}^{n}C_n^r x^r$$

同样地，从 n 个不同物体中选取 r 个物体，其方法总数为 $(1+x)^n$ 的幂级数展开式中 x^r 的系数。

以上讨论的是从 n 个不同物体中选取 r 个物体(每个物体至多选取一次)的简单情况。当从 n 个不同的物体中允许重复选取 r 个物体时，以上情况可做如下拓展。

因子 $1+x$ 抽象地表示某一物体最多选择一次，类似地，我们可以用 $1+x+x^2$ 表示某一物体最多选择两次，依次类推，$(1+x+x^2+x^3+\cdots)^n$ 的幂级数展开式中，x^r 的系数 a^r 就表示从 n 个不同物体中允许重复选取 r 个物体的方法总数。

【例 3.5.1】 证明从 n 个不同的物体中允许重复地选取 r 个物体的方法数为 $F(n,r)=C_{n+r-1}^r$。

证 设 m_r 表示从 n 个物体中允许重复选取 r 个物体的方法数，由以上的分析可知，序列 $(m_0, m_1, \cdots, m_r, \cdots)$ 的普通母函数为

$$f(x)=(1+x+x^2+\cdots)^n=\left(\frac{1}{1-x}\right)^n=(1-x)^{-n}$$

$$=\sum_{r=0}^{\infty}C_{n+r-1}^r x^r=\sum_{r=0}^{\infty}F(n,r)x^r$$

所以

$$m_r=F(n,r)=C_{n+r-1}^r$$

【例 3.5.2】 证明从 n 个不同的物体中允许重复地选取 r 个物体，但每个物体至少出现一个的方法数为 C_{r-1}^{n-1} 个。

证 设 m_r 表示从 n 个物体中允许重复选取 r 个物体，但每个物体至少出现一次的方法数，则序列 $(m_0, m_1, \cdots, m_r, \cdots)$ 的普通母函数为

$$f(x)=(x+x^2+\cdots)^n=x^n(1+x+x^2+\cdots)^n$$

$$=x^n\left(\frac{1}{1-x}\right)^n=x^n\sum_{r=0}^{\infty}C_{n+r-1}^r x^r$$

$$=\sum_{r=0}^{\infty}C_{n+r-1}^r x^{n+r}=\sum_{r=n}^{\infty}C_{r-1}^{r-n}x^r$$

$$=\sum_{r=n}^{\infty}C_{r-1}^{n-1}x^r=\sum_{r=0}^{\infty}C_{r-1}^{n-1}x^r \text{(注意，当 } k>n \text{ 时，} C_n^k=0\text{)}$$

所以

$$m_r=C_{r-1}^{n-1}$$

【例 3.5.3】 证明从 n 个不同的物体中允许重复地选取 r 个物体，但每个物体出现奇数次的方法数为 $\dfrac{C_{n+r}^{n-1}}{2}-1$ 个。

证 设 m_r 表示从 n 个不同物体中允许重复选取 r 个物体，但每个物体出现奇数次的方法数，则序列 $(m_0, m_1, \cdots, m_r, \cdots)$ 的普通母函数为

$$f(x)=(x+x^3+x^5+\cdots)^n=x^n(1+x^2+x^4)^n$$
$$=\frac{x^n}{(1-x^2)^n}=x^n\sum_{k=0}^{\infty}C_{n+k-1}^{k}(x^2)^k$$
$$=\sum_{k=0}^{\infty}C_{n+k-1}^{n-1}x^{n+2k}$$
$$=\sum_{r=0}^{\infty}(\frac{C_{n+r}^{n-1}}{2}-1)x^r$$

所以

$$m_r=\frac{C_{n+r}^{n-1}}{2}-1$$

【例 3.5.4】 求从 n 个不同的物体中允许重复地选取 $2r$ 个物体，但每个物体出现偶数次的方法数。

解 设 m_{2r} 为所求的方法数，由于每个物体出现偶数次，因此可用因子 $1+x^2+x^4+\cdots$ 表示某一物体选取偶数次，因此序列 $(m_0, m_1, \cdots, m_r, \cdots)$ 的普通母函数为

$$f(x)=(1+x^2+x^4+\cdots)^n=\left(\frac{1}{1-x^2}\right)^n$$
$$=1+C_n^1x^2+C_{n+1}^2x^4+C_{n+2}^3x^6+\cdots+C_{n+r-1}^rx^{2r}+\cdots$$
$$=\sum_{r=0}^{\infty}C_{n+r-1}^rx^{2r}$$

所以

$$m_{2r}=C_{n+r-1}^r$$

3.5.2 母函数在组合恒等式中的应用

母函数不仅是解决计数问题的工具之一，同时也是证明(或推导)组合恒等式的一个重要方法。

【例 3.5.5】 设 p、q 为任意正整数，证明：

$$\sum_{k=0}^{n}C_k^pC_{n-k}^q=C_{n+1}^{p+q+1}$$

证 一个序列是与其母函数一一对应的，两个母函数间的乘积关系必然反映为两个母函数对应序列与其乘积对应序列之间的关系。我们需要求出两个序列 $\{C_k^p\}$、$\{C_{n-k}^q\}$ 对应的母函数，使得其乘积对应的序列为 $\{C_{n+1}^{p+q+1}\}$。

易得

$$(1-x)^{-n}=\sum_{k=0}^{\infty}C_{n+k-1}^{n-1}x^k$$

故

$$(1-x)^{-n-1}=\sum_{k=0}^{\infty}C_{n+k}^nx^k=\sum_{k=n}^{\infty}C_k^nx^{k-n}$$

在上式中分别令 $n=p$ 和 q，得

$$(1-x)^{-p-1}=\sum_{k=p}^{\infty}C_k^p x^{k-p}$$

$$(1-x)^{-q-1}=\sum_{k=q}^{\infty}C_k^q x^{k-q}$$

同时

$$\begin{aligned}(1-x)^{-p-1}(1-x)^{-q-1}&=(1-x)^{-(p+q+1)-1}\\&=\sum_{n=p+q+1}^{\infty}C_n^{p+q+1}x^{n-(p+q+1)}\\&=\sum_{n=p+q}^{\infty}C_{n+1}^{p+q}x^{n-(p+q)}\end{aligned}$$

又因为

$$\begin{aligned}(1-x)^{-p-1}(1-x)^{-q-1}&=\sum_{k=p}^{\infty}C_k^p x^{k-p}\sum_{k=q}^{\infty}C_k^q x^{k-q}\\&=\sum_{n=p+q}^{\infty}\left[\sum_{k=0}^{n}C_k^p C_{n-k}^q\right]x^{n-q-p}\end{aligned}$$

故

$$\sum_{n=p+q}^{\infty}\left[\sum_{k=0}^{n}C_k^p C_{n-k}^q\right]x^{n-q-p}=\sum_{n=p+q}^{\infty}C_{n+1}^{p+q+1}x^{n-p-q}$$

于是得

$$\sum_{k=0}^{n}C_k^p C_{n-k}^q=C_{n+1}^{p+q+1}$$

【例 3.5.6】 设 p 为非负整数，且 $p\leqslant n$，证明：

$$\sum_{k=p}^{n}C_n^k C_k^p(-1)^{k-p}=\begin{cases}1 & (p=n)\\0 & (p<n)\end{cases}$$

证　当 $p=n$ 时，结论容易成立。以下设 $p<n$。

易知序列 $\{C_n^k\}$ 的母函数为 $(1+x)^n$，即

$$(1+x)^n=\sum_{k=0}^{n}C_n^k x^k$$

等式两边对 x 微分 p 次得

$$n(n-1)\cdots(n-p+q)(1+x)^{n-p}=\sum_{k=p}^{n}C_n^k k(k-1)\cdots(k-p+1)(1+x)^{k-p}$$

将上式两边同乘以 $\dfrac{1}{p!}$ 得

$$C_n^p(1+x)^{n-p}=\sum_{k=p}^{n}C_n^k C_k^p x^{k-p}$$

上式中，令 $x=-1$，得

$$\sum_{k=p}^{n}C_n^k C_k^p(-1)^{k-p}=\begin{cases}1 & (p=n)\\0 & (p<n)\end{cases}$$

此处当令 $x=1$ 时，又可得如下恒等式：

$$C_n^p 2^{n-p} = \sum_{k=p}^{n} C_n^k C_k^p$$

因此，还可以证明序列$\{(-1)^k C_n^k\}$和序列$\{(-1)^p C_k^p\}$是一对互相正交的序列。

【例 3.5.7】 证明：

$$\sum_{i=0}^{n} C_{2i}^i C_{2n-2i}^{n-i} = 4^n$$

证 由于左边出现形如$\{C_{2i}^i\}$的序列，因此要考虑序列$\{C_{2i}^i\}$的母函数。易得此序列的母函数为$(1-4x)^{-\frac{1}{2}}$，即

$$(1-4x)^{-\frac{1}{2}} = \sum_{i=0}^{n} C_{2i}^i x^i$$

而

$$(1-4x)^{-1} = (1-4x)^{-\frac{1}{2}}(1-4x)^{-\frac{1}{2}}$$

故

$$(1-4x)^{-1} = \sum_{i=0}^{n} C_{2i}^i x^i \sum_{j=0}^{n} C_{2j}^j x^j$$

上式中 x^n 的系数是

$$\sum_{i=0}^{n} C_{2i}^i C_{2n-2i}^{n-i}$$

又由二项式定理有

$$(1-4x)^{-1} = 1 + 4x + (4x)^2 + \cdots + (4x)^n + \cdots$$

也就是说，上式中的 x^n 的系数是 4^n，故有

$$\sum_{i=0}^{n} C_{2i}^i C_{2n-2i}^{n-i} = 4^n$$

3.5.3 指母函数在概率生成函数中的应用

生成函数的简单思想在概率的研究中有着广泛的应用。事实上，拉普拉斯在他的 *Theorie Analytique des Probabilites* 一书中首先对生成函数做了全面的研究，而且生成函数的研究动机大部分来自概率。

定义 3.5.1 假设在一次实验之后，将出现一个且仅一个可能事件的(有限或可数无限)集合，设 p_k 是第 k 个事件出现的概率(其中 $k=0, 1, 2, \cdots$)，则普通母函数

$$G(x) = \sum_{k=0}^{\infty} p_k x^k$$

称为概率生成函数(因为 $p_0+p_1+\cdots+p_k=1$，所以对于$|x|\leqslant 1$ 是收敛的)。概率生成函数在实验的评估特别是我们期待的结果评估中是非常有用的。

定理 3.5.2 如果 G 是概率生成函数，那么 $G(1)=1$。

证 因为根据假设，结果是相互排斥且是穷尽的，所以有

$$p_0+p_1+\cdots+p_k=1$$

推论得

$$\sum_{k=0}^{n} C(n,\ k) p^k q^{n-k} = 1$$

定理 3.5.3　假设 $G(x)$是概率生成函数且第 k 个事件给出值为 k，如果期望值存在，那么 $G'(1)$就是这一期望值。

运用定理 3.4.2 到伯努利试验中，我们可以得到

$$G(x) = (px+q)^n$$

$$G'(x) = n(px+q)^{n-1} p$$

$$G'(1) = n(px+q)^{n-1} p = np(1)^{n-1} = np$$

因此，在 n 次试验中，成功的期望数量是 np。

定理 3.5.4　假设 $G(x)$是概率生成函数且第 k 个事件有值 k，如果方差 V 存在，那么

$$V = G''(1) + G'(1) - [G'(1)]^2$$

将定理运用于伯努利试验，有

$$G''(x) = n(n-1) p^2 (px+q)^{n-2}$$

同时

$$G'(1) = np$$

$$G''(1) = n(n-1) p^2$$

因此，有

$$\begin{aligned} V &= G''(1) + G'(1) - [G'(1)]^2 \\ &= n(n-1)p^2 + np - n^2 p^2 \\ &= np - np^2 = np(1-p) \\ &= npq \end{aligned}$$

【例 3.5.8】　假设实验是投掷一枚硬币，那么事件为出现正面(H)和反面(T)，正面出现的概率 p_0 等于 1/2，反面出现的概率 p_1 等于 1/2。因此概率生成函数是

$$G_e(x) = \frac{1}{2} + \frac{1}{2}x$$

【例 3.5.9】　在伯努利试验中，一个试验被独立地重复试验 n 次，设每一次试验成功的概率为 p，则失败的概率为 $q=1-p$。这一试验可以是检查一种产品是次品或正品的试验，或者是一种疾病存在或不存在的测试，或是决定是否接受或拒绝工作的候选人。如果 S 表示成功，F 表示失败，那么在一个 $n=4$ 的试验中，一个典型的结果是如 SSFS 或 SSFF 这样的序列。在 n 次试验中存在 k 次成功的概率为

$$P(k,\ n,\ p) = C(n,\ k) p^k q^{n-k}$$

正如任意一本关于概率论的标准书籍中叙述的那样，n 次试验中成功数量的概率生成函数为

$$G_e(x) = \sum_{k=0}^{n} P(k,\ n,\ p) x^k = \sum_{k=0}^{n} C(n,\ k) p^k q^{n-k} x^k$$

根据二项式展开，有

$$G_e(x) = (px+q)^n$$

习 题 3

1. 求序列$\{0, 1, 8, 27, \cdots, n^3\}$。

2. 已知序列$\left\{\binom{3}{3}, \binom{4}{3}, \cdots, \binom{n+3}{3}, \cdots\right\}$，求其母函数。

3. 证明序列$C(n, n)$，$C(n+1, n)$，$C(n+2, n)$，…的母函数为$\frac{1}{(1-x)^{n+1}}$。

4. 设$S=\{\infty \cdot e_1, \infty \cdot e_2, \infty \cdot e_3, \infty \cdot e_4\}$，求序列$\{a_n\}$的母函数，其中$a_n$是$S$的满足下列条件的$n$组合数：

(1) S的每个元素都出现奇数次；

(2) S的每个元素出现3的倍数次；

(3) e_1不出现，e_2至多出现一次；

(4) e_1只出现1、3或11次，e_2只出现2、4或5次；

(5) S的每个元素至少出现10次。

5. 从7种物品中买25件物品，买的每一种玩家不少于2个且不多于6个，有多少种不同的买法？

6. 设重集$B=\{\infty \cdot b_1, \infty \cdot b_2, \infty \cdot b_3, \infty \cdot b_4, \infty \cdot b_5, \infty \cdot b_6\}$，并设$a_r$是$B$满足以下条件的$r$组合数，求序列$(a_0, a_1, a_2, \cdots, a_r, \cdots)$的普通母函数。

(1) 每个b_i出现3的倍数次$(i=1, 2, 3, 4, 5, 6)$；

(2) b_1、b_2至多出现一次，b_3、b_4至少出现两次，b_5、b_6最多出现4次；

(3) b_1出现偶数次，b_6出现奇数次，b_3出现3的倍数次，b_4出现5的倍数次；

(4) 每个$b_i(i=1, 2, 3, 4, 5, 6)$至多出现8次。

7. 利用$k^2=2\binom{k}{2}+\binom{k}{1}$，求$1^2+2^2+\cdots+n^2$。

8. 投掷两个骰子，点数之和为$r(2\leqslant r\leqslant 12)$，其组合数是多少？

9. 居民小区组织义务活动，号召每家出一到两个人参加。设该小区共有n个家庭，现从中选出r人。

(1) 设每个家庭都是3口之家，有多少种不同的选法？当$n=50$时，选法有多少种？

(2) 设n个家庭中两家有4口人，其余家庭都是3口人，有多少种选法？

10. 把n个相同的小球放入编号为1，2，…，m的m个盒子中，使得每个盒子内的球数不小于它的编号数。已知$n\geqslant\frac{m^2+m}{2}$，求不同的放球方法数$g(n, m)$。

11. 红、黄、蓝三色的球各8个，从中取出9个，要求每种颜色的球至少一个，有多少种不同的取法？

12. 将币值为2角的人民币兑换成硬币（壹分、贰分和伍分），可有多少种兑换方法？

13. 有1克重砝码2枚，2克重砝码3枚，5克重砝码3枚，要求这8个砝码只许放在天平的一端。能称几种重量的物品？有多少种不同的称法？

14. 证明不定方程 $x_1+x_2+\cdots+x_n=r$ 的正整数解组的个数为 $C(r-1, n-1)$。

15. 求方程 $x+y+z=24$ 的大于 1 的整数解的个数。

16. 设 $a_n=\sum_{k=0}^{n}C(n+k, 2k)$，$b_n=\sum_{k=0}^{n}C(n+k, 2k+1)$，其中 $a_0=1$，$b_0=0$。

(1) 试证 $a_{n+1}=a_n+b_{n+1}$，$b_{n+1}=a_n+b_n$。

(2) 求出$\{a_n\}$、$\{b_n\}$的母函数 $A(x)$、$B(x)$。

17. 设 $S=\{\infty\cdot e_1, \infty\cdot e_2, \cdots, \infty\cdot e_k\}$，求序列$\{p_n\}$的母函数，其中 p_n 是 S 的满足下列条件的 n 排列数：

(1) S 的每个元素都出现奇数次；

(2) S 的每个元素至少出现 4 次；

(3) e_i 至少出现 i 次($i=1, 2, \cdots, k$)。

18. 将 6 本不同的书分给 4 个人，每人至少一本的不同分法共有多少种？

19. 8 台计算机分给 3 个单位，第一个单位的分配量不超过 3 台，第二单位不超过 4 台，第三单位不超过 5 台，共有几种分配方案？

20. 用母函数证明等式：

(1) $\binom{n}{0}^2+\binom{n}{1}^2+\cdots+\binom{n}{n}^2=\binom{2n}{n}$；

(2) $\binom{n}{n}+\binom{n+1}{n}+\cdots+\binom{n+m}{n}=\binom{n+m+1}{n+1}$。

21. 证明：自然数 n 分拆为互异的正整数之和的分拆数等于 n 分拆为奇数之和的分拆数。

第4章 递推关系

许多组合计数问题都依赖于整数参数 n，这个参数 n 常常表示问题中某个基础集合或多重集合的大小、子集的大小、排列中的位置数目等。在本章中，将介绍递推关系，也称为递归方程或递归函数，它正是求解此类组合计数问题的有效工具。

4.1 基本概念

4.1.1 递推关系

定义 4.1.1a(隐式) 对数列 $\{a_i \mid i \geqslant 0\}$ 和任意自然数 n，一个关系到 a_n 和某些个 $a_i(i<n)$ 的方程式，称为递推关系，记作

$$F(a_0, a_1, \cdots, a_n)=0 \tag{4.1a}$$

【例 4.1.1】

$$a_n^2-a_{n-1}^2-a_{n-2}^2-\cdots-a_0^2-n^2=0$$

$$a_n-3a_{n-1}-2a_{n-2}-\cdots-2a_1-1=0$$

定义 4.1.1b(显式) 对数列 $\{a_i \mid i \geqslant 0\}$，把 a_n 与其之前若干项联系起来的等式对所有 $n \geqslant k$ 均成立(k 为某个给定的自然数)，称该等式为 $\{a_i\}$ 的递推关系，记为

$$a_n=F(a_{n-1}, a_{n-2}, \cdots, a_{n-k}) \tag{4.1b}$$

【例 4.1.2】

$$a_n=3a_{n-1}+2a_{n-2}+\cdots+2a_1+1$$

4.1.2 递推关系的分类

1. 按常量部分分类

(1) 齐次递推关系，指常量等于 0，如 $F_n=F_{n-1}+F_{n-2}$；

(2) 非齐次递推关系，即常量不等于 0，如 $h_n-2h_{n-1}=1$。

2. 按 a_i 的运算关系分类

(1) 线性关系，F 是关于 a_i 的线性函数，如 1. 中的 F_n 与 h_n 均是如此；

(2) 非线性关系，F 是 a_i 的非线性函数，如 $h_n=h_1h_{n-1}+h_2h_{n-2}+\cdots+h_{n-1}h_1$。

3. 按 a_i 的系数分类

(1) 常系数递推关系，如1.中的 F_n 与 h_n；

(2) 变系数递推关系，如 $p_n=np_{n-1}$，p_{n-1} 之前的系数是随着 n 而变的。

4. 按数列的多少分类

(1) 一元递推关系，其中的方程只涉及一个数列，如(4.1a)和(4.1b)均为一元的递推关系；

(2) 多元递推关系，方程中涉及多个数列，如

$$\begin{cases}a_n=7a_{n-1}+b_{n-1}\\ b_n=7b_{n-1}+a_{n-1}\end{cases}$$

5. 按显式与隐式分类

按显式与隐式分类，有

$$y_{n+1}=y_n+h\left[y_{n+1}-2\frac{x_{n+1}}{y_{n+1}}\right]$$

4.1.3 定解问题

定义 4.1.2(定解问题) 称含有初始条件的递推关系为定解问题，其一般形式为

$$\begin{cases}F(a_0, a_1, \cdots, a_n)=0,\\ a_0=d_0, a_1=d_1, \cdots, a_{k-1}=d_{k-1}\end{cases} \tag{4.2}$$

所谓**解递推关系**，就是指根据(4.1)或(4.2)求 a_n 的与 a_0，a_1，…，a_{n-1} 无关的解析表达式或数列 $\{a_n\}$ 的母函数。

4.1.4 例题

【例 4.1.3】(Hanoi 塔问题) 这是组合学中著名的问题。n 个圆盘按从小到大的顺序一次套在柱 A 上，如图4.1所示。规定每次只能从一根柱子上搬动一个圆盘到另一根柱子上，且要求在搬动过程中不允许大盘放在小盘上，而且只有 A、B、C 三根柱子可供使用。用 a_n 表示将 n 个盘从柱 A 移到柱 C 上所需搬动圆盘的最少次数，试建立数列 $\{a_n\}$ 的递推关系。

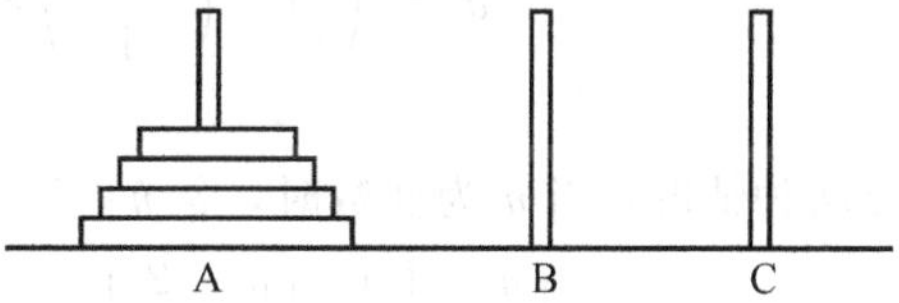

图 4.1 Hanoi 塔问题

解 特例：$a_1=1$，$a_2=3$。

对于任何 $n\geqslant 3$ 的一般情况，搬动圆盘的算法如下：

第一步，将套在柱 A 的上部的 $n-1$ 个盘按要求移到柱 B 上，共搬动了 a_{n-1} 次，如图4.2所示；

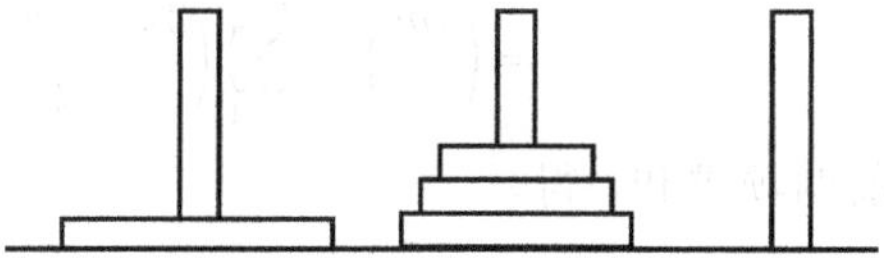
图 4.2 例 4.1.3 图

第二步，将柱 A 上的最大一个盘移到柱 C 上，只要搬动一次；

第三步，再从柱 B 将 $n-1$ 个盘按要求移到柱 C 上，也要用 a_{n-1} 次。由加法法则得，$\{a_n\}$ 的定解问题为

$$\begin{cases} a_n = 2a_{n-1} + 1 \\ a_1 = 1 \end{cases} \tag{4.3}$$

求解得

$$a_n = 2^n - 1$$

【例 4.1.4】(Lancaster 战斗方程) 两军打仗，每支军队在每天战斗结束时都清点人数，用 a_0 和 b_0 分别表示在战斗打响前第一支和第二支军队的人数，用 a_n 和 b_n 分别表示第一支和第二支军队在第 n 天战斗结束时的人数，那么，$a_{n-1}-a_n$ 就表示第一支军队在第 n 天战斗中损失的人数，同样，$b_{n-1}-b_n$ 表示第二支军队在第 n 天战斗中损失的人数。

假设一支军队所减少的人数与另一支军队在每天战斗开始前的人数成比例，则

$$\begin{cases} a_{n-1} - a_n = Ab_{n-1} \\ b_{n-1} - b_n = Ba_{n-1} \end{cases}$$

其中，常量 A、B 是度量每支军队的武器系数。

$$\begin{cases} a_n = a_{n-1} - Ab_{n-1} \\ b_n = b_{n-1} - Ba_{n-1} \end{cases} \tag{4.4}$$

这是一个含有两个未知量的一阶线性递归关系组。

【例 4.1.5】 设 $a_n = \sum\limits_{k=0}^{\lfloor \frac{n}{2} \rfloor} \binom{n-k}{k} r^k$，求 $\{a_n\}$ 所满足的递推关系。

解 n 为偶数时：

$$a_n = \binom{n}{0} + \binom{n-1}{1} r + \binom{n-2}{2} r^2 + \cdots + \binom{\frac{n}{2}}{\frac{n}{2}} r^{\frac{n}{2}}$$

n 为奇数时：

$$a_n = \binom{n}{0} + \binom{n-1}{1} r + \binom{n-2}{2} r^2 + \cdots + \binom{\frac{n+1}{2}}{\frac{n-1}{2}} r^{\frac{n-1}{2}}$$

分两种情况：当 n 为偶数时，令 $n=2m$，则

$$\left\lfloor \frac{n-1}{2} \right\rfloor = \left\lfloor \frac{n-2}{2} \right\rfloor = m-1$$

$$\begin{aligned} a_n &= \sum_{k=0}^{m} \binom{2m-k}{k} r^k = \binom{2m}{0} + \sum_{k=1}^{m-1} \binom{2m-k}{k} r^k + \binom{m}{m} r^m \\ &= \binom{2m}{0} + \sum_{k=1}^{m-1} \binom{2m-k-1}{k} r^k + \sum_{k=1}^{m-1} \binom{2m-k-1}{k-1} r^k + \binom{m}{m} r^m \end{aligned}$$

前两项求和，得

$$\binom{2m}{0} + \sum_{k=1}^{m-1} \binom{2m-k-1}{k} r^k = \sum_{k=0}^{m-1} \binom{2m-k-1}{k} r^k = \sum_{k=0}^{\lfloor \frac{n-1}{2} \rfloor} \binom{n-1-k}{k} r^k = a_{n-1}$$

后两项求和，得

$$r\sum_{j=0}^{m-2}\binom{2m-j-2}{j}r^j+r\binom{m-1}{m-1}r^{m-1}=r\sum_{j=0}^{m-1}\binom{2m-2-j}{j}r^j$$

$$=r\sum_{j=0}^{\left\lfloor\frac{n-2}{2}\right\rfloor}\binom{n-2-j}{j}r^j=ra_{n-2}$$

$$a_n=a_{n-1}+ra_{n-2}$$

当 n 为奇数时也成立。

求初值：$a_0=a_1=1$，则

$$a_2=a_1+ra_0=1+r,\ a_3=a_2+ra_1=1+2r,$$

$$a_4=a_3+ra_2=(1+2r)+r\ (1+r)=1+3r+r^2$$

$$a_5=a_4+ra_3=(1+3r+r^2)+r\ (1+2r)=1+4r+3r^2$$

【例 4.1.6】 设 0 出现偶数次的 n 位八进制数共有 a_n 个，0 出现奇数次的数共有 b_n 个。求 a_n 和 b_n 满足的递推关系。

解 对 0 出现偶数次的 n 位八进制数分两种情况讨论：

(1) 最高位是 0，则其余 $n-1$ 位应该含有奇数个 0，这类八进制数共有 b_{n-1} 个。

(2) 最高位不是 0，则其余 $n-1$ 位还应该含有偶数个 0，这类八进制数共有 $7a_{n-1}$ 个。

因此有 $a_n=7a_{n-1}+b_{n-1}$。同理可得 $b_n=a_{n-1}+7b_{n-1}$，所以 a_n、b_n 满足

$$\begin{cases}a_n=7a_{n-1}+b_{n-1}\\ b_n=7b_{n-1}+a_{n-1}\\ a_1=7\\ b_1=1\end{cases}$$

例如，当 $n=2$ 时：

(1) 0 出现偶数次的数为：00，11，12，13，14，15，…，77，共 50 个；

(2) 0 出现奇数次的数为：01，10，02，20，03，30，…，70，共 14 个。

【例 4.1.7】 设 x 是一具有乘法运算的代数系统，乘法不满足结合律，用 xy 表示 x 对 y 之积。如果 x_1，x_2，…，$x_n\in X$ 而且这 n 个元素依上面列出的顺序所能作出的一切可能的积彼此不同，其个数记为 $f(n)$，求 $f(n)$满足的递推关系。

解 对于 x_1，x_2，$x_3\in X$，符合题意的积有 2 个：

$$(x_1,\ x_2)x_3,\ x_1(x_2,\ x_3)$$

所以 $f(3)=2$。

如果在 x_1，x_2，…，x_n 的某些字母间加上括号，但不改变字母间的相互位置关系，使得这 n 个字母间的乘法可以按所加括号指明的运算方式进行运算，那么 $f(n)$就是加括号的方法的个数。

最外层的两对括号形如

$$(x_1\cdots x_r)(x_{r+1}\cdots x_n)\quad(1\leqslant r\leqslant n-1)$$

当 $r=1$ 或 $n-1$ 时，通常简记为

$$x_1(x_2\cdots x_n)=(x_1)(x_2\cdots x_n)$$

$$(x_1\cdots x_{n-1})x_n=(x_1\cdots x_{n-1})(x_n)$$

在前一个括号中有 $f(r)$ 种加括号的方法，在最后一个括号中又有 $f(n-r)$ 种加括号的方法，当 r 遍历 1，2，…，$n-1$ 时，就得到

$$\begin{aligned} f(n) &= f(1)f(n-1)+f(2)f(n-2)+\cdots+f(n-2)f(2)+f(n-1)f(1) \\ &= \sum_{i=1}^{n-1} f(i)f(n-i) \quad (n>1) \end{aligned}$$

初始值为

$$f(1)=1,\ f(2)=1$$

【例 4.1.8】 用后退的 Euler 公式求常微分方程 $\begin{cases} y'=y-\dfrac{x}{y} \\ y(0)=1 \end{cases}$ 的数值解。

解 函数 $y=y(x)$ 在点 x_n 处的真值记为 $y(x_n)$，近似值记为 y_n，求数值解即利用数值方法求 $y(x)$ 在 x_n 处的近似值 $y_n(n=1, 2, \cdots)$。

思想：以直代曲。

向前的 Euler 方法：$y_{n+1}=y_n+hf(x_n,\ y_n)$。其中，$h=x_{n+1}-x_n$，称为**步长**。直观的示意图见图 4.3。

向后的 Euler 方法：后退的 Euler 公式是指对常微分方程 $y'=f(x, y)$，当已知函数 y 在 x_n 处的值时，可通过解代数方程 $y_{n+1}=y_n+hf(x_{n+1}, y_{n+1})$ 求得函数 y 在 x_{n+1} 处的数值解 y_{n+1}，其中 $h=x_{n+1}-x_n$ 是自变量 x 的步长($n=0, 1, 2, \cdots$)，如图 4.4 所示。

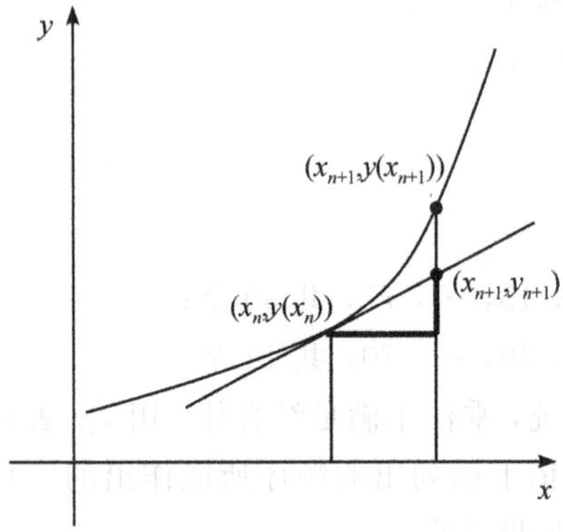

图 4.3 例 4.1.8 图 1

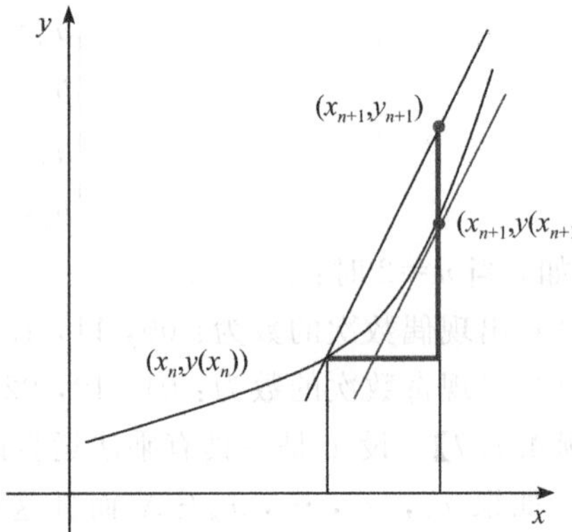

图 4.4 例 4.1.8 图 2

已知原方程为 $y'=f(x, y)=y-2\dfrac{x}{y}$，代入 Euler 公式可得函数 y 的数值解为

$$\begin{cases} y_{n+1}=y_n+h\left[y_{n+1}-2\dfrac{x_{n+1}}{y_{n+1}}\right] \\ y_0=1 \end{cases}$$

4.2 常系数线性递推关系

常系数的线性递推关系形式为

$$a_n+c_1a_{n-1}+c_2a_{n-2}+\cdots+c_ka_{n-k}=0,\ c_k\neq 0 \tag{4.5}$$

或

$$a_n+c_1a_{n-1}+c_2a_{n-2}+\cdots+c_ka_{n-k}=f(n) \tag{4.6}$$

分别称为 k 阶齐次递推关系和 k 阶非齐次递推关系。其中 $f(n)$称为自由项。

显然，式(4.5)至少有一个平凡解 $a_n=0(n=0, 1, 2, \cdots)$，而人们更关心的是它的**非零解**。

结论：对于常系数线性递推关系的**定解问题**，其解必是唯一的。

求解方法：首推特征根法。

思想：来源于解常系数线性微分方程，因为两者在结构上很类似，所以其解的结构和求解的方法也类似。

4.2.1 解的性质

性质1 设数列$\{b_n^{(1)}\}$和$\{b_n^{(2)}\}$是方程(4.5)的解，则$\{r_1b_n^{(1)}+r_2b_n^2\}$也是方程(4.5)之解。其中 r_1、r_2 为任意常数。

证 $\{b_n^{(1)}\}$、$\{b_n^{(2)}\}$满足方程(4.5)，即

$$b_n^{(1)}+c_1b_{n-1}^{(1)}+c_2b_{n-2}^{(1)}+\cdots+c_kb_{n-k}^{(1)}=0 \quad ①$$

$$b_n^{(2)}+c_1b_{n-1}^{(2)}+c_2b_{n-2}^{(2)}+\cdots+c_kb_{n-k}^{(2)}=0 \quad ②$$

令 $r_1\times$①$+r_2\times$②得

$$r_1\sum_{i=0}^{k}c_ib_{n-i}^{(1)}+r_2\sum_{i=0}^{k}c_ib_{n-i}^{(2)}=\sum_{i=0}^{k}c_i(r_1b_{n-i}^{(1)}+r_2b_{n-i}^{(2)})=0$$

(设定 $c_0=1$，下同)。

推广：设$\{b_n^{(1)}\}$，$\{b_n^{(2)}\}$，…，$\{b_n^{(s)}\}$均为式(4.5)之解，则$\left\{b_n=\sum_{i=1}^{s}r_ib_n^{(i)}\right\}$也是式(4.5)的解。 其中 r_1，r_2，…，r_s 为任意常数。

性质2 设$\left\{d_n^{(1)}\right\}$和$\{d_n^{(2)}\}$是式(4.6)的解，则$\{b_n=d_n^{(1)}-d_n^{(2)}\}$是式(4.5)的解。

性质3 若$\{b_n\}$是式(4.5)的解，$\{d_n\}$是式(4.6)的解，则$\{d_n\pm b_n\}$是式(4.6)的解。

一般情形下，设$\{d_n\}$是式(4.6)的解，$\{b_n^{(1)}\}$，$\{b_n^{(2)}\}$，…，$\{b_n^{(s)}\}$分别是式(4.5)的解，则$\left\{d_n+\sum_{i=1}^{s}b_n^{(i)}\right\}$是式(4.6)的解。

性质4 设$\{d_n^{(1)}\}$是递推关系$\sum_{i=0}^{k}c_ia_{n-i}=f_1(n)$的解，$\{d_n^{(2)}\}$是递推关系$\sum_{i=0}^{k}c_ia_{n-i}=f_2(n)$的解，则$\{d_n=d_n^{(1)}+d_n^{(2)}\}$是递推关系$\sum_{i=0}^{k}c_ia_{n-i}=f_1(n)+f_2(n)$的解。

4.2.2 解的结构

定义 4.2.1 称多项式

$$C(x)=x^k+c_1x^{k-1}+c_2x^{k-2}+\cdots+c_{k-1}x+c_k$$

为齐次递推关系式(4.5)的特征多项式，相应的代数方程

$$C(x)=x^k+c_1x^{k-1}+c_2x^{k-2}+\cdots+c_{k-1}x+c_k=0$$

称为式(4.5)的特征方程，特征方程的解称为式(4.5)的特征根。

定理 4.2.1 数列 $a_n=q^n$ 是式(4.5)的非零解的充分必要条件是 q 为式(4.5)的特征根。

证 $a_n=q^n$ 是式(4.5)的解 $\Leftrightarrow q^n+c_1q^{n-1}+\cdots+c_kq^{n-k}=0$

$\Leftrightarrow q^k+c_1q^{k-1}+\cdots+c_k=0 \Leftrightarrow q$ 是方程 $C(x)=0$ 的根，即 q 是式(4.5)的特征根。

将求解常系数线性齐次递推关系的问题转化为常系数代数方程的求根问题，从而给出了一个实用且比较简单的解此类递推关系的方法。

定义 4.2.2 若 $\{a_n^{(1)}\}$，$\{a_n^{(2)}\}$，…，$\{a_n^{(s)}\}$ 是式(4.5)的不同解，且式(4.5)的任何解都可以表为 $r_1a_n^{(1)}+r_2a_n^{(2)}+\cdots+r_sa_n^{(s)}=a_n$，则称 a_n 为式(4.5)的通解。其中 r_1，r_2，…，r_s 为任意常数。

此处的不同解是指将每一个解 $\{a_n^{(i)}\}$ 都视为一个无穷维的解向量，而这些向量之间是线性无关的。

通解的特征如下：

(1) 通解 a_n 首先是解；

(2) 组成通解的所有解向量线性无关；

(3) 任何一个具体的解都被包容在通解 a_n 中。

4.2.3 特征根法

思路：通过解式(4.5)的特征方程，求得其特征根，再利用特征根构造式(4.5)的通解。

1. 特征根为单根情形

设 q_1，q_2，…，q_k 是式(4.5)的互不相同的特征根，则式(4.5)的通解为

$$a_n=A_1q_1^n+A_2q_2^n+\cdots+A_kq_k^n \tag{4.7}$$

其中 A_1，A_2，…，A_k 为任意常数(待定)。

证 首先由定理 4.2.1 知 q_i^n 是式(4.5)的解。且由性质 1 知 a_n 也是式(4.5)的解。

再证式(4.5)的所有解都可以表为式(4.7)的形式。设 b_n 是式(4.5) 的一个解，且满足初始条件 $b_i=d_i$，$i=0$，1，2，…，$k-1$。令 $b_n=\sum_{i=1}^{k}A_iq_i^n$，代入初始条件，可得关于 A_i 的线性方程组

$$\begin{cases}A_1q_1^0+A_2q_2^0+\cdots+A_kq_k^0=b_0\\A_1q_1+A_2q_2+\cdots+A_kq_k=b_1\\\qquad\vdots\\A_1q_1^{k-1}+A_2q_2^{k-1}+\cdots+A_kq_k^{k-1}=b_{k-1}\end{cases} \tag{4.8}$$

其系数行列式为著名的范德蒙(Vandermonde)行列式：

$$D=\begin{vmatrix}1 & 1 & \cdots & 1\\ q_1 & q_2 & \cdots & q_k\\ q_1^2 & q_2^2 & \cdots & q_k^2\\ \vdots & \vdots & & \vdots\\ q_1^{k-1} & q_2^{k-1} & \cdots & q_k^{k-1}\end{vmatrix}=\prod_{1\leqslant i<j\leqslant k}(q_j-q_i)\neq 0$$

所以式(4.8)有唯一解，即 b_n 一定可以表示为式(4.7)的形式。

由于 b_n 的任意性，故知结论成立。

【例 4.2.1】 只由 3 个字母 a，b，c 组成的长度为 n 的一些单词将在通信信道上传输，满足传输中不得有两个 a 连续出现在任一单词中的条件。确定通信信道允许传输的个数。

解 设 h_n 表示允许传输的长度为 n 的单词个数。我们有 $h_0=1$(空单词)和 $h_1=3$。设 $n\geqslant 2$。如果单词的第一个字母是 b 或 c，那么就有 h_{n-1} 种方法构成这个单词。如果单词的第一个字母是 a，那么第二个字母就是 b 或 c。如果第二个字母是 b，那么就有 h_{n-2} 种方法构成这个单词。如果第二个字母是 c，那么就有 h_{n-2} 种方法构成这个单词。因此，h_n 满足递推关系

$$h_n=2h_{n-1}+2h_{n-2}\quad (n\geqslant 2)$$

其特征方程是

$$x^2-2x-2=0$$

而特征根是

$$q_1=1+\sqrt{3},\quad q_2=1-\sqrt{3}$$

因此，通解是

$$h_n=c_1(1+\sqrt{3})^n+c_2(1-\sqrt{3})^n\quad (n\geqslant 3)$$

为确定 h_n，需求出 c_1 和 c_2，使得初始值满足 $h_0=1$ 和 $h_1=3$。

引出方程

$$\begin{cases}c_1+c_2=1\ (n=0)\\ c_1(1+\sqrt{3})+c_2(1-\sqrt{3})=3\ (n=1)\end{cases}$$

它的解为

$$c_1=\frac{2+\sqrt{3}}{2\sqrt{3}},\quad c_2=\frac{-2+\sqrt{3}}{2\sqrt{3}}$$

因此

$$h_n=\frac{2+\sqrt{3}}{2\sqrt{3}}(1+\sqrt{3})^n+\frac{-2+\sqrt{3}}{2\sqrt{3}}(1-\sqrt{3})^n\,(n\geqslant 0)$$

是满足给定限制的可以在通信信道上传输的单词个数。

【例 4.2.2】 求递推关系 $a_n-4a_{n-1}+a_{n-2}=-6a_{n-3}$ 的通解。

解 特征方程为 $x^3-4x^2+x+6=0$，解得的特征根为

$$q_1=-1,\ q_2=2,\ q_3=3$$

所以通解为

$$a_n=A(-1)^n+B2^n+C3^n$$

其中，A、B、C 为任意常数。

若是定解问题，设初值为 $a_0=5$，$a_1=13$，$a_2=35$，代入通解得

$$\begin{cases}A+B+C=5\\ -A+2B+3C=13\\ A+4B+9C=35\end{cases}$$

解得 $A=0$，$B=2$，$C=3$，故

$$a_n = 2 \cdot 2^n + 3 \cdot 3^n = 2^{n+1} + 3^{n+1}$$

若初值为 $a_0=4$，$a_1=-1$，$a_2=7$，则

$$a_n = 3(-1)^n + 2^n$$

求 A、B、C 的方程组为

$$\begin{cases} A+B+C=4 \\ -A+2B+3C=-1 \\ A+4B+9C=7 \end{cases}$$

2. 特征根为重根情形

【例 4.2.3】 求递推关系 $a_n-4a_{n-1}+4a_{n-2}=0$ 的通解。

解 特征方程 $x^2-4x+4=0$ 的特征根 $q_1=q_2=2$ 为二重根，若按单根处理，通解$a_n=A_1 2^n+A_2 2^n=(A_1+A_2)2^n=A2^n$，即一个待定常数。要满足两个初始条件 $a_0=d_0$，$a_1=d_1$，一般是不可能的。

实质： 两个解向量 $a_n^{(1)}=2^n$ 和 $a_n^{(2)}=2^n$ 是线性相关的。

任务： 找两个线性无关的解向量 $a_n^{(1)}$ 和 $a_n^{(2)}$。

令 $a_n^{(2)}=n \cdot 2^n$，可以验证 $a_n^{(2)}$ 是递推关系 $a_n-4a_{n-1}+4a_{n-2}=0$ 的解，且与 $a_n^{(1)}=2^n$ 线性无关。

$$a_n-4a_{n-1}+4a_{n-2}=n2^n-4(n-1)2^{n-1}+4(n-2)2^{n-2}=0$$

$$\begin{vmatrix} 1 & 0 \\ 2 & 2 \end{vmatrix}=2$$

仿单根情形，可证明通解为

$$a_n=A_1 \cdot 2^n+A_2 \cdot n \cdot 2^n$$

一般情况下，设 q 是 $a_n-4a_{n-1}+4a_{n-2}=0$ 的 k 重根，则 $a_n-4a_{n-1}+4a_{n-2}=0$ 的通解为

$$a_n=(A_1+A_2 n+\cdots+A_k n^{k-1})q^n \tag{4.9}$$

另外，若式 $a_n-4a_{n-1}+4a_{n-2}=0$ 有 t 个根，其中 q_i 为 k_i 重根$\left(i=1, 2, \cdots, t, \sum_{i=1}^{t} k_i=k\right)$，那么，通解应为

$$\begin{aligned} a_n &= \sum_{i=1}^{t}\sum_{j=1}^{k_i} A_{ij} n^{j-1} q_i^n \\ &= (A_{11}+A_{12}n+\cdots+A_{1k_1}n^{k_1-1})q_1^n+(A_{21}+A_{22}n+\cdots+A_{2k_2}n^{k_2-1})q_2^n+\cdots+ \\ &\quad (A_{t1}+A_{t2}n+\cdots+A_{tk_t}n^{k_t-1})q_t^n \end{aligned} \tag{4.10}$$

【例 4.2.4】 求 $a_n-7a_{n-1}+19a_{n-2}-25a_{n-3}+16a_{n-4}-4a_{n-5}=0$ 的通解。

解 特征方程 $x^5-7x^4+19x^3-25x^2+16x-4=0$ 的特征根为 $x=1$(三重)，$x=2$(二重)，其通解为

$$\begin{aligned} a_n &= (A_{11}+A_{12}n+A_{13}n^2)1^n+(A_{21}+A_{22}n)2^n \\ &= (A_{11}+A_{12}n+A_{13}n^2)+(A_{21}+A_{22}n)2^n \end{aligned}$$

【例 4.2.5】 求解递推关系

$$\begin{cases} f(n)=-f(n-1)+3f(n-2)+5f(n-3)+2f(n-4) \\ f(0)=1,\ f(1)=0,\ f(2)=1,\ f(3)=2 \end{cases}$$

解　该递推关系的特征方程为

$$x^4+x^3-3x^2-5x-2=0$$

其特征根为

$$x_1=x_2=x_3=1,\ x_4=2$$

对应于 $x=-1$ 的解为

$$f_1(n)=c_1(-1)^n+c_2n(-1)^n+c_3n^2(-1)^n$$

对应于 $x=2$ 的解为

$$f_2(n)=c_4 2^n$$

因此，递推关系的通解为

$$\begin{aligned} f(n) &= f_1(n)+f_2(n) \\ &= c_1(-1)^n+c_2n(-1)^n+c_3n^2(-1)^n+c_4 2^n \end{aligned}$$

代入初始值，得到方程组

$$\begin{cases} c_1+c_2=1 \\ -c_1-c_2-c_3+c_4=0 \\ c_1+2c_2+4c_3+4c_4=1 \\ -c_1-3c_2-9c_3+8c_4=2 \end{cases}$$

解这个方程组，得

$$c_1=\frac{7}{9},\ c_2=-\frac{1}{3},\ c_3=0,\ c_4=\frac{2}{9}$$

所以，原递推关系的解为

$$f(n)=\frac{7}{9}(-1)^n-\frac{1}{3}n(-1)^n+\frac{2}{9}2^n$$

3. 特征根为复根情形

设特征方程有一对共轭(单)复根：$q=\rho e^{i\theta}$，$\bar{q}=\rho e^{-i\theta}$，则通解中含

$$\begin{aligned} Aq^n+B\bar{q}^n &= A\rho^n e^{in\theta}+B\rho^n e^{-in\theta} \\ &= A\rho^n[\cos(n\theta)+i\sin(n\theta)]+B\rho^n[\cos(n\theta)-i\sin(n\theta)] \\ &= (A+B)\rho^n\cos(n\theta)+i(A-B)\rho^n\sin(n\theta) \\ &= A_1\rho^n\cos(n\theta)+A_2\rho^n\sin(n\theta) \end{aligned}$$

故通解为

$$a_n=A_1\rho^n\cos(n\theta)+A_2\rho^n\sin(n\theta)+\cdots \tag{4.11}$$

其优点是避免了复数运算，尤其是当数列$\{a_n\}$是实数时，$Aq^n+B\bar{q}^n$ 的虚部为零。一般情形下，若 q 是 m 的重复根，且 $\bar{q}$ 也是 m 重复根，其通解中必含有下面的项：

$$\rho^n[(A_1+A_2n+\cdots+A_mn^{m-1})\cos(n\theta)+(B_1+B_2n+\cdots+B_mn^{m-1})\sin(n\theta)]$$

表 4.1 总结了特征根和通解中的项的对应关系。

表 4.1 常系数线性齐次递推关系的组成项

	特征根	通解中对应的项
实根	q 为单根	Aq^n
	m 重根	$(A_1+A_2n+\cdots+A_mn^{m-1})q^n$
复根	一对单复根 $q=\rho e^{i\theta}$，$\bar{q}=\rho e^{-i\theta}$	$\rho^n[A_1\cos(n\theta)+A_2\sin(n\theta)]$
	一对 m 重复根 $q=\rho e^{i\theta}$，$\bar{q}=\rho e^{-i\theta}$	$\rho^n(A_1+A_2n+\cdots+A_mn^{m-1})\cos(n\theta)+$ $\rho^n(B_1+B_2n+\cdots+B_mn^{m-1})\sin(n\theta)$

【例 4.2.6】 求定解 $\begin{cases}a_n-2a_{n-1}+2a_{n-2}=0\\a_0=0,\ a_1=1\end{cases}$。

解 特征方程为

$$q^2-2q+2=0$$

解得

$$q=\frac{2\pm\sqrt{4-8}}{2}=1\pm i$$

方法一 按复根形式求解：$\rho=\sqrt{2}$，$\theta=\frac{\pi}{4}$。

通解为

$$a_n=(\sqrt{2})^n\left(A\cos\frac{n\pi}{4}+B\sin\frac{n\pi}{4}\right)$$

代入初始条件

$$\begin{cases}A=0\\\sqrt{2}\left(A\frac{\sqrt{2}}{2}+B\frac{\sqrt{2}}{2}\right)=1\end{cases}$$

解之得 $A=0$，$B=1$，故定解为

$$a_n=(\sqrt{2})^n\sin\frac{n\pi}{4}=\begin{cases}0 & (n=4m;\ m=0,1,\cdots)\\(-1)^n2^{2n} & (n=4m+1;\ m=0,1,\cdots)\\(-1)^n2^{2n+1} & (n=4m+2,\ 4m+3;\ m=0,1,\cdots)\end{cases}$$

该数列为

$$0,\ 1,\ 2,\ 2,\ 0,\ -4,\ -8,\ -8,\ 0,\ 16,\ -32,\ -32,\ \cdots$$

方法二 按单根形式求解：通解为

$$a_n=A(1+i)^n+B(1-i)^n$$

代入初值

$$\begin{cases}A+B=0\\(1+i)A+(1-i)B=1\end{cases}$$

即

$$\begin{cases} A = -\dfrac{\mathrm{i}}{2} \\ B = \dfrac{\mathrm{i}}{2} \end{cases}$$

定解为

$$a_n = -\frac{\mathrm{i}}{2}(1+\mathrm{i})^n + \frac{\mathrm{i}}{2}(1-\mathrm{i})^n$$

化复数表示形式为实数形式

$$\begin{aligned} a_n &= -\frac{\mathrm{i}}{2}(\sqrt{2})^n\left(\cos\frac{n\pi}{4} + \mathrm{i}\sin\frac{n\pi}{4}\right) + \frac{\mathrm{i}}{2}(\sqrt{2})^n\left(\cos\frac{n\pi}{4} - \mathrm{i}\sin\frac{n\pi}{4}\right) \\ &= -\mathrm{i}(\sqrt{2})^n \mathrm{i}\sin\frac{n\pi}{4} = (\sqrt{2})^n \sin\frac{n\pi}{4} \end{aligned}$$

【例 4.2.7】 求定解

$$\begin{cases} a_n - (4+\mathrm{i})a_{n-1} + (5+4\mathrm{i})a_{n-2} - (4+5\mathrm{i})a_{n-3} + (4+4\mathrm{i})a_{n-4} - 4\mathrm{i}a_{n-5} = 0 \\ a_0 = 5, \quad a_1 = 6, \quad a_2 = 10, \quad a_3 = 24, \quad a_4 = 50 \end{cases}$$

解 特征方程为

$$q^5 - (4+\mathrm{i})q^4 + (5+4\mathrm{i})q^3 - (4+5\mathrm{i})q^2 + (4+4\mathrm{i})q - 4\mathrm{i} = 0$$

特征根为

$$q = 2,\ 2,\ \mathrm{i},\ \mathrm{i},\ -\mathrm{i}$$

通解为

$$a_n = (A+Bn)2^n + (C+Dn)\mathrm{i}^n + E(-\mathrm{i})^n$$

代入初始条件

$$\begin{cases} A + C + E = 5 \\ 2(A+B) + (C+D)\mathrm{i} + E(-\mathrm{i}) = 6 \\ 4(A+2B) - (C+2D) - E = 10 \\ 8(A+3B) - (C+3D)\mathrm{i} + E\mathrm{i} = 24 \\ 16(A+4B) + (C+4D) + E = 50 \end{cases}$$

解得 $A=3$，$B=0$，$C=1$，$D=0$，$E=1$，故定解为

$$\begin{aligned} a_n &= 3 \cdot 2^n + \mathrm{i}^n + (-\mathrm{i})^n \\ &= \begin{cases} 3 \cdot 2^n + 2(-1)^{n/2} & (n = 4m,\ 4m+2;\ m = 0,\ 1,\ \cdots) \\ 3 \cdot 2^n & (n = 4m+1,\ 4m+3;\ m = 0,\ 1,\ \cdots) \end{cases} \end{aligned}$$

4. 代数方程求根

1）韦达定理

方程：

$$a_n x^n + a_{n-1}x^{n-1} + \cdots + a_1 x + a_0 = 0$$

的根为 x_1，x_2，…，x_n，则

$$x_1 + x_2 + \cdots + x_n = \sum_{i=1}^{n} x_i = -\frac{a_{n-1}}{a_n}, \quad x_1 x_2 \cdots x_n = \prod_{i=1}^{n} x_i = (-1)^n \frac{a_0}{a_n}$$

如例 4.2.2 中，方程 $x^3 - 4x^2 + x + 6 = 0$ 若有整数根，其根必为±1，±2，±3，±6。

2) 方程的降阶

由韦达定理知，当-1是解时，方程必可分解为$(x+1)(x^2+ax+b)=0$。

4.2.4 非齐次方程

定理 4.2.2 设a_n^*是式(4.6)的一个特解，$\bar{a}_n$是式(4.5)的通解，则式(4.6)的通解为

$$a_n=a_n^*+\bar{a}_n \tag{4.12}$$

证 首先由解的性质知，a_n是式(4.6)的解。

其次，证明a_n是通解。若给定一组初始条件

$$a_0=d_0,\ a_1=d_1,\ \cdots,\ a_{k-1}=d_{k-1} \tag{4.13}$$

仿照齐次方程通解的证明方法，可证明相应于条件式(4.13)的解一定可以表示为式(4.12)的形式。

关于$\bar{a}_n$的求法已经解决，这里的主要问题是求式(4.6)的特解a_n^*。遗憾的是寻求特解还没有一般通用的方法。然而当非齐次线性递推关系的自由项$f(n)$比较简单时，采用下面的待定系数法比较方便。

(1) $f(n)=b$（b为常数）：

$$a_n^*=An^m$$

其中m表示1是式(4.5)的m重特征根($0\leqslant m\leqslant k$)。当然，若1不是特征根(即$m=0$)，则$a_n^*=A$。

(2) $f(n)=b^n$（b为常数）：

$$a_n^*=An^mb^n$$

其中m表示b是方程(4.5)的m重特征根($0\leqslant m\leqslant k$)。同样，若b不是特征根(即$m=0$)，则$a_n^*=Ab^n$。

(3) $f(n)=b^nP_r(n)$（其中$P_r(n)$为关于n的r次多项式，b为常数）：

$$a_n^*=n^mb^nQ_r(n)$$

其中，$Q_r(n)$是与$P_r(n)$同次的多项式，m仍然是b为特征根的重数($0\leqslant m\leqslant k$)。当b不是特征根时(即$m=0$)，$a_n^*=b^nQ_r(n)$。

【例 4.2.8】 求非齐次方程$a_n-13a_{n-2}+12a_{n-3}=3$的通解。

解 其相应齐次方程的特征方程为

$$q^3-13q+12=0$$

特征根为

$$q=1,\ 3,\ -4,\ m=1$$

特解为

$$a_n^*=An$$

A称为待定系数，将$a_n^*=An$代入原非齐次方程得

$$An-13A(n-2)+12A(n-3)=3$$

整理得

$$-10A=3$$

解之得 $A=-\frac{3}{10}$，故其通解为

$$a_n=B_1+B_2 3^n+B_3(-4)^n-\frac{3}{10}n$$

其中，B_1，B_2，B_3 为任意常数。

【例 4.2.9】 求解

$$\begin{cases} h_n=3h_{n-1}-4n & (n\geqslant 1) \\ h_0=2 \end{cases}$$

解 首先我们考相应的齐次递推关系为

$$h_n=3h_{n-1} \quad (n\geqslant 1)$$

它的特征方程是

$$x-3=0$$

因此，它只有一个特征根 $q=3$，从而给出下面的通解

$$h_n=c3^n \quad (n\geqslant 1) \tag{1}$$

下面求原来的非齐次递推关系的一个特殊的解

$$h_n=3h_{n-1}-4n \quad (n\geqslant 1) \tag{2}$$

对于适当的 r、s，寻找下面形式的一个解

$$h_n=rn+s \tag{3}$$

为了使解(3)满足解(2)，必须有

$$rn+s=3(r(n-1)+s)-4n$$

或者等价为

$$rn+s=(3r-4)n+(-3r+3s)$$

令 n 的系数相等且等式两边的常数项相等，我们得到

$$r=3r-4$$
$$s=-3r+3s$$

因此，$r=2$，$s=3$，且解

$$h_n=2n+3 \tag{4}$$

满足特殊解(2)。现在将齐次关系的通解(1)与非齐次关系的特殊解(4)合成，得到

$$h_n=c3^n+2n+3 \tag{5}$$

对(5)中常数 c 的每个选择，都有(2)的一个解。选择某个 c，使得满足初始条件 $h_0=2$：

$$2=c\times 3^0+2\times 0+3, \ (n=0)$$

于是得 $c=-1$，因此式

$$h_n=-3^n+2n+3, \ (n\geqslant 0)$$

是原来问题的解。

【例 4.2.10】 求递推关系 $a_n-4a_{n-1}+4a_{n-2}=2^n$ 的通解。

解 特征根为 $q=2$(二重根)，特解形式为

$$a_n^*=An^2 2^n$$

代入原非齐次方程得

$$An^2 2^n-4A(n-1)^2 2^{n-1}+4A(n-2)^2 2^{n-2}=2^n$$

即

$$An^2 2^n - 2A(n^2 - 2n + 1)^2 2^n + A(n^2 - 4n + 4)^2 2^n = 2^n$$

$$2A2^n = 2^n$$

待定系数 $A=\frac{1}{2}$，因此通解为

$$a_n = B_1 2^n + B_2 n 2^n + \frac{1}{2}n^2 2^n = \left(B_1 + B_2 n + \frac{1}{2}n^2\right) 2^n$$

其中，B_1、B_2 为任意常数。

【例 4.2.11】 求 $a_n + 4a_{n-1} + a_{n-2} = n(n-1)$ 的通解。

解 本例中，$b=1$，$f(n)=n^2-n$，特征根 $q=-2\pm\sqrt{3}$。$b=1$ 不是特征根，其特解为

$$a_n^* = An^2 + Bn + C$$

代入原非齐次方程，得

$$(An^2+Bn+C)+4(A(n-1)^2+B(n-1)+C)+(A(n-2)^2+B(n-2)+C)=n(n-1)$$

即

$$6An^2 - 6(2A - B)n + 2(4A - 3B + 3C) = n^2 - n$$

比较等式两边同类项的系数，有

$$\begin{cases} 6A = 1 \\ -6(2A - B) = -1 \\ 2(4A - 3B + 3C) = 0 \end{cases}$$

解得 $A=\frac{1}{6}$，$B=\frac{1}{6}$，$C=-\frac{1}{18}$，故原方程的通解为

$$a_n = B_1 q_1^n + B_2 q_2^n + \frac{1}{18}(3n^2 + 3n - 1)$$

其中，B_1、B_2 为任意常数。

【例 4.2.12】 求解递推关系

$$\begin{cases} f(n) = 2f(n-1) + 4^{n-1} \\ f(1) = 3 \end{cases} \tag{1}$$

解 由题干的递推关系得

$$f(n-1) = 2f(n-2) + 4^{n-2} \tag{2}$$

如此得到了二阶齐次递推关系(2)，它需要两个初值才能确定解，将 $f(1)=3$ 代入递推关系(1)，得

$$f(2) = 2f(1) + 4^{2-1} = 10$$

所以有

$$\begin{cases} f(n) = 6f(n-1) - 8f(n-2) \\ f(1) = 3,\ f(2) = 10 \end{cases}$$

它的特征方程为

$$x^2 - 6x + 8 = 0$$

解得两个特征根为

$$x_1 = 2,\ x_2 = 4$$

于是，通解为

$$f(n)=A\cdot 2^n+B\cdot 4^{n-2}$$

由初值 $f(1)=3$，$f(2)=10$，求得 $A=B=\frac{1}{2}$，故

$$f(n)=\frac{1}{2}(2^n+4^n)$$

【例 4.2.13】 求 $s_n=\sum_{k=0}^{n}k$。

解 (1) s_n 满足的递推关系为

$$\begin{cases}s_n=s_{n-1}+n\\ s_0=0\end{cases}$$

(2) 化为齐次递推关系。

改写递推关系为

$$s_n-s_{n-1}=n \qquad ①$$

那么，类似可得

$$s_{n-1}-s_{n-2}=n-1 \qquad ②$$

①－②得

$$s_n-2s_{n-1}+s_{n-2}=1 \qquad ③$$

同理有

$$s_{n-1}-2s_{n-2}+s_{n-3}=1 \qquad ④$$

③－④得

$$\begin{cases}s_n-3s_{n-1}+3s_{n-2}-s_{n-3}=0,\\ s_0=0, \quad s_1=1, \quad s_2=3\end{cases}$$

(3) 求解。

由于 $q=1$ 是三重根，所以

$$s_n=(A+Bn+Cn^2)(1)^n=A+Bn+Cn^2 \qquad (4.14)$$

代入初始条件($s_0=0$，$s_1=1$，$s_2=3$)得

$$A=0,\ A+B+C=1,\ A+2B+4C=3$$

解之得

$$A=0,\ B=C=\frac{1}{2}$$

所以

$$s_n=\frac{1}{2}n+\frac{1}{2}n^2=\frac{n(n+1)}{2}$$

从而利用递推关系证明了求和公式

$$1+2+\cdots+n=\frac{n(n+1)}{2}$$

【例 4.2.14】 求 $s_n^{(r)}=\sum_{k=0}^{n}k^r$。

解 化为齐次递推关系求解。

首先，当 $r=1$ 时，可得

$$s_n = A + Bn + Cn^2$$

当 $r=2$ 时，可得

$$s_n - s_{n-1} = n^2 \quad ①$$

$$s_{n-1} - s_{n-2} = (n-1)^2 \quad ②$$

①－②得

$$s_n - 2s_{n-1} + s_{n-2} = 2n - 1 \quad ③$$

$$s_{n-1} - 2s_{n-2} + s_{n-3} = 2(n-1) - 1 \quad ④$$

③－④得

$$s_n - 3s_{n-1} + 3s_{n-2} - s_{n-3} = 1 \quad ⑤$$

$$s_{n-1} - 3s_{n-2} + 3s_{n-3} - s_{n-4} = 1 \quad ⑥$$

⑤－⑥就得到关于 s_n 的齐次定解问题：

$$\begin{cases} s_n - 4s_{n-1} + 6s_{n-2} - 4s_{n-3} + s_{n-4} = 0 \\ s_0 = 0,\ s_1 = 1,\ s_2 = 5,\ s_3 = 14 \end{cases}$$

特征根仍然是 $q=1$(四重)，所以

$$s_n = A + Bn + Cn^2 + Dn^3$$

再利用初值条件得

$$s_n = \frac{n(n+1)(2n+1)}{6}$$

为了快速求常数 A、B、C、D 等，当 $r=1$ 时，令

$$s_n = A + Bn + Cn(n-1)$$

代入初始条件后得

$$\begin{cases} A = 0 \\ A + B = 1 \\ A + 2B + 2C = 3 \end{cases}$$

解得

$$A = 0,\ B = 1 - A = 1,\ C = \frac{1}{2}(3 - A - 2B) = \frac{1}{2}$$

所以

$$s_n = n + \frac{1}{2}n(n-1) = \frac{n(n+1)}{2}$$

该求解方法的优点是不需要解线性代数方程组，即可逐步递推地解出系数 A、B、C 等。

另外，可令

$$s_n = A + Bn + C\frac{n(n-1)}{2!}$$

代入初值条件

$$\begin{cases} A = 0 \\ A + B = 1 \\ A + 2B + C = 3 \end{cases}$$

解得

$$A=0,\ B=1-A=1,\ C=3-A-2B=1$$

该求解方法的优点是在利用初值确定 A、B、C 时更加方便。因为方程中分别关于 A、B、C 的系数恰好是 1，不作除法。

当 $r=2$ 时，可令

$$s_n=A+Bn+C\frac{n(n-1)}{2!}+D\frac{n(n-1)(n-2)}{3!}$$

代入初值 $s_0=0$，$s_1=1$，$s_2=5$，$s_3=14$ 得方程组

从而易得

$$\begin{cases}A=0\\A+B=1\\A+2B+C=5\\A+3B+3C+D=14\end{cases}$$

即

$$A=0,\ B=1,\ C=3,\ D=2$$

$$s_n=n+3\frac{n(n-1)}{2}+2\frac{n(n-1)(n-2)}{6}=\frac{n(n+1)(2n+1)}{6}$$

对于较大的 r，求部分和 $s_n^{(r)}$ 时，利用非齐次递推关系 $s_n=s_{n-1}+n^r$ 求解还是要比将其化为齐次递推关系更方便。

一般情形下，若通解 a_n 为 r 阶多项式 $P_r(n)$，对定解问题(4.1.2)，可令

$$P_r(n)=A_0+A_1\binom{n}{1}+A_2\binom{n}{2}+\cdots+A_r\binom{n}{r}$$

使得用初值条件求解常数 A_i 非常简单。

4.2.5 一般递推关系化简

对于某些非线性或变系数的递推关系，可以将其化为线性关系来求解。

【例 4.2.15】 求递推关系

$$\begin{cases}f(n)=3f^2(n-1)\\f(0)=1\end{cases}$$

解 对递推关系两边取自然对数，得

$$\ln f(n)=\ln 3+2\ln f(n-1)$$

令 $h(n)=\ln f(n)$，得

$$\begin{cases}h(n)=2h(n-1)+\ln 3\\h(0)=0\end{cases}$$

解得

$$h(n)=(2^n-1)\ln 3$$

从而

$$f(n)=3^{2^n-1}$$

【例 4.2.16】 解定解问题

$$\begin{cases} a_n - ne^{n^2} a_{n-1} = 0 \\ a_0 = 1 \end{cases}$$

解 此为线性变系数齐次关系，改写原方程为

$$a_n = ne^{n^2} a_{n-1}$$

两边取对数得

$$\ln a_n = \ln a_{n-1} + \ln n + n^2$$

令 $b_n = \ln a_n$，得关于 b_n 的递推关系为

$$\begin{cases} b_n - b_{n-1} = \ln n + n^2 \\ b_0 = 0 \end{cases}$$

再令 $f_1(n) = \ln n$，$f_2(n) = n^2$，化为以下两个递推关系

$$\begin{cases} b_n - b_{n-1} = \ln n \\ b_0 = 0 \end{cases} \quad 和 \quad \begin{cases} b_n - b_{n-1} = n^2 \\ b_0 = 0 \end{cases}$$

用迭代法解 $\begin{cases} b_n - b_{n-1} = \ln n \\ b_0 = 0 \end{cases}$，易得 $b_n^{(1)} = \ln n!$。

用待定系数法解 $\begin{cases} b_n - b_{n-1} = n^2 \\ b_0 = 0 \end{cases}$，得

$$b_n^{(2)} = \frac{n(n+1)(2n+1)}{6}$$

从而得

$$b_n = \ln n! + \frac{n(n+1)(2n+1)}{6}$$

所以

$$a_n = n! \cdot \exp\left[\frac{n(n+1)(2n+1)}{6}\right]$$

【例 4.2.17】 解定解问题

$$\begin{cases} na_n + (n-1)a_{n-1} = 2^n \quad (n \geqslant 1) \\ a_0 = 273 \end{cases}$$

解 这是线性变系数非齐次关系。令 $b_n = na_n$ 得

$$\begin{cases} b_n + b_{n-1} = 2^n \\ b_0 = 0 \end{cases}$$

通解为

$$b_n = B(-1)^n + \frac{2^{n+1}}{3}$$

再由初始条件 $b_0 = 0$ 知

$$B = -\frac{2}{3}$$

所以

$$b_n=-\frac{2}{3}(-1)^n+\frac{2^{n+1}}{3}=\frac{2}{3}[2^n-(-1)^n]$$

因此

$$\begin{cases}a_n=\dfrac{2}{3n}[2^n-(-1)^n] & (n\geqslant 1)\\ a_0=273\end{cases}$$

即 $a_1=2$，$a_2=1$，$a_3=2$，$a_4=\frac{5}{2}$，…。

【例 4.2.18】 求解递推关系

$$\begin{cases}f(n)=\dfrac{n+1}{2n}f(n-1)+1\\ f(0)=1\end{cases}$$

解　令

$$f(n)=\frac{n+1}{2n}\cdot\frac{n}{2(n-1)}\cdot\cdots\cdot\frac{2}{2\times 1}\cdot h(n)=\frac{n+1}{2^n}h(n)$$

代入上述递推关系并化简，即得到关于 $h(n)$ 的递推关系

$$\begin{cases}h(n)=h(n-1)+\dfrac{2^n}{n+1}\\ f(0)=1\end{cases}$$

解得

$$h(n)=\sum_{k=0}^{n}\frac{2^k}{k+1}$$

从而

$$f(n)=\frac{n+1}{2^n}\sum_{k=0}^{n}\frac{2^k}{k+1}$$

【例 4.2.19】 解定解问题

$$\begin{cases}a_n-na_{n-1}=n! & (n\geqslant 1)\\ a_0=2\end{cases}$$

解　本题难点为求 $f(n)=n!$。令 $b_n=\frac{a_n}{n!}$，问题可化为

$$\begin{cases}b_n-b_{n-1}=1 & (n\geqslant 1)\\ b_0=2\end{cases}$$

特解为

$$b_n^*=n$$

通解为

$$b_n=B\cdot 1^n+n$$

a_n 的通解为

$$a_n=(n+2)n!$$

另外求法：对于 b_n，可以用迭代法或直接观察出 $b_n=n+2$，再用归纳法证明之即可。

【例 4.2.20】 设解定解问题

$$\begin{cases} a_n^2 - 2a_{n-1}^2 = 1 \quad (n \geqslant 1) \\ a_0 = 2 \end{cases}$$

解 这是非线性的递推关系，令 $b_n = a_n^2$，将问题变为

$$\begin{cases} b_n - 2b_{n-1} = 1 \quad (n \geqslant 1) \\ b_0 = 4 \end{cases}$$

解之得

$$b_n = 5 \cdot 2^n - 1$$

从而

$$a_n = \sqrt{5 \cdot 2^n - 1} \quad (a_n > 0 \text{ 是显然的})$$

4.3 解递推关系的其它方法

4.3.1 迭代法与归纳法

这两种方法分别适应以下两种不同的情况：

(1) 迭代法：对某些一阶的递推关系，使用迭代法求解可能更快。

(2) 归纳法：观察 n 比较小时 a_n 的表达式的规律，总结或猜出 a_n 的一般表达式，然后用归纳法证明。

【例 4.3.1】 解递推关系

$$\begin{cases} a_n = 2a_{n-1} + 2^n \quad (n \geqslant 1) \\ a_0 = 3 \end{cases}$$

解 变换原递推关系为

$$\frac{a_n}{2^n} = \frac{a_{n-1}}{2^{n-1}} + 1 \tag{4.15}$$

逐步迭代，得

$$\frac{a_n}{2^n} = \frac{a_{n-1}}{2^{n-1}} + 1 = \frac{a_{n-2}}{2^{n-2}} + 2 = \cdots = \frac{a_0}{2^0} + n = n + 3$$

所以

$$a_n = 2^n (n + 3) \quad (n \geqslant 1)$$

当 $n=0$ 时，上式仍成立(即满足所给的初值)，故解为

$$a_n = 2^n (n+3) \quad (n \geqslant 0)$$

本题也可理解为利用式(4.15)先做变量代换 $b_n = \frac{a_n}{2^n} b_n$，得关于 b_n 的递推关系为

$$\begin{cases} b_n = b_{n-1} + 1 \quad (n \geqslant 1) \\ b_0 = 3 \end{cases}$$

用迭代法解得

$$b_n = n + 3 \quad (n \geqslant 0)$$

然后反代回去得

$$a_n = 2^n b_n = 2^n(n+3) \quad (n \geqslant 1)$$

【例 4.3.2】 解递推关系

$$\begin{cases} a_n = n a_{n-1} + (-1)^n & (n \geqslant 1) \\ a_0 = 3 \end{cases}$$

解 因为

$$\frac{a_n}{n!} = \frac{a_{n-1}}{(n-1)!} + \frac{(-1)^n}{n!} \quad (n \geqslant 1)$$

迭代得

$$\begin{aligned} \frac{a_n}{n!} &= \frac{a_{n-2}}{(n-2)!} + \frac{(-1)^{n-1}}{(n-1)!} + \frac{(-1)^n}{n!} \\ &= \cdots \\ &= \frac{a_0}{0!} + \frac{(-1)^1}{1!} + \frac{(-1)^2}{2!} + \cdots + \frac{(-1)^n}{n!} \\ &= 3 + \sum_{k=1}^{n} \frac{(-1)^k}{k!} = 2 + \sum_{k=0}^{n} \frac{(-1)^k}{k!} \end{aligned}$$

所以

$$a_n = n!\left(2 + \sum_{k=0}^{n} \frac{(-1)^k}{k!}\right) \quad (n \geqslant 1)$$

当 $n=0$ 时，上式仍成立，故定解问题的解为

$$a_n = n!\left(2 + \sum_{k=0}^{n} \frac{(-1)^k}{k!}\right) \quad (n \geqslant 0)$$

【例 4.3.3】 用归纳法解递推关系$\begin{cases} a_n = a_{n-1} + n^3 \\ a_0 = 0 \end{cases}$，求 a_n。

解 计算较小 n 时的 a_n，并观察得

$$\begin{gathered} a_0 = 0 = 0^2 \\ a_1 = a_0 + 1^3 = 1^2 = (0+1)^2 \\ a_2 = a_1 + 2^3 = 1^3 + 2^3 = 9 = (0+1+2)^2 \\ a_3 = a_2 + 3^3 = 1^3 + 2^3 + 3^3 = 36 = (0+1+2+3)^2 \end{gathered}$$

由此可猜想

$$a_n = (0+1+2+\cdots+n)^2 = \left(\frac{n(1+n)}{2}\right)^2 = \frac{n^2(1+n)^2}{4}$$

再用归纳法证之：显然 $n=0$，1，2，3 时结论为真。

假设 $n=k$ 时结论为真，即 $a_k = \dfrac{k^2(1+k)^2}{4}$成立。

考虑 $n=k+1$ 时，有

$$a_{k+1} = a_k + (k+1)^3 = \frac{k^2(1+k)^2}{4} + (k+1)^3 = \frac{(k+1)^2(k+2)^2}{4}$$

结论成立。故对一切非负整数 n，有 $a_n = \dfrac{n^2(1+n)^2}{4}$。

假设 $n=k$ 时结论为真，即 $a_k=\frac{k^2(1+k)^2}{4}$成立。

考虑 $n=k+1$ 时，有

$$a_{k+1}=a_k+(k+1)^3=\frac{k^2(1+k)^2}{4}+(k+1)^3=\frac{(k+1)^2(k+2)^2}{4}$$

结论成立。故对一切非负整数 n，有

$$a_n=\frac{n^2(1+n)^2}{4}$$

4.3.2 母函数方法

对较复杂的递推关系，可利用母函数求解。其方法如下：

(1) 设欲求解的数列$\{a_n\}$的母函数为 $G(x)=\sum_{n=0}^{\infty}a_nx^n$；

(2) 利用递推关系本身求函数 $G(x)$满足的方程(代数方程或微分方程等)；

(3) 解方程求出 $G(x)$；

(4) 将 $G(x)$展开成 x 的幂级数。则 x^n 的系数便是 a_n 的解析表达式(即递推关系的解)。

【例 4.3.4】 求解递推关系

$$\begin{cases}f(n)=4f(n-1)-4f(n-2) \quad (n\geqslant 2)\\ f(0)=0,\ f(1)=1\end{cases}$$

解 令

$$A(x)=\sum_{n=0}^{\infty}f(n)x^n$$

则有

$$\begin{aligned}A(x)-f(0)-f(1)&=\sum_{n=2}^{\infty}f(n)x^n=\sum_{n=2}^{\infty}[4f(n-1)-4f(n-2)]x^n\\&=4x\sum_{n=1}^{\infty}f(n)x^n-4x^2\sum_{n=0}^{\infty}f(x)x^n\\&=4x\cdot[A(x)-f(0)]-4x^2A(x)\end{aligned}$$

将 $f(0)=0$，$f(1)=1$ 代入上式并整理，得

$$A(x)=\frac{x}{4x^2-4x+1}=\frac{x}{(1-2x)^2}$$

设

$$A(x)=\frac{c_1}{1-2x}+\frac{c_2}{(1-2x)^2}$$

其中，c_1、c_2 为待定系数。通常比较等式两边分子的常数项与 1 次项系数，可得

$$\begin{cases}c_1+c_2=0\\ -2\cdot c_1=1\end{cases}$$

所以 $c_1=-\frac{1}{2}$，$c_2=\frac{1}{2}$。

$$A(x)=-\frac{1}{2}\cdot\frac{1}{1-2x}+\frac{1}{2}\cdot\frac{c_2}{(1-2x)^2}$$

$$=-\frac{1}{2}\sum_{n=0}^{\infty}2^n x^n+\frac{1}{2}\sum_{n=0}^{\infty}\binom{n+1}{n}\cdot 2^n\cdot x^n$$

故

$$f(n)=-\frac{1}{2}\cdot 2^n+\frac{1}{2}\cdot(n+1)\cdot 2^n=\frac{1}{2}\cdot n\cdot 2^n$$

【例 4.3.5】 解递推关系 $a_n-5a_{n-1}+6a_{n-2}=2^n(n\geqslant 2)$。

解 （利用无穷求和）令 $A(x)=\sum_{n=0}^{\infty}a_n x^n$，原方程两边同乘 x^n 得

$$(a_n-5a_{n-1}+6a_{n-2})x^n=2^n x^n$$

即

$$a_n x^n-5a_{n-1}x^n+6a_{n-2}x^n=(2x)^n$$

对 n 从 2 到∞求和得

$$\sum_{n=2}^{\infty}(a_n x^n-5a_{n-1}x^n+6a_{n-2}x^n)=\sum_{n=2}^{\infty}(2x)^n$$

$$\sum_{n=2}^{\infty}a_n x^n-5\sum_{n=2}^{\infty}a_{n-1}x^n+6\sum_{n=2}^{\infty}a_{n-2}x^n=\sum_{n=2}^{\infty}(2x)^n$$

$$\sum_{n=2}^{\infty}a_n x^n-5x\sum_{n=1}^{\infty}a_n x^n+6x^2\sum_{n=0}^{\infty}a_n x^n=\sum_{n=2}^{\infty}(2x)^n$$

$$(A(x)-a_0-a_1x)-5x(A(x)-a_0)+6x^2A(x)=\frac{1}{1-2x}-(1+2x)$$

解得

$$A(x)=\frac{a_0+(a_1-5a_0)x}{1-5x+6x^2}+\frac{4x^2}{(1-5x+6x^2)(1-2x)}$$

$$A(x)=\frac{c_1}{1-3x}+\frac{c_2}{1-2x}+\frac{-2}{(1-2x)^2}$$

将 $A(x)$ 展开

$$A(x)=\sum_{n=0}^{\infty}(3x)^n+c_2\sum_{n=0}^{\infty}(2x)^n-2\sum_{n=0}^{\infty}(n+1)(2x)^n$$

$$=\sum_{n=0}^{\infty}[c_1 3^n+c_2 2^n-(n+1)2^{n+1}]x^n$$

$$=\sum_{n=0}^{\infty}a_n x^n$$

比较等式两端 x^n 的系数

$$a_n=c_1 3^n+c_2 2^n-(n+1)2^{n+1}$$

式中，c_1、c_2 为任意常数，由初值 a_0 和 a_1 确定。

例如，设 $a_0=1$，$a_1=-2$，则 c_1、c_2 满足下列方程组

$$\begin{cases}c_1+c_2-2=1\\3c_1+2c_2-8=-2\end{cases}$$

解得 $c_1=0$，$c_2=3$。

因此满足上述初值条件的递推关系的解为

$$a_n=3\times 2^n-(n+1)\ 2^{n+1}=(1-2n)\ 2^n$$

【例 4.3.6】 求解递推关系

$$\begin{cases}f(n)=f(n-1)+n^4\\ f(0)=0\end{cases}$$

解 令

$$A(x)=\sum_{0}^{\infty}f(n)x^n$$

代入递推关系，得

$$A(x)-f(0)=\sum_{n=1}^{\infty}[f(n-1)+n^4]x^n$$

$$=xA(x)+\sum_{n=1}^{n}n^4x^n$$

解得

$$A(x)=\frac{1}{1-x}\sum_{n=1}^{\infty}n^4x^n$$

利用

$$G\{k^3\}=\frac{x(1+4x+x^2)}{(1-x)^4}$$

求得

$$G\{k^4\}=\frac{x(1+11x+11x^2+x^3)}{(1-x)^5}$$

所以

$$A(x)=\frac{x(1+11x+11x^2+x^3)}{(1-x)^6}$$

$$=(x+11x^2+11x^3+x^4)\sum_{i=1}^{\infty}\binom{i+5}{i}x^i$$

于是 x^n 的系数 $f(n)$ 为

$$f(n)=\binom{n-1+5}{n-1}+11\binom{n-2+5}{n-2}+11\binom{n-3+5}{n-3}+\binom{n-4+5}{n-4}$$

$$=\frac{1}{30}n(n+1)(6n^3+9n^2+n-1)$$

【例 4.3.7】 求定解问题 $\begin{cases}F_n=F_{n-1}+F_{n-2}\\ F_1=F_2=1\end{cases}$。

解 反推求 $F_0=F_2-F_1=0$。设$\{F_n\}$的母函数为

$$G(x)=\sum_{n=0}^{\infty}F_nx^n$$

根据递推关系有

$$G(x)=0+x+\sum_{n=2}^{\infty}(F_{n-1}+F_{n-2})x^n$$

$$=x+x\sum_{n=2}^{\infty}F_{n-1}x^{n-1}+x^2\sum_{n=2}^{\infty}F_{n-2}x^{n-2}$$

$$=x+xG(x)+x^2G(x)$$

解得

$$G(x)=\frac{x}{1-x-x^2} \tag{4.16}$$

利用待定系数法将 $G(x)$ 展开成幂级数，即

$$G(x)=\frac{x}{\left(1-\frac{1-\sqrt{5}}{2}x\right)\left(1-\frac{1+\sqrt{5}}{2}x\right)}$$

$$=\frac{A}{1-\frac{1+\sqrt{5}}{2}x}+\frac{B}{1-\frac{1-\sqrt{5}}{2}x}$$

$$=\frac{(A+B)+\left(\frac{\sqrt{5}-1}{2}A-\frac{\sqrt{5}+1}{2}B\right)x}{\left(1-\frac{1-\sqrt{5}}{2}x\right)\left(1-\frac{1+\sqrt{5}}{2}x\right)}$$

得 A、B 应满足的方程

$$\begin{cases}A+B=0\\ \frac{\sqrt{5}-1}{2}A-\frac{\sqrt{5}+1}{2}B=1\end{cases}$$

解得

$$A=\frac{1}{\sqrt{5}},\ B=-\frac{1}{\sqrt{5}}$$

所以

$$G(x)=\frac{1}{\sqrt{5}}\left[\frac{1}{1-\frac{1+\sqrt{5}}{2}x}-\frac{1}{1-\frac{1-\sqrt{5}}{2}x}\right]$$

展开 $G(x)$，令 $\alpha=\frac{1+\sqrt{5}}{2}$，$\beta=\frac{1-\sqrt{5}}{2}$，于是

$$G(x)=\frac{1}{\sqrt{5}}\left[\frac{1}{1-\alpha x}-\frac{1}{1-\beta x}\right]$$

$$=\frac{1}{\sqrt{5}}\left[\sum_{n=0}^{\infty}(\alpha x)^n-\sum_{n=0}^{\infty}(\beta x)^n\right]$$

$$=\frac{1}{\sqrt{5}}\sum_{n=0}^{\infty}(\alpha^n-\beta^n)x^n$$

所以

$$F_n=\frac{1}{\sqrt{5}}(\alpha^n-\beta^n)=\frac{1}{\sqrt{5}}\left[\left(\frac{1+\sqrt{5}}{2}\right)^n-\left(\frac{1-\sqrt{5}}{2}\right)^n\right]$$

说明：

(1) 此为著名的 Fibonacci 数列(见 4.4 节)。

(2) 告诉我们一个事实，虽然 F_n 都是正整数，但它们却可由一些无理数表示出来。

【例 4.3.8】 解定解问题

$$\begin{cases}(n-1)a_n-(n-2)a_{n-1}-2a_{n-2}=0 \quad (n\geqslant 2)\\ a_0=0,\ a_1=1\end{cases}$$

解 根据方程的特点，令

$$A(x)=a_1+a_2x+a_3x^2+a_4x^3+\cdots+a_nx^{n-1}+\cdots$$

两边对 x 求导，得

$$A'(x)=2a_3x+3a_4x^2+\cdots+(n-1)a_nx^{n-2}+\cdots$$

由原问题知 $a_2=0$，计算 $A'(x)-x\,A'(x)$，得

$$\begin{aligned}(1-x)A'(x)&=2a_3x+(3a_4-2a_3)x^2+(4a_5-3a_4)x^3+\cdots+\\&\quad[(n-1)a_n-(n-2)a_{n-1}]x^{n-2}+\cdots\\&=2a_1x+2a_2x^2+2a_3x^3+\cdots+2a_{n-2}x^{n-2}+\cdots\\&=2x\,A(x)\end{aligned}$$

原方程可化为

$$(n-1)a_n-(n-2)a_{n-1}=2a_{n-2},\ a_3=a_1$$

即

$$\frac{A'(x)}{A(x)}=\frac{2x}{1-x}=-2+\frac{2x}{1-x}$$

$A(x)|_{x=0}=a_1=1$，两边对 x 积分得

$$\int_0^x\frac{A'(x)}{A(x)}\mathrm{d}x=-2x-2\ln(1-x)$$

即

$$\ln A(x)+\ln(1-x)^2=-2x$$

所以

$$A(x)=\frac{\mathrm{e}^{-2x}}{(1-x)^2}$$

展成幂级数为

$$\begin{aligned}A(x)&=\left(\sum_{n=0}^{\infty}\frac{(-2x)^n}{n!}\right)\left(\sum_{n=0}^{\infty}\binom{n+1}{1}x^n\right)\\&=\left(\sum_{n=0}^{\infty}\sum_{k=0}^{n}\frac{(-1)^k2^k}{k!}(n-k+1)x^n\right)\end{aligned}$$

所以

$$a_{n+1}=\sum_{k=0}^{n}(-1)^k\frac{(n-k+1)2^k}{k!}$$

【例 4.3.9】 用指母函数求解递推关系：

$$\begin{cases} D_n = nD_{n-1} + (-1)^n \quad (n \geqslant 2) \\ D_1 = 0 \end{cases}$$

解 由原方程反推可得

$$D_0 = D_1 - (-1)^0 = 1$$

可以观察到 D_n 随 n 的增大而急剧增大，与 $n!$ 类似，故用指母函数求解。

令

$$D(x) = \sum_{n=0}^{\infty} D_n \frac{x^n}{n!}$$

用$\frac{x^n}{n!}$乘以原方程的两端，然后对 n 从 1 到∞求和，得

$$\sum_{n=1}^{\infty} D_n \frac{x^n}{n!} = \sum_{n=1}^{\infty} nD_{n-1} \frac{x^n}{n!} + \sum_{n=1}^{\infty} (-1)^n \frac{x^n}{n!}$$

即

$$D(x) - D_0 = xD(x) + e^{-x} - 1$$

亦即

$$D(x) = \frac{e^{-x}}{1-x}$$

由母函数的性质 3 知

$$\frac{D_n}{n!} = \sum_{k=0}^{n} \frac{(-1)^k}{k!}$$

于是得到

$$D_n = n! \left(1 - \frac{1}{1!} + \frac{1}{2!} - \cdots + (-1)^n \frac{1}{n!}\right)$$

【例 4.3.10】 用母函数方法求解二元递推关系：

$$\begin{cases} a_n = 3a_{n-1} + 2b_{n-1} \\ b_n = a_{n-1} + b_{n-1} \\ a_0 = 1, \quad b_0 = 0 \end{cases}$$

解 设数列$\{a_n\}$的母函数为 $A(x)$，$\{b_n\}$的母函数为 $B(x)$。在第一个方程的两边同乘以 x^n 得

$$a_n x^n = 3a_{n-1} x^n + 2b_{n-1} x^n$$

上式两边分别对 $n=1, 2, \cdots$求和，得

$$\sum_{n=1}^{\infty} a_n x^n = 3x \sum_{n=1}^{\infty} a_{n-1} x^{n-1} + 2x \sum_{n=1}^{\infty} b_{n-1} x^{n-1}$$

即

$$A(x) - a_0 = 3xA(x) + 2xB(x)$$

将 $a_0 = 1$ 代入并整理得

$$(1 - 3A(x))A(x) - 2xB(x) = 1 \qquad ①$$

同理，由第 2 个方程和所给初值可得

$$xA(x) + (x - 1)B(x) = 0 \qquad ②$$

联立方程①、②解得

$$\begin{cases} A(x)=\dfrac{1-x}{1-4x+x^2} \\ B(x)=\dfrac{x}{1-4x+x^2} \end{cases}$$

再利用待定系数法将两个函数分别分解为

$$A(x)=\frac{3+\sqrt{3}}{6}\frac{1}{1-(2+\sqrt{3})x}+\frac{3-\sqrt{3}}{6}\frac{1}{1-(2-\sqrt{3})x}$$

$$=\frac{3+\sqrt{3}}{6}\frac{1}{1-(2+\sqrt{3})x}+\frac{3-\sqrt{3}}{6}\frac{1}{1-(2-\sqrt{3})x}$$

$$B(x)=\frac{\sqrt{3}}{6}\frac{1}{1-(2+\sqrt{3})x}-\frac{\sqrt{3}}{6}\frac{1}{1-(2-\sqrt{3})x}=\frac{\sqrt{3}}{6}\frac{1}{1-(2+\sqrt{3})x}-\frac{\sqrt{3}}{6}\frac{1}{1-(2-\sqrt{3})x}$$

将二者做幂级数展开，得

$$A(x)=\frac{3+\sqrt{3}}{6}\sum_{n=0}^{\infty}(2+\sqrt{3})^n x^n+\frac{3-\sqrt{3}}{6}\sum_{n=0}^{\infty}(2-\sqrt{3})^n x^n$$

$$=\sum_{n=0}^{\infty}\left[\frac{3+\sqrt{3}}{6}(2+\sqrt{3})^n+\frac{3-\sqrt{3}}{6}(2-\sqrt{3})^n\right]x^n$$

$$B(x)=\frac{\sqrt{3}}{6}\sum_{n=0}^{\infty}(2+\sqrt{3})^n x^n-\frac{\sqrt{3}}{6}\sum_{n=0}^{\infty}(2-\sqrt{3})^n x^n$$

$$=\sum_{n=0}^{\infty}\left[\frac{\sqrt{3}}{6}(2+\sqrt{3})^n-\frac{\sqrt{3}}{6}(2-\sqrt{3})^n\right]x^n$$

原递推关系的解为

$$\begin{cases} a_n=\dfrac{3+\sqrt{3}}{6}(2+\sqrt{3})^n+\dfrac{3-\sqrt{3}}{6}(2-\sqrt{3})^n \\ b_n=\dfrac{\sqrt{3}}{6}(2+\sqrt{3})^n-\dfrac{\sqrt{3}}{6}(2-\sqrt{3})^n \end{cases}\quad (n\geqslant 0)$$

4.4 两种典型数列

Fibonacci 数列和 Stirling 数列经常出现在组合计数问题中，是比较典型的两种数列。其典型性不在于数列本身，而是在于许多实际计数问题的计算关系都与这两种数列是相同或相似的。

4.4.1 Fibonacci 数列

定义 4.4.1 序列 1，1，2，3，5，8，13，21，34，…中，每个数都是它前两者之和，这个序列称为 Fibonacci 数列。

由于它在算法分析和近代优化理论中起着重要作用，又具有很奇特的数学性质，因此，1963 年起美国就专门出版了针对这一数列进行研究的季刊 *Fibonacci Quarterly*。

该数列来源于1202年由意大利著名数学家Fibonacci提出的一个有趣的兔子问题：有雌雄一对小兔，一月后长大，两月起往后每月生（雌雄）一对小兔。小兔亦同样如此。设一月份只有一对小兔，一年后共有多少对兔子？

此问题可以一般化为问 n 个月后共有多少对兔子。

设第 n 个月的兔子数为 F_n，则 $F_1=F_2=1$。兔子数量推导示意如表4.2所示。

表4.2 兔子数量推导示意

月份	1	2	3	4	…	$n-2$	$n-1$	n	$n+1$
小兔子数	1		1	1				F_{n-2}	
大兔子数		1	1	2			F_{n-2}	F_{n-1}	
总数	1	1	2	3		F_{n-2}	F_{n-1}	F_n	

由表4.2可以看出

$$F_n=\text{前一个月兔子数}+\text{本月新增兔子数}=F_{n-1}+F_{n-2}$$

即

$$\begin{cases}F_n=F_{n-1}+F_{n-2} & (n\geqslant 3)\\ F_1=F_2=1\end{cases}\tag{4.17}$$

求解得

$$F_n=\frac{1}{\sqrt{5}}\left(\frac{1+\sqrt{5}}{2}\right)^n-\frac{1}{\sqrt{5}}\left(\frac{1-\sqrt{5}}{2}\right)^n\approx\frac{1}{\sqrt{5}}\left(\frac{1+\sqrt{5}}{2}\right)^n$$

或

$$F_n=\begin{cases}\left\lfloor\frac{1}{\sqrt{5}}\left(\frac{1+\sqrt{5}}{2}\right)^n\right\rfloor & (n\text{ 为偶数})\\ \left\lceil\frac{1}{\sqrt{5}}\left(\frac{1+\sqrt{5}}{2}\right)^n\right\rceil & (n\text{ 为奇数})\end{cases}$$

【例4.4.1】（上楼梯问题）某人欲登上 n 级楼梯，若每次只能跨一级或两级，他从地面上到第 n 级楼梯，共有多少种不同的方法？

解 设上到第 n 级楼梯的方法数为 a_n。那么，

(1) 若第一步跨一级，则余下的 $n-1$ 级有 a_{n-1} 种上法；

(2) 若第一步跨两级，则余下的 $n-2$ 级有 a_{n-2} 种上法。

由加法原理

$$\begin{cases}a_n=a_{n-1}+a_{n-2}\\ a_1=1,\ a_2=2(a_0=1)\end{cases}$$

推导示意如表4.3所示。

表4.3 例4.4.1推导示意

F_1	F_2	F_3	F_4	F_5	F_6	
1	1	2	3	5	8	…
	a_1	a_2	a_3	a_4	A_5	

所以

$$a_n=F_{n+1}=\frac{1}{\sqrt{5}}\left[\left(\frac{1+\sqrt{5}}{2}\right)^{n+1}-\left(\frac{1-\sqrt{5}}{2}\right)^{n+1}\right]$$

【例 4.4.2】(棋盘染色问题) 给一个具有 1 行 n 列的 $1\times n$ 棋盘(见图 4.5)的每一个方块涂以红、蓝二色之一，要求相邻的两块不能都染成红色，设不同的染法共有 a_n 种，试求 a_n。

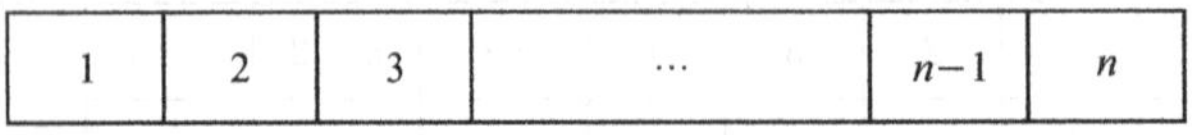

图 4.5 $1\times n$ 棋盘

解 对格子 1 的染色有以下两种可能：

(1) 染红色：染色方式总数 $=1\times1\times a_{n-2}=a_{n-2}$；如图 4.6 所示。

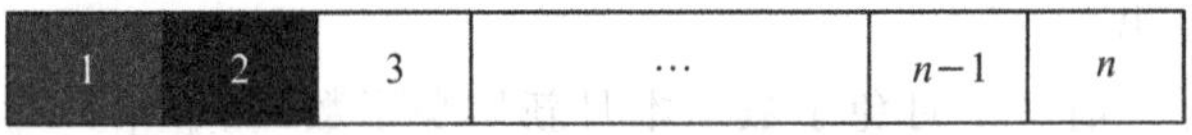

图 4.6 格子 1 染红色的染色方式

(2) 染蓝色：染色方式总数 $=1\times a_{n-1}=a_{n-1}$，如图 4.7 所示。

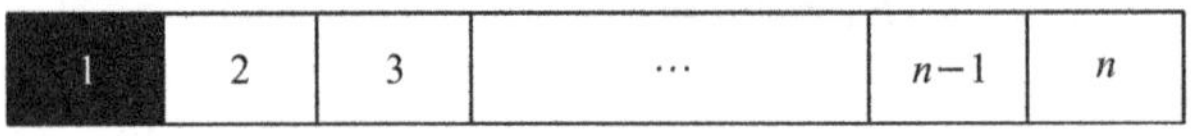

图 4.7 格子 1 染蓝色的染色方式

由加法原理

$$\begin{cases}a_n=a_{n-1}+a_{n-2} & (n\geqslant 3)\\ a_1=2,\ a_2=3 & (a_0=1)\end{cases}$$

推导示意如表 4.4 所示。

表 4.4 例 4.4.2 推导示意

F_1	F_2	F_3	F_4	F_5	F_6	
1	1	2	3	5	8	…
		a_1	a_2	a_3	a_4	

所以

$$a_n=F_{n+2}=\frac{1}{\sqrt{5}}\left[\left(\frac{1+\sqrt{5}}{2}\right)^{n+2}-\left(\frac{1-\sqrt{5}}{2}\right)^{n+2}\right]$$

类似问题：无两个 1 相连的 n 位二进制数共有 F_{n+2} 个。

【例 4.4.3】(交替子集问题) 有限整数集合 $S_n=\{1, 2, \cdots, n\}$ 的一个子集称为交替的，如果按上升次序列出其元素时，排列方式为奇、偶、奇、偶、…。例如 $\{1, 4, 7, 8\}$ 和 $\{3, 4, 11\}$ 都是，而 $\{2, 3, 4, 5\}$ 则不是。令 g_n 表示交替子集的数目(其中包括空集)，证明

$$g_n=g_{n-1}+g_{n-2}$$

且有 $g_n=F_{n+2}$。

证 $g_1=2$，对应 S_1 的交替子集 $\varnothing$ 和 $\{1\}$；$g_2=3$，对应 S_2 的交替子集 $\varnothing$、$\{1\}$、$\{1, 2\}$。

将 S_n 的所有子集分为以下两部分：

(1) $S_{n-1}=\{1, 2, \cdots, n-1\}$ 的所有子集；

(2) S_{n-1} 的每一个子集加入元素 n 后所得子集。

例如，$n=4$，$S_4=\{1, 2, 3, 4\}$ 的所有子集划分为两类，即

(1) $\varnothing$、$\{1\}$、$\{2\}$、$\{3\}$、$\{1, 2\}$、$\{1, 3\}$、$\{2, 3\}$、$\{1, 2, 3\}$；

(2) $\{4\}$、$\{1, 4\}$、$\{2, 4\}$、$\{3, 4\}$、$\{1, 2, 4\}$、$\{1, 3, 4\}$、$\{2, 3, 4\}$、$\{1, 2, 3, 4\}$。

第一部分即 S_{n-1} 的交替子集数为 g_{n-1}。第二部分中的交替子集恰好同 $S_{n-2}=\{1, 2, \cdots, n-2\}$ 的交替子集是一一对应的，有 g_{n-2} 个。对应关系为给 S_{n-2} 的交替子集加上 n 或 n 与 $n-1$ 即可。其对应关系如下：

$$\varnothing \underset{\text{去掉}3,\,4}{\overset{\text{加入}3,\,4}{\rightleftarrows}} \{3, 4\},\quad \{1\} \underset{\text{去掉}4}{\overset{\text{加入}4}{\rightleftarrows}} \{1, 4\},\quad \{1, 2\} \underset{\text{去掉}3,\,4}{\overset{\text{加入}3,\,4}{\rightleftarrows}} \{1, 2, 3, 4\}$$

所以 g_n 的递推关系为

$$g_n=g_{n-1}+g_{n-2}$$

其解与例 4.4.2 同，且

$$g_n=F_{n+2}$$

【例 4.4.4】(棋盘的(完全)覆盖问题) 用规格为 1×2 的骨牌覆盖 $p\times q$ 的方格棋盘，要求每块骨牌恰好盖住盘上的相邻两格(所谓完全覆盖是指对棋盘的一种满覆盖，即盘上所有格子都被覆盖)，而且骨牌不互相重叠。容易看出，一定存在对 $2\times n$ 棋盘的完全覆盖。问究竟有多少种不同的完全覆盖方案？

解 设所求方案数为 g_n。对最左面的 4 格有且仅有以下两种可能的覆盖方式：

(1) 一块骨牌竖着放：等价于 $2\times(n-1)$ 棋盘的完全覆盖问题，有 $1\times g_{n-1}$ 种方案，如图 4.8 所示。

11	12	13	14	…	1*n*
21	22	23	23	…	2*n*

图 4.8 一块骨牌竖放覆盖方案

(2) 一块骨牌横着放：等价于 $2\times(n-2)$ 棋盘的完全覆盖问题。有 $1\times1\times g_{n-2}$ 种方案，如图 4.9 所示。

11	12	13	14	…	1*n*
21	22	23	23	…	2*n*

图 4.9 一块骨牌横放覆盖方案

由加法原理，本例的定解问题为

$$\begin{cases} g_n=g_{n-1}+g_{n-2} \\ g_1=1,\ g_2=2 \end{cases}$$

所以

$$g_n = F_{n+1}$$

4.4.2 Stirling 数列

1. Stirling 数

(1) 下阶乘函数：

$$[x]_n = x(x-1)(x-2)\cdots(x-(n-1)), \quad [x]_0 = 1$$

(2) 递归定义：

$$[x]_n = [x]_{n-1} \cdot (x-(n-1)), \quad [x]_0 = 1$$

(3) 下阶乘函数与幂函数的关系可互相表示：

$[x]_0 = 1 = x^0$	$x^0 = [x]_0$
$[x]_1 = x$	$x = [x]_1$
$[x]_2 = x^2 - x$	$x^2 = [x]_2 + [x]_1$
$[x]_3 = x^3 - 3x^2 + 2x$	$x^3 = [x]_3 + 3[x]_2 + [x]_1$
$[x]_4 = x^4 - 6x^3 + 11x^2 - 6x$	$x^4 = [x]_4 + 6[x]_3 + 7[x]_2 + [x]_1$

例如：(1) $x^2 = (x^2 - x) + x = [x]_2 + [x]_1$

(2) $x^3 = (x^3 - 3x^2 + 2x) + (3x^2 - 3x) + x = [x]_3 + 3[x]_2 + [x]_1$

(4) Stirling 数。

定义 4.4.2 设

$$[x]_n = \sum_{k=0}^{n} S_1(n, k) x^k, \quad x^n = \sum_{k=0}^{n} S_2(n, k)[x]_k$$

则称 $S_1(n, k)$、$S_2(n, k)$ 分别为第一类和第二类 Stirling 数。

说明：

数列 $\{S_1(n, k) \mid k = 0 \sim n\}$ 的普母函数即为下阶乘函数 $[x]_n$，其基函数为 x^n。反之以 $[x]_k$ 为基函数定义一种母函数，数列 $\{S_2(n, k) \mid k = 0 \sim n\}$ 的这种母函数就是 x^n。

2. 组合意义—等价定义

(1) 分配问题：将 n 个有区别的球放入 m 个相同的盒子，要求各盒不空，则不同的放法总数为 $s_2(n, m)$；

(2) 集合的划分：将含有 n 个元素的集合恰好分成 m 个无序非空子集的所有不同划分的数目即为 $s_2(n, m)$，这种划分也称为集合的 m 划分。

3. 性质

定理 4.4.1 第一类 Stirling 数的性质如下：

(1) $S_1(n, 0) = 0$；

(2) $S_1(n, 1) = (n-1)!\,(-1)^{n-1}$；

(3) $S_1(n, n) = 1$；

(4) $S_1(n, n-1) = -C(n, 2)$；

(5) $\mathrm{sgn}(S_1(n, k)) = (-1)^{n+k}$；

(6) $S_1(n, k)$ 满足递推关系：

$$S_1(n, k)=S_1(n-1, k-1)-(n-1)S_1(n-1, k)$$

证 由 $[x]_n$ 的表达式

$$[x]_n=x(x-1)(x-2)\cdots(x-(n-1)), [x]_0=1$$

知性质(1)～(5)成立。证明性质(6)由递归定义 $[x]_n=(x-n+1)[x]_{n-1}$左右各自展开得

$$\begin{aligned}\sum_{k=0}^{n}S_1(n, k)x^k&=x[x]_{n-1}-(n-1)[x]_{n-1}\\&=x\sum_{k=0}^{n-1}S_1(n-1, k)x^k-(n-1)\sum_{k=0}^{n-1}S_1(n-1, k)x^k\\&=\sum_{k=0}^{n-1}S_1(n-1, k)x^{k+1}-\sum_{k=0}^{n-1}(n-1)S_1(n-1, k)x^k\\&=\sum_{k=1}^{n}S_1(n-1, k-1)x^k-\sum_{k=0}^{n-1}(n-1)S_1(n-1, k)x^k\\&=\sum_{k=1}^{n}[S_1(n-1, k-1)-(n-1)S_1(n-1, k)]x^k\end{aligned}$$

比较等式两端同次幂的系数。

利用 $s_1(n, k)$的性质，可以像杨辉三角形那样写出第一类Stirling数值表(见表4.5)。

表4.5 $S_1(n, k)$的数值表

n	k						
	1	2	3	4	5		
1	1						
2	−1	1					
3	2	−3	1				
4	−6	11	−6	1			
5	24	−50	35	−10	1		

定理4.4.2 第二类Stirling数有如下性质：

(1) $S_2(n, 0)=0, n>0$；

(2) $S_2(n, 1)=1, n\geqslant 1$；

(3) $S_2(n, n)=1$；

(4) $S_2(n, n-1)=C(n, 2)$；

(5) $S_2(n, 2)=2^{n-1}-1$；

(6) $S_2(n, k)=S_2(n-1, k-1)+kS_2(n-1, k)$。

证 性质(1)～(3)，显然成立。

性质(4)即为 n 个球放入 $n-1$ 个盒，各盒不空，必有一盒有两个球。从 n 个相异的球中选取2个，共有 $C(n, 2)$种组合方案。

性质(5)即为 n 个球，2个盒。任取某一球 x，其余的 $n-1$ 个球每个都有两种可能的放法，即与 x 同盒或不同盒。故有 2^{n-1} 种可能。但要排除大家都与 x 同盒的情形(这时另一盒将空)，所以总的放法有 $2^{n-1}-1$ 种。

性质(6)即为从 n 个球中任选一个记为 x，根据 n 的情况将 x 个球放入 k 个盒的方案分为两类：① x 独占一盒，其余 $n-1$ 个球放入另外 $k-1$ 个盒，由组合意义知此类放法共有 $S_2(n-1, k-1)$ 种；② x 不独占一盒，相当于先将其余 $n-1$ 个球放入 k 个盒子，且各盒不空，有 $S_2(n-1, k)$ 种放法，然后再将 x 放入其中某盒，有 k 种放法。由乘法原理，此类放法共有 $k \cdot S_2(n-1, k)$ 种。

根据加法法则即知性质(6)成立。

利用上述性质，可得第二类 Stirling 数值表(见表 4.6)。

表 4.6 $S_2(n, k)$的数值表

n	k						
	1	2	3	4	5		
1	1						
2	1	1					
3	1	3	1				
4	1	7	6	1			
5	1	15	25	10	1		

其它结论：

$$S_2(n, k)=\frac{1}{k!}\sum_{i=0}^{k}(-1)^i C(k, i)(k-i)^n=\frac{1}{k!}\sum_{i=0}^{k}(-1)^{k-i}C(k, i)i^n$$

4. 应用

【例 4.4.5】 所有从$\{1, 2, \cdots, n-1\}$中取 $n-k$ 个不同数的积之和是多少？例如，所有从$\{1, 2, 3, 4\}$中取 2 个不同整数的积之和是($n=5$, $k=3$)

$$1\cdot 2+1\cdot 3+1\cdot 4+2\cdot 3+2\cdot 4+3\cdot 4=35$$

解 设和数为 $f(n, k)$，和式的各项可分为以下两类：

(1) 含有因子 $n-1$ 的项。其和为$(n-1)f(n-1, k)$，即从所有从$\{1, 2, \cdots, n-2\}$中取$(n-k)-1=(n-1)-k$ 个不同整数的积之和，再乘以 $n-1$ 得出。

(2) 不含 $n-1$ 的项。其和为 $f(n-1, k-1)$，即所有从$\{1, 2, \cdots, n-2\}$中取 $n-k=(n-1)-(k-1)$个不同整数的积之和。由加法法则得

$$f(n, k)=f(n-1, k-1)+(n-1)f(n-1, k)$$

为使上式对 $k=1$ 和 $k=n-1$ 都成立，规定

$$f(n, 0)=0,\ f(n, n)=1$$

从而有

$$\begin{cases} f(n, k)=f(n-1, k-1)+(n-1)\cdot f(n-1, k) \\ f(n, 0)=0, \quad f(n, n)=1 \end{cases}$$

令 $g(n, k)=(-1)^{n+k}\cdot f(n, k)$，可得

$$(-1)^{n+k}\cdot g(n, k)=(-1)^{n+k-2}\cdot g(n-1, k-1)+$$
$$(n-1)\cdot(-1)^{n+k-1}\cdot g(n-1, k)$$

$$\begin{cases} g(n,k)=g(n-1,k-1)-(n-1)\cdot g(n-1,k) \\ g(n,0)=0, \quad g(n,n)=1 \end{cases}$$

与 $S_1(n,k)$ 的性质比较，即知 $g(n,k)=S_1(n,k)$。

所以

$$f(n,k)=(-1)^{n+k}g(n,k)=|S_1(n,k)|$$

【例 4.4.6】 Stirling 数的另一个重要应用就是分配问题，即将 n 个球(物体)放入 k 个盒子，其放法的总数可以分成 8 种情况分别予以讨论(见表 4.7)。

表 4.7 分配问题方案计数表

n 个球	k 个盒	是否空盒	不同的方案数
有区别	不同	是	k^n
		否	$k!\ S_2(n,k)$
	相同	是	$S_2(n,1)+S_2(n,2)+\cdots+S_2(n,r)$, $r=\min(n,k)$
		否	$S_2(n,k)$
无区别	不同	是	$C(n+k-1,n)$
		否	$C(n-1,k-1)$
	相同	是	$G(x)=\dfrac{1}{(1-x)(1-x^2)\cdots(1-x^k)}$ 展开式中 x^n 的系数
		否	$G(x)=\dfrac{x^k}{(1-x)(1-x^2)\cdots(1-x^k)}$ 展开式中 x^n 的系数

说明 上述 8 种情形不包括所有的分配模型，例如：

(1) 在情形 1 中考虑球的次序，方案数应为

$$k(k+1)(k+2)\cdots(k+n-1)=P(k+n-1,\ n)$$

(2) 对情形 1，每个盒中最多只能放入一个球，方案数为 P_k^n，而不是 k^n。

4.5 应　用

【例 4.5.1】 求下列行列式 d_n 的值。

$$d_n=\begin{vmatrix} 2 & 1 & 0 & 0 & \cdots & & 0 \\ 1 & 2 & 1 & 0 & \cdots & & 0 \\ 0 & 1 & 2 & 1 & \cdots & & 0 \\ \vdots & \vdots & \vdots & \vdots & & & \vdots \\ 0 & 0 & 0 & 0 & 0 & 1 & 2 \end{vmatrix}$$

解 利用行列式的性质，将其按第一行展开得

$$d_n=\begin{vmatrix}2&1&0&0&\cdots&&0\\1&2&1&0&\cdots&&0\\0&1&2&1&\cdots&&0\\\vdots&\vdots&\vdots&\vdots&&&\vdots\\0&0&0&0&0&1&2\end{vmatrix}_n$$

$$=2\cdot\begin{vmatrix}2&1&0&0&\cdots&&0\\1&2&1&0&\cdots&&0\\0&1&2&1&\cdots&&0\\\vdots&\vdots&\vdots&\vdots&&&\vdots\\0&0&0&0&0&1&2\end{vmatrix}_{n-1}-1\cdot\begin{vmatrix}1&1&0&0&\cdots&&0\\0&2&1&0&\cdots&&0\\0&1&2&1&\cdots&&0\\\vdots&\vdots&\vdots&\vdots&&&\vdots\\0&0&0&0&0&1&2\end{vmatrix}_{n-1}$$

再将第二个 $n-1$ 阶行列式按第一列展开得

$$d_n=2d_{n-1}-\begin{vmatrix}2&1&0&0&\cdots&&0\\1&2&1&0&\cdots&&0\\0&1&2&1&\cdots&&0\\\vdots&\vdots&\vdots&\vdots&&&\vdots\\0&0&0&0&0&1&2\end{vmatrix}_{n-2}$$

即

$$d_n=2d_{n-1}-d_{n-2}$$

故得定解问题

$$\begin{cases}d_n-2d_{n-1}+d_{n-2}=0\\d_1=2,\ d_2=3\end{cases}$$

特征根为 $x=1$(二重)，通解为

$$d_n=A+Bn$$

其中 A、B 为任意常数，代入初值得

$$A+B=2,\ A+2B=3$$

所以

$$A=B=1$$

即

$$d_n=n+1$$

【例 4.5.2】(错排问题) n 个有序元素的一个排列，若每个元素都不在其原来应在的位置，则称该排列为错位排列，简称错排。具体地说，如自然数 1，2，…，n 本身就是一个由小到大的有序排列，现在打乱顺序重排，要求数 i 不在第 i 个位置，就是错位排列。求所有错位排列的数目 D_n，就是错排问题。

(1) n 较小时的 D_n。

$n=1$，1 的错排数为 $D_1=0$。

$n=2$，12 的错排为 21，错排数 $D_2=1$。

$n=3$，123 的错排为 312 和 231，错排数 $D_3=2$。两个错排可以理解为在自然排列 123 中先将 12 错排后得 213，再在 213 中将 3 分别与 1 或 2 互换位置而得。

$n=4$，错排情形分为 3 种(共两类)：

① 4321，3412，2143：4分别与1，2，3中某一个互换位置，其余两元素错排；

② 4123，3421，3142：4与123的一个错排312构成3124，再将4分别与各数互换；

③ 4312，2413，2341：针对123的错排231，方法同(2.1)。

(2) 一般规律。

针对 n 个数 $1\sim n$ 的自然顺序排列 $12\cdots n$，任取其中一数 $i(1\leqslant i\leqslant n)$，将所有错排分为两类：

① i 与其它某数互换位置后，其余的 $n-2$ 个数错排，共得 $(n-1)D_{n-2}$ 个错排；

② i 在原位置不动，其它 $n-1$ 个数先错排，然后 i 再与其中每一个数互换位置可得 $(n-1)D_{n-1}$ 个错排。

(3) D_n 的递推关系：

$$\begin{cases} D_n=(n-1)(D_{n-1}+D_{n-2}) \\ D_1=0,\ D_2=1 \end{cases}$$

反推可知，$D_0=1$。

(4) D_n 的不同表示。可以证明，D_n 与满足递推关系 $\begin{cases} T_n=nT_{n-1}+(-1)^n\ (n\geqslant 2) \\ T_1=0 \end{cases}$ 的数列 $\{T_n\}$ 是同一数列，即

$$T_1=D_1=0,\ T_2=T_1+(-1)^2=1=D_2$$

$$T_{k+1}=(k+1)T_k+(-1)^{k+1}=(k+1)D_k+(-1)^{k+1}$$

(5) 求解。解得

$$D_n=n!\sum_{k=0}^{n}\frac{(-1)^n}{k!}$$

当 n 充分大时，可得 D_n 的非常简单的近似公式为

$$D_n\sim\frac{n!}{e}\ (n\gg 1)\quad 且\quad \left|D_n-\frac{n!}{e}\right|<\frac{1}{2}$$

这是因为

$$\begin{aligned}\left|D_n-\frac{n!}{e}\right| &=\left|n!\sum_{k=0}^{n}\frac{(-1)^k}{k!}-n!\sum_{k=0}^{\infty}\frac{(-1)^k}{k!}\right| \\ &=n!\left|-\sum_{k=n+1}^{\infty}\frac{(-1)^k}{k!}\right| \\ &=n!\left[\left(\frac{1}{(n+1)!}-\frac{1}{(n+2)!}\right)+\left(\frac{1}{(n+3)!}-\frac{1}{(n+4)!}\right)+\right. \\ &\quad\left.\left(\frac{1}{(n+5)!}-\frac{1}{(n+6)!}\right)+\cdots\right] \\ &=\frac{1}{n+2}+\frac{1}{(n+1)(n+2)(n+4)}+ \\ &\quad\frac{1}{(n+1)(n+2)(n+3)(n+4)(n+6)}+\cdots \\ &<\frac{1}{2^2}+\frac{1}{2^3}+\frac{1}{2^5}+\frac{1}{2^7}+\cdots\end{aligned}$$

$$=-\frac{1}{4}+\left(\frac{1}{2}+\frac{1}{2}\frac{1}{2^2}+\frac{1}{2}\frac{1}{2^4}+\frac{1}{2}\frac{1}{2^6}+\cdots\right)$$

$$=-\frac{1}{4}+\frac{1}{2}\frac{1}{1-\frac{1}{4}}$$

$$=-\frac{1}{4}+\frac{2}{3}=\frac{5}{12}<\frac{1}{2}$$

所以

$$D_n-\frac{n!}{e}\begin{cases}>0 & (n\text{ 为偶数})\\<0 & (n\text{ 为奇数})\end{cases}$$

即

$$D_n=\begin{cases}\left[\frac{n!}{e}\right] & (n\text{ 为偶数})\\\left[\frac{n!}{e}\right] & (n\text{ 为奇数})\end{cases}$$

【例 4.5.3】(经济模型) 由诺贝尔奖获得者 Paul Samuelson 于 1939 年提出。

a_n—第 n 年国民总收入，$g(n)$—政府支出，c_n—私人消费支出，p_n—私人的投资。

$$a_n=g(n)+c_n+p_n\quad(n\geqslant 0)$$

基本假设：c_n 与 a_{n-1} 成正比，即

$$c_n=\alpha a_{n-1}\quad(n\geqslant 0,\ 0<\alpha<1)$$

按照经济学的说法，常数 α 称为消费的临界倾向。

再设

$$p_n=\beta(c_n-c_{n-1})\quad(n\geqslant 1)$$

式中，β 是非负常数，称为加速系数。所以

$$p_n=\beta(\alpha a_{n-1}-\alpha a_{n-2})=\alpha\beta(a_{n-1}-a_{n-2})$$

从而对一切 $n\geqslant 2$，有

$$\begin{aligned}a_n&=g(n)+c_n+p_n\\&=g(n)+\alpha a_{n-1}+\alpha\beta(a_{n-1}-a_{n-2})\\&=g(n)+\alpha(1+\beta)a_{n-1}-\alpha\beta a_{n-2}\end{aligned}$$

即

$$a_n-\alpha(1+\beta)a_{n-1}+\alpha\beta a_{n-2}=g(n)\quad(n\geqslant 2)$$

【例 4.5.4】 某粒子反应器内有高能自由粒子，低能自由粒子和核子 3 种，假设一个高能粒子撞击一个核子且被吸收引起它放射出 3 个高能粒子和一个低能粒子，一个低能粒子撞击核子且被吸收并引起它放出两个高能粒子和一个低能粒子。设开始 $n=0$ 微秒时，在具有核子的系统里放入一个高能粒子，第 n 微秒时系统中高能、低能粒子各有多少？

解 设第 n 微秒时，系统里有高能自由粒子 a_n 个，低能自由粒子 b_n 个，由条件知

$$a_0=1,\ b_0=0$$

并有递推关系

$$\begin{cases}a_{n+1}=3a_n+2b_n\\b_{n+1}=a_n+b_n\end{cases}$$

解得

$$\begin{cases} a_n=\frac{3+\sqrt{3}}{6}(2+\sqrt{3})^n+\frac{3-\sqrt{3}}{6}(2-\sqrt{3})^n \\ b_n=\frac{\sqrt{3}}{6}(2+\sqrt{3})^n-\frac{\sqrt{3}}{6}(2-\sqrt{3})^n \end{cases}$$

【例 4.5.5】 核反应堆中有 α，β 两种粒子，每单位时间，一个 α 粒子分裂为 3 个 β 粒子，1 个 β 粒子分裂为 2 个 β 粒子和一个 α 粒子，假设 $t=0$ 时刻，反应堆中只有 1 个 α 粒子，那么，在 $t=100$ 时刻，该反应堆中 α、β 粒子各有多少，总数为多少？

解 设 $t=n$ 时刻，α 粒子有 a_n 个，β 粒子有 b_n 个，由题意可得定解问题

$$\begin{cases} a_n=b_{n-1} \\ b_n=3a_{n-1}+2b_{n-1} \\ a_0=1,\ b_0=0 \end{cases}$$

由上可得

$$a_n=b_{n-1}=3a_{n-2}+2b_{n-2}=3a_{n-2}+2a_{n-1}$$

$b_0=a_1=0$，于是，$\{a_n\}$的定解问题为

$$\begin{cases} a_n=2a_{n-1}+3a_{n-2} \\ a_0=1,\ a_1=0 \end{cases}$$

用特征根法解得

$$a_n=\frac{1}{4}3^n+\frac{3}{4}(-1)^n$$

从而

$$b_n=a_{n+1}=\frac{1}{4}3^{n+1}+\frac{3}{4}(-1)^{n+1}$$

所以在第 n 时刻时反应堆的总粒子数为

$$a_n+b_n=3^n$$

那么，在第 100 时刻堆内的总粒子数是 3^{100}。

另外解法：就堆内总粒子数而言，由于 α 粒子和 β 粒子都是分解为 3 个粒子，故 $t=1$ 时刻，共有 3 个粒子(3 个 β)，$t=2$ 时刻共有 $3\times3=3^2$ 个粒子($3\times2\beta$ 个粒子，3 个 α 粒子)，…，到 $t=n$ 时刻，应为 3^n 个粒子。

【例 4.5.6】(信号传输) 在信道上传输 a，b，c 构成的字符串(长度为 n)，两个 a 相连的串不能传，求允许传输的串的个数。

解 用 a_n 表示该信道允许传的长度为 n 的串的个数，显然，$a_1=3$，$a_2=3^2-1=8$，当 $n\geqslant3$ 时，将符合要求的串分为两类：

(1) 第一字母不是 a 的串有 $2a_{n-1}$ 个；

(2) 首字母为 a，次字母必为 b 或 c，这样的串有 $2a_{n-2}$ 个。

综合以上情况有

$$\begin{cases} a_n=2(a_{n-1}+a_{n-2}) \\ a_1=3,\ a_2=8 \end{cases}$$

类似的问题有：两个 0 不能相连的三进制串的个数。

一般情形下：设两个 0 不能相连的 p 进制串的个数为 a_n，则有

$$\begin{cases} a_n=(p-1)(a_{n-1}+a_{n-2}) \\ a_1=p,\ a_2=p^2-1 \end{cases}$$

【例 4.5.7】 一个圆形区域分成 n 个扇形区域(如图 4.10 所示)，用 k 种颜色涂这些扇形，使相邻的扇形没有相同的颜色，共有多少种染法？

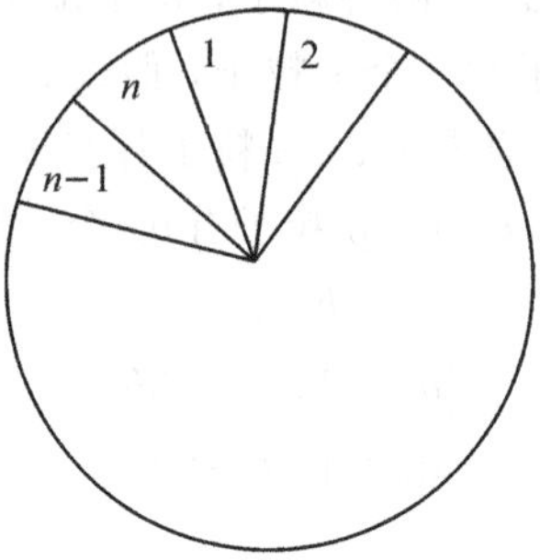

图 4.10 例 4.5.7 图

解 令 a_n 表示 n 个扇形的所有满足条件的染法数目，R_1，R_2，…，R_n 表示这 n 个扇形，扇形 R_n 的涂色方法，至多有两种情况：

(1) R_{n-1} 和 R_1 同色，这时 R_n 有 $k-1$ 种颜色可供选择，并且扇形 R_1 至 R_{n-2} 有 a_{n-2} 种涂色方法，所以共有$(k-1)\ a_{n-2}$ 种染法。

(2) R_{n-1} 和 R_1 异色，这时 R_n 有 $n-2$ 种颜色可供选择，并且扇形 R_1 至 R_{n-1} 有 a_{n-1} 种涂色方法。所以共有$(k-2)\ a_{n-1}$ 种染法，故知涂色方法总数的递推方程为

$$\begin{cases} a_n=(k-1)a_{n-2}+(k-2)a_{n-1} \\ a_2=k(k-1),\ a_3=k(k-1)(k-2) \end{cases}$$

解得

$$a_n=(k-1)^n+(-1)^n(k-1)$$

【例 4.5.8】 平面上有 n 个圆($n\geqslant 2$)，任何两个圆都相交但无 3 个圆共点，这 n 个圆把平面划分成多少个不连通的区域？

解 设这 n 个圆把平面划分成 a_n 个不连通的区域。其初值为

$$a_0=1,\ a_1=2,\ a_2=4$$

当 $n\geqslant 2$ 时，$n-1$ 个圆把平面划分成 a_{n-1} 个不连通的区域。新加入的圆 C 与其余 $n-1$ 个圆都相交，且所得的 $2(n-1)$个交点彼此相异(因无 3 个圆共点)，这 $2(n-1)$个交点把圆 C 分成 $2(n-1)$段弧，每段弧把原来的一个区域划分成两个小区域，故增加了 $2(n-1)$个区域，从而 a_n 满足递推关系

$$\begin{cases} a_n=a_{n-1}+2(n-1) \\ a_1=2 \end{cases}$$

解得

$$a_n=n^2-n+2 \quad (n\geqslant 2)$$

显见当 $n=1$ 时，上式仍成立。

所以

$$a_n=\begin{cases}n^2-n+2 & (n\geqslant 1)\\1 & (n=0)\end{cases}$$

【例 4.5.9】(排序算法) 据统计，在计算机的全部运行时间里，几乎有1/4时间是用在排序上。

给定 n 个数 a_i，a_i 存放于单元 $K(i)$ $(i=1, 2, \cdots, n)$，要求按递增次序对其重新排列。

(1) 直接选择排序算法。基本思路为：第一步从 n 个数中选出最大者，将它与 $K(n)$中的数交换位置(此时 $K(n)$存放的是最大的数)；第二步，对余下的 $n-1$ 个数，递归地重复执行上述做法，选出其中最大者，与 $K(n-1)$中的数交换；经过 $n-1$ 步后，就达到了排序目的。

例如：

$$4\ 6\ 7\ 2\ 5\ 1\ 3 \rightarrow 4\ 6\ 3\ 2\ 5\ 1\ 7$$

该算法仅用元素的比较次数来计算它的时间复杂性。

令 $T(n)$表示用直接选择排序法将 n 个元素排序所需的比较次数。那么，第一步在 n 个数中找最大者，需要比较 $n-1$ 次。算法执行一步后，对余下个 $n-1$ 个元素再排序需要 $T(n-1)$次比较。由加法法则

$$\begin{cases}T(n)=T(n-1)+(n-1)\\T(1)=0\end{cases}\quad (n\geqslant 2)$$

解得

$$T(n)=\frac{n}{2}(n-1)=O(n^2)$$

(2) 分治合并排序算法。本算法是分治策略在排序问题上的应用。其基本思想是把待排序的数列a_1, a_2, $\cdots$, a_n(设 $n=2^m$)划分成大小相同的两个子序列

$$a_1,\ a_2,\ \cdots,\ a_{\frac{n}{2}}\quad 和\quad a_{\frac{n}{2}+1},\ a_{\frac{n}{2}+2},\ \cdots,\ a_n$$

分别对每个子序列中的数按递增次序进行排序，然后再把这两个排好序的子序列合并成一个递增数列，算法是递归进行的。当对两个已排好序的子序列进行合并时，把每个子序列的最大数取出来进行比较，所得的较大数便是合并后的序列中的最大者。

不难证明，将长为$\frac{n}{2}$的两个子序列合并成一个长为 n 的序列所需的比较次数最多为 $n-1$ 次。

例　8 4 6 7 2 5 1 3 → 4 6 7 8　1 2 3 5

8 4 6 7　2 5 1 3→　4 8　6 7　2 5　1 3

由加法法则，使用分治合并算法将 n 个元素排序在最坏情况下需要的比较次数 $T(n)$满足

$$\begin{cases}T(n)=2T\left(\frac{n}{2}\right)+(n-1)\\T(1)=0\end{cases}$$

迭代求解得

$$T(2^m)=m2^m-(2^m-1)$$

即

$$T(n)=n\text{lb}n-(n-1)=O(n\text{lb}n)$$

类似地，不难证明，在最好情况下用本算法所需要的比较次数为$\frac{1}{2}n\ \text{lb}n$。总之，分治合并算法的比较次数是与$n\text{lb}n$同阶的。所以，当n充分大时，与直接选择算法相比，本算法要快得多。

(3) 快速排序算法。由C. A. R. Hoare于1962年提出。其基本思想仍采用分治策略的递归算法。从序列中先选某一数k，并把它移到其应占的正确位置上，在移的同时就对其它数进行重新排列，原则是大于k的数放在k的右边，小于k的数放在k的左边(但只相对k这样做，其它数之间暂时还不排序)，以k为边界，数列分为两个子序列，再对子序列递归进行同样的工作。

下面讨论算法的复杂度问题

① 最坏情形。

例如：

1 2 3 4 5 6 7→1　2 3 4 5 6 7

设输入的n个数本身已按递增次序排列，此时，虽然每个数都已位于各自的正确位置上，但若对此序列应用快速算法排序时，却要花费

$$T(n)=(n-1)+(n-1)+\cdots+1=\frac{n(n-1)}{2}$$

次比较。

② 最好情形。

例如：

4 6 7 2 5 1 3 → 2 1 3　4　6 7 5

序列的首项的正确位置恰好在整个序列的正中间，即第一步结束时，a_1到位，而且序列的其余元素被分为两个长度大致相同的子序列。不仅如此，而且以后每一步结束时，都将原来的子序列分为两个更小的长度相近的子序列。这时$T(n)$满足如下递推关系

$$\begin{cases}T(n)=2T\left(\frac{n-1}{2}\right)+(n-1)\\ T(1)=0\end{cases}$$

其中，$n-1$是第一步把n个数的序列一分为二时所作的比较次数。

设$n=2^m-1$，m为正整数，不难得到上述递推关系的解为

$$T(n=2^m)=(n+1)\lfloor \text{lb}n \rfloor-(n-1)$$

③ 平均情况。

设$C(n)$为用快速排序算法对n个元素进行排序所需比较的平均次数，那么，由于快速排序算法取输入序列的第一个数作为划分成两个子序列的标准，假设每个数都以相同的概率$\frac{1}{n}$作为序列的首项，若取第k个最小数作为首项，则一步结束时，一个子序列有$k-1$个数，另一个有$n-k$个数，故有

$$C(n)=\frac{1}{n}\sum_{k=1}^{n}[n-1+C(k-1)+C(n-k)]$$

$$=(n-1)+\frac{2}{n}\sum_{k=0}^{n-1}C(k)\quad (C(0)=0)$$

式中，$n-1$ 为第一步把 n 个数的序列一分为二时所作的比较次数。

特点：变系数的递推关系；$C(n)$与它前面的所有项都有关。

求解

$$nC(n)=n(n-1)+2\sum_{k=0}^{n-1}C(k) \qquad ①$$

$$(n+1)\,C(n+1)=(n+1)n+2\sum_{k=0}^{n}C(k) \qquad ②$$

②－①得

$$(n+1)\,C(n+1)=(n+2)\,C(n)+2n$$

用迭代法求解得

$$\frac{C(n+1)}{n+2}=\frac{C(n)}{n+1}+\frac{2n}{(n+1)\,(n+2)}$$

所以

$$\frac{C(n)}{n+1}=\frac{2(n-1)}{n(n+1)}+\frac{C(n-1)}{n}$$

$$=\frac{2(n-1)}{n(n+1)}+\frac{2(n-2)}{(n-1)n}+\frac{C(n-2)}{n-1}$$

$$\vdots$$

$$=2\sum_{k=2}^{n-1}\frac{1}{k+1}+\frac{4}{n+1}-1$$

因为

$$\sum_{k=2}^{n-1}\frac{1}{k+1}=\sum_{k=3}^{n}\frac{1}{k}<\int_{2}^{n}\frac{\mathrm{d}x}{x}=\ln n-\ln 2$$

$$\frac{C(n)}{n+1}<2\ln n-\left(\ln 4-\frac{4}{n+1}+1\right)$$

所以

$$C(n)=2(n+1)\ln n+O(n)$$

由此可见，快速排序算法的平均比较次数很接近理想情况下的比较次数，它们都是与 $n\ln n$ 同阶的。

说明 提高运算效率的首要问题是选择好的算法，其次才是硬件的改进。

【例 4.5.10】 解由 n 个方程组成的具有 n 个未知数的方程组：

$$A_nX_n=b_n$$

方法一 克莱姆法则：

$$x_i=\frac{D_i}{D}$$

其中 D_i 和 D 均为行列式。乘法运算量为：

$$M_1=(n+1)n!\,(n-1)=O((n+1)!\,)$$

方法二 消元法：

$$M_2=\frac{n^3}{3}+n^2-\frac{n}{3}=O(n^3)$$

例如，$n=20$，$M_1=9.7\times10^{20}\approx10^{21}$，$M_2=3060$。

设计算机的乘法运算速度为万亿次乘法/秒$=10^{12}$ 次/s，则

$$T_1=\frac{9.7\times10^{20}}{10^{12}\times3.15\times10^7}\approx3.1\times10\ (\text{年})$$

又设 $n=40$，则 $M_1\approx1.3\times10^{51}$，$M_2=22\ 920$，则

$$T_1=\frac{1.3\times10^{51}}{10^{12}\times3.15\times10^7}\approx4.1\times10^{31}(\text{年})$$

习 题 4

1. 解下列递推关系。

(1) $\begin{cases}a_n-7a_{n-1}+10a_{n-2}=0\\a_0=0,\ a_1=1\end{cases}$； (2) $\begin{cases}a_n+6a_{n-1}+9a_{n-2}=0\\a_0=0,\ a_1=1\end{cases}$；

(3) $\begin{cases}a_n+a_{n-2}=0\\a_0=0,\ a_1=2\end{cases}$； (4) $\begin{cases}a_n=2a_{n-1}-a_{n-2}\\a_0=a_1=1\end{cases}$；

(5) $\begin{cases}a_n=a_{n-1}+9a_{n-2}-9a_{n-3}\\a_0=0,\ a_1=1,\ a_2=2\end{cases}$。

2. 求由 A，B，C，D 组成的允许重复的排列中 AB 至少出现一次的排列数。

3. 求 n 位二进制数中相邻两位不出现 11 的数的个数。

4. 利用递推关系求和。

(1) $S_n=\sum\limits_{k=0}^{n}k^2$； (2) $S_n=\sum\limits_{k=0}^{n}k(k-1)$；

(3) $S_n=\sum\limits_{k=0}^{n}k(k+2)$； (4) $S_n=\sum\limits_{k=0}^{n}k(k+1)(k+2)$。

5. 求 n 位四进制数中 2 和 3 必须出现偶数次的数目。

6. 试求由 a，b，c 三个文字组成的 n 位符号串中不出现 aa 图像的符号串的数目。

7. 利用递推关系解行列式：

$$\begin{vmatrix}a+b & ab & 0 & \cdots & 0 & 0\\1 & a+b & ab & \cdots & 0 & 0\\0 & 1 & a+b & \cdots & 0 & 0\\\vdots & \vdots & \vdots & & \vdots & \vdots\\0 & 0 & 0 & \cdots & 1 & a+b\end{vmatrix}$$

8. 在 $n\times m$ 方格的棋盘上，放有 k 枚相同的车，设任意两枚不能互相吃掉的放法数为 $F_k(n,m)$，证明 $F_k(n,m)$ 满足递推关系：

$$F_k(n, m)=F_k(n-1, m)+(m-k+1)F_{k-1}(n-1, m)$$

9. 在 $n\times n$ 方格的棋盘中，令 $g(n)$ 表示棋盘里正方形的个数(不同的正方形可以叠交)，试建立 $g(n)$ 满足的递推关系。

10. 过一个球的中心做 n 个平面，其中无 3 个平面过同一直径，这些平面可把球的内部分成多少个两两无公共部分的区域？

11. 设空间的 n 个平面两两相交，每 3 个平面有且仅有一个公共点，任意 4 个平面都不共点，这样的 n 个平面把空间分割成多少个不重叠的区域？

12. 相邻位不同为 0 的 n 位二进制数中一共出现了多少个 0?

13. 平面上有两两相交，无 3 线共点的 n 条直线，这 n 条直线把平面分成多少个区域?

14. 证明 Fibonacci 数列的性质，当 $n\geqslant 1$ 时，有

(1) $F_{n+1}^2-F_nF_{n+2}=(-1)^n$；

(2) $F_1F_2+F_2F_3+\cdots+F_{2n-1}F_{2n}=F_{2n}^2$；

(3) $F_1F_2+F_2F_3+\cdots+F_{2n}F_{2n+1}=F_{2n+1}^2-1$；

(4) $nF_1+(n-1)F_2+\cdots+2F_{n-1}+F_n=F_{n+4}-(n+3)$。

15. 证明：

(1) 当 $n\geqslant 2$ 时，$F_1^2+F_2^2+\cdots+F_n^2=F_n\cdot F_{n+1}$；

(2) 当 $n\geqslant 4$ 时，$F_1-F_2+F_3-F_4+\cdots+(-1)^{n-1}F_n=(-1)^{n-1}F_{n-1}+1$。

16. 有 $2n$ 个人在戏院售票处排队，每张戏票票价为 5 角，其中 n 个人各有一张 5 角钱，另外 n 个人各有一张 1 元钱，售票处无零钱可换。现将这 $2n$ 个人看成一个序列，从第一个人开始，任何部分子序列内，都保证有 5 角钱的人不比有 1 元钱的人少，则售票工作能依次序进行，否则，只能中断，请后面有 5 角钱的人先上来买票。前一种情况，售票工作能顺利进行，对应的序列称为依次可进行的。有多少种这样的序列？

17. 用 a_n 表示具有整数边长且周长为 n 的三角形的个数，证明：

$$a_n=\begin{cases}a_{n-3} & (\text{当 } n \text{ 是偶数})\\ a_{n-3}+\dfrac{n+(-1)^{\frac{n+1}{2}}}{4} & (\text{当 } n \text{ 是奇数})\end{cases}$$

18. (1) 证明边长为整数且最大边长为 r 的三角形的个数是

$$\begin{cases}\dfrac{1}{4}(r+2)^2 & (\text{当 } r \text{ 是偶数})\\ \dfrac{1}{4}(r+1)^2 & (\text{当 } r \text{ 是奇数})\end{cases}$$

(2) 设 f_n 为边长不超过 $2n$ 的三角形的个数，g_n 为边长不超过 $2n+1$ 的三角形的个数，求 f_n 和 g_n 的解析表达式。

19. 从 1 到 n 的自然数中选取 k 个不同且不相邻的整数，设此选取的方案数为 $f(n, k)$

(1) 求 $f(n, k)$的递推关系及其解析表达式；

(2) 将 1 与 n 也算作相邻的数，对应的选取方案数记作 $g(n, k)$，利用 $f(n, k)$求 $g(n, k)$。

20. 球面上有 n 个大圆，其中没有 3 个大圆通过同一点。用 a_n 表示这些大圆所形成的区域数，例如，$a_0=1$，$a_1=2$，试证明

(1) $a_{n+1}=a_n+2n$；

(2) $a_n=n^2-n+2$。

21. (1) 试计算从平面坐标点 $O(0, 0)$ 到 $A(n, n)$ 点在对角线 OA 之上但可以经过 OA 上的点的递增路径的条数；

(2) 试证明从平面坐标上 $O(0, 0)$ 点到 $A(n, n)$ 点在对角线 OA 之上且不触及 OA 的递增路径的条数是 $\frac{1}{2(2n-1)}\binom{2n}{n}$。

22. 有多少个长度为 n 的 0 与 1 串，在这些串中，既不包含子串 010，也不包含子串 101？例如，当 $n=4$ 时，有 10 个这样的串：

0000　0001　0011　0110　0111

1000　1001　1100　1110　1111

23. 从 1 到 n 的自然数中选取两两之差均大于 r 的 k 个数，求它所满足的递推关系。

24. 已知 $n\geqslant 0$，$a_n=\sum_{k=0}^{n}\binom{n+k}{2k}$，$b_n=\sum_{k=0}^{n-1}\binom{n+k}{2k+1}$，用 Fibonacci 数来表示 a_n 和 b_n。

25. 在一个平面上画一个圆，然后一条一条地画 n 条与圆相交的直线。当 r 是大于 1 的奇数时，第 r 条直线只与前 $r-1$ 条直线之一在圆内相交；当 r 是偶数时，第 r 条直线与前 $r-1$ 条直线都在圆内相交。如果无 3 条直线在圆内共点，这 n 条直线把圆分割成多少个不重叠的部分？

26. 10 个数字 (0 到 9) 和 4 个四则运算符 (+，－，×，÷) 组成的 14 个元素。求由其中的 n 个元素的排列构成一算术表达式的个数。

第5章 容斥原理

容斥原理是组合学中的一个基本计数理论，也称“包容与排斥原理”“入与出原理”“包含排斥原理”或“交互分类原理”。

采用加法法则解决一些集合的计数问题时，一般要求将计数的集合划分为若干个互不相交的子集，且这些子集都比较容易计数。然而，实际中有很多计数问题要找到容易计数且两两不相交的子集并非易事。采用本节介绍的容斥原理能够知道某一集合的若干相交子集的计数，进而把所要求的集合中的元素个数计算出来。

5.1 引言

1. 研究内容

本节主要研究若干个有限集合的交或并的计数问题。

【例 5.1.1】 求 1 到 600 之间不能被 6 整除的整数个数。

解 首先计算 1 到 600 之间能被 6 整除的整数的个数，然后从总数中去掉它。

1 到 600 之间共有 600 个数，因为每 6 个连续的整数中恰有 1 个能被 6 整除，所以恰好有$\left\lfloor\frac{600}{6}\right\rfloor=100$个整数能被 6 整除。

因而，1 到 600 之间共有 $600-100=500$ 个整数不能被 6 整除。

2. 集合的表示

用大写字母表示一个集合，如 A、B、C、S 等，用小写字母表示集合的元素，如 a、b、c、x、y、z 等。当元素 a 属于集合 A 时，记为 $a\in A$；当不属于 A 时，记为 $a\notin A$。空集记为 ϕ。

3. 集合的运算

集合的运算主要有：

(1) 并(和)：记为 $A\cup B$ 或 $A+B$；

(2) 交(积)：记为 $A\cap B$ 或 AB；

(3) 差：记为 $A-B$；

(4) 对立集(非)：即 $\overline{A}=S-A$。

显然有 $A-B=A\cdot\overline{B}=A-AB$。

4. 优先级

规定在混合运算中的优先级如下：

(1) 先取非，次为交，再次为并或差。

(2) 出现在同一算式中的同级运算，按从左向右的顺序进行。

(3) 先括号内，后括号外。

5. 运算定律

集合的运算满足以下定律：

(1) $|A+B|$交换律：$A+B=B+A$，$AB=BA$；

(2) 结合律：$(A+B)+C=A+(B+C)$，$(AB)C=A(BC)$；

(3) 分配律：$A(B+C)=AB+AC$，$A+BC=(A+B)(A+C)$；

(4) De. Morgan 定律(互反律)：

$$\overline{A_1A_2\cdots A_n}=\overline{A_1}+\overline{A_2}+\cdots+\overline{A_n}$$

$$\overline{A_1+A_2+\cdots+A_n}=\overline{A_1}\cdot\overline{A_2}\cdots\overline{A_n}$$

6. 集合的势

当集合 A 中的元素为有限个时，称 A 为有限集合，其元素个数记为 $|A|$，亦称为 A 的势。关于 $|A|$，有如下性质：

(1) 若集合 A、B 不相交，即 $AB=\varnothing$，则 $|A+B|=|A|+|B|$；

(2) 若 $A\supset B$，则 $|A-B|=|A|-|B|$；

(3) $|A-B|=|A|-|AB|$。

5.2 容斥原理

本节介绍容斥原理、逐步淘汰原理、一般问题，以及对称原理。

5.2.1 容斥原理

引理 5.2.1 设 A、B 为有限集合，则有

$$|A+B|=|A|+|B|-|AB| \tag{5.1}$$

证 对于 $A+B$ 中的元素 a，在等式左边恰被统计 1 次，而在等式右边被统计的次数分为三种情形：

(1) $a\in A$，但 $a\notin B$，则 a 也恰被统计 1 次；

(2) $a\notin A$，但 $a\in B$，则 a 同样恰被统计 1 次；

(3) $a\in A$ 且 $a\in B$，那么必有 $a\in AB$，除去重复统计的 1 次，a 被统计了 $1+1-1=1$ 次，从而 a 被统计 $1+1-1=1$ 次。所以，a 在等式两边被统计的次数是相同的。

定理 5.2.1(容斥原理) 设 A_1，A_2，…，A_n 为有限集合，则

$$|A_1+A_2+\cdots+A_n|=\sum_{i=1}^{n}|A_i|-\sum_{1\leqslant i<j\leqslant n}|A_iA_j|+\sum_{1\leqslant i<j<k\leqslant n}|A_iA_jA_k|-\cdots+(-1)^{n-1}|A_1A_2\cdots A_n| \tag{5.2}$$

证 用数学归纳法证明。

(1) 当 $n=2$ 时，由引理 5.2.1 知，结论成立。

(2) 设对 $n-1$，结论正确，即

$$|A_1+A_2+\cdots+A_{n-1}|$$
$$=\sum_{i=1}^{n-1}|A_i|-\sum_{1\leqslant i<j\leqslant n-1}|A_iA_j|+\sum_{1\leqslant i<j<k\leqslant n-1}|A_iA_jA_k|-\cdots+(-1)^{n-2}|A_1A_2\cdots A_{n-1}| \tag{5.3}$$

(3) 对于 n，有

$$\left|\sum_{i=1}^{n}A_i\right|=\left|\sum_{i=1}^{n-1}A_i+A_n\right|=\left|\sum_{i=1}^{n-1}A_i\right|+|A_n|-\left|A_n\sum_{i=1}^{n-1}A_i\right| \tag{5.4}$$

利用式(5.3)得

$$\left|A_n\sum_{i=1}^{n-1}A_i\right|=\left|\sum_{i=1}^{n-1}(A_iA_n)\right|=\left|\sum_{i=1}^{n-1}(A_iA_n)\right|$$
$$=\sum_{i=1}^{n-1}|A_iA_n|-\sum_{1\leqslant i<j\leqslant n-1}|A_iA_jA_n|+\sum_{1\leqslant i<j<k\leqslant n-1}|A_iA_jA_kA_n|-\cdots+(-1)^{n-2}|A_1A_2\cdots A_{n-1}A_n| \tag{5.5}$$

将式(5.5)与式(5.3)代入式(5.4)整理即得式(5.2)。

5.2.2 逐步淘汰原理

定理 5.2.2(逐步淘汰原理) 设 A_1，A_2，…，A_n 为有限集合 S 的子集，则

$$|\overline{A_1}\cdot\overline{A_2}\cdot\cdots\cdot\overline{A_n}|$$
$$=|S|-\sum_{i=1}^{n}|A_i|+\sum_{1\leqslant i<j\leqslant n}|A_iA_j|-\sum_{1\leqslant i<j<k\leqslant n}|A_iA_jA_k|+\cdots+(-1)^n|A_1A_2\cdots A_n| \tag{5.6}$$

证 **证法一** 利用 De. Morgan 定律和集合求差运算性质，可得

$$|\overline{A_1}\cdot\overline{A_2}\cdot\cdots\cdot\overline{A_n}|=|\overline{A_1+A_2+\cdots+A_n}|$$
$$=|S-(A_1+A_2+\cdots+A_n)|=|S|-|A_1+A_2+\cdots+A_n|$$
$$=|S|-\left[\sum_{i=1}^{n}|A_i|-\sum_{1\leqslant i<j\leqslant n}|A_iA_j|-\sum_{1\leqslant i<j<k\leqslant n}|A_iA_jA_k|-\cdots+(-1)^{n-1}|A_1A_2\cdots A_n|\right]$$
$$=|S|-\sum_{i=1}^{n}|A_i|+\sum_{1\leqslant i<j\leqslant n}|A_iA_j|-\sum_{1\leqslant i<j<k\leqslant n}|A_iA_jA_k|+\cdots+(-1)^n|A_1A_2\cdots A_n|$$

证法二 （为证明式(5.7)作铺垫）：

设有限集合 S 和与 S 中的元素有关的性质集合 $P=\{P_1, P_2, \cdots, P_n\}$，$A_i$ 为 S 中具有性质 P_i 的所有元素构成的子集，$A_iA_jA_k$ 为 S 中同时具有性质 P_i、P_j、P_k 的元素的集合，$S-A_i$ 为 S 中不具有性质 P_i 的所有元素，$|\overline{A_1}\cdot\overline{A_2}\cdot\cdots\cdot\overline{A_n}|$ 为 S 中不具有 P 中任何性质的元素之集合。

式(5.6)左边是 S 中不具有性质集合 P 中任何一种性质的元素个数，因此要证明式(5.6)成立，只要证明 S 中的任何一个元素 a，如果 a 不具备 P 中任何一个性质，则 a 在等式右边被统计 1 次；否则，a 被统计 0 次。

设元素 $a\in S$ 且 a 不具有任何性质，则 a 不属于任何一个 A_i 或若干个 A_i 的交集，因此，a 在右边被统计的次数为

$$1-0+0-\cdots+(-1)^n\cdot 0=1$$

其次，若 $b\in S$，且 b 同时具有 P 中的 k 种性质，那么，子集 $A_1, A_2, \cdots, A_n$ 中必有某 k 个都含有元素 b，从而 b 在 $|S|$ 中被统计一次，在 $\sum\limits_{i=1}^{n}|A_i|$ 中被统计 k 次，在 $\sum\limits_{1\leqslant i<j\leqslant n}|A_iA_j|$ 中被统计 C_k^2 次，以此类推。因此，按照式(5.6)，统计的总次数为

$$C_k^0-C_k^1+C_k^2-\cdots+(-1)^kC_k^k+(-1)^{k+1}C_k^{k+1}+\cdots+(-1)^nC_k^n=(1-1)^k=0$$

其中，$r>k$ 时，$C_k^r=0$。

5.2.3 一般问题

1. 问题

(1) **已解决的问题**：计算集合 S 中具有某些性质的元素个数，以及不具备这些性质的元素个数。

(2) **新的问题**：如何计算 S 里恰好具有 P 中 k 个性质的元素个数。这是容斥原理的更一般情形。

2. 例子

【例 5.2.1】 一个学校只开 3 门课(数学、物理、化学)，已知修这 3 门课的学生人数依次为 170，130，120，兼修数学和物理两门课的学生为 45 人，兼修数学与化学的有 20 人，同时修物理与化学的 22 人，同时修 3 门课的学生有 3 人。试计算在校的学生有几人。

解 A 表示修数学的学生集合，B 表示修物理的学生集合，C 表示修化学的学生集合，根据题目信息知：

$$|A|=170,\ |B|=130,\ |C|=120$$
$$|A\cap B|=45,\ |A\cap C|=20,\ |B\cap C|=22,\ |A\cap B\cap C|=3$$

因此可得

$$\begin{aligned}|A\cup B\cup C|&=|A|+|B|+|C|-(|A\cap B|+|A\cap C|+|B\cap C|)+|A\cap B\cap C|\\&=170+130+120-45-20-22+3\\&=336\end{aligned}$$

即该校共有学生 336 人。

同理，还可以推出

$$|A\cup B\cup C\cup D|=|A|+|B|+|C|+|D|-|A\cap B|-|A\cap C|-|A\cap D|-|B\cap C|-|B\cap D|-|C\cap D|+|A\cap B\cap C|+|A\cap B\cap D|+|B\cap C\cap D|-|A\cap B\cap C\cap D|$$

3. 符号

设 S 为一个集合，A_i 是 S 上具有性质 P_i 的元素集，令

$q_0=|S|$

$$q_1=\sum_{i=1}^{n}|A_i|=|A_1|+|A_2|+\cdots+|A_n|$$

$$q_2=\sum_{1\leqslant i<j\leqslant n}|A_iA_j|=(|A_1A_2|+|A_1A_3|+\cdots+|A_1A_n|)+(|A_2A_3|+\cdots+|A_2A_n|)+\cdots+|A_{n-1}A_n|$$

$$=\sum_{1\leqslant i<j<k\leqslant n}|A_iA_jA_k|=[(|A_1A_2A_3|+|A_1A_2A_4|+\cdots+|A_1A_2A_n|)+(|A_1A_3A_4|+|A_1A_3A_5|+\cdots+|A_1A_3A_n|)+\cdots+|A_1A_{n-1}A_n|]+[(|A_2A_3A_4|+|A_2A_3A_5|+\cdots+|A_2A_3A_n|)+\cdots+|A_2A_{n-1}A_n|]+\cdots+|A_{n-2}A_{n-1}A_n|$$

⋮

$q_n=|A_1A_2\cdots A_n|$

$N[k]=S$ 中恰好具有 k 种性质的元素个数($k=0, 1, \cdots, n$)。例如：

$N[0]=|\overline{A_1}\cdot\overline{A_2}\cdot\overline{A_2}\cdot\overline{A_3}\cdots\overline{A_n}|$

$N[1]=|A_1\cdot\overline{A_2}\cdot\overline{A_3}\cdots\overline{A_n}|+|\overline{A_1}\cdot A_2\cdot\overline{A_3}\cdots\overline{A_n}|+\cdots+|\overline{A_1}\cdot\overline{A_2}\cdots\overline{A_{n-1}}\cdot A_n|$

4. 结论

定理 5.2.3(一般公式)

$$\begin{aligned}N[k]&=q_k-C_{k+1}^{k}q_{k+1}+C_{k+2}^{k}q_{k+2}-\cdots+(-1)^{n-k}C_n^kq_n\\&=q_k-C_{k+1}^{1}q_{k+1}+C_{k+2}^{2}q_{k+2}-\cdots+(-1)^{n-k}C_n^{n-k}q_n\end{aligned}\qquad(5.7)$$

一般公式也称为 Jordan 公式。

证 类似于定理 5.2.2 的证法二。

设 S 中元素 a 具有 j 种性质，分以下 3 种情况予以讨论：

(1) $j<k$：a 具有的性质不到 k 种，显然 a 没有被统计上；

(2) $j=k$：a 在 q_k 中只出现一次，且当 $i>k$ 时，a 在 q_i 中同样不可能被统计；

(3) $j>k$：在 q_k 中 a 被统计了 C_j^k 次，在 q_{k+1} 中 a 被统计了 C_j^{k+1} 次，……，在 q_j 中 a 被统计了 $C_j^j=1$ 次，在 $q_{j+1}, q_{j+2}, \cdots, q_n$ 中 a 被统计了 0 次，即 $q_{k+r}=C_j^{k+r}$($r=0, 1, \cdots, n-k$)。

a 在式(5.7)右端总共被统计的次数为

$$\begin{aligned}&C_j^k-C_{k+1}^kC_j^{k+1}+C_{k+2}^kC_j^{k+2}-\cdots+(-1)^{j-k}C_j^kC_j^j\\=&C_j^kC_{j-k}^{j-k}-C_j^kC_{j-k}^{j-(k+1)}+C_j^kC_{j-k}^{j-(k+2)}-\cdots+(-1)^{j-k}C_j^kC_{j-k}^{j-j}\quad(C_j^rC_r^k=C_j^kC_{j-k}^{j-r})\\=&C_j^k[C_{j-k}^0-C_{j-k}^1+C_{j-k}^2-\cdots+(-1)^{j-k}C_{j-k}^{j-k}]\ (C_j^k=C_j^{j-k})\\=&C_j^k(1-1)^{j-k}=0\end{aligned}$$

5.2.4 对称原理

若性质 P_1，P_2，…，P_n 是对称的，即具有 k 个性质的事物的个数不依赖于这 k 个性质的选取，总是等于同一个数值，则称这个值为公共数，记作 R_k。例如：

$$R_1=|A_1|=|A_2|=\cdots=|A_n|$$
$$R_2=|A_1A_2|=|A_1A_3|=\cdots=|A_{n-1}A_n|$$
$$R_3=|A_1A_2A_3|=|A_1A_2A_4|=\cdots=|A_{n-2}A_{n-1}A_n|$$
$$\vdots$$
$$R_n=|A_1A_2\cdots A_n|$$

记 $R_0=|S|$，称子集 A_1，A_2，…，A_n 具有对称性质，则

$$q_k=\sum_{i=1}^{k}|A_{i_1}A_{i_2}\cdots A_{i_k}|=C_n^kR_k$$

定理 5.2.4(对称原理、对称筛) 若子集 A_1，A_2，…，A_n 具有对称性质，则有

$$|A_1+A_2+\cdots+A_n|=C_n^1R_1-C_n^2R_2+\cdots+(-1)^{n-1}C_n^nR_n=\sum_{i=1}^{n}(-1)^{i-1}C_n^iR_i \tag{5.8}$$

$$N[0]=R_0-C_n^1R_1+C_n^2R_2+\cdots+(-1)^nC_n^nR_n=\sum_{i=0}^{n}(-1)C_n^iR_i \tag{5.9}$$

$$\begin{aligned}N[k]&=C_k^kC_n^kR_k-C_{k+1}^kC_n^{k+1}R_{k+1}+C_{k+2}^kC_n^{k+2}R_{k+2}-\cdots+\\&\quad(-1)^{n-k}C_n^kC_n^nR_n\\&=C_k^0C_n^kR_k-C_{k+1}^1C_n^{k+1}R_{k+1}+C_{k+2}^2C_n^{k+2}R_{k+2}-\cdots+\\&\quad(-1)^{n-k}C_n^{n-k}C_n^nR_n\end{aligned} \tag{5.10}$$

或

$$N[k]=C_n^k[C_{n-k}^0R_k-C_{n-k}^1R_{k+1}+C_{n-k}^2R_{k+2}-\cdots+(-1)^{n-k}C_{n-k}^{n-k}R_n] \tag{5.11}$$

在应用容斥原理求解计数问题时，可按下列步骤进行：

(1) 根据问题的实际情况，构造一个有限集 $S=\{e_1, e_2, \cdots, e_t\}$ 和一个性质集 $P=\{P_1, P_2, \cdots, P_n\}$，$A_i$ 是 S 中具有性质 P_i 的所有元素组成的子集，问题的关键是构造的性质集 P，要使得 $|A_1A_2\cdots A_k|$ 容易计算出来($k=1, 2, \cdots, n$)。

(2) 当统计 S 中恰好具有 k 种特征的元素的个数时，将问题转化为求 S 中恰好具有 P 中 k 个性质的元素个数 $N[k]$($k=0, 1, 2, \cdots, n$)，可利用逐步淘汰原理或一般公式，即式(5.6)或式(5.7)。

(3) 当统计 S 中至少具有 P 中一种性质的元素个数 $L[1]$ 时，利用容斥原理，即式(5.2)，或由 $L[1]=|S|-N[0]$ 求得。

(4) 注意 $|S|=N[0]+N[1]+N[2]+\cdots+N[n]$，可由此式求得 S 中至少具有 k 种特征的元素个数 $L[k]$。如 $k=2$ 时，有

$$L[2]=|S|-N[0]-N[1]$$

5.3 应　　用

本节介绍使用容斥原理解决排列组合问题、初等数论问题以及其它问题。

5.3.1 排列组合问题

【例 5.3.1】 求$\{1, 2, \cdots, n\}$的 1 不在第一个位置上的全排列的个数。

解 设 $i_1i_2\cdots i_n$ 是 $\{1, 2, \cdots, n\}$ 的一个全排列，因 1 不在第一个位置上，所以$i_1\neq 1$。下面我们分别用直接计数和间接计数两种方法来计算此类排列的个数。

(1) 直接计数。将 $i_1\neq 1$ 的所有全排列按照 i_1 的取值分成 $n-1$ 类：若 $i_1=k\in\{2, 3, \cdots, n\}$，则 $i_2i_3\cdots i_n$ 是 $\{1, \cdots, k-1, k+1, \cdots, n\}$ 的一个全排列，所以数列$\{1, 2, \cdots, n\}$的使$i_1=k$ 的全排列个数为$(n-1)!$ 个，而 k 可取 2，3，…，n，由加法原则知，$i_1\neq 1$ 的全排列数为$(n-1)(n-1)!$ 个。

(2) 间接计数。$\{1, 2, \cdots, n\}$的全排列的个数为 $n!$。若 $i_1=1$，则 $i_2i_3\cdots i_n$ 是$\{2, 3, \cdots, n\}$的全排列，所以 $\{1, 2, \cdots, n\}$ 的第一个位置为 1 的全排列共有$(n-1)!$ 个。因而，1 不在第一个位置上的全排列共有 $n!-(n-1)!=(n-1)(n-1)!$ 个。

【例 5.3.2】（错排问题） n 个元素依次给以标号 1，2，…，n，进行全排列，求每个元素都不在自己原来位置上的排列数。

解 令 A_i 表示数 i 排在第 i 个位置上的所有排列，则公共数为

$$R_1=|A_i|=(n-1)! \quad (i=1, 2, \cdots, n)$$

同理

$$R_2=|A_iA_j|=(n-2)! \quad (i, j=1, 2, \cdots, n \text{ 且 } i\neq j)$$

$$R_3=|A_iA_jA_k|=(n-3)! \quad (i, j, k=1, 2, \cdots, n \text{ 且 } i, j, k \text{ 两两不等})$$

一般情况下，有

$$R_k=|A_{i_1}A_{i_2}\cdots A_{i_k}|=(n-k)! \quad (k=1, 2, \cdots, n)$$

所求排列数为

$$\begin{aligned}D_n&=|\overline{A_1}\cdot\overline{A_2}\cdot\cdots\cdot\overline{A_n}|\\&=n!-C_n^1(n-1)!+C_n^2(n-2)!-\cdots+(-1)^nC_n^n\cdot 0!\\&=n!-\frac{n!}{1!(n-1)!}(n-1)!+\frac{n!}{2!(n-2)!}(n-2)!-\cdots+\frac{n!}{n!0!}0!\\&=n!\left(1-\frac{1}{1!}+\frac{1}{2!}-\cdots+(-1)^n\frac{1}{n!}\right)\end{aligned}$$

拓展问题 在一次宴会中，有 n 个人把他们的帽子放在衣帽间内。有多少种交还他们帽子的方法，使得没有一个人能得到他自己原来的帽子？

这个问题其实就是一个错排问题。若用 1，2，…，n 表示n 位来宾，第 i 位来宾的帽子是 i 号，则发帽子方式可用下面的形式表示：

客人：$123\cdots i\cdots n$

帽子：$a_1a_2a_3\cdots a_i\cdots a_n$

$a_1a_2a_3\cdots a_i\cdots a_n$ 是$\{123\cdots i\cdots n\}$的一个排列，要使得没有一位客人领到自己的帽子，就一定要有 $a_i\neq i(i=1, 2, \cdots, n)$。这样一来，问题就变成求出有多少个$\{123\cdots i\cdots n\}$的全排列，使得对所有的 i 都有 $a_i\neq i$，我们称这样的排列为 n 的错排。用 D_n 表示错排的个数，于是有下面的关于错排的计数定理，其结论就是这个问题的解答。

【例 5.3.3】(保位问题，亦称不动点问题或相遇问题) 将原始自然排列 1, 2, …, n 重新作成各种排列，求恰有 m 个元素在其原来自身位置的排列数 $D_n[m]$。

解 设性质 P_i 为数 i 排在第 i 个位置，集合 A_i 为具有性质 P_i 的全体排列。

$$R_k=|A_{i_1}A_{i_2}\cdots A_{i_k}|=(n-k)!\quad (1\leqslant i_1<i_2<\cdots<i_k\leqslant n \text{ 且 } k=1, 2, \cdots, n)$$

$$q_1=n(n-1)!=C_n^1\cdot(n-1)!, \cdots, q_k=C_n^k\cdot(n-k)!\quad (1\leqslant k\leqslant n)$$

由定理 5.2.3 知：

$$\begin{aligned}
D_n[m]&=q_m-C_{m+1}^1q_{m+1}+C_{m+2}^2q_{m+2}-\cdots+(-1)^{n-m}C_n^{n-m}q_n\\
&=C_n^m(n-m)!-C_{m+1}^1C_n^{m+1}[n-(m+1)]!+\\
&\quad C_{m+2}^2C_n^{m+2}[n-(m+2)]!-\\
&\quad \cdots+(-1)^{n-m}C_n^{n-m}C_n^n\cdot 0!\\
&=\frac{n!}{m!}-\frac{(m+1)!}{1!\cdot m!}\frac{n!}{(m+1)!}+\frac{(m+2)!}{2!\cdot m!}\frac{n!}{(m+2)!}-\\
&\quad \cdots(-1)^{n-m}\frac{n!}{(n-m)!\cdot m!}\frac{n!}{n!}\\
&=\frac{n!}{m!}\left[1-\frac{1}{1!}+\frac{1}{2!}-\cdots+(-1)^{n-m}\frac{1}{(n-m)!}\right]\\
&=\frac{n!}{m!}\frac{(n-m)!}{(n-m)!}\left[1-\frac{1}{1!}+\frac{1}{2!}-\cdots+(-1)^{n-m}\frac{1}{(n-m)!}\right]\\
&=\frac{n!}{m!}\cdot\frac{D_{n-m}}{(n-m)!}\\
&=C_n^m\cdot D_{n-m}
\end{aligned}$$

另外解法：从 n 个元素中取 m 个，有 C_n^m 种取法，且这 m 个元素保持不动，其余 $n-m$ 个元素互相错排，有 D_{n-m} 种，故共有 $C_n^m\cdot D_{n-m}$ 种排法。

特例：当 $m=0$ 时，即为错排问题，$D_n[0]$就是错排数 D_n。

5.3.2 初等数论问题

【例 5.3.4】 求从 1 到 1000 之间不能被 5、6 和 8 整除的整数个数。

解 为解决这个问题，我们引入一个概念。对于一个实数 r，$\lfloor r\rfloor$代表不超过 r 的最大整数。此外，将两个整数 a、b 或三个整数 a、b、c 的最小公倍数简记为 $\mathrm{lcm}\{a, b\}$ 或 $\mathrm{lcm}\{a, b, c\}$。设 P_1表示能被 5 整除的性质，P_2 表示能被 6 整除的性质，P_3 表示能被 8 整除的性质。设 S 是由前 1000 个正整数组成的集合。对于 $i=1, 2, 3$，设 A_i 是 S 中那些具有性质 P_i 的整数组成的集合。我们希望求出 $|\overline{A_1}\cap\overline{A_2}\cap\overline{A_3}|$ 中的整数个数。其中：

$$|A_1|=\frac{1000}{5}=200$$

$$|A_2|=\frac{1000}{6}=166$$

$$|A_3|=\frac{1000}{8}=125$$

集合 $A_1 \cap A_2$中的整数可同时被 5 和 6 整除。但一个整数能够同时被 5 和 6 整除当且仅当它能被 lcm{5, 6} 整除。因为 lcm{5, 6}=30, lcm{5, 8}=40, lcm{6, 8}=24, 所以得到

$$|A_1 \cap A_2|=\frac{1000}{30}=33$$

$$|A_1 \cap A_3|=\frac{1000}{40}=25$$

$$|A_2 \cap A_3|=\frac{1000}{24}=41$$

因为 lcm{5, 6, 8}=120, 所以

$$|A_1 \cap A_2 \cap A_3|=\frac{1000}{120}=8$$

因此，根据容斥原理可知，在 1 到 1000 之间不能被 5，6 和 8 整除的整数个数:

$$|\overline{A_1} \cap \overline{A_2} \cap \overline{A_3}|=1000-(200+166+125)+(33+25+41)-8=600$$

【例 5.3.5】(Euler 问题) 求 1～n 中与 n 互质的数的个数 $\phi(n)$(称作 Euler 函数)。这是数论中一个著名的函数。例如，$\phi(1)=1$，$\phi(2)=1$，$\phi(3)=2$，$\phi(4)=2$，$\phi(5)=4$，$\phi(6)=2$，特别是当 n 是一个素数 p 时，$\phi(p)=p-1$。

解 分解 n 为素数幂的乘积 $n=p_1^{\alpha_1}p_2^{\alpha_2}\cdots p_k^{\alpha_k}$($p_i$ 为素数)，并设数集 $N=\{1, 2, \cdots, n\}$，A_i 为 N 中能被 p_i 整除的那些数的全体，显然有

$$|A_i|=\frac{n}{p_i} \quad (i=1, 2, \cdots, k)$$

$$|A_i \cdot A_j|=\frac{n}{p_i \cdot p_j} \quad (1 \leqslant i < j \leqslant k)$$

$$\vdots$$

$$|A_1 A_2 \cdots A_k|=\frac{n}{p_1 \cdot p_2 \cdots p_k}$$

于是

$$\begin{aligned}\phi(n) &= |\overline{A_1} \cdot \overline{A_2} \cdot \cdots \cdot \overline{A_k}| \\ &=n-\sum_{i=1}^{k}\frac{n}{p_i}+\sum_{1\leqslant i<j\leqslant k}\frac{n}{p_i p_j}-\cdots+(-1)^k\frac{n}{p_1 p_2 \cdots p_k} \\ &=n\left(1-\frac{1}{p_1}\right)\left(1-\frac{1}{p_2}\right)\cdots\left(1-\frac{1}{p_k}\right) \\ &=n\prod_{i=1}^{k}\left(1-\frac{1}{p_i}\right)\end{aligned}$$

欧拉(Euler)函数常用于数论中。例如，若 $n=12=2^2 \cdot 3$，则

$$\phi(12)=12\left(1-\frac{1}{2}\right)\left(1-\frac{1}{3}\right)=4$$

小于 12 并与 12 互素的正整数为 1、5、7 和 11。

5.3.3 集合的划分

将集合划分为若干个非空部分后，部分与部分之间可以毫无区分，也可以标上号以示区别。前者称为**无序划分**，后者称为**有序划分**。

【例 5.3.6】 将一个 n 元集划分成 r 个非空子集，并且给每个子集分别标上号 1，2，…，r。试证由此得到的全部划分方案数为

$$D(n, r)=\sum_{i=0}^{r}(-1)^{i}C_{r}^{i}(r-i)^{n}=\sum_{i=0}^{r-1}(-1)^{i}C_{r}^{i}(r-i)^{n}$$

证 设 S 为将 n 元集划分成有序 r 部分的全部划分方案集(每一部分可空)，A_i 表示第 i 部分为空的全部方案集，那么

$$|S|=r^{n}$$
$$|A_1|=|A_2|=\cdots=|A_r|=(r-1)^{n}$$
$$|A_iA_j|=(r-2)^{n}\quad(1\leqslant i<j\leqslant r)$$
$$\vdots$$
$$|A_1A_2\cdots A_r|=(r-r)^{n}=0$$

$$\begin{aligned}D(n, r)&=|\overline{A_1}\cdot\overline{A_2}\cdot\cdots\cdot\overline{A_r}|\\&=r^{n}-C_{r}^{1}\cdot(r-1)^{n}+C_{r}^{2}\cdot(r-2)^{n}-\cdots+(-1)^{r}C_{r}^{r}\cdot(r-r)^{n}\\&=\sum_{i=0}^{r-1}(-1)^{i}C_{r}^{i}\cdot(r-i)^{n}\end{aligned}$$

当 $r=n$ 时，有

$$n!=n^{n}-C_{n}^{1}\cdot(n-1)^{n}+C_{n}^{2}\cdot(n-2)^{n}-\cdots+(-1)^{n-1}C_{n}^{n-1}$$

改为无序划分，得

$$S_2(n, r)=\frac{1}{r!}D(n, r)$$

即

$$S_2(n, r)=\frac{1}{r!}\sum_{i=0}^{r}(-1)^{i}C(r, i)(r-i)^{n}=\frac{1}{r!}\sum_{i=0}^{r}(-1)^{r-i}C(r, i)i^{n}$$

此类模型还对应以下问题：将 n 个人分为 r 组的分法数(无序划分)，或将 n 个小学生分为 r 个班，班号为 1，2，…，r，每班至少一人，求分法数(有序划分)。类似的还有 n 元集 A 到 r 元集 B 的满射共有 $D(n, r)$ 种。所谓满射，就是指 B 中每个元素至少有一个原像。

5.3.4 其它应用

【例 5.3.7】 求完全由 n 个布尔变量确定的布尔函数的个数。

解 分析：当 $n=2$ 时，两个自变量 x、y 共有 $2^2=4$ 种状态(00，01，10，11)，有 $2^4=16$ 种不同函数，其取值情况见表 5.1。

表 5.1 $n=2$ 时的布尔函数表

自变量	x		0	0	1	1
	y		0	1	0	1
函数	f_0	0	0	0	0	0
	f_1	$x \wedge y$	0	0	0	1
	f_2	$x \wedge \bar{y}$	0	0	1	0
	f_3	x	0	0	1	1
	f_4	$\bar{x} \wedge y$	0	1	0	0
	f_5	y	0	1	0	1
	f_6	$(x \vee y) \wedge (\bar{x} \vee \bar{y})$	0	1	1	0
	f_7	$x \vee y$	0	1	1	1
	f_8	$\bar{x} \wedge \bar{y}$	1	0	0	0
	f_9	$(\bar{x} \vee y) \wedge (x \vee \bar{y})$	1	0	0	1
	f_{10}	$\bar{y}$	1	0	1	0
	f_{11}	$x \vee \bar{y}$	1	0	1	1
	f_{12}	$\bar{x}$	1	1	0	0
	f_{13}	$\bar{x} \vee y$	1	1	0	1
	f_{14}	$\bar{x} \vee \bar{y}$	1	1	1	0
	f_{15}	1	1	1	1	1

从表中可以看出，由一个或零个变量可以确定函数。例如，f_3 实际上是 x 的函数；与 y 无关；f_5 则只是 y 的函数，与 x 无关；$f_{10}=\bar{y}$，$f_{12}=\bar{x}$，$f_{15}=1$，$f_0=0$，均与 x、y 无直接关系。

而完全由 x、y 确定的函数为 10 个。

设 n 个布尔变量 x_1，x_2，…，x_n 的布尔函数为 $f(x_1, x_2, \cdots, x_n)$，S 是由所有 f 组成的函数的集合。

设 A_i 为 S 中 x_i 不出现的函数类($i=1, 2, \cdots, n$)，则

$$|S|=2^{2^n}$$

$$|A_1|=|A_2|=\cdots=|A_n|=2^{2^{n-1}}$$

$$|A_iA_j|=2^{2^{n-2}} \quad (1 \leqslant i < j \leqslant n)$$

$$\vdots$$

$$|A_1A_2\cdots A_n|=2^{2^{n-n}}=2$$

所以

$$|\overline{A_1} \cdot \overline{A_2} \cdot \cdots \cdot \overline{A_n}|=2^{2^n}-C_n^1 \cdot 2^{2^{n-1}}+C_n^2 \cdot 2^{2^{n-2}}-\cdots+(-1)^n C_n^n \cdot 2$$

例如，当 $n=2$ 时，有

$$|\overline{A_1}\cdot\overline{A_2}|=2^{2^2}-C_2^1\cdot 2^2+C_2^2\cdot 2=16-8+2=10$$

当 $n=3$ 时，有

$$|\overline{A_1}\cdot\overline{A_2}\cdot\overline{A_3}|=2^{2^3}-C_3^1\cdot 2^{2^2}+C_3^2\cdot 2^2-C_3^3\cdot 2$$
$$=256-48+12-2=218$$

【例 5.3.8】 证明把 n 分成各部分不能被 d 所整除的剖分数等于把 n 划分成每一部分不出现 d 次或 d 次以上的剖分数。

证 设 $p(n)$ 表示 n 的所有剖分数，n 的含有数 x 的剖分数等于数 $n-x$ 的剖分数 $p(n-x)$。

推广：n 的含有 x，y，z，…的剖分数等于数 $n-x-y-z-\cdots$ 的剖分数 $p(n-x-y-z-\cdots)$。

例如：$n=20$，$x=8$，$20=8+7+5(12=7+5)$，$20=8+6+4+2(12=6+4+2)$。

设 $p_x(n)$ 表示每一部分都不能被 d 所整除的 n 的剖分数，$p_y(n)$ 表示每一部分出现的次数都不能超过 $d-1$ 的剖分数。

思路：从 $p(n)$ 中减去含有 d，$2d$，$3d$，…的剖分个数即得 $p_x(n)$，从 $p(n)$ 中减去含有 d 个 1，d 个 2，d 个 3，…的剖分个数就得到 $p_y(n)$。

设 A_i 为 n 的满足如下条件的所有分拆方案构成的集合，该方案中有一项为 d 的 i 倍 $(i=1, 2, \cdots)$，那么

$$|A_i|=p(n-i\cdot d)$$
$$|A_iA_j|=p(n-i\cdot d-j\cdot d)\ (1\leqslant i<j\leqslant n)$$
$$\vdots$$
$$|A_{i_1}A_{i_2}\cdots A_{i_k}|=p(n-i_1d-i_2d-\cdots-i_kd)$$

所以，由逐步淘汰原理知

$$\begin{aligned}p_x(n)&=|\overline{A_1}\cdot\overline{A_2}\cdot\cdots\cdot\overline{A_n}|\\&=p(n)-[p(n-d)+p(n-2d)+p(n-3d)+\cdots]+\\&\quad[p(n-d-2d)+p(n-d-3d)+p(n-2d-3d)+\cdots]-\\&\quad[p(n-d-2d-3d)+p(n-d-2d-4d)+\cdots]+\cdots\end{aligned}$$

同理，有

$$\begin{aligned}p_y(n)=&p(n)-[p(n-d\times 1)+p(n-d\times 2)+p(n-d\times 3)+\cdots]+\\&[p(n-d\times 1-d\times 2)+p(n-d\times 1-d\times 3)]+\\&p(n-d\times 2-d\times 3)+\cdots-[p(n-d\times 1-d\times 2-d\times 3)+\\&p(n-d\times 1-d\times 2-d\times 4)+\cdots]+\cdots\end{aligned}$$

比较两式得 $p_x(n)=p_y(n)$。

【例 5.3.9】 在由 a、b、c、d 这 4 个字符构成的 n 位符号串中，求 a、b 和 c 至少出现一次的符号串的数目。

解 S 表示由 a、b、c、d 构成的 n 位符号串的集合，又令 A_1、A_2 和 A_3 分别表示 n 位符号串中不出现符号 a、b 和 c 的集合，则 $\overline{A_1}\cap\overline{A_2}\cap\overline{A_3}$ 表示符号 a、b 和 c 至少出现一次的 n 位符号串的集合。由容斥原理式知

$$|\overline{A_1}\cap\overline{A_2}\cap\overline{A_3}|=|S|-(|A_1|+|A_2|+|A_3|)+|A_1\cap A_2|+|A_1\cap A_3|+$$
$$|A_2\cap A_3|-|A_1\cap A_2\cap A_3|$$

由于 n 位符号串中，每一位都可取 a、b、c、d 4 种符号中的一种，因此 $|S|=4^n$，而不允许出现 a 的 n 位符号串的个数应是 3^n，即 $|A_1|=3^n$。

同理有 $|A_2|=3^n$，$|A_3|=3^n$。

既不允许出现 a 又不允许出现 b 的 n 位符号串的个数应是 2^n，故有 $|A_1\cap A_2|=2^n$。同理有 $|A_1\cap A_3|=2^n$，$|A_2\cap A_3|=2^n$。

显然，有 $|A_1\cap A_2\cap A_3|=1$。

将以上数值代入容斥原理式即得

$$|\overline{A_1}\cap\overline{A_2}\cap\overline{A_3}|=4^n-3\times 3^n+3\times 2^n-1$$

故 a、b 和 c 至少出现一次的符号串的数目是 $4^n-3\times 3^n+3\times 2^n-1=4^n-3^{n+1}+3\times 2^n-1$。

【例 5.3.10】 满足条件 $1\leqslant x_1\leqslant 5$，$-2\leqslant x_2\leqslant 4$，$0\leqslant x_3\leqslant 5$，$3\leqslant x_4\leqslant 9$ 的方程 $x_1+x_2+x_3+x_4=18$ 的整数解的数目是多少？

解 引入一些新变量，这样方程变为

$$y_1=x_1-1,\ y_2=x_2+2,\ y_3=x_3,\ y_4=x_4-3$$

关于 x_i 的不等式成立当且仅当

$$0\leqslant y_1\leqslant 4,\ 0\leqslant y_2\leqslant 6,\ 0\leqslant y_3\leqslant 5,\ 0\leqslant y_4\leqslant 6$$

设 S 是变换后方程所有非负整数解的集合。S 的大小为

$$|S|=\binom{16+4-1}{16}=\binom{19}{16}=969$$

设 P_1 是 $y_1\geqslant 5$ 的性质，P_2 是 $y_2\geqslant 7$ 的性质，P_3 是 $y_3\geqslant 6$ 的性质，P_4 是 $y_4\geqslant 7$ 的性质。设 A_i 表示 S 中满足性质 $P_i(i=1,2,3,4)$ 的解组成的子集。我们要计算集合 $\overline{A_1}\cap\overline{A_2}\cap\overline{A_3}\cap\overline{A_4}$ 的大小。

根据容斥原理，集合 A_1 由 S 中满足 $y_1\geqslant 5$ 的解组成。作变量代换($z_1=y_1-5$，$z_2=y_2$，$z_3=y_3$，$z_1=y_1$)，我们看到，A_1 的解的个数与

$$z_1+z_2+z_3+z_4=11$$

的非负整数解的个数相同。因此

$$|A_1|=\binom{14}{11}=364$$

以类似的方式得到

$$|A_2|=\binom{12}{9}=220\quad |A_3|=\binom{13}{10}=286\quad |A_4|=\binom{12}{9}=220$$

集合 $A_1\cap A_2$ 是由 S 中满足 $y_1\geqslant 5$ 和 $y_2\geqslant 7$ 的解组成的。进行变量代换

$$u_1=y_1-5,\ u_2=y_2-7,\ u_3=y_3,\ u_4=y_4$$

我们看出，$A_1\cap A_2$ 的解的个数与

$$u_1+u_2+u_3+u_4=4$$

的非负整数解的个数相同。因此

$$|A_1\cap A_2|=\binom{7}{4}=35$$

以类似的方式得到

$$|A_1 \cap A_3| = \binom{8}{5} = 56$$

$$|A_1 \cap A_4| = \binom{7}{4} = 35$$

$$|A_2 \cap A_3| = \binom{6}{3} = 20$$

$$|A_3 \cap A_4| = \binom{6}{3} = 20$$

$$|A_2 \cap A_4| = \binom{5}{2} = 10$$

集合 A_1，A_2，A_3，A_4 中任意 3 个的交都是空集。应用容斥原理得到

$$\begin{aligned}\overline{A_1} \cap \overline{A_2} \cap \overline{A_3} \cap \overline{A_4} &= 969 - (364 + 220 + 286 + 220) + \\ &\quad (35 + 56 + 35 + 20 + 10 + 20) \\ &= 55\end{aligned}$$

【例 5.3.11】 用容斥原理证明下列组合等式：

(1) $\sum\limits_{k=0}^{\lfloor \frac{m}{2} \rfloor} (-1)^k \binom{n}{k} \binom{2n-2k}{m-2k} = 2^m \binom{n}{m}$ $(0 \leqslant m \leqslant n)$；

(2) $\sum\limits_{k=0}^{n} (-1)^k \binom{n}{k} \binom{2n-k}{n-1} = 0$ $(n \geqslant 1)$。

证 (1) 设 $A = \{a_1, a_2, \cdots, a_n, b_1, b_2, \cdots, b_n\}$ 是 $2n$ 元集，把 a_i 与 b_i 称为 A 的一个对子($i=1, 2, \cdots, n$)，则 A 的不含任一个对子的 m 元子集的个数为 $2^m \binom{n}{m}$(即从 n 对元素中先选出 m 对，再从每对里各取一个)$(0 \leqslant m \leqslant n)$。

另一方面，以 S 表示由 A 的全部 m 元子集构成的集合，则 $|S| = \binom{2n}{m}$。以 A_i 表示 S 中 a_i 与 b_i 在同一子集的所有 m 元子集组成的集合($1 \leqslant i \leqslant n$)，则由问题的对称性可知公共数为

$$R_k = |A_{i_1} A_{i_2} \cdots A_{i_k}| = \begin{cases} \binom{2n-2k}{m-2k} & \left(1 \leqslant k \leqslant \lfloor \frac{m}{2} \rfloor\right) \\ 0 & \left(\lfloor \frac{m}{2} \rfloor < k \leqslant n\right) \end{cases}$$

由逐步淘汰原理可知，满足条件的子集的个数为

$$\begin{aligned}N[0] &= |\overline{A_1} \cdot \overline{A_2} \cdot \cdots \cdot \overline{A_n}| \\ &= \sum_{k=0}^{n} (-1)^k \binom{n}{k} R_k \\ &= \sum_{k=0}^{\lfloor \frac{m}{2} \rfloor} (-1)^k \binom{n}{k} \binom{2n-2k}{m-2k}\end{aligned}$$

按照殊途同归的思想，对于同一问题，采用不同的统计方式，所得两种统计结果自然应该相等，也就是说所给等式成立。

此处利用容斥原理给出了问题的另一种算法。

(2) 设 $A=\{a_1, a_2, \cdots, a_{2n}\}$ 是 $2n$ 元集，以 S 表示由 A 的全部 $n-1$ 元子集所组成之集，则公共数 $R_0=|S|=\binom{2n}{n-1}$。若某个子集中不含元素 a_i，则称该子集具有性质 $P_i(i=1, 2, \cdots, n)$。设 B_i 是具有性质 P_i 的所有 $n-1$ 元子集构成的集合，则由问题的对称性可知公共数为

$$R_k=|B_{i_1}B_{i_2}\cdots B_{i_k}|=\binom{2n-k}{n-1}\quad (k=1, 2, \cdots, n)$$

即 R_k 等于 $2n-k$ 元集 $A-\{a_{i_1}a_{i_2}\cdots a_{i_k}\}$ 的 $n-1$ 元子集的个数。由逐步淘汰原理可知，S 中不具有 $P_1, P_2, \cdots, P_n$ 中任一个性质的元素个数为

$$N[0]=|\overline{B_1}\cdot\overline{B_2}\cdot\cdots\cdot\overline{B_n}|=\sum_{k=0}^{n}(-1)^k\binom{n}{k}R_k=\sum_{k=0}^{n}(-1)^k\binom{n}{k}\binom{2n-k}{n-1}$$

但是，S 中不具有 $P_1, P_2, \cdots, P_n$ 中任一个性质的元素个数等于 A 的必须含有 n 个元素 $a_1, a_2, \cdots, a_n$ 的 $n-1$ 元子集的个数，显然为 0，即等式成立。

5.4 限制排列与棋盘多项式

5.4.1 有限制的排列

所谓有限制的排列，是指排列中对元素的排列位置加以限制。这样的限制分两种情形：

(1) 相对位置：即某些元素不能相互连在一起，如例 5.3.1。

(2) 绝对位置：也称禁位排列，指相对于原始排列中的排列顺序，再次打乱顺序重排时，某些元素不在其原来的位置，最典型的如错排。

【例 5.4.1】 在 4 个 x、3 个 y、2 个 z 的全排列中，求不出现 $xxxx$、yyy、zz 图像的排列数。

解 设 A 为出现 $xxxx$ 图像的全体排列，B 为出现 yyy 的全体排列，C 为出现 zz 的全体排列。那么，按照要求，在 A 中可以将 $xxxx$ 视为一个整体，即一个元素再与 3 个 y 和 2 个 z 进行排列，所以

$$|A|=\frac{6!}{1!\cdot 3!\cdot 2!}$$

类似地，有

$$|B|=\frac{7!}{4!\cdot 1!\cdot 2!},\ |C|=\frac{8!}{4!\cdot 3!\cdot 1!},\ |AB|=\frac{4!}{1!\cdot 1!\cdot 2!}$$

$$|AC|=\frac{5!}{1!\cdot 3!\cdot 1!},\ |BC|=\frac{6!}{4!\cdot 1!\cdot 1!},\ |ABC|=\frac{3!}{1!\cdot 1!\cdot 1!}$$

由容斥原理可知，所求排列数为

$$|\overline{A}\cdot\overline{B}\cdot\overline{C}|=|S|-(|A|+|B|+|C|)+(|AB|+|AC|+|BC|)-|ABC|$$
$$=\frac{9!}{4!\cdot3!\cdot2!}-\left(\frac{6!}{1!\cdot3!\cdot2!}+\frac{7!}{4!\cdot1!\cdot2!}+\frac{8!}{4!\cdot3!\cdot1!}\right)+$$
$$\left(\frac{4!}{1!\cdot1!\cdot2!}+\frac{5!}{1!\cdot3!\cdot1!}+\frac{6!}{4!\cdot1!\cdot1!}\right)-\frac{3!}{1!\cdot1!\cdot1!}$$

【例 5.4.2】(相邻禁位排列问题) 在整数 1，2，…，n 的无重全排列 $a_1a_2\cdots a_n$ 中，要求 $a_k+1\neq a_{k+1}(k=1, 2, \cdots, n-1)$。试求全体排列数 Q_n。

解 该问题等价于在排列中数 i 不能排在数 $i+1$ 之前，即不允许出现 12，23，34，…，$(n-1)\ n$ 中的任何一种形式。

用 S 表示所有无重全排列的集合，并设性质 P_i 表示在全排列中具有 $i\ (i+1)$的形式这一性质，令

$$A_i=\{x\,|\,x\in S,\ x\text{ 具有性质 }P_i,\ i=1, 2, \cdots, n-1\}$$

视 $i\ (i+1)$为一个整体，可得

$$|A_i|=(n-1)!,\ i=1, 2, \cdots, n-1$$

计算$|A_iA_j|(i\neq j)$(排列中同时含有 $i\ (i+1)$和 $j\ (j+1)$两种形式)时，不失一般性，设 $i<j$，分两种情况进行讨论：

(1) 当 $j\neq i+1$ 时，如 23、45 等，可把 $i\ (i+1)$和 $j\ (j+1)$分别看作一个元素，于是成为 $n-2$ 个元素的排列，其个数为$(n-2)!$。

(2) 当 $j=i+1$ 时，如 23、34 等，这时排列中出现 $i\ (i+1)\ (i+2)$，可将其视为一个元素，这样的排列个数也是$(n-2)!$。

注意：两种情况不能同时存在，故$|A_iA_j|=(n-2)!$。

一般情形下：

$$|A_iA_jA_k|=(n-3)!,\ \cdots,\ |A_1A_2\cdots A_{n-1}|=[n-(n-1)]!=1$$

所以

$$\begin{aligned}Q_n&=|\overline{A_1}\cdot\overline{A_2}\cdot\cdots\cdot\overline{A_{n-1}}|\\&=|S|-\sum_{i=1}^{n-1}|A_i|+\sum_{1\leqslant i<j\leqslant n-1}|A_iA_j|-\sum_{1\leqslant i<j<k\leqslant n-1}|A_iA_jA_k|+\\&\quad\cdots+(-1)^{n-1}|A_1A_2\cdots A_{n-1}|\\&=n!-C_{n-1}^1\cdot(n-1)!+C_{n-1}^2\cdot(n-2)!-\cdots+\\&\quad(-1)^{n-1}C_{n-1}^{n-1}\cdot1!\end{aligned}$$

整理得

$$\begin{aligned}Q_n&=(n-1)!\sum_{i=0}^{n-1}(-1)^i\frac{1}{i!}+n!\sum_{i=0}^{n}(-1)^i\frac{1}{i!}\\&=D_{n-1}+D_n\quad(D_n\text{ 为错排数})\end{aligned}\tag{5.12}$$

例如，设某班有若干位学生排成一队出去散步，第二天再列队时，同学们都不希望他前面的同学与前一天的相同，问有多少种排法，这就是相邻禁位问题的应用。

【例 5.4.3】 举办一个 8 人参加的舞会，其中有 4 位先生和 4 位女士。每人都戴着面具，且外观上两两不同。如果将面具集中后，再随意地分发给每人一个，试求：

(1) 每位先生都拿到自己的面具、而女士无一人拿到自己面具的方案数；

(2) 先生们没有一位拿到自己面具的方案数；

(3) 8 人中只有 4 位没有领到自己面具的方案数。

解 显然，本例是一个局部错排问题，也是禁位排列问题。设 S 为所有分发方案集。

(1) 由条件易知，本例是 4 个元素的错排问题，所求方案数为

$$D_4=4!\left(1-\frac{1}{1!}+\frac{1}{2!}-\frac{1}{3!}+\frac{1}{4!}\right)=9$$

(2) 由于先生们的面具无一到位，而女士们的面具可能到位也可能错位，因此不能简单套用错位排列的计算公式。

设 A_i 表示第 i 个先生拿到自己面具的分发方案集($i=1, 2, 3, 4$)，那么

$$|A_{i_1}A_{i_2}\cdots A_{i_k}|=(8-k)! \quad (k=1, 2, 3, 4)$$

所求方案数为

$$\begin{aligned}&|\overline{A_1}\cdot\overline{A_2}\cdot\overline{A_3}\cdot\overline{A_4}|\\&=|S|-\sum_{i=1}^{4}|A_i|+\sum_{1\leqslant i<j\leqslant 4}|A_iA_j|-\sum_{1\leqslant i<j<k\leqslant 4}|A_iA_jA_k|+|A_1A_2A_3A_4|\\&=8!-C_4^1\cdot(8-1)!+C_4^2\cdot(8-2)!-C_4^3\cdot(8-3)!+C_4^4\cdot(8-1)!\\&=24\ 024\end{aligned}$$

(3) 这是一个保位问题，由例 5.3.3 可求得方案数为

$$D_8[4]=C_8^4\cdot D_{8-4}=70\times 9=630$$

【例 5.4.4】 将 n 册书分给 n 个学生，之后又收回再分给这 n 个学生。有多少种分配方式使得没有一个学生两次得到同一册书？

解 由题意可知，这 n 册书可以用 $n!$ 种方式来进行第一次分配。对第二次分配，由题意知，这是一个错排，其分配方式有 D_n 种。由乘法规则知，所求的方式总数为

$$n!\ D_n=(n!)^2\left[1-\frac{1}{1!}+\frac{1}{2!}-\frac{1}{3!}+\cdots+(-1)^n\frac{1}{n!}\right]\approx(n!)^2e^{-1}$$

5.4.2 棋盘多项式

1. n 元排列与棋盘布局

n 个元素的某一全排列可以看作 n 个棋子在一个 $n\times n$ 棋盘上的一种特殊布局，其特殊性在于当一个棋子放到棋盘的某一格子时，这格子所在的其它行和列便不能再布放其它任何棋子。例如，排列 3241 和图 5.1 的布局相对应。

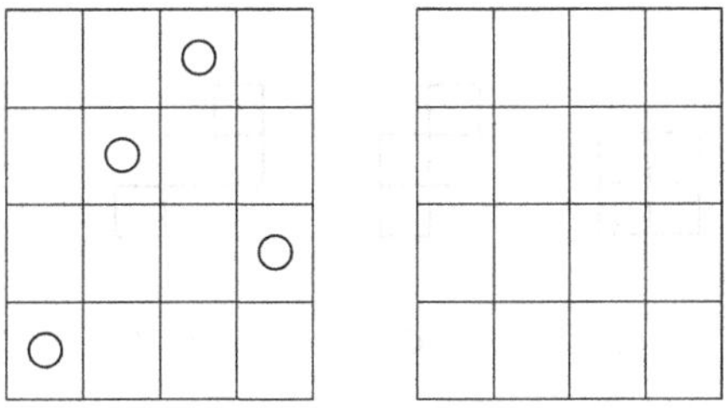

图 5.1 棋盘布局

所以，n 元排列与 n 个棋子在 $n\times n$ 棋盘上的布局是一一对应的，而布局的规则则是棋子间不共行、不共列。

2. 符号

把棋盘记作 C，它可以是由小方格拼起来的任意形状的棋盘(如图 5.2 所示)。这里先给出如下记号：

$r_k(C)$：将 k 个棋子布到棋盘 C 的不同方案数，规定 $r_0(C)=1$。

$R(C)$：数列$\{r_k\}$的母函数，称为 C 的棋盘多项式，即

$$R(C)=\sum_{k=0}^{n} r_k(C)x^k \tag{5.13}$$

规定 $R(\varnothing)=1$，其中$\varnothing$表示一个格子也没有的空棋盘。

C_i：在 C 中去掉某一方格所在的行和列后所剩的棋盘，如图 5.2(a)中去掉 * 所在的行与列后即为图 5.2(b)。

C_e：在 C 中去掉某一方格后所剩的棋盘，如图 5.2(c)就是在图 5.2(a)中去掉 * 所在的格子后剩下的棋盘。

若棋盘 C 可分为两个小棋盘 C_1 和 C_2，且 C 中任一行(或列)要么属于 C_1，要么属于 C_2，即同行(或列)中没有属于 C_1 和 C_2 的两种格子，则称棋盘 C 是可分离的(见图 5.2(d))。

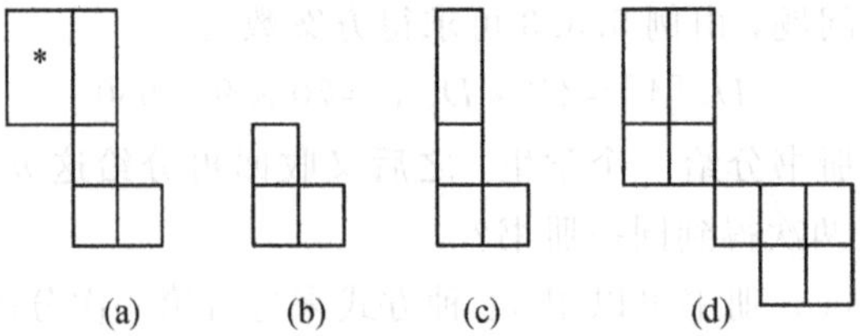

图 5.2　棋盘举例

例如，图 5.3 中：$r_1(C_1)=1$，$r_1(C_2)=2$，$r_1(C_3)=2$，$r_2(C_2)=0$，$r_2(C_3)=1$。

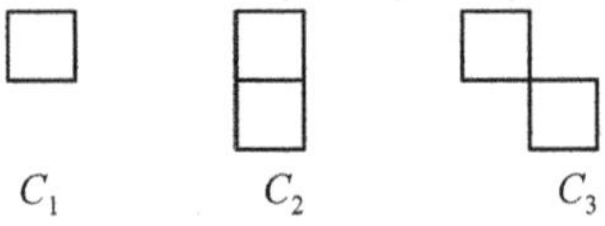

图 5.3　简单棋盘举例 1

对简单的棋盘 C，通过观察可直接写出 $R(C)$：

$$R(C_1)=1+x,\ R(C_3)=1+2x+x^2,\ R(C_2)=1+2x$$

又如，图 5.4 中：

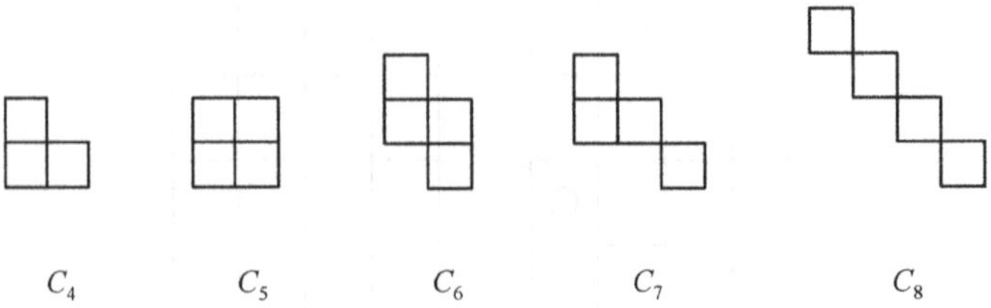

图 5.4　简单棋盘举例 2

$R(C_4)=1+3x+x^2$,　　　　$R(C_5)=1+4x+2x^2$

$R(C_6)=1+4x+3x^2$,　　　　$R(C_7)=1+4x+4x^2+x^3$

$R(C_8)=1+C_4^1x+C_4^2x^2+C_4^3x^3+C_4^4x^4=(1+x)^4$

显然，多项式 $R(C)$与棋盘 C 不是一一对应的。

3. $r_k(C)$和 $R(C)$的计算

定理 5.4.1

(1)
$$r_k(C)=r_{k-1}(C_i)+r_k(C_e) \tag{5.14}$$

(2)
$$R(C)=xR(C_i)+R(C_e) \tag{5.15}$$

(3) 若 C 可分离为 C_1 和 C_2，则有

$$r_k(C)=\sum_{j=0}^{k}r_j(C_1)r_{k-j}(C_2) \tag{5.16}$$

$$R(C)=R(C_1)R(C_2) \tag{5.17}$$

证　(1) 就某一格子而言，无非有两种可能：一种是对该格子布下了棋子；另一种是不布棋子。所有的布局依此可分为两类。右端第一项 $r_{k-1}(C_i)$表示某格子放有棋子，而剩下的 $k-1$ 个棋子布到 C_i 棋盘上的方案数；第二项 $r_k(C_e)$表示该格子不布棋子，所有 k 个棋子布到棋盘 C_e 上的方案数。两类布法不能同时出现，由加法法则，式(5.14)成立。

(2) 由 $R(C)$的定义和式(5.14)，有

$$\begin{aligned}R(C)&=\sum_{k=0}^{n}\left[r_{k-1}(C_i)+r_k(C_e)\right]x^k\\&=x\sum_{k=1}^{n}r_{k-1}(C_i)x^{k-1}+\sum_{k=0}^{n}r_k(C_e)x^k\\&=xR(C_i)+R(C_e)\end{aligned}$$

(3) 由于 C_1 与 C_2 是分离的，因此可以将 k 个棋子布到棋盘 C 上的方案分为 $k+1$ 类，即 C_1 上布 j 个棋子，C_2 上布 $k-j$ 个棋子，$j=0, 1, \cdots, k$。每一类有 $r_j(C_i)r_{k-j}(C_e)$ 种方案，再对所有 j 求和，即得布 k 个棋子的总方案数为 $\sum_{j=0}^{k}r_j(C_i)r_{k-j}(C_e)$。

由 $R(C)$的定义和式(5.16)，有

$$\begin{aligned}R(C)&=\sum_{k=0}^{n}\left(\sum_{j=0}^{k}r_j(C_1)r_{k-j}(C_2)\right)x^k\\&=\left[\sum_{j=0}^{n}r_j(C_1)x^j\right]\left[\sum_{k=0}^{n}r_k(C_2)x^k\right]\\&=R(C_1)R(C_2)\end{aligned}$$

其中，当 $r>n$ 时，x^r 之前的系数肯定是 0。

利用式(5.15)和式(5.17)，可以把一个较复杂的棋盘逐步分解为一批较简单的棋盘，从而比较容易地得到原棋盘的多项式。例如：

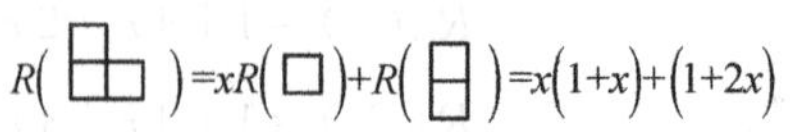

$$R\left(\begin{array}{c}\square\square\\\square\end{array}\right)=xR(\square)+R\left(\begin{array}{c}\square\\\square\end{array}\right)=x(1+x)+(1+2x)$$

$$=1+3x+x^2$$

$$R\left(\begin{array}{c}\square\square\\\square\square\\\square\end{array}\right)=R\left(\begin{array}{c}\square\square\\\square\end{array}\right)R\left(\begin{array}{c}\square\\\square\end{array}\right)=\left[xR(\square\square)+R\left(\begin{array}{c}\square\square\\\square\end{array}\right)\right]R\left(\begin{array}{c}\square\\\square\end{array}\right)$$

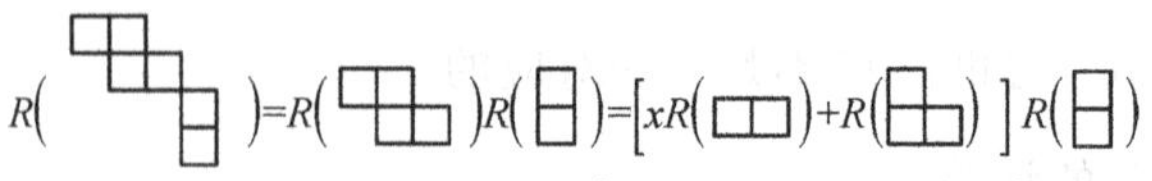

$$=[x(1+2x)+(1+3x+x^2)](1+2x)=1+6x+11x^2+6x^3$$

5.4.3 有禁区的排列

若在 4 个元素 a_1，a_2，a_3，a_4 进行排列的过程中，限制 a_1 不能排在第一个位置，a_2 不能在 1、4 号位置，a_3 不在 2 号，a_4 不在 3 号，前面已经提到，可以将 4 元素的排列对应一个 $4×4$ 的棋盘，对于某个具体排列，对应到棋盘上如图 5.1 所示，棋盘上的第 i 行对应第 i 个棋子(即 a_i)，第 j 列对应该棋子所布放的位置。现在用带阴影线的格子表示限制，称为禁区。所以，有限制的 n 元排列与 n 个棋子在带有禁区的 $n×n$ 棋盘 C 上的布局又一一对应起来。求有限制的排列数就等价于求有禁区的棋盘的布局方案数。

另一方面，可以将禁区视为一个随意形状的棋盘 A，棋盘 C 去掉 A 后余下的部分也看作一个形状不规则的棋盘，叫作 B。显然，将棋子布入 B 的方案数就是在 C 上符合条件的方案数。所以，只要计算出 n 个棋子在 A 上至少布一个棋子的布局方案数 $N[A]$，再用总的 n 元排列数 $n!$ 减去 $N[A]$，即得在 B 上的布局方案数 $N[B]$。

定理 5.4.2

$$N[A]=r_1(A)\cdot(n-1)!-r_2(A)\cdot(n-2)!+$$
$$\cdots+(-1)^{n-1}r_n(A)\cdot 0! \tag{5.18}$$

或

$$N[B]=n!-r_1(A)\cdot(n-1)!+r_2(A)\cdot(n-2)!-$$
$$\cdots+(-1)^n r_n(A)\cdot 0! \tag{5.19}$$

证 设 n 元排列 $a_1 a_2\cdots a_n$，其中 a_i 是第 i 号棋子落在第 i 行的位置，如 2314657 表示第 1 号棋子放在第 1 行的 2 号位置(即第 2 列)，棋子 2 在第 2 行的 3 号位(第 3 列)，棋子 3 在第 3 行的 1 号位(第 1 列)，$\cdots$。令 P_i 表示第 i 个棋子放入禁区的性质，集合 A_i 表示具有性质 P_i 的所有布局方案集。

一个棋子落入禁区 A 的方案数显然为 $r_1(A)$，而剩下的 $n-1$ 个棋子为无限制条件的排列，故至少有一个棋子落在 A 上的方案数为 $r_1(A)\cdot(n-1)!$。同理，两个棋子落入禁区 A 的方案数显然为 $r_2(A)$，而剩下的 $n-2$ 个棋子为无限制条件的排列，故至少有两个棋子落在 A 上的方案数为 $r_2(A)\cdot(n-2)!$，以此类推，总的排列方案数共 $n!$ 个，所以由容斥原理和逐步淘汰原理即知式(5.18)和式(5.19)成立。

【例 5.4.5】 设有 4 个元素的排列，如图 5.5 所示。其中要求第 1 个元素不能排在第 1 个位置；第 2 个元素不能在 1、4 号位置；元素 3 不能在 2 号；元素 4 不能在 3 号位置。共有多少排列方案数？

解 所提排列问题对应有禁区的棋盘 C(见图 5.5(a)),其禁区 A(见图 5.5(b))可分离为两个小棋盘 A_1 和 A_2(见图 5.5(c))。显然,有

$$R(A_1)=1+3x+x^2,\quad R(A_2)=1+2x+x^2$$

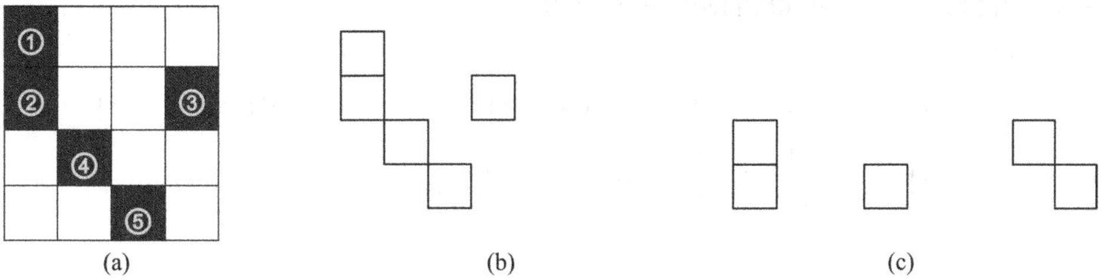

图 5.5 有禁区的排列

由公式(5.18)可得到

$$R(A)=(1+3x+x^2)(1+2x+x^2)=1+5x+8x^2+5x^3+x^4$$

由定理 5.4.2,所求排列数应为

$$\begin{aligned}N[B]&=4!-r_1(A)3!+r_2(A)2!-r_3(A)1!+r_4(A)0!\\&=4!-5\times3!+8\times2!-5\times1!+1\times0!\\&=6\end{aligned}$$

这 6 个满足条件的排列是

2314　2341　3214　3241　4231　4312

这样的实际问题很多,如工作安排(即匹配)问题。设有 A、B、C、D 四位工作人员,要完成 x、y、z、w 四项任务,但 A 不适合去做事情 y;B 不适合做事情 y、z;C 不适合做 z、w;D 不适合做 w。读者可以试计算,若要求每人完成一项各自所适宜的任务,共有多少种分配任务的方案。

【例 5.4.6】 有 n 名儿童围坐在一个旋转木马上,有多少方式改变他们的座位,使得每个儿童有一个不同的儿童坐在他们的前面?

解 这个问题实际上就是求集合$\{1,2,\cdots,n\}$的圆排列中不出现 12,23,⋯,$(n-1)n$ 的圆排列的个数。设 S 是集合$\{1,2,\cdots,n\}$的所有圆排列组成的集合,故有

$$|S|=(n-1)!$$

【例 5.4.7】 (错排问题)第 i 个棋子不能排在第 i 横行的第 i 个位置,此问题可以看作在一个 $n\times n$ 的棋盘上,以对角线上的方格为禁区 A 的布局问题,求布局方案数。

解 如图 5.6 所示,阴影部分为禁区构成的棋盘 A,由式(5.17)知

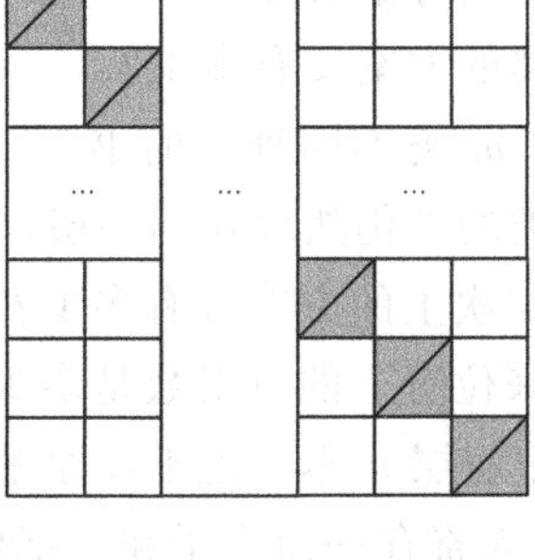

图 5.6 错排问题的棋盘布局

$$R(A)=R(\square)\cdots R(\square)=(1+x)^n$$

从而必有

$$r_k(A)=C_n^k\quad(k=1,\ 2,\ \cdots,\ n)$$

因此，由公式(5.19)可得错排的方案数为

$$\begin{aligned}D_n&=N[B]\\&=n!\ -C_n^1(n-1)!\ +C_n^2(n-2)!\ -\cdots+(-1)^nC_n^n(n-n)!\\&=n!\ \left(1-\frac{1}{1!}+\frac{1}{2!}-\cdots+(-1)^n\frac{1}{n!}\right)\end{aligned}$$

习 题 5

1. 求不超过 20 的正整数中，是 2 的倍数或是 3 的倍数的数的个数。

2. 由 1 到 2000 的整数中：

(1) 至少能被 2，3，5 之一整除的数有多少个？

(2) 至少能被 2，3，5 中的两个数同时整除的数有多少个？

(3) 能且只能被 2，3，5 中的 1 个数整除的数有多少个？

3. n 位的四进制数中，数字 1，2，3 各自至少出现一次的数有多少个？

4. 某照相馆给 n 个人分别照相后，装入每人的纸袋里，出现以下情况有多少种可能？

(1) 没有任何一个人得到自己的相片；

(2) 至少有一人得到自己的相片；

(3) 至少有两人得到自己的相片。

5. 字母 M，A，T，H，I，S，F，U，N 的排列中有多少排列使得单词 MATH、IS 和 FUN 都不作为连续字母出现在排列之中？(例如，排列 MATHISFUN 是不允许的，排列 INUMATHSF 和 ISMATHFUN 也都不允许。)

6. 把 $\{a, a, a, b, b, b, c, c, c\}$ 排成相同字母互不相邻的排列，有多少种排法？

7. 把 1，2，…，n 排成一圈，令 $f(n)$表示没有相邻数字恰好是自然顺序的排列数。

(1) 求 $f(n)$；

(2) 证明 $f(n)+f(n+1)=D_n$。

8. n 个单位各派两名代表出席一个会议，$2n$ 位代表围圆桌而坐。

(1) 同一单位的代表相邻而坐的方案有多少？

(2) 同一单位的代表互不相邻的方案又有多少？

9. 一书架有 m 层，分别放置 m 类不同种类的书，每层 n 册，现将书架上的图书全部取出整理，整理过程中要求同一类的书仍然放在同一层，但可以打乱顺序。

(1) m 类书全不在各自原来层次上的方案数有多少？

(2) 每层的 n 本书都不在原来位置上的方案数是多少？

(3) m 层书都不在原来层次、每层 n 本书也不在原来位置上的方案数又是多少？

10. n 个人参加一场晚会，每人寄存一顶帽子和一把雨伞，会后各人也是任取一顶帽子和一把雨伞。

(1) 有多少种可能使得没有人能拿到他原来的任一件物品？

(2) 有多少种可能使得没有人能同时拿到他原来的两件物品？

11. n 对夫妻围圆桌而坐，求夫妻不相邻的方案数。

12. 对于问题：

$$x_1+x_2+x_3=15,\ 0\leqslant x_1\leqslant 5,\ 0\leqslant x_2\leqslant 6,\ 0\leqslant x_3\leqslant 7$$

求整数解的数目。

13. 有 x_1、x_2、x_3、x_4 共 4 位老师，y_1、y_2、y_3、y_4 共 4 门课程，已知 x_1 不能教学课程 y_2，x_2 不能教学课程 y_3 和 y_4，x_3 不能教学课程 y_1，x_4 不能教学课程 y_2 和 y_3。若要求每人承担各自力所能及的一门课程，每门课程只能一人做，有多少种安排方案？

14. 单位举办晚会，有 6 个部门各表演一个节目，上场次序编号为 1，2，…，6。现进行抽签，以决定上场次序。但其中有一个部门希望自己抽到的编号为偶数，另一个部门不希望抽到 4 或 6，还有一个部门不希望自己的编号是 3 的倍数。那么，抽签结果使大家都满意的概率是多少？

15. 有 P、Q、R、S 4 位工作人员，要完成 A、B、C、D 4 项任务，但 P 不适宜于任务 B；Q 不适宜于 B、C 两项任务；R 不能做 C、D 两项任务；S 不会做任务 D。若要求每人从事他所能做的一项任务，有多少种分配方案？

第6章 抽屉原理

抽屉原理又称鸽巢原理或重叠原理，是组合数学中的一个重要原理。它是一个极其初等而又应用较广的数学原理，若能灵活运用，可以解决一些相当复杂甚至无从下手的问题。

注：抽屉原理要解决的是存在性问题，即在具体的组合问题中，要计算某些特定问题求解的方案数，其前提就是要知道这些方案的存在性。

6.1 抽屉原理

本节介绍抽屉原理的基本形式和推广形式，以及举例介绍如何用抽屉原理解决一些存在性问题。

6.1.1 基本形式

定理 6.1.1(基本形式) 将 $n+1$ 个物品放入 n 个抽屉，则至少有一个抽屉中的物品数不少于两个。

证 用反证法。将抽屉编号为 1，2，…，n，设第 i 个抽屉放有 q_i 个物品，则

$$q_1+q_2+\cdots+q_n=n+1$$

但若定理结论不成立，即 $q_i\leqslant 1$，即有 $q_1+q_2+\cdots+q_n\leqslant n$，从而有

$$n+1=q_1+q_2+\cdots+q_n\leqslant n$$

是矛盾的。

【例 6.1.1】 一年 365 天，今有 366 人，那么，其中至少有两人在同一天过生日。

抽屉原理与概率的区别是抽屉原理讲的是所给出的结论是必然成立的，即 100%成立。而概率反映的是不确定性现象发生的可能性问题，不讨论 100%成立的确定性概率问题。

生日概率问题：随机选出 n 个人，则其中至少有二人同一天出生的概率为

$$P_n(A)=1-\frac{P_{365}^n}{365^n}$$

特例：$P_{23}(A)=50.73\%$，$P_{100}(A)=99.99997\%$。

【例 6.1.2】 箱子中放有 10 双手套，从中随意取出 11 只，则至少有两只是完整配对的。

6.1.2 推广形式

定理 6.1.2(推广形式) 将 $q_1+q_2+\cdots+q_n-n+1$ 个物品放入 n 个抽屉，则下列事件至少有一个成立：即第 i 个抽屉的物品数不少于 q_i 个，$i=1, 2, \cdots, n$。

证 用反证法。设第 i 个抽屉的物品数小于 $q_i(i=1, 2, \cdots, n)$(即该抽屉最多有 q_i-1 个物品)，则有

$$\sum_{i=1}^{n} q_i-n+1=\text{物品总数} \leqslant \sum_{i=1}^{n}(q_i-1)=\sum_{i=1}^{n} q_i-n$$

与假设矛盾。其中，

$$q_1+q_2+\cdots+q_n-n+1=(q_1-1)+(q_2-1)+\cdots+(q_n-1)+1$$

6.1.3 特例

推论 1 将 $n(r-1)+1$ 个物品放入 n 个抽屉，则至少有一个抽屉中物品个数不少于 r 个。

推论 2 将 m 个物品放入 n 个抽屉，则至少有一个抽屉中物品个数不少于$\left\lfloor\frac{m-1}{n}\right\rfloor+1=\left\lceil\frac{m}{n}\right\rceil$个。其中$\lfloor x \rfloor$表示取 x 的整数部分，$\lceil x \rceil$表示不小于 x 的最小整数。

推论 3 若 n 个正整数 $q_i(i=1, 2, \cdots n)$满足

$$\frac{q_1+q_2+\cdots+q_n}{n}>r-1$$

则至少存在一个 q_i，满足 $q_i \geqslant r$。

6.1.4 例题

【例 6.1.3】 设有 n 对已婚夫妇。至少要从这 $2n$ 个人中选出 $n+1$ 个人才能保证能够选出一对夫妇。

【例 6.1.4】 有 n 位代表参加会议，若每位代表至少认识另外一个代表，则会议上至少有两人认识的人数相同。

证 设某代表认识的人数为 k 个，则 $k \in \{1, 2, \cdots, n-1\}$(视为 $n-1$ 个抽屉)。而会议上有 n 个代表，故每位代表认识的人数共为 n 个数(视为 n 个物品)。那么，由基本定理知，结论成立。

【例 6.1.5】 任意一群人中，必有两人有相同数目的朋友。

证 设有 n 个人($n \geqslant 2$)，以下分 3 种情形讨论：

(1) 每人都有朋友，由例 6.1.4 即知结论成立；

(2) 只有一人无朋友，余下的 $n-1$ 人都有朋友，由(1)知此 $n-1$ 人中必有两人有相同数目的朋友；

(3) 有两人或两人以上的人无朋友，则朋友数为零的人已经有两个了，满足条件。

【例 6.1.6】 有一个 100 人的聚会，每个人都有偶数个(有可能是 0 个)熟人。证明：在这次聚会上有 3 个人，其熟人数量相同。

证 设有{0}，{2}，{4}，…，{98}这50个盒子，我们将100人中的每一个放到他的熟人数所对应的盒子中去。

(1) 若{0}盒子中的人数≥3，结论已经成立。

(2) 若{0}盒子中的人数=2，即有两个人没有任何熟人。

则对其他的人来说，熟人数≤100−2−2(他自己)=96，因此{98}盒子中的人数为0，除去{0}盒子中的人，还有98个人被放在{2}，{4}，…，{96}共48个盒子中。

因为$\frac{98}{48}>2$，所以一定有一个盒子中的人数大于2，又因为人数是整数，所以一定有一个盒子中的人数≥3。

(3) 若{0}盒子中的人数≤1，则在{2}，{4}，…，{98}这49个盒子中要放入≥99个人。因为$\frac{99}{49}>2$，所以一定有一个盒子中的人数≥3。

综上所述，一定存在3个人有相同个数的熟人。

【例6.1.7】 边长为2的正方形内有5个点，其中，至少有两点距离不超过$\sqrt{2}$。

证 首先制造抽屉：将原正方形各对边中点相连，构成4个边长为1的小正方形(见图6.1(a))，视为抽屉。其次，由基本原理，至少有一个小正方形里点数不少于2。最后，从几何角度可以看出，同一小正方形内的两点的距离不超过小正方形的对角线之长度$\sqrt{2}$。

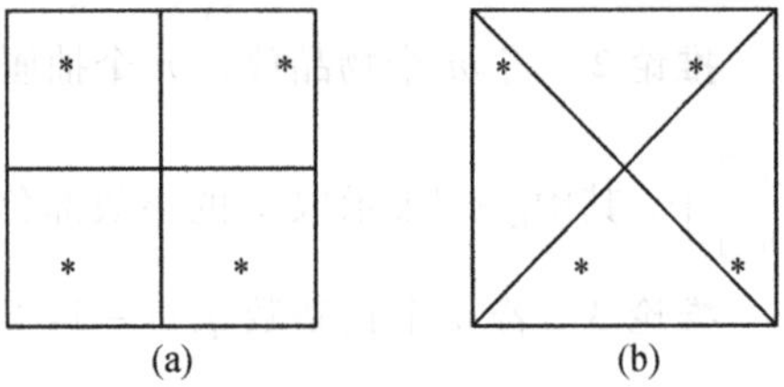

图6.1 抽屉的选择

注意，如果抽屉选择不当，可能于事无益。如图6.1(b)，将正方形分为4个直角边长为$\sqrt{2}$的等腰直角三角形是达不到目的的。

【例6.1.8】 在3×4的长方形内任意放置7个点，则其中至少有两个点的距离不大于$\sqrt{5}$。

证 如图6.2抽屉的选择，把长方形划分为5个区域：五边形$AA_1A_2D_2D_1$、五边形$A_1BB_1B_2A_2$、五边形$A_2B_2C_1C_2D_2$、四边形$D_1D_2C_2D$、四边形$B_1CC_1B_2$。这5个区域形状有两类，而每个区域中任意两点之间的距离都不超过它们的最长对角线之长$\sqrt{5}$。因此6个点放入此长方形内，必有两点在同一区域，从而它们的距离不大于$\sqrt{5}$。

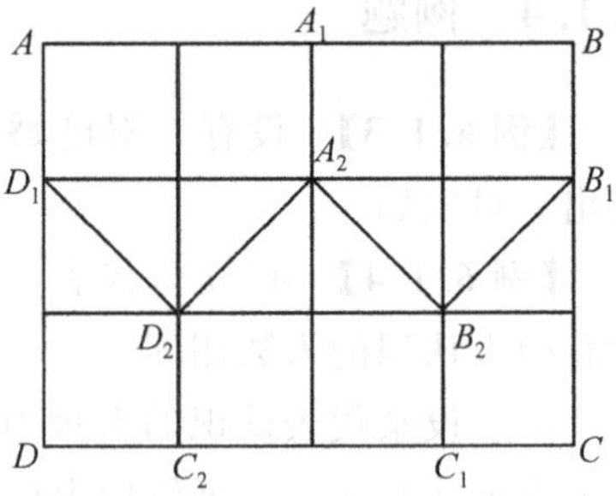

图6.2 抽屉的选择

6.2 应　　用

6.2.1 抽屉原理的应用

【例6.2.1】 任意3个整数，必有两个之和为偶数(其差也为偶数)。

证　制造两个抽屉："奇数"和"偶数"，3 个数放入两个抽屉，必有一个抽屉中至少有两个数，由整数求和的奇、偶性质即知此二数之和必为偶数。同理可知，二者之差也为偶数。

本例是此类问题的最简单情形，可以从不同角度加以推广，如表 6.1 所示。

表 6.1　问题推广

另一提法	任给 3 个整数，其中必存在两个整数，其和能被 2 整除。
	证明　记这 3 数为 a_1，a_2，a_3，令 $r_i \equiv a_i \bmod 2$ 则 $r_i=0, 1 \quad (i=1, 2, 3)$ 以 0，1 为两个抽屉，3 个 a_i 为物品，以 r_i 决定将 a_i 放入哪个抽屉。由抽屉原理，某个抽屉中至少有两个 a_i，其除以 2 的余数相同。那么，此 2 数即满足要求。
扩展	问题：任给 n 个整数，其中必存在 3 个整数，其和能被 3 整除。n 最小应为多少？
	常规思路：$n=7$(证明思路同上)
	但 7 不是最少数字，最小的 $n=5$
	证明　记这 5 个数为 a_1，a_2，…，a_5，令 $r_i \equiv a_i \bmod 3$ 则 $r_i=0, 1, 2 \quad (i=1, 2, \cdots, 5)$ 那么(构造抽屉和物品的方法同上)，若有某 3 个 r_i 相同，则对应的 3 个 a_i 满足条件。否则，5 个 r_i 中最多有 2 个 r_i 相同(即每个抽屉中最多放 2 个物品)，此时，每个抽屉不空。那么，从每个抽屉选一整数，该 3 个数即满足条件。
一般提法	任给 n 个整数，其中必存在 k 个整数，其和能被 k 整除。n 最小应为多少？ 例如：$k=2$ 时，$n=3$； $k=3$ 时，$n=5$(而非 7)； $k=4$ 时，$n=7$(而非 13)；
几何角度(便于推广到多维空间)	(1) 一维数轴上有 3 个整数点(坐标为整数的点)，则其中必存在两个点 x_i 和 x_j，其几何中心 $(x_i+x_j)/2$ 也是一个整点。 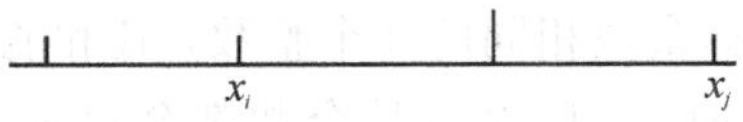 (2) 一维数轴上有 5 个整数点，则其中必存在 3 个点 x_i、x_j 和 x_k，其几何中心 $(x_i+x_j+x_k)/3$ 也是一个整点
更一般的问题	t 维空间有 n 个整点，其中必存在 k 个整点，其几何中心也是整点。 例 1：$t=1$，问题同上。$k=2$，$n=3$，$k=3$，$n=5$ 例 2：$t=k=2$，$n=5$ **证**　设 5 个平面点为 $(x_i, y_i)(i=1, 2, 3, 4, 5)$ 例 3：$t=2$，$k=3$，$n=9$ 例 4：t 任意 $k=2$，$n=2^t+1$

【例 6.2.2】 证明：对任意给定的 52 个整数，存在两个整数，要么两者的和能被 100 整除，要么两者的差能被 100 整除。

证 任何一个整数的后两位，都是 00，01，02，…，99 中的一个。现在对所有整数按照后两位数的不同分组如下：

$$\{00\},\{01, 99\},\{02, 98\},\cdots,\{49, 51\},\{50\}$$

共有 51 组。由抽屉原理知，对于任意给定的 52 个整数，至少存在两个整数属于同一组。属于同一组的两个数，要么后两位数相同，要么后两位数相加等于 100。

若这两个数后两位相同，那么这两者的差能被 100 整除；若这两个数后两位相加等于 100，那么两者的和能被 100 整除。

【例 6.2.3】 从 1，2，…，$2n$ 中任取 $n+1$ 个数，其中至少有一对数，一个是另一个的倍数。

证 设所取的 $n+1$ 个数为 $a_1, a_2, \cdots, a_{n+1}$，并且有：

(1) $a_i=2^{\alpha_i}r_i(\alpha_i\geqslant 0)$，$i=1, 2, \cdots, n+1$，且 r_i 为奇数。

(2) 设置抽屉与物品：1～$2n$ 之间只有 n 个奇数(抽屉)，故由抽屉原理知此 $n+1$ 个 r_i 中至少有两个是相同的。设 $r_j=r_k=r$，即 $a_j=2^{\alpha_j}r_j=2^{\alpha_j}r$，$a_k=2^{\alpha_k}r_k=2^{\alpha_k}r$，显然有：$a_j \mid a_k$ 或 $a_k \mid a_j$。

(3) 说明这里已是最好的“可能结果”，即针对各种条件，稍加放松，则结论不一定成立。

改为取 n 个数，只要取 $n+1, n+2, \cdots, 2n$ 这 n 个数，显然不满足结论。

改为在 1，2，…，$2n+1$ 中选 $n+1$ 个数，则结论也不一定成立。例如 $n=5$，选 6，7，8，9，10，11。

【例 6.2.4】 任给 5 个整数，则必能从中选出 3 个，使得它们的和能被 3 整除。

证 设任意 5 个整数为 a_1, a_2, a_3, a_4, a_5，令

$$b_i=a_i \bmod 3,\ i\in\{1, 2, \cdots, 5\}$$

则

$$b_i\in\{0, 1, 2\}$$

根据抽屉原理知，5 个整数 b_i 至少有 2 个整数余数相同。

(1) 3 个及以上整数的余数相同。选择余数相同的 3 个整数，其和能被 3 整除。

(2) 最多只有 2 个整数余数相同，此时 0、1、2 三种余数都会出现，从每个余数为 0、1、2 中任意选 1 个整数相加其和能被 3 整除。

【例 6.2.5】 设 $a_1, a_2, \cdots, a_m$ 为任意 m 个正整数，则其中必存在若干个相继的数，其和是 m 的倍数。即至少存在正整数 j 和 $k(1\leqslant j<k\leqslant m)$，使得 m 能整除 $\sum_{i=j}^{k}a_i=a_j+a_{j+1}+\cdots+a_k$。

证 构造数列

$$s_i=\sum_{j=1}^{i}a_j=a_1+a_2+\cdots+a_i$$

则

$$s_1<s_2<\cdots<s_m$$

令 $r_i \equiv s_i \bmod m$，则

$$0 \leqslant r_i < m \quad (i=1, 2, \cdots, m)$$

若有 $r_k=0$，则 $m \mid s_k$，问题得证。否则，所有 $r_i \neq 0$，由抽屉原理知，至少存在 $j<k$，使 $r_j=r_k$，即 $s_j \equiv s_k \bmod m$，从而有 $m \mid s_k - s_j = \sum_{i=j+1}^{k} a_i$。

本题构造“抽屉”与“物品”的技巧在于并不直接针对正整数 a_i，而是构造出适合利用抽屉原理的 n 个数 r_i。为了构造 r_i，间接利用了 s_i 以达到目的。其中的抽屉是取关于模 m 的剩余类：0，1，…，$m-1$，并且在应用抽屉原理时分为两步走。第一步先将 r_i 分为两大类，即 0 与非 0(或看作两个大抽屉)；第二步，针对非 0 情形，分为 $m-1$ 种情况(或看作 $m-1$ 个小抽屉)。

【例 6.2.6】 设正整数序列 $a_1, a_2, \cdots, a_{25}$ 满足 $a_{i+1}+a_{i+2}+\cdots+a_{i+5} \leqslant 6$，$i=0, 1, \cdots, 20$。试证明至少存在正整数 j、$k(1 \leqslant j<k \leqslant 25)$，使得 $a_j+a_{j+1}+\cdots+a_k=19$。

证 构造序列

$$s_i=\sum_{j=1}^{i} a_j=a_1+a_2+\cdots+a_i$$

则

$$s_1<s_2<\cdots<s_{25} \leqslant 30$$

若有 $s_k=19$，那么，问题得证($j=1$)。

否则，所有 $s_i \neq 19$。令集合

$$A=\{s_1, s_2, \cdots, s_{25}, s_1+19, s_2+19, \cdots, s_{25}+19\}$$

且有

$$20 \leqslant s_1+19<s_2+19<\cdots<s_{25}+19 \leqslant 49$$

集合 A 中共有 50 个数，每个数的取值在 1 到 49 之间，由抽屉原理知，其中必有两数相同。又知 $i \neq j$ 时 $s_i \neq s_j$，从而 $s_i+19 \neq s_j+19$。所以，相等的两项必为 $s_k=s_j+19$(显然 $k>j$)，即

$$19=s_k-s_j=\sum_{i=j+1}^{k} a_i=a_{j+1}+a_{j+2}+\cdots+a_k$$

问题一般化：设正整数序列 $a_1, a_2, \cdots, a_{mn}$ 满足 $a_{i+1}+a_{i+2}+\cdots+a_{i+n} \leqslant p$，$i=0, 1, \cdots, n(m-1)$。若要求存在正整数 $j<k$，使得 $a_j+a_{j+1}+\cdots+a_k=q$，试推出 m、n、p、q 应满足的关系。

分析：令

$$s_i=a_1+a_2+\cdots+a_i, \ i=0, 1, \cdots, nm$$

设

$$A=\{s_1, s_2, \cdots, s_{mn}, s_1+q, s_2+q, \cdots, s_{mn}+q\}$$

且有

$$1 \leqslant s_1<s_2<\cdots<s_{mn}, \ q<s_1+q<s_2+q<\cdots<s_{mn}+q \leqslant mp+q$$

由抽屉原理知，A 中元素个数必须大于 A 中最大数 $s_{mn}+q$，即 $mp+q<2mn$ 或 $mp+q \leqslant 2mn-1$，由此得出结论：$q \leqslant m(2n-p)-1$。

本例中，$m=n=5$，$p=6$，$q=19$。若选 $m=n=10$，$p=16$，则 $q \leqslant 39$。

问题变异：一学生用 37 天共 60 小时复习功课，第 i 天复习 a_i 小时(a_i 为正整数)，则无论如何安排，总存在相继若干天，这些天的复习时数之和恰为 13。

此问题实际上隐含着 $m=1$，$n=37$，$p=60$，$q=13$。

这时，问题可以描述为：m 个正整数 a_1，a_2，…，a_m 满足 $a_1+a_2+\cdots+a_m=n$，要存在 $1\leqslant j<k\leqslant m$，使得 $a_j+a_{j+1}+\cdots+a_k=q$，必须有 $q\leqslant 2m-n-1$(这只要在一般问题中取 $m=1$，$n=m$，$p=n$ 即可)。

【例 6.2.7】 将 65 个正整数 1，2，…，65 随意分为 4 组，那么，至少有一组，该组中最少存在一个数，这个数是同组中某两数之和或另一数的两倍。

证 用反证法。设任何一组数中的每一个数，它既不等于同组中另外两数之和，也不等于同组中另一数的两倍，即任何一组数中的任意两个数之差总不在这个组中。

由抽屉原理知，四组中至少有一组(称为 A 组)至少有 17 个数。从中取 17 个数记为 a_1，a_2，…，a_{17}，不妨设 a_{17} 最大。令

$$a_i^{(1)}=a_{17}-a_i(i=1,\ 2,\ \cdots,\ 16)$$

显然 $1\leqslant a_i^{(1)}<65$。由假设知 $a_i^{(1)}\notin A$(否则，就有某个 a_k 和 a_j 满足 $a_{17}=a_k+a_j$)，所以，该 16 个数必在另外三组 B、C、D 中。

再由抽屉原理知，B、C、D 三组中至少有一组(设为 B 组)至少含有 6 个 $a_i^{(1)}$。只取其中 6 个，记为 b_1，b_2，…，b_6，同理可设 b_6 最大，并令 $b_i^{(1)}=b_6-b_i(i=1,\ 2,\ \cdots,\ 5)$。同样有 $1\leqslant b_i^{(1)}<65$ 且 $b_i^{(1)}\notin B$。而且由假设知

$$b_i^{(1)}=b_6-b_i=(a_{17}-a_j)-(a_{17}-a_k)=a_k-a_j\notin A\quad (a_j<a_K)$$

故该 5 个数一定在 C 或 D 中。

又根据抽屉原理，设 C 组中至少有 3 个 $b_i^{(1)}$，取其中 3 个记为 $c_1<c_2<c_3$。同理可证 $d_1=c_3-c_2$， $d_2=c_3-c_1(d_1<d_2,\ 1\leqslant d_i<65)$也不在 A、B、C 三组中，故必在 D 组中。进一步可证得 $e=d_2-d_1=c_2-c_1$ 不在 A、B、C、D 中，且满足 $1\leqslant e<65$。这说明从 1 到 65 的这 65 个整数中有一个不在 A、B、C、D 这 4 组的任何一组中，与题设矛盾。

【例 6.2.8】 由 $mn+1$ 个不同实数构成的序列 $\{a_i\mid i=1,\ 2,\ \cdots mn+1\}$ 中必存在一个 $m+1$ 项的递增子序列或 $n+1$ 项的递减子序列。

证 某个序列 $\{b_n\mid n=1,\ 2,\ \cdots n\}$ 是递增的，是指该序列满足条件 $b_1<b_2<\cdots<b_n$；反之，若 $b_1>b_2>\cdots>b_n$，则称其是递减的。

针对每一个 a_i，以 a_i 为首项，向后寻找递增子序列，最长子序列的项数(即长度)记为 $t(i=1,\ 2,\ \cdots,\ mn+1)$，则 $1\leqslant t_i\leqslant mn+1$(若 a_i 之后每一项都比 a_i 小，则 $t_i=1$；若 a_i 之后有一项 a_j 比 a_i 大，则 $t_i=2$；若 a_j 之后还有一项 a_k 比 a_j 大，则 $t_i=3$ …)。

例如，对 $m=2$，$n=4$ 序列

$$4\quad 5\quad 2\quad 9\quad 3\quad 1\quad 8\quad 6\quad 7$$

$$t_1=4,\ t_2=3,\ t_3=4,\ t_4=1,\ t_4=1,\ t_5=3,\ t_6=3,\ t_7=1,\ t_8=2,\ t_9=1$$

若有某个 $t_i\geqslant m+1$，则问题得证。

否则，所有 $1\leqslant t_i\leqslant m$，由推论 1，至少有 $n+1$ 个 t_i 相等，设

$$t_{k_1}=t_{k_2}=\cdots=t_{k_{n+1}}，且\ 1\leqslant k_1<k_2<\cdots<k_{n+1}\leqslant mn+1$$

那么，必有 $a_{k_1}>a_{k_2}>\cdots>a_{k_{n+1}}$，从而构成 $n+1$ 个实数的递减子序列。事实上，若 $k_i<k_j$

时，有 $a_{k_i}<a_{k_j}$，则以 a_{k_i} 为首项的最长子序列比以 a_{k_j} 为首项的最长子序列多一项，即 $t_{k_i}<t_{k_j}$，矛盾。

本例已达到最好的可能结果。

特例：$m=n$。实际的问题为：不同高度的 n^2+1 个人随意排成一行，那么总能从中挑出 $n+1$ 个人，让其出列后，他们恰好是由低向高(或由高向低)排列的。

【例 6.2.9】 证明：对任意正整数 n，必存在由仅由数字 0、3 和 7 组成的正整数，该正整数能被 n 整除。

证法一：仿照上例，构造 $a_t=37\underbrace{00\cdots0}_{2t\text{个}0}(t=0, 1, 2, \cdots, n(n-1))$，令

$$r_t\equiv a_t \bmod n \quad (t=0, 1, 2, \cdots, n(n-1))$$

其中 r_t 取最小非负剩余，即 $0\leqslant r_t<n$。则由抽屉原理，至少有 n 个 r_t 相同。设其为 $r_{i_j}(j=1, 2, \cdots, n)$，那么，由同余运算的性质知，$n$ 能整除 $a=\sum_{j=1}^{n}a_{i_j}$。而 a 恰好仅由 0、3、7 构成。

证法二：构造 $a_t=\underbrace{3737\cdots37}_{t\text{对“37”}}(t=1, 2, \cdots, n)$，令

$$r_t\equiv a_t \bmod n \quad (t=1, 2, \cdots, n)$$

r_t 同样取最小非负剩余。

(1) 若有某个 $r_k=0$，那么，n 必能整除 a_k，结论成立。

(2) 否则，所有 $r_t\neq0$，即 $1\leqslant r_t\leqslant n-1$ $(t=1, 2, \cdots, n)$。由抽屉原理的简单形式，必有某两个 r_t 相等。不失一般性，可设 $r_j=r_k$ 且 $j<k$，由同余运算的性质知

$$a_j\equiv a_k \bmod n$$

即 n 能整除 a_k-a_j，而

$$a_k-a_j=\underbrace{3737\cdots37}_{k-j\text{对“37”}}\underbrace{00\cdots0}_{j\text{对}0}$$

仅由 0、3、7 构成。

【例 6.2.10】 已知 402 个集合，每个集合都恰有 20 个元素，其中每两个集合都恰有一个公共元素。求这 402 个集合的并集所含元素的个数。

解　设所给的 402 个集合为 $A_1, A_2, \cdots, A_{401}, X$，又设 $X=\{x_1, x_2, \cdots, x_{20}\}$。由条件知 $|XA_j|=1(j=1, 2, \cdots, 401)$，即每个 $A_j(j=1, 2, \cdots, 401)$ 中恰好含有 X 中的某一个元素 $x_i(i=1, 2, 3, \cdots, 20)$。记 A_j 中包含 x_i 的集合的个数为 $q_i(i=1, 2, 3, \cdots, 20)$，则

$$q_1+q_2+\cdots+q_{20}=\sum_{j=1}^{401}|XA_j|=\sum_{j=1}^{401}1=401=20\times20+1$$

由抽屉原理知，必有正整数 $k\,(1\leqslant k\leqslant401)$，使得 $q_k\geqslant21$。下面证明 $q_k=401$ 且其余的 $q_i=0(i=1, 2, 3, \cdots, 20; i\neq k)$。

如果 $q_k\neq401$，即 $q_k<401$。那么，还应该有某个 $q_i>0$，设为 $q_r(1\leqslant r\leqslant20;\ r\neq k)$，由题意知必存在某个 $A_t(1\leqslant t\leqslant401)$，满足 $XA_t=\{x_r\}$，从而由 $|XA_t|=1$ 知 $x_k\notin A_t$。例如 $k=1$，$q_1=21$，$q_2>0$，$t=22$，$r=2$。

设包含 x_k 的 q_k 个集合是 $B_1, B_2, \cdots, B_{q_k}$(例如 $B_i=A_i$，$i=1, 2, \cdots, 21$)，则同样由

条件知 $|B_i \cap A_t|=1(i=1, 2, \cdots, q_k)$。所以可设 $B_i \cap A_t=\{b_i\}$ $(i=1, 2, \cdots, q_k)$，并知 $b_1, b_2, \cdots b_{q_k}$ 彼此相异(否则若有某两个 $b_r=b_s$ $(1\leqslant s<r\leqslant q_k)$，则必有 $|B_r \cap B_s|=|\{x_k, b_r, \cdots\}|\geqslant 2$，矛盾)。这说明 $A_t=\{b_1, b_2, \cdots, b_{q_k}, \cdots\}$，从而有 $|A_t|\geqslant q_k\geqslant 21>20$，这又与题设 $|A_t|=20$ 矛盾，所以必有 $q_k=401$。从而知 $x_k\in A_i(i=1, 2, \cdots, 401)$。

令

$$C_i=A_i-\{x_k\}\ (i=1, 2, \cdots, 401), \ C_{402}=X-\{x_k\}$$

则

$$|C_i|=19$$

且有

$$C_i \cap C_j=\varnothing \quad (1\leqslant i<j\leqslant 402)$$

于是

$$|X+\bigcup_{i=1}^{401} A_i|=1+|\bigcup_{i=1}^{402} C_i|=1+\sum_{i=1}^{402}|C_i|=1+19\times 402=7639$$

【例 6.2.11】 将上下两个同心而且同样大小的圆盘 A，B 分别划分成 200 个全等的扇形，在 A 盘上任取 100 个扇形涂上红色，其余 100 个扇形涂上蓝色，而 B 盘上的 200 个扇形任意地涂上红色或蓝色。证明，总可适当地转动两圆盘到某个位置，当上下的扇形互相重合时，两圆盘上至少有 100 对具有相同颜色的扇形重叠在一起。

证 定义两圆盘的扇形对齐时为一种重叠格局，由于每个圆盘都分为 200 个扇形，故当其中一个圆盘转动时，可能出现的重叠格局有 200 个。对这 200 个格局计算同色扇形重叠的对数。由于 A 盘上红、蓝扇形各 100 个，因此，B 盘上每个扇形(或红色或蓝色)在这 200 个格局里与 A 盘上的同色扇形各重叠 100 次。对 B 盘的每个扇形统计，在这 200 个格局中 B 盘的 200 个扇形与 A 盘同色扇形重叠在一起共 $100\times 200=20000$ 对。可计算出每一格局中同色扇形重叠的平均对数为 $20000\div 200=100$。因此至少有一格局中同色扇形重叠的至少有 100 对。

【例 6.2.12】 某俱乐部有 $3n+1$ 名成员。对每一个人，其余的人中恰好有 n 个愿与他打网球，n 个愿与他下象棋，n 个愿与他打乒乓，证明该俱乐部至少有 3 个人，他们之间玩的游戏 3 种俱全。

证 将每个人作为平面上的一个点，且任何 3 点不共线。由每一点引出 n 条红边、n 条蓝边、n 条黑边，分别代表打网球、下象棋及打乒乓。问题等价于要证明图中至少有一个三边颜色全不相同的三角形。

考虑由这 $3n+1$ 个点的所有连边构成的异色角(即两条异色的边所构成的角)的总数 L。

每个顶点处有 $3n^2$ 个异色角，所以

$$L=3n^2(3n+1)$$

平均每个三角形有

$$\frac{3n^2(3n+1)}{C_{3n+1}^3}=\frac{6n}{3n-1}>2$$

个异色角。因此，至少有一个三角形有 3 个异色角，那么，这个三角形的三条边当然互不同色。

本题也可以从同色角的总个数入手，两种解法并无实质上的差别。

6.2.2 极端原理

定理 6.2.1(极端原理)：

最小数原理 1 在有限个实数组成的集合中，必存在最小的数。

最小数原理 2 设 $\mathbf{N}$ 是自然数全体组成的集合，若 M 是 $\mathbf{N}$ 的非空子集，则 M 中必有最小的数。

最大数原理 1 在有限个实数组成的集合中，必存在最大的数。

最大数原理 2 在由负整数组成的集合(有限或无限)中必存在最大的负整数。

最短长度原理 1 任意给定相异两点，所有连接这两点的线中，以直线段的长度为最短。

最短长度原理 2 在连接一个已知点与某个已知直线或已知平面上的点的所有线段中，以垂线段的长度为最短。

【例 6.2.13】 某次体育比赛，每两名选手赛一场，每场比赛一定决出胜负。通过比赛确定优秀选手。选手 A 为优秀选手的条件是：对任何选手 B，或者 A 胜 B，或者 A 间接胜 B。所谓间接胜 B，是指存在选手 C，使得 A 胜 C 而 C 胜 B。如果按上述规则确定的优秀选手只有一名。求证这名选手全胜所有其他选手。

证 先证优秀选手的存在性。因参赛选手有限，故由极端原理之最大数原理知，必存在胜场次数最多的选手。设 A 是胜场次数最多的选手之一。若 A 胜所有其他选手，当然是优秀选手。若不然，设 A 胜 B_1，B_2，…，B_k，而负于 B_{k+1}，…，B_n。任取 $B_j(k+1\leqslant j\leqslant n)$，则他不能全胜 B_1，B_2，…，B_k，否则 B_j 会比 A 至少多胜一场，矛盾。因此必存在 $B_i(1\leqslant i\leqslant k)$，使 A 胜 B_i，B_i 胜 B_j，即 A 间接胜 B_j。由 B_j 的任意性，即知 A 为优秀选手。

再证：若优秀选手唯一，则他必全胜所有其他选手。设 A 是唯一优秀选手。若 A 不全胜所有其他选手，设 A 胜 B_1，B_2，…，B_k 而负于 B_{k+1}，…，B_n，$k<n$。由前述证明知 B_{k+1}，…，B_n 又存在局部优秀选手 B_j。对任何 $B_i(1\leqslant i\leqslant k)$，都有 B_j 胜 A，A 胜 B_i，即 B_j 间接胜 B_i，从而 B_j 也是优秀选手，这是矛盾的。所以这样的 B_j 不存在，从而 A 必全胜所有其他选手。

【例 6.2.14】 已知 a_1，a_2，…，a_n 与 b_1，b_2，…，b_n 是 $2n$ 个正数，且 $a_1^2+a_2^2+\cdots+a_n^2=1$，$b_1^2+b_2^2+\cdots+b_n^2=1$，求证：$\frac{a_1}{b_1}$，$\frac{a_2}{b_2}$，…，$\frac{a_n}{b_n}$中存在一个值一定不大于 1。

证 因为$\frac{a_1}{b_1}$，$\frac{a_2}{b_2}$，…，$\frac{a_n}{b_n}$这 n 个数中，必有最小数，不妨设为$\frac{a_r}{b_r}$，即$\frac{a_r}{b_r}\leqslant\frac{a_i}{b_i}(i=1, 2, \cdots, n)$。由于 $b_i>0$，于是

$$\frac{a_r}{b_r}b_i\leqslant a_i，即\left(\frac{a_r}{b_r}\right)^2 b_i^2\leqslant a_i^2(i=1, 2, \cdots, n)$$

因此

$$\left(\frac{a_r}{b_r}\right)^2(b_1^2+b_2^2+\cdots+b_n^2)\leqslant a_1^2+a_2^2+\cdots+a_n^2$$

由题设条件即有$\left(\frac{a_r}{b_r}\right)^2\leqslant 1$，亦即$\frac{a_r}{b_r}\leqslant 1$。

若将条件 $a_1, a_2, \cdots, a_n$ 与 $b_1, b_2, \cdots, b_n$ 是 $2n$ 个正数改为 $2n$ 个实数，且 $a_1^2+a_2^2+\cdots+a_n^2=1$，$b_1^2+b_2^2+\cdots+b_n^2=1$，则结论变为 $\left|\frac{a_1}{b_1}\right|, \left|\frac{a_2}{b_2}\right|, \cdots, \left|\frac{a_n}{b_n}\right|$ 中存在一个值一定不大于 1。

习 题 6

1. 证明：在一个边长为 2 的等边三角形中任取 5 点，至少有两个点相距不超过 1。

2. 在一个边长为 1 的正方形内任取 9 个点，证明以这些点为顶点的各个三角形中，至少有一个三角形的面积不大于 $\frac{1}{8}$。

3. 把从 1 到 326 的 326 个正整数任意分为 5 组，试证其中必有一组，该组中至少有一个数是同组中某两个数之和，或是同组中某个数的两倍。

4. 任意一个由数字 1，2，3 组成的 30 位数，从中任意截取相邻的三位，证明在各种不同位置的截取中，至少有两个三位数是相同的。数的位数 30 还可以再减少吗，为什么？

5. 任取 11 个整数，求证其中至少有两个数的差是 10 的倍数。

6. 一次考试采用百分制，所有考生的总分为 10101，证明如果考生人数不少于 202，则必有三人得分相同。

7. 将 n 个球放入 m 个盒子中，$n<\frac{m}{2}(m-1)$，试证其中必有两个盒子有相同的球数。

8. 设有 3 个 7 位二进制数 $(a_1a_2a_3a_4a_5a_6a_7)$、$(b_1b_2b_3b_4b_5b_6b_7)$ 和 $(c_1c_2c_3c_4c_5c_6c_7)$，试证存在整数 i 和 j，$1\leqslant i<j\leqslant 7$，使得下列等式中至少有一个成立：

$$a_i=a_j=b_i=b_j,\ b_i=b_j=c_i=c_j,\ c_i=c_j=a_i=a_j$$

9. 证明：把 1 至 10 十个数随机地写成一个圆圈，则必有某 3 个相邻数之和大于或等于 17。若改为 1 至 26，则相邻数之和应大于或等于 41。

10. 某学生准备恰好用 11 个星期时间做完数学复习题，每天至少做一题，一个星期最多做 12 题，试证必有连续几天内该学生共做了 21 道题。

11. 求证：在任意给出的 11 个整数中一定存在 6 个整数，它们的和是 6 的倍数。

12. 证明任意给定的 52 个整数中，总存在两个数，它们的和或差能被 100 整除。

13. 证明：

(1) 每年至少有一个 13 日是星期五。

(2) 每年至多有三个 13 日是星期五。

14. 设 $a_1, a_2, \cdots, a_n$ 是整数 $1, 2, \cdots, n$ 的任意一个排列。证明：当 n 是奇数时，乘积 $(a_1-1)(a_2-2)\cdots(a_n-n)$ 是偶数。

15. 设 n 是大于 1 的奇数，证明在 $2^1-1, 2^2-1, \cdots, 2^{n-1}-1$ 中必有一个数能被 n 整除。

16. 在平面直角坐标系中任取 5 个整点（两个坐标都是整数的点），证明其中一定存在 3 个点，由其构成的三角形（包含 3 点在一条直线上）的面积是整数（可以为 0）。

第 7 章　群论在组合数学中的应用

本介绍了群论的基本概念，几种运算方式及在图染色问题中的应用。

7.1 代数运算

本节要研究带有运算的集合，首先利用映射的概念来定义代数运算的概念。设有两个集合 A，B 和另一个集合 D。

定义 7.1.1　一个 $A\times B$ 到 D 的映射叫作一个 $A\times B$ 到 D 的代数运算。

按照定义 7.1.1，一个代数运算只是一种特殊的映射，在一般映射的定义里，一方面有 n 个集合 A_1，A_2，…，A_n 出现，另一方面有一个集合 D 出现，这里 n 可以是任何正整数。假如我们有一个特殊的映射，它一方面只和两个集合 A、B 有关系，另一方面和一个集合 D 发生关系，就把它叫作一个代数运算。为什么把这样的一个特殊映射叫作代数运算？假定我们有一个 $A\times B$ 到 D 的代数运算，按照定义，给了一个 A 的任意元 a 和一个 B 的任意元 b，就可以通过这个代数运算，得到一个 D 的元 d。我们也可以说，所给代数运算能够对 a 和 b 进行运算，而得到一个结果 d。这正是普通的计算法的特征，比如，普通加法就是能够把任意两个数加起来，而得到另一个数。

代数运算既是一种特殊的映射，描写它的符号也可以特殊一点，一个代数运算可以用$\circ$来表示，采用以前的符号，就可以写作：$(a, b)\rightarrow d=\circ(a, b)$。

$\circ(a, b)$完全是一个符号，为方便起见，不写作$\circ(a, b)$，而写作 $a\circ b$。这样，描写代数运算的符号，就变成

$$(a, b)\rightarrow d=a\circ b$$

【例 7.1.1】　$A=\{$所有整数$\}$，$B=\{$所有不等于零的整数$\}$，$D=\{$所有有理数$\}$。

$$(a, b)\rightarrow \frac{a}{b}=a\circ b$$

是一个 $A\times B$ 到 D 的代数运算，也就是普通的除法。

【例 7.1.2】　V 是数域 F 上一个向量空间，那么 F 的数与 V 的向量间的乘法是一个 $F\times V$ 到 V 的代数运算.

【例 7.1.3】　$A=\{1\}$，$B=\{2\}$，$D=\{$奇，偶$\}$。

$$\circ: (1, 2) \to 奇 = 1 \circ 2$$

是一个 $A \times B$ 到 D 的代数运算。

【例 7.1.4】 $A=\{1, 2\}$，$B=\{1, 2\}$，$D=\{奇，偶\}$。

$$\circ: (1, 1) \to 奇, (2, 2) \to 奇 \quad (1, 2) \to 奇, (2, 1) \to 偶$$

是一个 $A \times B$ 到 D 的代数运算。

7.2 群论基础

普通代数主要涉及的计算对象为数，运算方式多为加、减、乘、除。本节将运算对象扩展为一般的集合元素，运算方式也可以是多种多样，例如矩阵运算、集合的并、交、差运算等。本节还要将所讨论的性质延伸到抽象代数的范畴，抽象代数主要应用于代数、计数、通信编码、信息与网络安全等。

定义 7.2.1 给定非空集合 G 及定义在 G 上的二元运算"·"，若满足以下 4 个条件，则称集合 G 在运算"·"下构成一个群，简称 G 为一个群。

(1) 封闭性：$a, b \in G$，则 $a \cdot b \in G$；

(2) 结合律：$(a \cdot b) \cdot c = a \cdot (b \cdot c)$；

(3) 单位元：存在 $e \in G$，对任意 $a \in G$，有 $a \cdot e = e \cdot a = a$；

(4) 逆元素：对任意 $a \in G$，存在 $b \in G$，使得 $a \cdot b = b \cdot a = e$，称 b 为 a 的逆元素，记为 a^{-1}。

群的运算符"·"可略去，即 $a \cdot b = ab$。

群的运算并不要求满足交换律。如果某个群 G 中的代数运算满足交换律，则称 G 为交换群或 Abel 群。

群的元素可以是有限个，叫作有限群；也可以是无限个，叫无限群。以 $|G|$ 表示有限群中元素的个数，称为群的阶，那么当 G 为无限群时，可以认为 $|G| = \infty$。

【例 7.2.1】 偶数集、整数集 **Z**、有理数集 **Q**、实数集 **R**、复数集 **C** 关于数的加法构成群，称为加法群。

因为数的运算对加法满足定义 7.2.1 要求(1)和(2)。其中的单位元为 0，每个数 a 关于加法的逆元为：$a^{-1} = -a$。

但是，关于数的乘法，这些集都不构成群。因为在偶数集中关于普通乘法不存在单位元。而在 **Z**、**Q**、**R**、**C** 中，虽然关于普通乘法有单位元 1，但数 0 没有逆元。

【例 7.2.2】 不含零的有理数集 $\mathbf{Q}_1$、实数集 $\mathbf{R}_1$ 和复数集 $\mathbf{C}_1$ 关于数的乘法构成群其中单位元为 $e=1$，数 a 的逆元为 $a^{-1} = \dfrac{1}{a}$。

【例 7.2.3】 $G=\{1, -1\}$ 关于乘法构成群。单位元为 $e=1$，由于 $(-1)^{-1} = -1$，所以数 $a=-1$ 的逆元为它自身。

【例 7.2.4】 更一般的情形，集合 $G_1 = \{e=1\}$，$G_2 = \{1, -1\}$，$G_3 = \left\{1, \dfrac{-1+i\sqrt{3}}{2}, \dfrac{-1-i\sqrt{3}}{2}\right\}$ (1 的 3 次根)，…，$G_n = \{a_k = e^{2\pi ki/n} \mid k=0, 1, \cdots, n-1, i=\sqrt{-1}\}(n=1, 2,$

…)均关于乘法构成群。

其中单位元为 $e=1$，设 $q=\sqrt[n]{1}=e^{2\pi i/2}=\cos\left(\frac{2\pi}{n}\right)+i\sin\left(\frac{2\pi}{n}\right)$，则元素 $a_k=q^k$ 的逆元为 $a_k^{-1}=q^k=q^{n-k}$。

【例 7.2.5】 $G=\{0, 1, \cdots, n-1\}$ 在模 n(即 mod n)的情况下关于加法运算构成群，当 n 为素数时，$G_1=G-\{0\}=\{1, 2, \cdots, n-1\}$ 关于乘法运算也构成群。

在群 G 中，单位元为 0，元素 $a\in G$ 的逆元为 $-a$ 或 $n-a$。而在 G_1 中，单位元则为 1，a 的逆元为 $a^{-1}=a^{\phi(a)-1}(\text{mod } n)$。但对于某些特殊元素，其逆是显然的，如 $1^{-1}=1$，$(n-1)^{-1}=-1$ 或 $n-1$。

【例 7.2.6】 所有 $m\times n$ 矩阵关于矩阵加法，所有非奇异(即可逆)n 阶矩阵关于矩阵乘法都构成群。前者是可交换的，后者是不可交换群。

7.3 单位元、逆元、消去律

在本节中，我们要证明群的几个极重要的性质。

定理 7.3.1 在一个群 G 里存在一个并且只存在一个元 e，能使

$$ea=ae=a$$

对于 G 的任意元 a 都对。

证明 我们在上节已经证明过这样的一个 e 存在，假定还有一个 e' 也具有这样的性质：

$$e'a=ae'=a \quad (a \text{ 可以是 } G \text{ 的任意元})$$

那么

$$ee'=e=e'$$

那么 G 只有一个这样的 e，这个 e 在一个群里占一个极重要的地位。

定义 7.3.1 一个群 G 中唯一的具有性质

$$ea=ae=a \quad (a \text{ 是 } G \text{ 的任意元})$$

的元 e 叫作群 G 的单位元。

定理 7.3.2 对于群 G 的每一个元 a 来说，在 G 里存在一个而且只存在一个 a^{-1}，能使

$$a^{-1}a=aa^{-1}=e$$

证明 我们已经知道这样的一个 a^{-1} 存在，假定 a' 也是一个这样的元，则

$$a'a=aa'=e$$

那么

$$\begin{aligned}a'aa^{-1}&=(a'a)a^{-1}\\&=ea^{-1}\\&=a^{-1}\\&=a'(aa^{-1})=a'e=a'\end{aligned}$$

所以只有一个这样的 a^{-1}。

定义 7.3.2 唯一的能使

$$a^{-1}a=aa^{-1}=e$$

的元 a^{-1} 叫作元 a 的逆元(有时简称逆)。

【例 7.3.1】 全体不等于零的有理数对于普通乘法来说作成一个群，这个群的单位元 1，a 的逆元是$\frac{1}{a}$。

【例 7.3.2】 全体整数对于普通加法来说作成一个群，这个群的单位元是零，a 的逆元是$-a$。

当 n 是正整数时，我们已经规定过符号 a^n 的意义，并且我们很容易算出：

(1) $a^n a^m=a^{n+m}$；

(2) $(a^n)^m=a^{nm}$。

现在我们利用唯一的单位元 e 和 a 的逆元 a^{-1} 规定：

$$a^0=e$$
$$a^{-n}=(a^{-1})^n \quad (n\text{ 正整数})$$

依据规定，很容易算出(1)、(2)两式对于任何整数 n、m 都成立。

还有一个重要的概念也是利用单位元 e 来规定的。

定义 7.3.2 群 G 的一个元 a，能够使得

$$a^m=e$$

的最小的正整数 m 叫作 a 的阶，若是这样的一个 m 不存在，我们说，a 是无限阶的。

【例 7.3.3】 G 刚好包含 $x^3=1$ 的 3 个根：1，$\varepsilon_1=\frac{-1+\sqrt{-3}}{2}$和 $\varepsilon_2=\frac{-1-\sqrt{-3}}{2}$，对于普通乘法来说这个 G 作成一个群。

(1) 封闭性和结合律关于普通乘法显然成立。

(2) 1 是集合 G 的单位元。

(3) ε_1 的逆元是 ε_2，ε_2 的逆元是 ε_1。

所以集合 G 关于普通乘法是一个群。

定理 7.3.3 一个群的乘法适合

消去律：若 $ax=ax'$，那么 $x=x'$；若 $ya=y'a$，那么 $y=y'$。

证 假设

$$ax=ax'$$

那么

$$a^{-1}(ax)=a^{-1}(ax')$$
$$(a^{-1}ax)=(a^{-1}a)x'$$
$$ex=ex'$$
$$x=x'$$

同样，由 $ya=y'a$，可得

$$y=y'$$

推论 在一个群里，方程

$$ax=b,\ ya=b$$

各有唯一的解。

7.4 群的同态

前面章节已经介绍了群的定义和群的几个最基本的性质，本节介绍同态这一个概念在群上的应用，以便以后可随时把一个集合来同一个群比较，或把两个群进行比较。

我们假定 G 是一个群，$\bar{G}$ 是一个不空集合，并有一个代数运算，这个代数运算也把它叫作乘法，也用普通表示乘法的符号来表示。$\bar{G}$ 的乘法当然和 G 的乘法一般是完全不同的法则，我们把不同的法则都叫作乘法，并且用同一的符号来表示，很容易混淆。实际上，因为 G 的乘法只能应用到 G 的元上去，$\bar{G}$ 的乘法只能应用到 $\bar{G}$ 的元上去，而 G 同 $\bar{G}$ 的元的表示方法是有区别的，因此混淆这一点是不至于发生的。

定理 7.4.1　假定 G 与 $\bar{G}$ 对于它们的乘法来说同态，那么 $\bar{G}$ 也是一个群。

证明　$\bar{G}$ 显然适合群定义的条件(1)，G 的乘法适合结合律，而 G 与 $\bar{G}$ 同态，则 $\bar{G}$ 的乘法也适合结合律，所以 G 适合群定义的条件(2)。下面我们证明 $\bar{G}$ 也适合(3)、(4)两个条件。

适合条件(3)证明：G 有单位元 e，在所给同态满射之下，e 有像 $\bar{e}$：

$$e \to \bar{e}$$

我们说，$\bar{e}$ 就是 $\bar{G}$ 的一个左单位元，假定 $\bar{a}$ 是 $\bar{G}$ 的任意元，而 a 是 $\bar{a}$ 上的一个逆像：

$$a \to \bar{a}$$

那么

$$ea = \overline{ea}$$

但

$$ea = a$$

所以

$$\overline{ea} = \bar{a}$$

因此 $\bar{G}$ 的单位元是 $\bar{e}$。

适合条件(4)证明：假定 $\bar{a}$ 是 $\bar{G}$ 的任意元，a 是 $\bar{a}$ 的一个逆像：

$$a \to \bar{a}$$

a 是群 G 的元，a 有逆元 a^{-1}。我们把 a^{-1} 的像叫作 $\overline{a^{-1}}$：

$$a^{-1} \to \overline{a^{-1}}$$

那么

$$a^{-1}a \to \overline{a^{-1}}\bar{a}$$

但

$$a^{-1}a \to e = \bar{e}$$

所以

$$\overline{a^{-1}}\bar{a} = \bar{e}$$

这就是说，$\overline{a^{-1}}$ 是 $\bar{a}$ 的左逆元，也就是 $\bar{a}$ 的逆元。

【例 7.4.1】 A 包含 a、b、c 三个元。A 的乘法由表 7.1 规定。

表 7.1　A 的乘法规定

	a	b	c
a	a	b	c
b	b	c	a
c	c	a	b

需要证明 A 是一个群，则 A 的代数运算满足结合律。

我们知道，全体整数对于普通加法来说作成一个群 G。我们把 A 同 C 来比较一下，作一个映射 ϕ_1 如下：

$$x \to a，假如\ x = 0\ (3)$$
$$x \to b，假如\ x = 1\ (3)$$
$$x \to c，假如\ x = 2\ (3)$$

ϕ 显然是一个满射。下面证明 ϕ 是一个同态满射。

首先要注意，G 和 A 的代数运算都是适合交换律的，所以只要 $x+y \to \overline{xy}$，那么 $y+x \to \overline{yx}$。所以要看 ϕ 是不是同态满射，测验了 $x+y$ 的情形，就不必再测验 $y+x$ 的情形。现在我们分 6 种情形来测验。

(1) 当 $x=0\ (3)$，$y=0\ (3)$时：

$$x + y = 0\ (3)$$

这样，有

$$x \to a，y \to a$$
$$x + y \to a = aa$$

(2) 当 $x=0\ (3)$，$y=1\ (3)$时：

$$x + y = 1\ (3)$$

这样，有

$$x \to a，y \to b$$
$$x + y \to b = bb$$

(3) 当 $x=0\ (3)$，$y=2\ (3)$时：

$$x + y = 2\ (3)$$

这样，

$$x \to a，y \to c$$
$$x + y \to c = ac$$

(4) 当 $x=1\ (3)$，$y=1\ (3)$时：

$$x + y = 2\ (3)$$

这样，有

$$x \to b，y \to b$$
$$x + y \to c = bb$$

(5) 当 $x=1\ (3)$，$y=2\ (3)$时：

$$x+y=0\ (3)$$

这样，有

$$x\to b,\ y\to c$$

$$x+y\to a=bc$$

(6) 当 $x=2\ (3)$，$y=2\ (3)$时：

$$x+y=1\ (3)$$

这样，有

$$x\to c,\ y\to c$$

$$x+y\to b=cc$$

这样 G 与 A 同态，A 是一个群。

我们要注意，假如 G 同 $\bar{G}$ 的次序调换一下，那么定理 1 不一定正确，换句话说，假如 $\bar{G}$ 与 G 同态，那么 $\bar{G}$ 不一定是一个群。

【例 7.4.2】 $\bar{G}=\{$所有奇数$\}$。$\bar{G}$ 对于普通乘法来说不作成一个群。$G=\{e\}$，G 对于乘法 $ee=e$ 来说显然作成一个群。

但是有

$$\phi:\ \bar{a}\to e$$

显然 $\bar{G}$ 是到 G 的一个同态满射。

当然在我们考虑之下的映射若是一个同构映射，G 同 $\bar{G}$ 的次序就没有关系了。

以下若是说两个群 G 与 $\bar{G}$ 同态(同构)，永远表示它们对于一对群乘法来说同态(同构)。

定理 7.4.2 假定 G 和 $\bar{G}$ 是两个群，在 G 到 $\bar{G}$ 的一个同态满射之下，G 的单位元 e 的像是 $\bar{G}$ 的单位元，G 的元 a 的逆元 a^{-1} 的像是 a 的像的逆元。

在 G 与 $\bar{G}$ 间的一个同构映射之下，两个单位元互相对应，互相对应的元的逆元互相对应。

7.5 变 换 群

前面已经介绍了几个群的例子，但这些例子或是利用普通数和普通加法乘法来作成的，或是些极简单的，只是 1，2 或 3 阶的抽象群，并且这些群都是交换群。在这一节里我们要讨论一种具体的群，这种群一方面本身非常重要，另一方面它能给我们一个非交换群的例子，并且表明一个群的元素不一定是数。

我们取一个集合 A，A 的一个变换就是一个 A 到 A 自己的映射。用说明一般映射的符号来说明一个变换，为

$$\tau:\ a\to a'=\tau(a)$$

为便利起见，对于变换这一种特殊的映射要用一种特殊符号来说明，我们采用的符号为

$$\tau:\ a\to a'=a^{\tau}$$

a^{τ} 不是 a 的 τ 次方的意思，它只是一个符号，正如代数运算以及关系采用特殊的符号一样。一个集合 A 在一般情形之下可以有若干个不同的变换，我们再举一个简单的例。

【例 7.5.1】 $A=\{1,2\}$。

$$\begin{cases}\tau_1: 1\to 1,\ 2\to 1\\ \tau_2: 1\to 2,\ 2\to 2\\ \tau_3: 1\to 1,\ 2\to 2\\ \tau_4: 1\to 2,\ 2\to 1\end{cases}$$

是 A 的所有的变换，其中 τ_3，τ_4 是一一变换。

现在把给定的一个集合 A 的全体变换放在一起，作成一个集合 $S=\{\tau,\lambda,\mu,\cdots\}$，规定一个 S 的代数运算，这个代数运算我们把它叫作乘法，S 的两个元 τ 和 λ 为

$$\tau: a\to a^{\tau},\ \lambda: a\to a^{\lambda}$$

那么，有

$$a\to(a^{\tau})^{\lambda}$$

显然这也是 A 的一个变换，因为给了 A 的任意元 a，我们可以得到一个唯一的 $(a^{\tau})^{\lambda}$。我们规定就把这个变换叫作 τ 同 λ 的乘积，即

$$\tau\lambda: a\to(a^{\tau})^{\lambda},\ a\to a^{\tau\lambda}$$

这样，这个乘法是一个 S 的代数运算。

【例 7.5.2】 我们在例 7.5.1 中取几个变换，计算它们的乘积。

$$\tau_1\tau_2: 1\to 2,\ 2\to 2$$

有

$$\tau_1\tau_2=\tau_2$$

$$\tau_2\tau_4: 1\to 1,\ 2\to 1$$

有

$$\tau_2\tau_4=\tau_1$$

如上规定的乘法适合以下结合律：

$$\tau(\lambda\mu)=(\tau\lambda)\mu$$

因为

$$\tau(\lambda\mu): a\to(a^{\tau})^{\lambda\mu}=\{(a^{\tau})^{\lambda}\}^{\mu}$$
$$(\tau\lambda)\mu: a\to(a^{\tau\lambda})^{\mu}=\{(a^{\tau})^{\lambda}\}^{\mu}$$

对于这个乘法来说，S 有一个单位元，就是 A 的恒等变换：

$$\varepsilon: a\to a$$

因为

$$\varepsilon\tau: a\to(a^{\varepsilon})^{\tau}=a^{\tau}$$

定理 7.5.1 假定 G 是集合 A 的若干个变换所作成的集合，并且 G 包含恒等变换 ε。若是对于上述乘法来说 G 作成一个群，那么 G 只包含 A 的一一变换。

证 令 τ 是 G 的任意元，那么因为 G 是群，有 τ^{-1} 使得

$$\tau^{-1}\tau=\tau\tau^{-1}=\varepsilon$$

我们现在证明 τ 是 A 的一一变换。我们已经知道，τ 是 A 的变换，这就是说，τ 是一个 A 到 A 的映射。在 A 里取任意元 a，那么，有

$$\tau: a^{\tau^{-1}}\to(a^{\tau^{-1}})^{\tau}=a^{\tau^{-1}\tau}=a^{\varepsilon}=a$$

所以 τ 是 A 到 A 的满射。假定有

$$a^{\tau}=b^{\tau}$$

那么

$$(a^{\tau})^{\tau^{-1}}=(b^{\tau})^{\tau^{-1}}$$
$$a^{\varepsilon}=b^{\varepsilon}$$
$$a=b$$

所以 τ 是 A 与 A 的一一映射，这就是说，τ 是 A 的一一变换。

定义 7.5.1　一个集合 A 的若干个一一变换对于以上规定的乘法作成的一个群叫作 A 的一个变换群。

以上我们得到了变换作成群的必要条件，并且按照这个条件规定了变换群这个名词。但变换群是不是存在，也就是我们是不是能找到若干个一一变换，使得它们作成一个群，我们还不知道。事实上这种群是有的。

定理 7.5.2　一个集合 A 的所有的一一变换作成一个变换群 G。

证　G 适合群定义的(1)、(2)、(3)、(4)四个条件。

(1) 假如 τ_1，τ_2 是一一变换，那么 $\tau_1\tau_2$ 也是。因为在 A 中取一个任意元 a，由于 τ_2 是一一变换，在 A 中有 a 具有以下性质：

$$\tau_2:\ a'\rightarrow a=a'^{\tau_2}$$

由于 τ_1 是一一变换，在 A 里有 a'' 具有以下性质：

$$\tau_1:\ a''\rightarrow a'=a''^{\tau_1}$$

因此，有

$$\tau_1\tau_2:\ a''\rightarrow(a''^{\tau_1})^{\tau_2}=a'^{\tau_2}=a$$

所以 $\tau_1\tau_2$ 是 A 到 A 的满射。假如 $a\neq b$，那么

$$a^{\tau_1}\neq b^{\tau_1},\ (a^{\tau_1})^{\tau_2}\neq(b^{\tau_1})^{\tau_2},\ a^{\tau_1\tau_2}\neq b^{\tau_1\tau_2}$$

所以 $\tau_1\tau_2$ 是一一变换。

(2) 结合律对于一般的变换都对，所以对于一一变换也是对的。

(3) ε 是一一变换。

(4) 设 τ 是一个任意的一一变换，那么有一个一一变换 τ^{-1}，有以下性质：

$$\tau^{-1}:\ a\rightarrow a^{\tau^{-1}}，假如(a^{\tau^{-1}})^{\tau}=a$$

所以

$$\tau^{-1}\tau:\ a\rightarrow(a^{\tau^{-1}})^{\tau}=a$$
$$\tau^{-1}\tau=\varepsilon$$

这样，我们证明了变换群的确是存在的、这也是我们第一次碰到的元素不是数的具体群。以上的定理并不是说，除了全体一一变换所作成的集合以外没有其它的变换群存在。

【例 7.5.3】　假如 A 是一个平面的所有的点作成的集合，那么平面上一个绕一个定点的旋转可以看成 A 的一个一一变换，设 G 包含所有绕一个定点的旋转，那么 G 可作成一个变换群，因为假如我们用 τ_θ 来表示转角 θ 的旋转，就有

(1) $\tau_{\theta_1}\tau_{\theta_2}=\tau_{\theta_1+\theta_2}$，$G$ 是闭的；

(2) 结合律当然成立；

(3) $\varepsilon=\tau_0\in G$；

(4) $\tau_\theta^{-1}=\tau_{-\theta}$。

但 G 显然不包括 A 的全部一一变换。

所以，给出一个集合 A，除了最大的变换群以外，A 还可以有别的较小的变换群。

变换群一般不是交换群。假如 τ_1 是平面的一个平移，它把原点(0, 0)平移到(1, 0)；τ_2 是绕原点转 $\frac{\pi}{2}$ 的旋转，那么 τ_1 和 τ_2 都是例 7.5.3 的集合 A 的一一变换。但是

$$\tau_1\tau_2:(0,0)\to(0,1)$$

$$\tau_2\tau_1:(0,0)\to(1,0)$$

$$\tau_1\tau_2\neq\tau_2\tau_1$$

因此变换群告诉我们非交换群的存在。变换群在数学上尤其在几何上的实际应用极广。

7.6 循环群

研究群的最大目的就是要把所有的抽象群都找出来，也就是要看一看一共有多少个互相不同构的群存在。为达到这个目的，把群分为若干类，比如：有限群，无限群，交换群，非交换群等，然后看一看每一类有多少不同的群。到现在为止，我们已经完全弄清楚了的群只有少数几类，其余大多数的群还在等待我们解决。本节我们讨论已经完全解决了的一类群。

设有一个群 G，问 G 的元会不会都是 G 的某一个固定元 a 的乘方？答案是这个情形是可能的。

【例 7.6.1】 设 G 是所有整数的集合。我们知道 G 对于普通加法来说作成一个群，这个群我们以下把它叫作整数加群。这个群的全体的元就都是 1 的乘方，假如把 G 的代数运算不用“+”而用“∘”来表示，这一点，就很容易看出。我们知道 1 的逆元是 −1。假定 m 是任意正整数，那么

$$m=\overbrace{1+1+\cdots+1}^{m}=\overbrace{1\circ 1\circ\cdots 1}^{m}=1^m$$

$$-m=\overbrace{(-1)+(-1)+\cdots+(-1)}^{m}=\overbrace{(-1)\circ(-1)\circ\cdots(-1)}^{m}=1^{-m}$$

这样 G 的不等于零的元都是 1 的乘方。但 0 是 G 的单位元，依照定义

$$0=1^0$$

规定以下定义。

定义 7.6.1 若一个群 G 的每一个元都是 G 的某一个固定元 a 的乘方，我们就把 G 叫作循环群，也可以说，G 是由元 g 所生成的，并且用符号

$$G=(a)$$

来表示。a 叫作 G 的一个生成元。

【例 7.6.2】 G 包含模 n 的 n 个剩余类，此处规定一个 G 的代数运算，我们把这个代数运算叫作加法，并用普通表示加法的符号来表示。跟前面一样，我们用[a]来表示 a 这个整数所在的剩余类，规定：

$$[a]+[b]=[a+b] \tag{1}$$

我们首先要看一看，这样规定的“+”是不是一种代数运算。假如 $a' \in [a]$，$b' \in [b]$ 那么

$$a' \in [a],\ b' \in [b]$$

照我们的规定，有

$$[a']+[b']=[a'+b'] \tag{2}$$

式(1)、(2)的左端是一样的，如果它们的右端不一样，即

$$[a+b] \neq [a'+b']$$

那么，我们规定的“+”就不是一种代数运算了，这种情形不会发生。因为

$$a'=[a],\ b' \in [b]$$

即

$$a' \equiv a(n),\ b' \equiv b(n)$$

也就是说

$$n \mid a'-a,\ n \mid b'-b$$

因此

$$n \mid (a'-a)+(b'-b)$$
$$n \mid (a'+b')-(a+b)$$

即

$$a'+b'=[a+b]$$

这样，规定的“+”是一个 G 的代数运算。但是有

$$[a]+([b]+[c])=[a]+[b+c]=[a+(b+c)]=[a+b+c]$$
$$([a]+[b])+[c]=[a+b]+[c]=[(a+b)+c]=[a+b+c]$$

即

$$[a]+([b]+[c])=([a]+[b])+[c]$$

并且有

$$[0]+[a]=[0+a]=[a]$$
$$[-a]+[a]=[-a+a]=[0]$$

所以对于这个加法来说，G 作成一个群，且这个群叫作模 n 的剩余类加群。

7.7 子　　群

在群论里，如循环群那样已完全解决的群只有很少的几种，对于其余的几种为篇幅所限不能一一加以讨论。我们以下要介绍几种研究任何群都要用到的一般方法，这些方法都是利用一个群的子集来推测整个群的性质。

我们看一个群 G。假如从 G 里取出一个子集 H，那么利用 G 的乘法可以把 H 的两个元相乘。对于这个乘法来说，H 很可能也作成一个群。

定义 7.7.1　假如 H 对于 G 的乘法来说作成一个群，那么一个群 G 的一个子集 H 就

叫作 G 的一个子群。

【例 7.7.1】 给出一个任意群 G，G 至少有两个子群：(1) G；(2) 只包含单位元 e 的子集。

【例 7.7.2】 设 $G=S_3$，$H=\{(1),(12)\}$，那么 H 是 S_3 的一个子群。

证 (1) H 对于 G 的乘法来说是封闭的，即

$$(1)(1)=(1),\ (1)(12)=(12)$$

$$(12)(1)=(12),\ (12)(12)=(1)$$

(2) 结合律对于所有 G 的元都对，对于 H 的元也对；

(3) $(1)\in H$；

(4) $(1)(1)=(1)$，$(12)(12)=(1)$。

现在看一看，一个子集 H 作成一个子群的条件是什么。要知道 H 是不是作成一个子群，我们不用像例 2 那样看 H 是不是适合群定义的全部条件。

定理 7.7.1 一个群 G 的一个不空子集 H 作成 G 的一个子群充分而且必要条件是：

(1) $a,b\in H\Rightarrow ab\in H$；

(2) $a\in H\Rightarrow a^{-1}\in H$。

证明 若是(1)、(2)成立，H 作成一个群。

① 由(1)知，H 是闭的；

② 结合律在 G 中成立，在 H 中自然成立；

③ 因为 H 至少有一个元 a，由 2)知，H 也有元 a^{-1}；

④ 由(2)知，对于 H 的任意元 a 来说，H 有元 a^{-1}，使得

$$a^{-1}a=e$$

反之，假如 H 是一个子群，(1) 显然成立。由证明得，这时(2)也一定成立。H 既然是一个群，H 一定有一个单位元 e'，在 H 里任意取一个元 a，就得到 $e'a=a$。但 e' 和 a 都属于 G，所以 e' 是方程 $ya=a$ 在 G 里的一个解，但这个方程在 G 里只有一个解，就是 G 的单位元 e。所以

$$e'=e\in H$$

这样，因为 H 是一个群，方程 $ya=e$ 在 H 中有解 a'，但 a' 也是这个方程在 G 里的解，而这个方程在 G 里只有一个解，就是 a^{-1}，所以

$$a'=a^{-1}\in H$$

推论 假定 H 是群 G 的一个子群，那么 H 的单位元就是 G 的单位元，H 的任意元 a 在 H 里的逆元就是 a 在 G 里的逆元，(1)、(2)两个条件也可以用一个条件来代替。

定理 7.7.2 一个群 G 的一个不空子集 H 作成 G 的一个子群的充分而且必要条件是：

$$a,b\in H\Rightarrow ab^{-1}\in H$$

证明 我们先证明，定理 7.7.1 中(1)和(2)成立，定理 7,7.2 也就成立。假定 a、b 属于 H，由定理 7.7.1 中(2)知，$b^{-1}\in H$，由定理 7.7.1 中(1)得

$$ab^{-1}\in H$$

现在我们反证，由定理 7.7.2 可以得到定理 7.7.1。假定 $a\in H$。由定理 7.7.2 知，$aa^{-1}=e\in H$，于是

$$ea^{-1}=a^{-1}\in H$$

假定 $a\in H$，$b\in H$，则 $b^{-1}\in H$。由定理7.7.2得

$$a(b^{-1})^{-1}=ab\in H$$

假如所给子集 H 是一个有限集合，那么 H 作成子群的条件更要简单。

定理7.7.3　一个群 G 的一个不空有限子集 H 作成 G 的一个子群的充分而且必要条件是：

$$a,\ b\in H\Rightarrow ab\in H$$

7.8　不变子群

本节将讲解一种最重要的子群，就是不变子群。

若一个群 G 的一个子群 N 是一个不变子群，对于 G 的每一个元 a，都有

$$Na=aN$$

那么一个不变子群 N 的一个左(或右)陪集叫作 N 的一个陪集。

给出一个群 G，一个子群 H，那么 H 的一个右陪集 Ha 未必等于 H 的左陪集 aH。

【例7.8.1】　一个任意群 G 的子群 G 和 e 总是不变子群，因为对于任意 G 的元 a 来说，

$$Ga=aG=G$$
$$ea=ae=a$$

【例7.8.2】　若 N 包含群 G 的所有有以下性质的元 n，即 $na=an$，不管 a 是 G 的哪一个元，那么 N 是 G 的一个不变子群。

因为 $e\in N$，所以 N 是非空的，又有

$$n_1a=an_1,\ n_2a=an_2\Rightarrow n_1n_2a=n_1an_2=an_1n_2$$
$$na=an\Rightarrow n^{-1}a=n^{-1}ann^{-1}=n^{-1}nan^{-1}=an^{-1}$$

即

$$n_1\in N,\ n_2\in N\Rightarrow n_1n_2\in N;\ n\in N\Rightarrow n^{-1}\in N$$

N 是一个子群，但 G 的每一个元 a 可以同 N 的每一个元 n 进行交换，所以显然有 $Na=aN$，即 N 是不变子群，这个不变子群叫作 G 的中心。

【例7.8.3】　一个交换群 G 的每一个子群 H 都是不变子群。因为 G 的每一个元 a 可以和任意一元 x 交换，即 $xa=ax$，所以对于一个子群 H 来说，自然也有

$$Ha=aH$$

注意，对于 $aN=Na$，并不是说 a 可以和 N 的每一个元交换，而是说 aN 和 Na 这两个集合一样。现在我们看一看，一个子群作成不变子群的其它几个条件。

定义7.8.1　假定 S_1，S_2，…，S_m 是一个群 G 的 m 个子集，那么，由所有可以写成

$$s_1s_2\cdots s_m\quad(s_i\in S_i)$$

形式的 G 的元作成的集合叫作 S_1，S_2，…，S_m 的乘积。这个乘积我们用符号

$$S_1S_2\cdots S_m$$

来表示。

很容易看出：

$$S_1(S_2S_3)=(S_1S_2)S_3$$

定理 7.8.1 一个群 G 的一个子群 N 是一个不变子群的充分且必要条件是：

$$aNa^{-1}=N$$

对于 G 的任意一个元 a 都成立。

证明 假如 N 是不变子群，那么对于 G 的任何 a 来说，有

$$aN=Na$$

那么

$$aNa^{-1}=(aN)a^{-1}=(Na)a^{-1}=N(aa^{-1})=Ne=N$$

假如对于 G 的任何 a 来说，有

$$aNa^{-1}=N$$

那么

$$Na=(aNa^{-1})a=(aN)(aa^{-1})=(aN)e=aN$$

因此 N 是不变子群。

7.9 置换群

不论在理论研究还是在实际应用中，置换群都是十分重要的一类群。一方面，任何有限群都可以用它表示；另一方面，在解决"代数方程能否用根号求解"这个问题时要用到它；它在本章的 Pólya 定理中起着重要作用。

7.9.1 置换

定义 7.9.1 有限集合 S 到自身的一个映射叫作一个置换。

例如，$S=\{a_1, a_2, a_3, a_4\}$，$p=\begin{pmatrix} a_1 & a_2 & a_3 & a_4 \\ a_2 & a_4 & a_3 & a_1 \end{pmatrix}$

即是一个置换，相应的映射是

$$f: a_1=f(a_4),\ a_2=f(a_1),\ a_3=f(a_3),\ a_4=f(a_2)$$

或

$$f: f(a_1)=a_2,\ f(a_2)=a_4,\ f(a_3)=a_3,\ f(a_4)=a_1$$

说明：

(1) 将 S 中的元素 a_i 写在上一行(顺序可任意)，a_i 的像写在 a_i 之下，同一列的两个元素的相对关系只要保持不变，即 $f(a_i)=a_{k_i}$，不同形式的写法都认为是同一个置换。例如：

$$\begin{pmatrix} 1 & 2 & 3 \\ a_1 & a_2 & a_3 \end{pmatrix}=\begin{pmatrix} 3 & 1 & 2 \\ a_3 & a_1 & a_2 \end{pmatrix}$$

(2) 置换就是将 n 个元的一种排列变为另一种排列。

(3) n 元集 S 共有个 $n!$ 不同的置换。

7.9.2　置换的运算

定义 7.9.2　两个置换 p_1、p_2 的乘积 p_1p_2 定义为先做置换 p_1 再做 p_2的结果。

例如，$p_1=\begin{pmatrix}1&2&3&4\\3&1&2&4\end{pmatrix}$，$p_2=\begin{pmatrix}1&2&3&4\\4&3&2&1\end{pmatrix}$

$$p_1p_2=\begin{pmatrix}1&2&3&4\\3&1&2&4\end{pmatrix}\begin{pmatrix}1&2&3&4\\4&3&2&1\end{pmatrix}=\begin{pmatrix}1&2&3&4\\2&4&3&1\end{pmatrix}$$

即 $1\xrightarrow{p_1}3\xrightarrow{p_2}2$，$2\xrightarrow{p_1}1\xrightarrow{p_2}4$，…

一般来说，置换的乘法不满足交换律，即 $p_1p_2\neq p_2p_1$，如上例中，有

$$p_2p_1=\begin{pmatrix}1&2&3&4\\4&3&2&1\end{pmatrix}\begin{pmatrix}1&2&3&4\\3&1&2&4\end{pmatrix}=\begin{pmatrix}1&2&3&4\\4&2&1&3\end{pmatrix}\neq p_1p_2$$

技巧(求复合置换)：更改 p_2 各列的前后次序，使其第一行的排列与 p_1 第二行的排列相同，则复合置换 p_1p_2 的第一行就是 p_1 的第一行，其第二行是 p_2 的第二行。

$$\begin{aligned}p_1p_2&=\begin{pmatrix}1&2&3&4\\3&1&2&4\end{pmatrix}\begin{pmatrix}1&2&3&4\\4&3&2&1\end{pmatrix}\\&=\begin{pmatrix}1&2&3&4\\3&1&2&4\end{pmatrix}\begin{pmatrix}3&1&2&4\\2&4&3&1\end{pmatrix}\\&=\begin{pmatrix}1&2&3&4\\2&4&3&1\end{pmatrix}\end{aligned}$$

定理 7.9.1　设 S_n 是 n 元集合上的所有置换构成的集合，则 S_n 关于置换的乘法构成群，称 S_n 为 n 次对称群。

证　由置换乘法的定义知，封闭性、结合律显然成立。其次，单位元为恒等置换：

$$e=\begin{pmatrix}1&2&\cdots&n\\1&2&\cdots&n\end{pmatrix}$$

逆元素

$$\begin{pmatrix}1&2&\cdots&n\\a_1&a_2&\cdots&a_n\end{pmatrix}^{-1}=\begin{pmatrix}a_1&a_2&\cdots&a_n\\1&2&\cdots&n\end{pmatrix}$$

例如：

$$p^{-1}=\begin{pmatrix}1&2&3&4\\2&4&1&3\end{pmatrix}^{-1}=\begin{pmatrix}2&4&1&3\\1&2&3&4\end{pmatrix}=\begin{pmatrix}1&2&3&4\\3&1&4&2\end{pmatrix}$$

7.9.3　置换与空间刚体变换

几何图形的对称性与数字序列的置换之间存在着一一对应关系，从而形成一种同构。置换群的运算和理论是对称图形运算和计数的基本工具。

【例 7.9.1】　将顶点分别为 1，2，3 的正三角形(见图 7.1)绕重心 O 沿逆时针方向分别旋转 0°、120°、240°，视其为顶点集{1，2，3}的置换，则有旋转对称映射

$$\underset{(\text{转 }0^\circ)}{p_1=\begin{pmatrix}123\\123\end{pmatrix}=e},\qquad \underset{(\text{转}120^\circ)}{p_2=\begin{pmatrix}123\\231\end{pmatrix}},\qquad \underset{(\text{转}240^\circ)}{p_3=\begin{pmatrix}123\\312\end{pmatrix}}$$

另一类是反射对称映射，即将三角形 123 分别绕对称轴 1A、2B、3C 反转 180°得顶点集的另一类置换：

$$p_4=\begin{pmatrix}123\\213\end{pmatrix}(绕\ 3C)，p_5=\begin{pmatrix}123\\321\end{pmatrix}(绕\ 2B)，p_6=\begin{pmatrix}123\\132\end{pmatrix}(绕\ 1A)$$

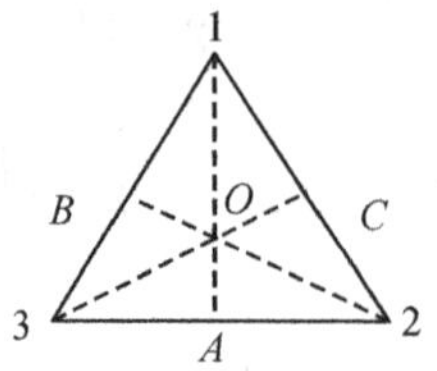

图 7.1 S_3 与正三角形的对应示意图

说明：

(1) 描述正三角形的全部对称的映射对应以上 6 种置换。

(2) 相继两次对称映射对应两个置换的乘积，则置换集$\{p_1, p_2, p_3, p_4, p_5, p_6\}$在置换乘法下构成一个 3 次对称群 S_3。

(3) $\{p_1, p_4\}$、$\{p_1, p_5\}$、$G=\{p_1, p_2, p_3\}$等都是 S_3 的子群。

(4) G 是 3 次循环群，它可以由 p_2 或 p_3 生成。

【例 7.9.2】 (正方形对称群)考察使正多边形回到原来位置的所有可能的逆时针旋转和翻转动作，可以得到一个群，称为二面体群(见图 7.2)。

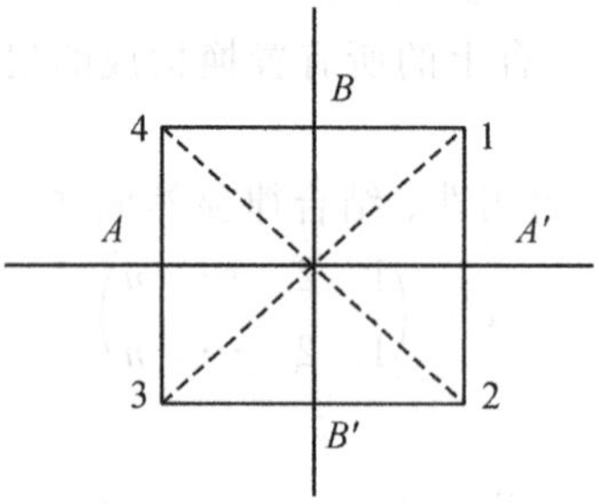

图 7.2 正方形的刚体变换与 4 次置换群

第一类：旋转对称关系

$$p_1=\begin{pmatrix}1&2&3&4\\1&2&3&4\end{pmatrix}\quad(旋转\ 0°)$$

$$p_2=\begin{pmatrix}1&2&3&4\\2&3&4&1\end{pmatrix}\quad(旋转\ 90°)$$

$$p_3=\begin{pmatrix}1&2&3&4\\3&4&1&2\end{pmatrix}\quad(旋转\ 180°)$$

$$p_4=\begin{pmatrix}1&2&3&4\\4&1&2&3\end{pmatrix}\quad(旋转\ 270°)$$

第二类：反射对称关系

$$p_5=\begin{pmatrix}1&2&3&4\\2&1&4&3\end{pmatrix}\quad(以\ A-A'\ 为轴翻转\ 180°)$$

$$p_6=\begin{pmatrix}1 & 2 & 3 & 4\\4 & 3 & 2 & 1\end{pmatrix}\quad（以\ B-B'\ 为轴翻转\ 180°）$$

$$p_7=\begin{pmatrix}1 & 2 & 3 & 4\\1 & 4 & 3 & 2\end{pmatrix}\quad（以\ 1-3\ 为轴翻转\ 180°）$$

$$p_8=\begin{pmatrix}1 & 2 & 3 & 4\\3 & 2 & 1 & 4\end{pmatrix}\quad（以\ 2-4\ 为轴翻转\ 180°）$$

注：不对应刚体变换的置换$\begin{pmatrix}1 & 2 & 3 & 4\\2 & 1 & 3 & 4\end{pmatrix}$，对应将 1 与 2 扭转的非刚体运动或称柔体运动。再对其做与 $p_1 \sim p_8$ 相应的变换，又可得 8 种置换。

同理，对 1 与 4 扭转，再得 8 种置换。总共 $8\times3=24$ 种置换，即构成了 4 次对称群 S_4。

7.9.4　置换群、轮换

定义 7.9.3　n 次对称群的子群称为 n 次置换群。

定义 7.9.4　设置换 p 将集合 S 中的 a_1 换为 a_2，a_2 换为 a_3，…，a_{k-1} 换为 a_k，a_k 换为 a_1，称 p 为 k 阶循环置换（或轮换），记为 $(a_1\ a_2 \cdots\ a_k)$。

例如：

$$\begin{pmatrix}1 & 2 & 3 & 4 & 5\\4 & 3 & 1 & 5 & 2\end{pmatrix}=(1\ 4\ 5\ 2\ 3),\ \begin{pmatrix}1 & 2 & 3 & 4\\2 & 3 & 1 & 4\end{pmatrix}=(1\ 2\ 3)$$

按照置换的书写规则，下列写法表示同一个轮换：

$$(a_1a_2\cdots a_k)=(a_2a_3\cdots a_ka_1)=\cdots=(a_ka_1\cdots a_{k-1})$$

k 阶轮换的性质：$\underbrace{pp\cdots p}_{k个}=e=\begin{pmatrix}1 & 2 & \cdots & n\\1 & 2 & \cdots & n\end{pmatrix}$。

一般情况下，任意一个置换未必是一个轮换，如$\begin{pmatrix}1 & 2 & 3 & 4\\2 & 1 & 4 & 3\end{pmatrix}$就不是一个轮换。

定理 7.9.2　任一置换都可以唯一分解为若干个互不相交的轮换之积。

证　对已知置换

$$p=\begin{pmatrix}1 & 2 & \cdots & n\\a_1 & a_2 & \cdots & a_n\end{pmatrix}$$

任取 $a_1\in S$，从 a_1 开始搜索，若 $a_1\to a_1$，则 a_1 本身构成一个一阶轮换 (a_1)。

设 $a_1\to a_2\to\cdots\to a_k\to a_1$，则 $(a_1a_2\cdots a_k)$ 为一个 k 阶轮换，若 $k=n$，则搜索停止。否则，从 S 的其他元素中取出一个，如法炮制，又可以得另一个轮换。如此继续，直到 S 中的所有元素被取完为止。这样便得到若干不相交的轮换，p 就是这些不相交轮换的乘积。例如：

$$p=\begin{pmatrix}1 & 2 & 3 & 4 & 5 & 6\\6 & 5 & 1 & 4 & 2 & 3\end{pmatrix}=(1\ 6\ 3)(2\ 5)(4)$$

定义 7.9.5　称 2 阶轮换为对换（或换位）。

定理 7.9.3　任何轮换都可以表示为若干个对换之积，但表示方式不唯一。

构造性方法：设 $p=(a_1a_2\cdots a_k)$，不难看出

$$p=(a_1a_2)(a_1a_3)\cdots(a_1a_{k-1})(a_1a_k)$$

不唯一性的反例：

$$p=(1\ 2\ 3)=(1\ 2)(1\ 3)=(1\ 2)(1\ 3)(3\ 1)(1\ 3)$$
$$=(2\ 3\ 1)=(2\ 3)(2\ 1)=\cdots$$

推论 一个置换总可以表为若干个对换的乘积。

7.10 Pólya 定理

设有 n 个对象，今用 m 种颜色对其染色，其中每个对象任涂一种颜色，有多少种不同的染色方案？其中，对 n 个对象作某一置换，若其中一种染色方案变为另一种方案，则认为该两个方案是相同的，或者说是等价的。

从集合与置换角度进行问题描述：S 是有 n 个元素的集合，Q 是 S 上的置换群，C 是 m 种颜色的集合，用 C 中的颜色对 S 中的元素染色，对每个元素任选一色染之，共有多少种不等价的方案？

两种方案等价，即存在 $q\in Q$，将 S 中元素的一种染色方案变为另一种方案。

定理 7.10.1(Pólya **定理**) 设 Q 是 n 个对象的一个置换群，用 m 种颜色涂染这 n 个对象，一个对象涂任意一种颜色，则在 Q 作用下不等价的方案数为

$$L=\frac{1}{|Q|}\sum_{q\in Q}m^{\lambda(q)}$$

其中，$\lambda(q)$为置换 q 中不相交轮换的个数。

【例 7.10.1】 用红，黄，蓝三色对等边三角形的顶点着色，问共有多少种不同方案？

解 设针对 $S=\{1,2,3\}$的置换群为

$$Q_1=\{(1)(2)(3),(1\ 2\ 3),(1\ 3\ 2),(1)(2\ 3),(1\ 3)\ (2),(3)(1\ 2)\}$$

所求不等价的方案数为

$$l_1=\frac{1}{6}[3^3+2\times 3^1+3\times 3^2]=10$$

所有着色方案见图 7.3。

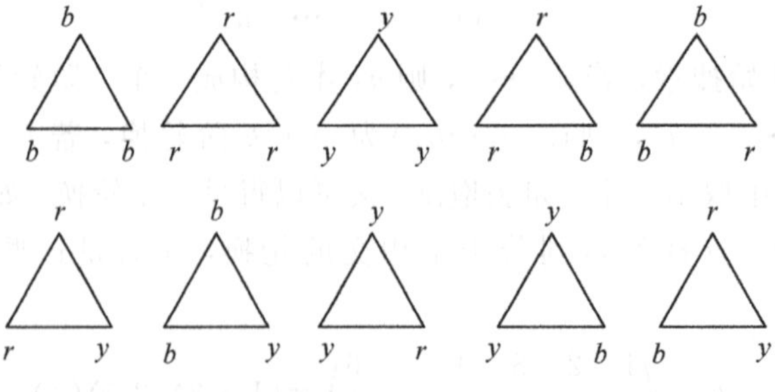

图 7.3 三角形顶点的 3 染色

其中，与图 7.1 中给出的方案属于同一等价类的方案分别有 1，1，1，3，3，3，3，3，3 共 6 个。

若置换群为 $Q_2=\{(1)(2)(3),(1\ 2\ 3),(1\ 3\ 2)\}$，即只有旋转，没有翻转，则不等价的

方案数为

$$l_2=\frac{1}{3}[3^3+2\times 3^1]=11$$

【例 7.10.2】 对正方形的 4 个小格用两种颜色着色，可得多少种不同的图像？其中经过旋转后能吻合的两种方案只能算一种。

解　所有可能的染法：共有 $2^4=16$ 种方案(如图 7.4 所示)。有些染法无区别，如：f_4 逆时针旋转 90°就是方案 f_5。

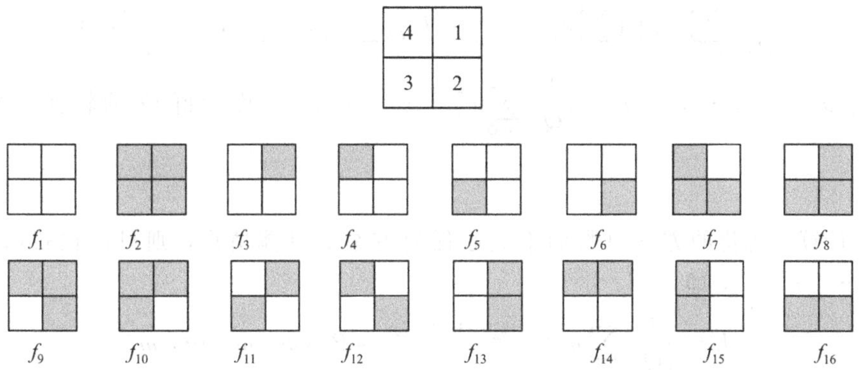

图 7.4　正方形的 2 染色

$n=4$，$m=2$ 仍用黑白两色染 4 个小正方形(见图 7.4，阴影部分表示被染成黑色)，被染色的对象集 $S=\{1, 2, 3, 4\}$，颜色集 $C=\{$黑，白$\}$，方案集 $C^S=\{f_1, f_2, \cdots, f_{16}\}$。

这里，$Q=\{q_1, q_2, q_3, q_4\}$，是针对 S 的置换集(绕大的正方形中心逆时针旋转)。

$$Q:\begin{cases} q_1=(1)(2)(3)(4) & (\text{旋转 } 0°) \\ q_2=(1\ 2\ 3\ 4) & (\text{旋转 } 90°) \\ q_3=(1\ 3)\ (2\ 4) & (\text{旋转 } 180°) \\ q_4=(4\ 3\ 2\ 1) & (\text{旋转 } 270°) \end{cases}$$

而对应于 C^S 上的置换集为 $G=\{p_1, p_2, p_3, p_4\}$，代入 Pólya 定理中得不同染色方案 $L=6$。

【例 7.10.3】 用两种颜色给正立方体的 8 个顶点着色，有多少种不同的方案？

解　使正立方体重合的关于顶点的运动群是：

(1) 单位元(1) (2) (3) (4) (5) (6) (7) (8)，格式为$(1)^8$；

(2) 绕 xx' 轴旋转±90°的置换分别为(1 2 3 4) (5 6 7 8)和(4 3 2 1) (8 7 6 5)，格式为$(4)^2$，同类的置换共有 6 个；

(3) 绕 xx' 轴旋转 180°的置换为(1 3) (2 4) (5 7) (6 8)，格式为$(2)^4$，同类的置换有 3 个；

(4) 绕 yy' 轴旋转 180°的置换为(1 7) (2 6) (3 5) (4 8)，格式为$(2)^4$，同类的置换有 6 个；

(5) 绕 zz' 轴旋转±120°的置换分别为(1 3 6) (4 7 5) (8) (2)和(6 3 1) (5 7 4) (2) (8)，格式为$(1)^2(3)^2$，同类置换有 8 个。

由 Pólya 定理知，不同的染色方案数为

$$L=\frac{1}{24}[2^8+6\cdot 2^2+3\cdot 2^4+6\cdot 2^4+8\cdot 2^4]=23$$

7.11 母函数型的 Pólya 定理

由 Pólya 定理，在群 Q 作用下，所有不等价的染色方案可分类枚举如下：

$$\frac{1}{|Q|}\sum_{q\in Q}\left[\prod_{i=1}^{n}\left(\sum_{j=1}^{m}c_j^i\right)^{\lambda_i(q)}\right]=P_Q\left(\sum_{j=1}^{m}c_j,\ \sum_{j=1}^{m}c_j^2,\ \cdots,\ \sum_{j=1}^{m}c_j^n\right) \tag{7.1}$$

其中，$P_Q(x_1, x_2, \cdots, x_n)=\dfrac{1}{|Q|}\sum_{q\in Q}x_1^{\lambda_1(q)}x_2^{\lambda_2(q)}\cdots x_n^{\lambda_n(q)}$ 称为群 Q 的轮换指标，$x_k=\sum_{j=1}^{m}c_j^k$。

若只计算不等价的方案总数而不关心任何方案的具体情形，则只需在式(7.1)中令 $c_1=c_2=\cdots=c_m=1$，即

$$L=\frac{1}{|Q|}\sum_{q\in Q}m^{\lambda_1(q)+\lambda_2(q)+\cdots+\lambda_n(q)}=P_Q(m, m, \cdots, m) \tag{7.2}$$

【例 7.11.1】 用 3 种不同颜色的珠子串成 4 个珠子的项链，共有多少不同的方案？

解 使之重合的运动有关于圆环中心旋转 $\pm 90°$ 和 $\pm 180°$，以及关于 xx' 和 yy' 轴翻转 $180°$。故有置换群 $G=\{p_1, p_2, \cdots, p_8\}$，其中

$$p_1=(v_1)(v_2)(v_3)(v_4),\quad p_2=(v_2)(v_4)(v_1v_3),\quad p_3=(v_1, v_2, v_3, v_4),$$
$$p_4=(v_1)(v_3)(v_2, v_4),\quad p_5=(v_1, v_3)(v_2, v_4),\quad p_6=(v_1, v_4)(v_2, v_3),$$
$$p_7=(v_4, v_3, v_2, v_1),\quad p_8=(v_1, v_2)(v_3, v_4)$$

格式为 $(1)^4$ 的置换有 1 个，$(4)^1$ 的 2 个，$(2)^2$ 的 3 个，$(1)^2(2)^1$ 的 2 个，由 Pólya 定理知方案数为

$$L=\frac{1}{8}(3^4+2\cdot 3+3\cdot 3^2+2\cdot 3^3)=21$$

如果要分类枚举，则先计算群 Q 的轮换指标为

$$P_Q(x_1, x_2, x_3, x_4)=\frac{1}{8}(x_1^4+2x_1^2x_2+3x_2^2+2x_4)$$

为了给出具体的分类，以 $x_k=b^k+g^k+r^k$ 代入 $P_Q(x_1, x_2, x_3, x_4)$ 中，可得

$$\frac{1}{8}[(b+g+r)^4+2(b^4+g^4+r^4)+3(b^2+g^2+r^2)^2+2(b^2+g^2+r^2)(b+g+r)^2]$$
$$=b^4+r^4+g^4+b^3r+b^3g+r^3g+bg^3+$$
$$rg^3+2b^2r^2+2b^2g^2+2r^2g^2+2b^2rg+2br^2g+2brg^2$$

其中，b^2rg 的系数为 2，即由两颗蓝色、红色和绿色各一的珠子组成的方案有 2。

【例 7.11.2】 由 4 颗红色的珠子嵌在正六面体的 4 个角，有多少种方案？

解 问题相当于用两种颜色对正六面体的 8 个顶点着色，求两种颜色数相等的方案数。可知正六面体做刚体运动时，其顶点的置换群 Q 的阶数为 24，其中格式为 $(1)^8$ 的置换有 1 个，$(4)^2$ 的有 6 个，$(2)^4$ 的 9 个，$(1)^2(3)^2$ 的 8 个，故 Q 的轮换指标为

$$P_Q(x_1, x_2, \cdots, x_8)=\frac{1}{24}(x_1^8+6x_4^2+9x_2^4+8x_1^2x_3^2)$$

令 $x_k=b^k+r^k$，代入上式得

$$P_Q=\frac{1}{24}[(b+r)^8+6(b^4+r^4)^2+9(b^2+r^2)^4+8(b+r)^2(b^3+r^3)^2]$$

其中，b^4r^4 的系数为$\frac{1}{24}\left[\binom{8}{4}+6\binom{2}{1}+9\binom{4}{2}+8\binom{2}{1}\binom{2}{1}\right]=7$。

7.12 应　　用

【例 7.12.1】 将两个相同的白球和两个相同的黑球放入两个不同的盒子里，有多少种不同的放法？列出全部方案。每盒中有两个球的放法有多少种？

解　这是一个典型的球分类相同的分配问题，即将 4 个球放入两个不同的盒子，但 4 个球既不是全相同，也不是全不同，而是分类相同。

令 $S=\{w_1, w_2, b_1, b_2\}$，$C=\{$盒 1，盒 2$\}$，4 个球放入 2 个盒子的放法是映射 $F: S\to C$，由于 w_1，w_2 相同，b_1，b_2 相同，因此可得 S 上的置换群为

$$Q=\{e, (w_1, w_2), (b_1, b_2), (w_1, w_2)(b_1, b_2)\}$$

其轮换指标为

$$P_Q(x_1, x_2, x_3, x_4)=\frac{1}{4}(x_1^4+2x_1^2x_2+x_2^2)$$

于是映射集合 F 上的等价类个数为

$$L=P_Q(2, 2, 2, 2)=\frac{1}{4}(2^4+2\cdot 2^2\cdot 2+2^2)=9$$

这 9 个不同的方案分别为

$$(\phi, wwbb), (w, wbb), (b, wwb), (ww, bb), (wb, wb)$$
$$(bb, ww), (wbb, w), (wwb, b), (wwbb, \phi)$$

为了列出所有方案，则将 $x_i=x^i+y^i$ 代入 $P_Q(x_1, x_2, x_3, x_4)$可得

$$\begin{aligned}&P_Q(x+y, x^2+y^2, x^3+y^3, x^4+y^4)\\&=\frac{1}{4}[(x+y)^4+2(x+y)^2(x^2+y^2)+(x^2+y^2)^2]\\&=x^4+2x^3y+3x^2y^2+2xy^3+y^4\end{aligned}$$

所以两个盒子中各放两个球的方案数是 3，即 $3x^2y^2$ 项的系数。具体情形如下：

$$(ww, bb), (wb, wb), (bb, ww)$$

本例中，构造集合 S 中元素的置换群 Q，实际上是先构造每一类球(即同类元素)的置换群 Q_1 和 Q_2，然后求两者的笛卡尔乘积，就可得到 Q，即

$$Q=Q_1\times Q_2$$

由于放入两个盒子中的同一类球可以任意互换且互换后分配方案不变，因此，有

$$Q_1=\{e_1=(w_1)(w_2),\ (w_1, w_2)\},\ Q_2=\{e_2=(b_1)(b_2), (b_1, b_2)\}$$

依次类推，就可得一般情形的球分类相同的分配方案的个数。

扩展一 盒子有 3 个，则将颜色数扩大为 3 种即可。即 $C=\{$盒 1，盒 2，盒 2$\}=\{C_1, C_2, C_2\}$，故置换群 $Q=\{e, (w_1w_2), (b_1b_2), (w_1w_2)(b_1b_2)\}$及其轮换指标 $P_Q(x_1, x_2, x_3, x_4)=\frac{1}{4}(x_1^4+2x_1^2x_2+x_2^2)$都不变。

其总方案数为

$$L=P_Q(3, 3, 3, 3)=\frac{1}{4}(3^4+2\cdot 3^2\cdot 3+3^2)=36$$

若要分类枚举，则将 $x_i=x^i+y^i+z^i$ 代入 $P_Q(x_1, x_2, x_3, x_4)$得

$$P_Q(x+y+z, x^2+y^2+z^2, x^3+y^3+z^3, x^4+y^4+z^4)$$
$$=\frac{1}{4}[(x+y+z)^4+2(x+y+z)^2(x^2+y^2+z^2)+(x^2+y^2+2^2)^2]$$

扩展二 盒子有 2 个，将球扩展为 2 个相同的白球和 3 个相同的黑球，则相应的置换群 Q_1 不变，Q_2 为

$$Q_2=\{e_2=(b_1)(b_2)(b_3), (b_1)(b_2, b_3), (b_1, b_3)(b_2), (b_1, b_2)(b_3), (b_1, b_2, b_3), (b_3, b_2, b_1)\}$$
$$=\{e_2, (b_1, b_2), (b_1, b_3), (b_2, b_3), (b_1, b_2, b_3), (b_3, b_2, b_1)\}$$

$Q=\{e=(w_1)(w_2)(b_1)(b_2)(b_3), (b_1, b_2), (w_1, w_2)(b_1, b_2), (b_1, b_3), (w_1, w_2)(b_1, b_3), (b_2, b_3), (w_1, w_2)(b_2, b_3), (b_1, b_2, b_3), (w_1, w_2)(b_1, b_2, b_3), (b_3, b_2, b_1), (w_1, w_2)(b_3, b_2, b_1)\}$

从而得分配的方案数为

$$L=\frac{1}{12}(2^5+4\times 2^4+5\times 2^3+2\times 2^2)=12$$

扩展三 盒子有 2 个，将球扩展为 3 类。例如将 2 个相同的白球、3 个相同的黑球和 4 个相同的黄球，放入 3 个不同的盒子，则相应的置换群为

$$Q=Q_1\times Q_2\times Q_3$$

其中 Q_1 中包含 2 个置换，Q_2 中包含 6 个置换，Q_3 中包含 24 个置换。

【例 7.12.2】 用红、黄、蓝三种颜色对正六边形的顶点进行着色，共有多少种不同的方案？其中正六边形可以绕几何中心旋转或沿其对称轴翻转。

解 如图 7.5 所示，正六边形可以分别绕其中心旋转 0°，60°，120°，180°，240°，300°以及过 3 对顶点、3 个对称边的中点连线翻转，从而得置换群 Q 所含的置换如下：

$q_1=(1)(2)\cdots(6)$，$q_2=(1\ 2\ 3\ 4\ 5\ 6)$，$q_3=(1\ 3\ 5)(2\ 4\ 6)$，$q_4=(1\ 4)(2\ 5)(3\ 6)$，
$q_5=(5\ 3\ 1)(6\ 4\ 2)$，$q_6=(6\ 5\ 4\ 3\ 2\ 1)$，$q_7=(1)(2\ 6)(4)(3\ 5)$，
$q_8=(1\ 3)(2)(4\ 6)(5)$，$q_9=(1\ 5)(2\ 4)(3)(6)$，$q_{10}=(1\ 2)(3\ 6)(4\ 5)$，

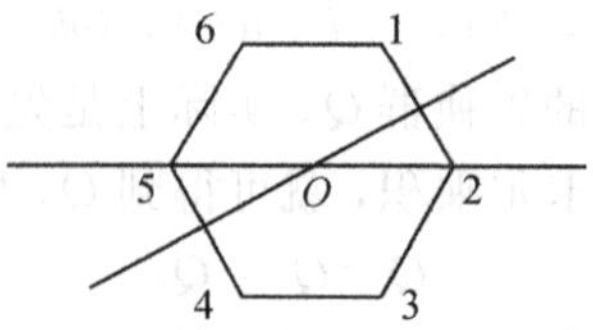

图 7.5 正六边形顶点的置换示意

$q_{11}=(1\ 4)(2\ 3)(5\ 6)$，$q_{12}=(1\ 6)(2\ 5)(3\ 4)$
故由 Pólya 定理知不同的方案数为

$$L=\frac{1}{12}[3^6+3\cdot 3^4+4\cdot 3^3+2\cdot 3^2+2\cdot 3^1]=92$$

【例 7.12.3】 用红、蓝两色给正立方体的六个面着色，可得多少种不同方案？

解　将正立方体的上、下、左、右、前、后 6 个面分别编号为 1、6、4、2、3、5，使正立方体的面重合的刚体运动群，有以下几种情况(如图 7.6 所示)：

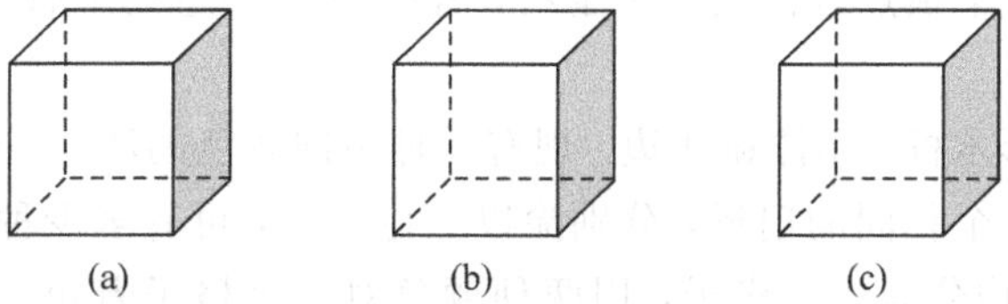

图 7.6　正方体 6 个面的置换示意

(1) 不动置换：即单位元素(1)(2)(3)(4)(5)(6)，格式为$(1)^6$；

(2) 绕过(1)和(6)面中心的 AB 轴旋转±90°(图(a))，对应置换为

$$(1)(2\ 3\ 4\ 5)(6),\ (1)(5\ 4\ 3\ 2)(6)$$

格式为$(1)^2(4)^1$。类似的面共有 3 对，故这种格式的置换共有 6 个；

(3) 绕 AB 轴旋转 180°的置换为(1)(2 4)(3 5)(6)，格式为$(1)^2(2)^2$，同类的置换有 3 个；

(4) 绕 CD 轴旋转 180°(图(b))的置换为(1 6)(2 5)(3 4)，格式为$(2)^3$，而正立方体对角线位置的平行的棱有 6 对，故同类置换有 6 个；

(5) 绕对角线 EF 旋转±120°(图(c))的置换分别为(3 4 6)(1 5 2)和(6 4 3)(2 5 1)，格式都是$(3)^2$。这样的对角线有 4 个，即同类置换有 8 个。

所以，不同的染色方案为

$$L=\frac{1}{24}[2^6+6\cdot 2^3+3\cdot 2^4+6\cdot 2^3+8\cdot 2^2]=10$$

习　题　7

1. 证明下列集合关于所给的运算构成一个群。

(1) $G_1=\{x\,|\,x=3k,\ k=0,\ \pm1,\ \pm2,\ \cdots\}$，定义 G_1 上的运算为整数的加法运算；

(2) $G_2=\{1,\ 2,\ 4,\ 7,\ 8,\ 11,\ 13,\ 14\}$，其运算为模 15 的乘法运算。即设 $a,b\in G_2$，定义 a 与 b 的积为 $ab \bmod 15$。

(3) $G_3=\{1,\ 2,\ 4,\ 8,\ 16,\ 32\}$，其运算为模 21 的乘法运算。并证明 G_3 是一个循环群，同时给出它的生成元。

2. 求题 1 中的群和 G_3 的所有子群。

3. 证明置换的乘法满足结合律。

4. 验证下列函数对于运算 $f\cdot g=f(g(x))$ 是一个群。

$$f_1(x)=x \qquad f_2(x)=\frac{1}{x} \qquad f_3(x)=1-x$$

$$f_4(x)=\frac{1}{1-x} \qquad f_5(x)=\frac{x-1}{x} \qquad f_6(x)=\frac{x}{x-1}$$

5. 一张卡片分成 4×2 个方格，每格用红蓝两色涂染，可有多少种方法？

6. 一根木棍等分成 n 段，用 m 种颜色涂染，问有多少种染法？当 $n=m=2$ 和 $n=m=3$ 时各有多少种方法？

7. 正五角星的五个顶点各镶嵌一个宝石，若有 m 种颜色的宝石可供选择，可以有多少种方案？

8. 有一个正方形木框，用漆刷 4 边。现有 3 种不同颜色的漆，可有多少种不同的涂法？

9. 一个圆分成 6 个相同的扇形，分别涂以三色之一，可有多少种涂法？

10. 将一正方形均分为 4 个格子，用两种颜色对 4 个格子着色，能得到多少种不同的图像？其中认为两种颜色互换后使之一致的方案属同一类。

第 8 章　求解组合优化问题的几种智能算法

本章将介绍 TSP 问题的基本定义及相应的求解算法。

8.1　求解 TSP 问题的传统进化算法

TSP 问题可描述为：一旅行者访问一些城市中的每个城市，若任两个城市间的路程已知，找出一条经过所有城市且每个城市只经过一次的最短闭合路径。

对 TSP 问题，传统的编码方式主要有邻点表示法、顺序表示法、路径表示法这 3 种方式。

8.1.1　邻点表示法

邻点表示法(adjacency representation)这种编码方式将经过 n 个城市的一条路径表示成 1，2，…，n 的一个 n 级排列，其中，城市 j 位于第 i 个位置(从左算起)，表示此路径从城市 i 到城市 j。例如，(2，4，8，3，9，7，1，5，6)表示路径 1→2→4→3→8→5→9→6→7→1。

注意：

(1) 每一条可行路径对应唯一的邻点表示法。

(2) 任一个 n 级排列并不一定表示邻点表示法中的一条可行路径。

例如，(2，4，8，1，9，3，5，7，6)表示的是两条闭合子路径 1→2→4→1 和 3→8→7→5→9→6→3，因为它不是经过所有城市的一个闭合路径，因此，它是不可行路径。

邻点表示法常用的交叉算子为边轮换交叉(alternating edges)和启发式交叉。

1. 边轮换交叉

设 p_1、p_2 为参加交叉的父辈点，o_1、o_2 为它们的交叉后代。其中，$o_i(i=1, 2)$的产生方法如下：

(1) 依次选 p_i 的奇数位置(从左算起)的数作为 o_i 的相应奇数位置的数，并选另外一个父辈 p_{3-i} 的偶数位置的数作为 o_i 的相应偶数位置的数。

(2) 若按(1)的取法进行到某步，在选 o_i 的奇数位置的数时出现了不可行路径，则选 p_{3-i} 的相应奇数位置(从左算起)的数作为 o_i 的该奇数位置的数。类似地，若在选 o_i 的偶数位置的数时出现了不可行路径，则选父辈 p_i 的偶数位置的数作为 o_i 的相应偶数位置的数。

注意：只是在用步骤(1)选数出现不可行路径时才采用步骤(2)，一旦“出现不可行路径”的问题被解决，仍然要按步骤(1)继续选数。

(3) 若按(1)、(2)取法进行到 o_i 的某位时仍出现了不可行路径，则再在剩余的数字中随机选一个作为 o_i 的该位置的数字。若所选的随机数还是不能使 o_i 成为一条可行路径，则重新从剩余的数字中随机选一个作为 o_i 的该位置的数字。重复进行该过程，直到所选的随机数使 o_i 成为可行路径为止。

【例 8.1.1】 已知 $p_1=(2, 3, 8, 7, 9, 1, 4, 5, 6)$，$p_2=(7, 5, 1, 6, 9, 2, 8, 4, 3)$，则 $o_1=(2, 5, 8, 6, 9, 1, 4, 7, 3)$，对应的路径为 $1\to2\to5\to9\to3\to8\to7\to4\to6\to1$；$o_2=(7, 3, 1, 6, 9, 2, 8, 5, 4)$，对应的路径为 $1\to7\to8\to5\to9\to4\to6\to2\to3\to1$。

2. 启发式交叉(只产生一个后代 o)

后代 o 的产生方法如下：

(1) 随机选取一数字 k(即城市)作为 o 的起点，不妨设 k 在 p_1、p_2 中的下一个数字分别为 m 和 n，且 $k\to m$ 比 $k\to n$ 的距离短，则选 m 作为 o 中紧接着 k 的下一数字。再采用上述方法选取 o 中紧接 m 的数字，重复上述过程。

(2) 若步骤(1)进行到 o 中第 p 个城市时，不妨设 p 在 p_1、p_2 中的下一个数字分别为 h、e，且 $p\to e$ 比 $p\to h$ 的距离短，但选 e 作为 o 中 p 后的下一个数字将使 o 成为不可行路径，此时应选 h 作为 o 中 p 后的下一个数字。

(3) 若按步骤(1)和步骤(2)进行到 o 的第 l 个城市时仍产生了不可行路径，则应从剩余的数字中随机选取一个作为 o 中 l 后的下一个数字；若仍不行，则重复进行该过程，直到所选的随机数使 o 成为可行路径为止。

(4) 重复(1)、(2)、(3)即可产生一条可行路径 o。

【例 8.1.2】 $p_1=(2, 3, 4, 5, 1)$：$1\to2\to3\to4\to5\to1$，$p_2=(2, 4, 5, 3, 1)$：$1\to2\to4\to3\to5\to1$。如图 8.1 所示，不妨设第 1 个城市作为后代 o 的起点，则 o 可表示为 $o=(2, 3, 4, 5, 1)$。

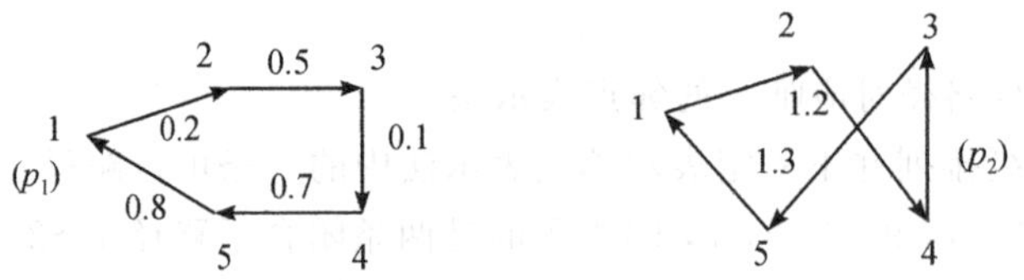

图 8.1 例 8.1.2 图

8.1.2 顺序表示法

用顺序表示法(ordinal representation)求解 TSP 问题的方法如下：

(1) 取 $c_0=(1, 2, 3, \cdots, n)$作为参考路径，它表示路径 $1\to2\to\cdots\to n$。

(2) 一个路径的顺序表示法是指一个 n 维向量 $\boldsymbol{s}=(s_1, s_2, \cdots, s_n)$，其中，$1\leqslant s_i\leqslant n-i+1$，$i=1, 2, \cdots, n$。

(3) $\boldsymbol{s}$ 路径的第一个城市为 s_1，从 c_0 中去掉 s_1 得 $c_1=(1, 2, \cdots, s_1-1, s_1+1, \cdots, n)$；第二个城市为 c_1 中的第 s_2 个城市，去掉 c_1 中的 s_2 得 c_2。

（4）s 的第 i 个城市为 c_{i-1} 中的第 s_i 个城市，去掉 c_{i-1} 中的 s_i 得 c_i，依次类推，可以知道 s 所表示的路径情况。

【例 8.1.3】　已知 $c_0 = (1, 2, 3, 4, 5, 6, 7, 8, 9)$，$s = (1, 1, 2, 1, 4, 1, 3, 1, 1)$，则 s 所表示的路径为 $1 \rightarrow 2 \rightarrow 4 \rightarrow 3 \rightarrow 8 \rightarrow 5 \rightarrow 9 \rightarrow 6 \rightarrow 7 \rightarrow 1$。

注意：

（1）c_0 也可以取 $1, 2, \cdots, n$ 的任一排列；

（2）这种表示方法的优点是单点交叉不会破坏路径的可行性。

【例 8.1.4】　设 p_1、p_2 为两条合法路径，o_1、o_2 为其杂交后的结果。

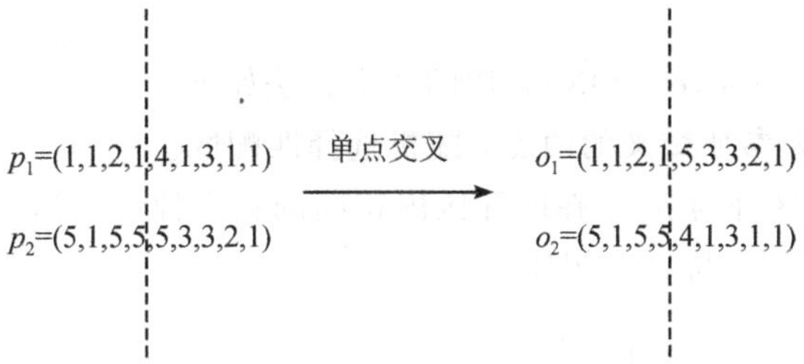

$$p_1 = (1,1,2,1,4,1,3,1,1) \xrightarrow{\text{单点交叉}} o_1 = (1,1,2,1,5,3,3,2,1)$$
$$p_2 = (5,1,5,5,5,3,3,2,1) \qquad\qquad o_2 = (5,1,5,5,4,1,3,1,1)$$

则 o_1 表示的路径为

$$1 \rightarrow 2 \rightarrow 4 \rightarrow 3 \rightarrow 9 \rightarrow 7 \rightarrow 8 \rightarrow 6 \rightarrow 5 \rightarrow 1,$$

o_2 表示的路径为

$$5 \rightarrow 1 \rightarrow 7 \rightarrow 8 \rightarrow 6 \rightarrow 2 \rightarrow 9 \rightarrow 3 \rightarrow 4 \rightarrow 1。$$

8.1.3　路径表示法

路径表示法（path representation）中的路径是由 $1, 2, \cdots, n$ 的一个排列表示，如 i_1，$i_2, \cdots, i_n$，它代表的路径为

$$i_1 \rightarrow i_2 \rightarrow \cdots \rightarrow i_n \rightarrow i_1$$

它是 TSP 的一种最自然的表示方法，这种编码方式有下几种常见的交叉算子。

1. 部分匹配交叉

部分匹配交叉后代的产生方法如下：

（1）设 p_1 和 p_2 为两个参加交叉的点。

（2）随机选取两个自然数 $1 \leqslant k < r \leqslant n$，$k$ 位之后及 r 位之前的部分叫匹配区，交换 p_1 与 p_2 的匹配区元素得 o_1 与 o_2。例如：

$$p_1 = (9,8,4,5,6,7,1,3,2) \xrightarrow{\text{PMX}} o_1 = (9,8,4,2,3,9,1,3,2)$$
$$p_2 = (8,7,1,2,3,9,5,4,6) \qquad\qquad o_2 = (8,7,1,5,6,7,5,4,6)$$

$$k=3 \quad k=7$$

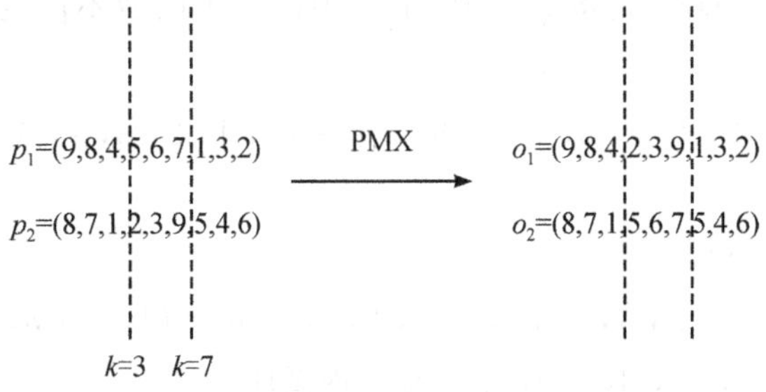

（3）按匹配区 p_1 与 p_2 元素间的对应关系换掉 o_1 与 o_2 匹配区外的元素，得如下两个

后代：

o_1=(7,8,4,2,3,9,1,6,5)

o_2=(8,9,1,5,6,7,2,4,3)

2. 顺序交叉

顺序交叉(order crossover，OX)后代的产生方法如下：

(1) 设 p_1 与 p_2 为参加交叉的两点，随机选择匹配区。

(2) 将 p_i 在匹配区外与 p_{3-i} 在匹配区内相同的数去掉($i=1$, 2)，再将它们在匹配区内的数移到最左边得到 o_1 与 o_2。例如：

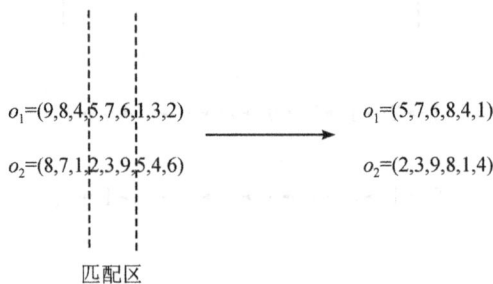

o_1=(9,8,4,5,7,6,1,3,2) → o_1=(5,7,6,8,4,1)

o_2=(8,7,1,2,3,9,5,4,6) → o_2=(2,3,9,8,1,4)

匹配区

(3) 在 o_i 的匹配区后添上 p_{3-i} 的匹配区得 o_i，$i=1$，2。例如：

o_1=(5,7,6,8,4,1) → o_1=(5,7,6,2,3,9,8,4,1)

o_2=(2,3,9,8,1,4) → o_2=(2,3,9,5,7,6,8,1,4)

3. 循环交叉

循环交叉(cycle crossover，CX)后代的产生方法如下：

(1) o_i 中的第1位取为 p_i 的第1位，$i=1$，2。

(2) 设 o_i 的第 k 位已经确定，则将 p_i 中与 p_{3-i} 第 k 位相同的数(假设在 p_i 的第 r 位)复制到 o_i 的第 r 位。如此反复，直到产生 o_i，或产生一个循环(但不能产生一条可行路径)。

(3) 若产生了一个循环，则将 p_{3-i} 中与 o_i 中已产生的数不同的数按 p_{3-i} 中的顺序填入 o_i 的剩余位置。

例如，$p_1=(1, 2, 3, 4, 5, 6, 7, 8, 9)$，$p_2=(4, 1, 2, 8, 7, 6, 9, 3, 5)$，后代产生的步骤如下：

步骤1　$o_1=(1, \cdots)$。

步骤2　$o_1=(1, *, *, 4, *, *, *, 8, *)$，$o_1=(1, *, 3, 4, *, *, *, 8, *)$，$o_1=(1, 2, 3, 4, *, *, *, 8, *)$，下一步出现循环。

步骤3　$o_1=(1, 2, 3, 4, 7, 6, 9, 8, 5)$，类似可以产生 o_2。

4. 修改的顺序交叉

(1) 随机选若干位置。例如，选 p_1 和 p_2 的第 3，4，6，9 位得

$$p_1=1,2,\dot{3},\dot{4},5,\dot{6},7,8,\dot{9}$$

$$p_2=4,1,\dot{2},\dot{8},7,\dot{6},9,3,\dot{5}$$

(2) 产生 o_i，$i=1,2$。将 p_i 中与 p_{3-i} 中选定位的数相同的数改为 * 号：

$$o_1=(1,*,3,4,*,*,7,*,9)$$

$$o_2=(*,1,2,8,7,*,*,*,5)$$

(3) 将 $p_i(i=1,2)$。中选定的数按在 p_i 中的先后顺序填入 o_{3-i} 中的 * 位上：

$$o_1=(1,2,3,4,8,6,7,5,9)$$

$$o_2=(3,1,2,8,7,4,6,9,5)$$

8.1.4　路径的矩阵表示及相应的遗传算子

1. 路径的 0-1 矩阵表示法 1

一条路径用一个 $n\times n$ 的 0-1 矩阵 $(m_{ij})_{n\times n}$ 表示，约定 $m_{ii}=0$，$m_{ij}=1$ 表示城市 i 在城市 j 之前被访问。

【例 8.1.5】 一个城市的路径(2，4，3，1)可以表示为

$$\boldsymbol{M}=\begin{bmatrix}0&0&0&0\\1&0&1&1\\1&0&0&0\\1&0&1&0\end{bmatrix}$$

在这种表示法中，如果一个 n 阶 0-1 矩阵 $\boldsymbol{M}$ 表示一条合法路径，则除约定 $m_{ii}=0$，$\boldsymbol{M}$ 还应满足如下条件：

(1) 1 的个数为 $\dfrac{n(n-1)}{2}$ 个(证明：当 $i\neq j$ 时，m_{ij} 和 m_{ji} 有且只有一个为 1，由此可以知道 $\boldsymbol{M}$ 中 1 的个数)。

(2) 若 $m_{ij}=1$，$m_{jk}=1$，则 $m_{ik}=1$(显然)。

(3) $m_{ij}=1 \rightleftarrows m_{ji}=1$(显然)。

1) 交叉算子

(1) 设两条路径 p_1 和 p_2 的编码为 $\boldsymbol{M}_1$ 和 $\boldsymbol{M}_2$。

(2) 令 $\boldsymbol{M}=\boldsymbol{M}_1\oplus\boldsymbol{M}_2$，其中，元素间运算符为 $1\oplus1=1$，$1\oplus0=0\oplus1=0\oplus0=0$。

(3) 在 $\boldsymbol{M}_1-\boldsymbol{M}$ 及 $\boldsymbol{M}_2-\boldsymbol{M}$ 中各选一些元素补充到 $\boldsymbol{M}$，并使 $\boldsymbol{M}$ 满足一条合法路径的条件。

(4) 修正 $\boldsymbol{M}_1-\boldsymbol{M}$ 及 $\boldsymbol{M}_2-\boldsymbol{M}$。若在上一步中将 $\boldsymbol{M}$ 中的元素 $m_{ij}=1$ (或将 $\boldsymbol{M}_2-\boldsymbol{M}$ 中的元素 $m_{ji}=1$)补充到了 $\boldsymbol{M}$，则将 $\boldsymbol{M}_1-\boldsymbol{M}$ 及 $\boldsymbol{M}_2-\boldsymbol{M}$ 中的(i,j)和(j,i)位置元素均置为 0。

(5) 重复(3)、(4)，直到 $\boldsymbol{M}_1-\boldsymbol{M}$、$\boldsymbol{M}_2-\boldsymbol{M}$ 均为 0-1 矩阵。

【例 8.1.6】 设 $p_1=(1,2,3,4)$，$p_2=(2,4,3,1)$，则有

$$M_1=\begin{bmatrix}0&1&1&1\\0&0&1&1\\0&0&0&0\\0&0&0&0\end{bmatrix},\ M_2=\begin{bmatrix}0&0&0&0\\1&0&1&1\\1&0&0&0\\1&0&1&0\end{bmatrix}$$

$$M=\begin{bmatrix}0&0&0&0\\0&0&1&1\\0&0&0&0\\0&0&0&0\end{bmatrix},\ M_1-M=\begin{bmatrix}0&1&1&1\\0&0&0&0\\0&0&0&1\\0&0&0&0\end{bmatrix},\ M_2-M=\begin{bmatrix}0&0&0&0\\1&0&0&0\\1&0&0&0\\1&0&1&0\end{bmatrix}$$

选 M_1-M 的(1，2)元素 1(等同于选 M_2-M 的(2，1)元素 1)补充到 M 中的(1，2)位置，得

$$M=\begin{bmatrix}0&1&0&0\\0&0&1&1\\0&0&0&0\\0&0&0&0\end{bmatrix},\ M_1-M=\begin{bmatrix}0&0&1&1\\0&0&0&0\\0&0&0&1\\0&0&0&0\end{bmatrix}$$

$$M_2-M=\begin{bmatrix}0&0&0&0\\0&0&0&0\\1&0&0&0\\1&0&1&0\end{bmatrix}$$

进行推理，如果 M 满足合法路径的条件，则有

$$m_{12}=1,\ m_{23}=1\Rightarrow m_{13}=1,\ m_{12}=1,\ m_{24}=1\Rightarrow m_{14}=1$$

故 M 应该为 $M=\begin{bmatrix}0&1&1&1\\0&0&1&1\\0&0&0&0\\0&0&0&0\end{bmatrix}$，因此，可知 M_1-M 的(1，3)及(1，4)位置的元素 1(或 M_2-M 的(3，1)、(4，1)位置的元素 1)应补充到 M 相应位置中，从而又有

$$M_1-M=\begin{bmatrix}0&0&0&0\\0&0&0&0\\0&0&0&1\\0&0&0&0\end{bmatrix},\ M_2-M=\begin{bmatrix}0&0&0&0\\0&0&0&0\\0&0&0&0\\0&0&1&0\end{bmatrix}$$

由 M_1-M 及 M_2-M 中剩余的"1"元素很容易知道，M_1-M 应将最后一个 1(处于(3，4)位置)或者 M_2-M 应将处于(4，3)位置的最后一个 1 补充到 M 中，因此又有

$$M_1-M=\begin{bmatrix}0&0&0&0\\0&0&0&0\\0&0&0&0\\0&0&0&0\end{bmatrix},\ M_2-M=\begin{bmatrix}0&0&0&0\\0&0&0&0\\0&0&0&0\\0&0&0&0\end{bmatrix},\ M=\begin{bmatrix}0&1&1&1\\0&0&1&1\\0&0&0&0\\0&0&1&0\end{bmatrix}$$

由此可知，交叉后代 M 为一条合法路径，且它表示的路径为(1，2，4，3)。

注意：在该交叉算子的第(3)步中，当把 M_1-M 中的某位(设为(i,j)位)的"1"元素添加到 M 中的(j,i)位置时，将产生不同的后代，有时也会产生不合法路径。例如，若第

一次从 $\boldsymbol{M}_1-\boldsymbol{M}$ 或 $\boldsymbol{M}_2-\boldsymbol{M}$ 中选元素到 $\boldsymbol{M}$ 中时将 $\boldsymbol{M}_1-\boldsymbol{M}$ 中(2, 1)处的 1 添到 $\boldsymbol{M}$ 中的(2, 1)位置，$\boldsymbol{M}$ 位置的 1 的添法不变，则将产生不合法路径。又如，最后一次从 $\boldsymbol{M}_1-\boldsymbol{M}$ 或 $\boldsymbol{M}_2-\boldsymbol{M}$ 中选元素到 $\boldsymbol{M}$ 中时，若把 $\boldsymbol{M}_1-\boldsymbol{M}$ 的最后一个 1(处于(3, 4)位置)，或者把 $\boldsymbol{M}_2-\boldsymbol{M}$ 处于(4, 3)位置的最后一个 1 补充到 $\boldsymbol{M}$ 中的(3, 4)位置上，则将产生另外一个不同的合法后代，其所表示的路径为(1, 2, 3, 4)。

2) 合并算子

(1) 对两个路径 p_1 和 p_2，将城市分为两组，一组为 $c_1=\{i_1, i_2, \cdots, i_k\}$，另外一组为 $c_2=\{1, 2, \cdots, n\}/c_1$。

(2) 将 p_1 对应的 0-1 矩阵 $\boldsymbol{M}_1$ 中的第 $i_1, i_2, \cdots, i_k$ 行和第 $i_1, i_2, \cdots, i_k$ 列交叉点上的元素复制到 $\boldsymbol{M}$ 中，再将 p_2 对应的矩阵 $\boldsymbol{M}_2$ 与 c_2 列交叉点上的元素复制到 $\boldsymbol{M}$ 中，$\boldsymbol{M}$ 的其他元素用 0 表示。

(3) 分别在 $\boldsymbol{M}_1$ 和 $\boldsymbol{M}_2$ 中将刚被复制的元素全改为 0，则分别得到 $\widetilde{\boldsymbol{M}_1}$ 和 $\widetilde{\boldsymbol{M}_2}$，再从 $\widetilde{\boldsymbol{M}_1}$ 和 $\widetilde{\boldsymbol{M}_2}$ 中选一些元素 1 补充到 $\boldsymbol{M}$ 中，使 $\boldsymbol{M}$ 满足可行路径的要求。

【例 8.1.7】 设 $p_1=(1, 2, 3, 4)$，$p_1=(2, 4, 3, 1)$，$c_1=\{1, 2\}$，$c_2=\{3, 4\}$，则有

$$\boldsymbol{M}_1=\begin{bmatrix}0&1&1&1\\0&0&1&1\\0&0&0&1\\0&0&0&0\end{bmatrix},\ \boldsymbol{M}_2=\begin{bmatrix}0&0&0&0\\1&0&1&1\\1&0&0&0\\1&0&1&0\end{bmatrix}$$

复制得

$$\boldsymbol{M}=\begin{bmatrix}0&1&0&0\\0&0&0&0\\0&0&0&0\\0&0&1&0\end{bmatrix},\ \widetilde{\boldsymbol{M}_1}=\begin{bmatrix}0&0&1&1\\0&0&1&1\\0&0&0&1\\0&0&0&0\end{bmatrix},\ \widetilde{\boldsymbol{M}_2}=\begin{bmatrix}0&0&0&0\\1&0&1&1\\1&0&0&0\\1&0&0&0\end{bmatrix}$$

如果选 $\boldsymbol{M}$ 中(1, 3)、(1, 4)两位置的元素 1 和 $\widetilde{\boldsymbol{M}_2}$ 中(2, 3)、(2, 4)两位置的元素 1，则共有 4 个元素补充到 $\boldsymbol{M}$ 的相应位置，得

$$\boldsymbol{M}=\begin{bmatrix}0&1&1&1\\0&0&1&1\\0&0&0&0\\0&0&1&0\end{bmatrix}$$

$\boldsymbol{M}$ 表示的路径为(1, 2, 4, 3)。

注意：第(3)步中，并不是任意从 $\widetilde{\boldsymbol{M}_1}$ 和 $\widetilde{\boldsymbol{M}_2}$ 中取一些元素 1 添到 $\boldsymbol{M}$ 中都可使 $\boldsymbol{M}$ 成为合法路径。

2. 路径的 0-1 矩阵表示法 2

用一个 n 阶 0-1 矩阵 $\boldsymbol{M}=(m_{ij})_{n\times n}$ 表示一条路径，其中，$m_{ii}=0(i=1, 2, \cdots, n)$，$m_{ij}=1$ 表示路径中城市 i 之后紧接城市 j。

一条合法的路径对应的矩阵 $\boldsymbol{M}$ 中，每行每列中只能有一个元素为 1，其余元素为 0；反之，则不一定为一条合法路径的矩阵。

例如，$M=\begin{bmatrix}0&1&0&0&0&0\\0&0&1&0&0&0\\1&0&0&0&0&0\\0&0&0&0&1&0\\0&0&0&0&0&1\\0&0&0&1&0&0\end{bmatrix}$ 代表两条闭合子路径$\begin{cases}1\to2\to3\to1\\4\to5\to6\to4\end{cases}$。

注意：闭合子路径在这种表示法中是被允许的，因为这种闭合子路径可以通过某种简单方式连接起来构成一条合法的闭合路径。

连接两闭合子路径的方法如下：

(1) 设 p_1 和 p_2 为一条路径的两个闭合子路径；

(2) 在 p_1 中找一条边 A_1B_1，再在 p_2 中找另一条 A_2B_2，使得 $|A_1A_2|+|B_1B_2|=\min\{|C_1C_2|+|D_1D_2|\}$，其中 C_1D_1、C_2D_2 分别为 p_1 和 p_2 的边；

(3) 连接 A_1 与 A_2、B_1 与 B_2，并去掉边 A_1B_1、A_2B_2，即可得一条合法路径，如图8.2所示。

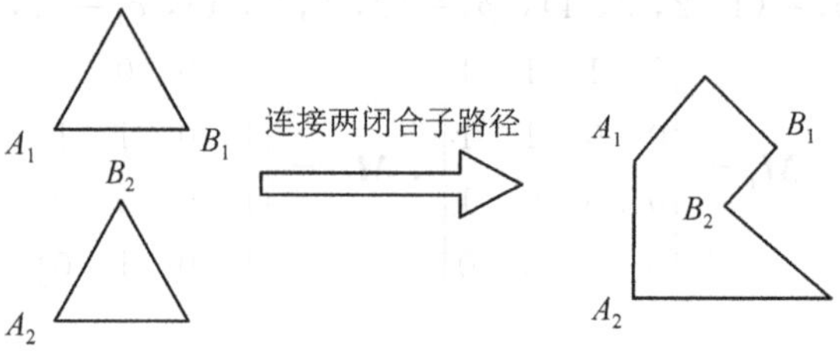

图 8.2 连接两闭合子路径

1) 变异算子

(1) 设一条合法路径 p 对应的 0-1 矩阵为 M，随机在 M 中选若干行和列，让这些行和列的交叉点上的元素参加变异。

(2) 这些行和列的交叉点上的元素构成 M 的一个子矩阵，随机将此子矩阵的含有 1 的行(或列)重新排列，并将所得的子矩阵代替原来的子矩阵，M 就变为了 $\overline{M}$。若 $\overline{M}$ 代表一条合法的路径，则 $\overline{M}$ 为 M 变异的后代；否则，$\overline{M}$ 表示若干闭合子路径。

用上述连接子路径的方法将这些子路径连接起来，$\overline{M}$ 便可以成为一条合法的闭合路径，也记为 M 变异的后代。

【例 8.1.8】 $p=(1, 2, 3, 4, 5, 6)$ 可用如下矩阵 M 表示：

$$M=\begin{bmatrix}0&1&0&0&0&0\\0&0&1&0&0&0\\0&0&0&1&0&0\\0&0&0&0&1&0\\0&0&0&0&0&1\\1&0&0&0&0&0\end{bmatrix}$$

选 1，2，4 行和 3，5，6 列构成子矩阵，交换此子矩阵的 2、4 行得

$$\overline{\boldsymbol{M}}=\begin{bmatrix}0&1&0&0&0&0\\0&0&0&0&1&0\\0&0&0&1&0&0\\0&0&1&0&0&0\\0&0&0&0&0&1\\1&0&0&0&0&0\end{bmatrix}$$

它代表了(1，2，5，6)与(3，4)两个闭合子路径，并可用上述连接子路径的方法将它们连接成一条合法闭合子路径，得(1，3，4，2，5，6)。

注意：除上述介绍的连接子路径的方法以外，还有其它连接方法，如可将上述闭合子路径(3，4)随机地插到闭合子路径(1，2，5，6)的某一位后。实际应用时，应根据情况而选取适当的连接方法。

2) 交叉算子

(1) 设两条闭合路径 p_1 和 p_2 对应的 0-1 矩阵分别为 $\boldsymbol{M}_1=(m_{ij}^1)$ 和 $\boldsymbol{M}_2=(m_{ij}^2)$。

(2) 先令 $\boldsymbol{N}_1$ 为 n 阶 0 矩阵，若 $m_{ij}^1=m_{ij}^2=1$，则再令 $n_{ij}^1=1$，n_{ij}^1 为 $\boldsymbol{N}_1$ 的(i, j)元素。

(3) 在 $\boldsymbol{N}_1$ 中找出全为 0 元素的行，交替将 $\boldsymbol{M}_1$ 和 $\boldsymbol{M}_2$ 的这些行中的元素 1 复制到 $\boldsymbol{N}_1$ 的相应位置上，但应使 $\boldsymbol{N}_1$ 的每列不多于一个 1。

(4) 若 N_1 中还有 k 行$(k\geqslant 1)$全为 0 元素，并设这些行为 o_1，o_2，…，o_k，则在 $\boldsymbol{N}_1$ 中找出元素全为 0 的列，然后随机确定一个这些列的顺序 j_1，j_2，…，j_k，在 $\boldsymbol{N}_1$ 中重新置$(o_r, j_r)=1$，$r=1, 2, \cdots, k$，得新的 $\boldsymbol{N}_1$。

(5) 若上一步所得 $\boldsymbol{N}_1$ 为一条合法的闭合路径，则 $\boldsymbol{N}_1$ 为 $\boldsymbol{M}_1$ 和 $\boldsymbol{M}_2$ 的一个后代，否则，$\boldsymbol{N}_1$ 为若干闭合子路径，依次连接它们可得一条闭合路径，此路径也作为 $\boldsymbol{M}_1$ 和 $\boldsymbol{M}_2$ 的一个后代。

(6) 将 $\boldsymbol{M}_1$ 和 $\boldsymbol{M}_2$ 交换，重复上述步骤，可得 $\boldsymbol{M}_1$ 和 $\boldsymbol{M}_2$ 的另外一个后代 $\boldsymbol{N}_2$。

【例 8.1.9】 设 $p_1=(1, 2, 3, 4)$，$p_2=(4, 2, 3, 1)$，则有

$$\boldsymbol{M}_1=\begin{bmatrix}0&1&0&0\\0&0&1&0\\0&0&0&1\\1&0&0&0\end{bmatrix},\ \boldsymbol{M}_2=\begin{bmatrix}0&0&0&1\\0&0&1&0\\1&0&0&0\\0&1&0&0\end{bmatrix}$$

$$\boldsymbol{N}_1=\begin{bmatrix}0&0&0&0\\0&0&1&0\\0&0&0&0\\0&0&0&0\end{bmatrix}\Rightarrow\boldsymbol{N}_1=\begin{bmatrix}0&1&0&0\\0&0&1&0\\1&0&0&0\\0&0&0&0\end{bmatrix}$$

$$\Rightarrow\boldsymbol{N}_1=\begin{bmatrix}0&1&0&0\\0&0&1&0\\1&0&0&0\\0&0&0&1\end{bmatrix}$$

在此过程的第(4)步中，随机确定一个列的顺序，而该例只有一行和一列，这种补充 1 的方法导致 $n'_{44}=1$，产生不可行路径，应重新进行第(4)步。取列顺序为(4，1，2)，

$(o_1, o_2, o_3)=(1, 3, 4)$，得

$$N_1=\begin{bmatrix}0&0&0&0\\0&0&1&0\\0&0&0&0\\0&0&0&0\end{bmatrix}\Rightarrow N_1=\begin{bmatrix}0&0&0&0\\0&0&1&0\\1&0&0&0\\0&1&0&0\end{bmatrix}\text{（合法路径）}$$

注意：以上交叉算子只考虑了城市的位置及顺序对产生的路径必须可行，而没有考虑到城市间的路径长短，因此，要产生好的路径是不够的。对TSP，设计高可信且有效的遗传算法，应在设计交叉算子时同时考虑产生的路径优劣问题。

8.1.5 带有局部搜索的解 TSP 的进化算法框架

1. TSP局部搜索算法的思想

(1) 对一个给定路径 p，指定一组相邻路径(是指将此路径中的一段子路径假设为经过 k 个城市的子路径，用经过此 k 个城市的其它所有子路径代替后，所得的路径即为 p 的相邻路径)。

(2) 用相邻路径中最好的路径代替给定路径。

(3) 重复(1)、(2)，直到找到一个局部最优解。

2. 带局部搜索的解TSP的进化算法框架

(1) 产生初始群体；

(2) 用局部搜索法将群体中的每条路径用一个局部最优路径代替。

(3) 用遗传算子产生 λ 个后代。

(4) 用局部搜索算法对每个后代搜索出一个局部最优路径，用此最优路径代替该后代。

(5) 选择新一代群体。

(6) 重复(1)～(5)，直到满足终止条件。

8.2 求解运输问题的传统进化算法

设一种产品要从 n 个产地运往 k 个销售地，第 i 个产地的生产量为 S_i(最大生产量)，$i=1, 2, \cdots, n$，第 j 个销地的需要量为 d_j $(j=1, 2, \cdots, k)$，从第 i 个产地向第 j 个销地送 x_{ij} 运输量时所需运费为 $f(x_{ij})$，x_{ij} 为多少时运费最小？

此问题的数学模型如下：

$$\begin{cases}\min\sum_{i=1}^{n}\sum_{j=1}^{k}f(x_{ij})\\ \text{s.t.}\ \sum_{j=1}^{k}x_{ij}\leqslant S_i\quad (i=1, 2, \cdots, n)\\ \sum_{i=1}^{n}x_{ij}\leqslant d_j\quad (j=1, 2, \cdots, k)\\ x_{ij}\geqslant 0\quad (i=1, 2, \cdots, n;\ j=1, 2, \cdots, k)\end{cases}\tag{8.1}$$

若 $f(x_{ij})=c_{ij}x_{ij}$，$c_{ij}>0$ 为从产地 i 到销地 j 单位产品的运费，则上述问题为线性运输问题；当 $f(x_{ij})$ 为非线数时，称上述问题为非线性运输问题。

上述问题隐含着条件 $\sum_{i=1}^{n}S_i \geqslant \sum_{j=1}^{k}d_j$。当 $\sum_{i=1}^{n}S_i = \sum_{j=1}^{k}d_j$ 时，称上述问题为产销平衡问题，它表示生产多少，就销售多少，于是，式(8.1)中的 S_i 全部被运走，即 $\sum_{j=1}^{k}x_{ij}=S_i(i=1, 2, \cdots, n)$，而第 j 个销地的需要量为 d_j，运给第 j 个销地的量也为 d_j，即 $\sum_{j=1}^{k}x_{ij}=d_j(j=1, 2, \cdots, k)$，于是产销平衡问题可写成

$$\begin{cases}\min \sum_{i=1}^{n}\sum_{j=1}^{k}f(x_{ij}) \\ \text{s. t. } \sum_{j=1}^{k}x_{ij}=S_i \quad (i=1, 2, \cdots, n) \\ \sum_{i=1}^{n}x_{ij}=d_j \quad (j=1, 2, \cdots, k) \\ x_{ij}\geqslant 0 \quad (i=1, 2, \cdots, n; j=1, 2, \cdots, k)\end{cases} \tag{8.2}$$

下面先讨论线性产销平衡问题。在式(8.2)中，$f(x_{ij})=c_{ij}x_{ij}$，并且 $S_i(i=1, 2, \cdots, n)$ 和 $d_j(j=1, 2, \cdots, k)$ 均为非负整数，则对式(8.2)有以下结论：

(1) 式(8.2)的最优解均为整数解，即所有 $x_{ij}(i=1, 2, \cdots, n, j=1, 2, \cdots, k)$ 为整数；

(2) x_{ij} 中非 0 整数的个数最多为 $n+k-1$ 个。

1. 编码方法 1 及相应的遗传算子

1) 编码方法 1 及其译码算法

(1) 编码方法 1：用 $(1, 2, \cdots, k\times n)$ 的一个排列 $(v_1, v_2, \cdots, v_p)$ 来表示一个解，其中，$p=k\times n$。

(2) 译码算法 1：

① 输入 S_i、$d_j(i=1, 2, \cdots, n, j=1, 2, \cdots, k)$，将 $v_1, v_2, \cdots, v_p$ 全标为未作标记的数。

② 在 $v_1, v_2, \cdots, v_p$ 中随机选择一个未作标记的数 v_q，对其标记。

③ 计算 v_q 对应的 x_{ij}，$i=\left[\frac{v_q-1}{k}\right]_{\text{取整}}+1$，$j=(v_q-1)\bmod(k)+1$；令 $x_{ij}=\min\{S_i, d_j\}$，$S_i=S_i-x_{ij}$，$d_j=d_j-x_{ij}$。

④ 如果 $v_1, v_2, \cdots, v_p$ 全被标记，则停；否则，转第②步。

【例 8.2.1】 $S_1=15$，$S_2=25$，$d_1=5$，$d_2=15$，$d_3=15$，$d_4=10$，$n=3$，$k=4$。设 $(v_1\sim v_2)=(10, 8, 5, 3, 1, 11, 4, 12, 7, 6, 9, 2)$ 为其一个解，现对其译码。随机选一个 v_q，如选到 $v_1=10$，则有

$$i=\left[\frac{10-1}{4}\right]_{\text{取整}}+1=3,\ j=(10-3)\bmod(4)+1=2$$

$$x_{32}=\min(S_3,\ d_2)=\min(5,\ 15)=5$$

$$S_3=S_3-x_{32}=5-5=0,\ d_2=d_2-x_{32}=15-5=10$$

用同样的方法得

$$v_2=8,\ i=2,\ j=4,\ x_{24}=10,\ S_2=15,\ d_4=0$$

$$v_3=5,\ i=2,\ j=1,\ x_{21}=5,\ S_2=10,\ d_1=0$$

译码完毕得全部 x_{ij}，如表 8.1 所示。

表 8.1 译码结果

i	j			
	1	2	3	4
1	0	0	15	0
2	5	10	0	10
3	0	5	0	0

2）*初始群体*

设群体的规模为 N，随机产生 N 个 1，2，…，$k\times n$ 的排列，构成初始群体。

3）*遗传算子*

(1) 变异算子：方法一是对换 v_1，v_2，…，v_p 中的任意两个数；方法二是将 v_1，v_2，…，v_p 反向排列为 v_p，v_{p-1}，…，v_2，v_1。

(2) 交叉算子：同 TSP 中路径表示法的交叉算子。另外，还有一种交叉算子：

① 设 p_1、p_2 参加交叉，令 $\widetilde{o_1}=p_2$。

② 在 p_1 中选一段(一部分数)。

③ 将 $\widetilde{o_1}$ 中的数做尽可能少的移动，使 $\widetilde{o_1}$ 在移动过后包含 p_1 中选出的那一段，则 $\widetilde{o_1}$ 在移动过后变为 $\widetilde{o_1}$，即为一个交叉后代。

④ 将 p_1 和 p_2 的位置互换，用上述方法可得另一个交叉后代 $\widetilde{o_2}$。

【例 8.2.2】 设 $p_1=(1,\ 2,\ 3,\ 4,\ 5,\ 6,\ 7,\ 8,\ 9,\ 10,\ 11,\ 12)$，$p_2=(7,\ 3,\ 1,\ 11,\ 4,\ 12,\ 5,\ 2,\ 10,\ 9,\ 6,\ 8)$，则有：

(1) 令 $\widetilde{o_1}=p_2$。

(2) 选 p_1 中的一段，如(4，5，6，7)。

(3) 移动 $\widetilde{o_1}$ 中的一些数，方法如下：将 5 向左移动 1 位，之后将 6 向左移动 4 位，之后将 7 向右移动 6 位，$\widetilde{o_1}$ 变为 $o_1=(3,\ 1,\ 11,\ 4,\ 5,\ 6,\ 7,\ 12,\ 2,\ 10,\ 9,\ 8)$。

(4) 将 p_1 和 p_2 的位置互换，用上述方法可得另一个交叉后代 o_2。

注意：上述第(3)步中满足移动次数最少的移动方法并不是唯一的。

2. 编码方法 2 及其遗传算子

1）编码方法 2

用 $\boldsymbol{v}=(v_{ij})^{n\times k}$ 表示一个解，其中，v_{ij} 表示第 i 产地到第 j 销地的运输量，这种编码方法不用译码。

2）变异算子

（1）假设 $\boldsymbol{w}$ 为 $\boldsymbol{v}$ 的一个 $p\times q$ 阶子矩阵，其由 $\boldsymbol{v}$ 的第 $i_1\sim i_p$ 行与第 $j_1\sim j_p$ 列构成。

（2）对 $\boldsymbol{w}$ 定义一组新的产量 $S_r^w\,(r=1, \cdots, p)$ 和需求量 $d_r^w\,(t=1, \cdots, q)$：

$$S_r^w=\sum_{t=1}^{q} v_{i_r j_t}, \quad r=1, \cdots, p$$

$$d_t^w=\sum_{r=1}^{p} v_{i_r j_t}\ (t=1, \cdots, q), \quad \sum_{r=1}^{p} S_r^w=\sum_{t=1}^{q} d_t^w$$

（3）根据 S_r^w 及 d_t^w 的值，用译码算法 1 重新给 $\boldsymbol{w}$ 中的各元素赋值，得到 $\boldsymbol{w}'$，并用 $\boldsymbol{w}'$ 代替 $\boldsymbol{v}$ 中的 $\boldsymbol{w}$，由此，$\boldsymbol{v}$ 就变成了 $\boldsymbol{v}'$，$\boldsymbol{v}'$ 即为 $\boldsymbol{v}$ 的后代，它仍满足所有约束。

【例 8.2.3】　设 $(S_1, S_2, S_3, S_4)=(8, 4, 12, 6)$，$(d_1\sim d_5)=(3, 5, 10, 7, 5)$，

$$\boldsymbol{v}=\begin{bmatrix}0 & 0 & 5 & 0 & 3\\ 0 & 4 & 0 & 0 & 0\\ 0 & 0 & 5 & 7 & 0\\ 3 & 1 & 0 & 0 & 2\end{bmatrix}$$，则变异方法如下：

（1）取 $\boldsymbol{w}$ 为 $\boldsymbol{v}$ 中的第 2、4 行和第 2、3、5 列构成的子矩阵，即

$$\boldsymbol{w}=\begin{bmatrix}4 & 0 & 0\\ 1 & 0 & 2\end{bmatrix}$$

（2）计算得 $S_1^w=4$，$S_2^w=3$，$d_1^w=5$，$d_2^w=0$，$d_3^w=2$。

（3）随机选取元素 $w_{13}=\min(S_1^w, d_3^w)=2$，令 $S_1^w=S_1^w-w_{13}=4-2=2$，$d_3^w=2-2=0$。同样可得，$w_{11}=\min(S_1^w, d_1^w)=\min(2, 5)=2$，$S_1^w=0$，$d_1^w=3$。因此得

$$\boldsymbol{w}'=\begin{bmatrix}2 & 0 & 2\\ 3 & 0 & 0\end{bmatrix}$$

（4）用 $\boldsymbol{w}'$ 代替旧的 $\boldsymbol{w}$，得后代 $\boldsymbol{v}'=\begin{bmatrix}0 & 0 & 5 & 0 & 3\\ 0 & 2 & 0 & 0 & 2\\ 0 & 0 & 5 & 7 & 0\\ 3 & 3 & 0 & 0 & 9\end{bmatrix}$。

3）交叉算子

设 $\boldsymbol{v}=(v_{ij})_{m\times k}$、$\boldsymbol{w}=(w_{ij})_{n\times k}$ 交叉产生的后代为 o_1 和 o_2，方法如下：

（1）产生两矩阵：$\boldsymbol{D}=(D_{ij})$ 和 $\boldsymbol{R}=(R_{ij})$。其中，$D_{ij}=\left[\dfrac{v_{ij}+w_{ij}}{2}\right]_{\text{取整}}$，$R_{ij}=(v_{ij}+w_{ij})\bmod(2)$。

（2）将 $\boldsymbol{R}$ 分解成两个矩阵 $\boldsymbol{P}=(P_{ij})$ 和 $\boldsymbol{Q}=(Q_{ij})$。方法如下：令 $\overline{S_i}=\sum_{j=1}^{k} R_{ij}$，$\overline{d_j}=$

$\sum_{i=1}^{n} R_{ij}$，容易知道 $\overline{S_i}$ 和 $\overline{d_j}$ 均为偶数（v 和 w 的每一行和或列和对应相等，$\left(\sum_{j=1}^{k}(v_{ij}+w_{ij})\right)\bmod(2)=0$，再由以下性质即可得出此结论）。

整数的一个性质 设 $\{k_1, k_2, \cdots, k_n\}\subseteq \mathbf{Z}$，$n$ 为任意自然数，则

$$\left(\sum_{i=1}^{n} k_i\right)\bmod(2)=0 \Leftrightarrow \left(\sum_{i=1}^{n} k_i \bmod(2)\right)\bmod(2)=0$$

(3) 令 $S_i^p=S_i^Q=\dfrac{\overline{S_i}}{2}$，$i=1, \cdots, n$，$d_j^p=d_j^Q=\dfrac{\overline{d_j}}{2}$，$j=1, \cdots, k$，根据 S_i^p 和 S_i^Q，$i=1, \cdots, n$，$j=1, \cdots, k$，由前面的译码算法 1 产生一个矩阵 $\boldsymbol{P}=(P_{ij})$。同样，根据 S_i^Q 和 d_j^Q，$i=1, \cdots, n$，$j=1, \cdots, k$，由前面的译码算法 1 产生另一矩阵 $\boldsymbol{Q}=(Q_{ij})$。

(4) 后代分别为 $o_1=D+P$，$o_2=D+Q$。

【例 8.2.4】 设 $\boldsymbol{v}=\begin{bmatrix}1&0&0&7&0\\0&4&0&0&0\\2&1&4&0&5\\0&0&6&0&0\end{bmatrix}$，$\boldsymbol{w}=\begin{bmatrix}0&0&5&0&3\\0&4&0&0&0\\0&0&5&7&0\\3&1&0&0&2\end{bmatrix}$，则有：

(1) $\boldsymbol{D}=\begin{bmatrix}0&0&2&3&1\\0&4&0&0&0\\1&0&4&3&2\\1&0&3&0&1\end{bmatrix}$，$\boldsymbol{R}=\begin{bmatrix}1&0&1&1&1\\0&0&0&0&0\\0&1&1&1&1\\1&1&0&0&0\end{bmatrix}$。

(2) 求 $\boldsymbol{P}$、$\boldsymbol{Q}$：

$$S_1^R=4,\ S_2^R=0,\ S_3^R=2,\ S_4^R=2,\ (d_1^R\sim d_5^R)=(2, 2, 2, 2, 2)$$

$$S_1^P=S_1^Q=2,\ S_2^P=S_2^Q=0,\ S_3^P=S_3^Q=2,\ S_4^P=S_4^Q=1$$

$d_i^P=d_i^Q=1$，$i=1, \cdots, 5$。不妨设新产生的 $\boldsymbol{P}$、$\boldsymbol{Q}$ 为

$$\boldsymbol{P}=\begin{bmatrix}0&0&1&0&1\\0&0&0&0&0\\0&1&0&1&0\\1&0&0&0&0\end{bmatrix},\ \boldsymbol{Q}=\begin{bmatrix}1&0&0&1&0\\0&0&0&0&0\\0&0&1&0&1\\0&1&0&0&0\end{bmatrix}$$

(3) 计算 $\boldsymbol{o}_1=\boldsymbol{D}+\boldsymbol{P}$，$\boldsymbol{o}_2=\boldsymbol{D}+\boldsymbol{Q}$。

8.3 求解其他离散问题的传统进化方法

8.3.1 两种调度问题

1. Job-Shop 调度问题

一个工厂生产几种产品，每种产品都有一个或几个可供选择的加工计划，每个加工计划由一系列操作构成，每个操作需要一定的时间在一台甚至几台机器上进行。Job-Shop 调

度问题是按订单来安排生产，其中，每个订单由若干同种产品构成，目的是确定一个有序的操作序列及执行每个操作所需的机器，使某种指标最优，如在满足订单最后期限的前提下使空闲机器的费用最小、使产品的库存费用最小或加工时间最短等。

根据要求不同，有各种各样的调度问题。下面用一个简单的例子来说明 Job-Shop 调度问题。

假设有 3 种订单 O_1、O_2、O_3，对每种订单，需要生产的产品型号及数量如下：

O_1：30 个产品 A；

O_2：45 个产品 B；

O_3：50 个产品 A。

每种产品有一个或几个可供选择的加工计划：

A：PlanA1(Opr2，Opr7，Opr9)；

A：PlanA2(Opr1，Opr3，Opr7，Opr9)；

A：PlanA3(Opr5，Opr6)；

B：PlanB1(Opr2，Opr6，Opr7)；

B：PlanB1(Opr1，Opr9)。

其中，Opri 表示进行第 i 个操作，每个操作需要一定的时间 t 在一台或多台机器上完成。例如，要在机器 m_j，m_k，…，m_r 上进行 Opri，则可记为

$$\text{Opri}: (m_j, t_j), (m_k, t_k), \cdots, (m_r, t_r)$$

具体情况如下：

Opr1：$(m_1, 10)$，$(m_3, 20)$

Opr2：$(m_2, 20)$

Opr3：$(m_2, 20)$，$(m_3, 30)$

Opr4：$(m_4, 10)$，$(m_3, 30)$，$(m_3, 20)$

Opr5：$(m_1, 10)$，$(m_3, 30)$

Opr6：$(m_1, 40)$

Opr7：$(m_3, 20)$

Opr8：$(m_1, 50)$，$(m_2, 30)$，$(m_3, 10)$

Opr9：$(m_2, 20)$，$(m_3, 40)$

在机器 m_i 上进行某种操作，需要一定的装卸时间 S_i(每台机器都对应一个装卸时间)。例如，$S_1=30$；$S_2=5$；$S_3=7$。如何安排各产品的加工顺序，使总的加工时间最短？

1）编码方法 1 及相应的遗传算子

编码方法 1：设共需生产 N 个产品(各种产品的数量和)，分别记为 p_1，p_2，…，p_N，M 台机器分别记为 m_1，m_2，…，m_M，则解可表示为

$$(p_{i_1}, m_{j_1}, \widetilde{S_{j_1}}), (p_{i_2}, m_{j_2}, \widetilde{S_{j_2}})\cdots(p_{i_N}, m_{j_N}, \widetilde{S_{j_N}})$$

式中，$\{i_1, i_2, \cdots, i_N\}$为$\{1, 2, \cdots, N\}$的一个排列，而 $j_r \in \{1, 2, \cdots, M\}$且有

$$\widetilde{S_{j_r}}=\begin{cases} S_{j_r} & (\text{操作改变到另外一台机器上}) \\ 0 & (\text{否则}) \end{cases}$$

相应的遗传算子：交叉算子计算较难，此处不作介绍。遗传算子变异的方法为交换圆括号的位置，如将 $(p_{i_1}, m_{j_1}, \widetilde{S_{j_1}}), (p_{i_2}, m_{j_2}, \widetilde{S_{j_2}})\cdots(p_{i_N}, m_{j_N}, \widetilde{S_{j_N}})$ 变异为 $(p_{i_2}, m_{j_2}, \widetilde{S_{j_2}}), (p_{i_1}, m_{j_1}, \widetilde{S_{j_1}})\cdots(p_{i_N}, m_{j_N}, \widetilde{S_{j_N}})$。

注意：从编码方法 1 可以看出，每个产品在一台机器上进行加工并不符合实际情况。

2）编码方法 2 及相应的遗传算子

编码方法 2：$(O_{i_1}, \text{Plan}[k_1][j_1])(O_{i_2}, \text{Plan}[k_2][j_2])\cdots(O_{i_N}, \text{Plan}[k_N][j_N])$。

其中的规定如下：

(1) $i_1, i_2, \cdots, i_N \in \{1, 2, 3\}$；$j_1, j_2, \cdots, j_N \in \{1, 2, 3\}$。

(2) $k_1, k_2, \cdots, k_N \in \{A, B\}$，且当 $i_r = \begin{cases} 1 \text{ 或 } 3\ (k_r = A, j_r \in \{1, 2, 3\} \\ 2\ (k_r = B, j_r \in \{1, 2\} \end{cases}$，$(r = 1, 2, \cdots, N)$

注意：对编码方法 2，$(O_{i_1}, \text{Plan}[k_1][j_1])$ 中 O_{i_1} 表示订单号，k_1 和 j_1 分别表示产品名称和该产品的加工计划号。

相应的遗传算子：

(1) 交叉方法：

$$p_1 = (O_{i_1}, \text{Plan}[k_1][j_1])\cdots(O_{i_N}, \text{Plan}[k_N][j_N])$$
$$p_2 = (O_{S_1}, \text{Plan}[m_1][t_1])\cdots(O_{S_N}, \text{Plan}[m_N][t_N])$$

① 在 p_1 中随机选择两个圆括号，如 $(O_{i_p}, \text{Plan}[k_p][j_p])$ 和 $(O_{i_q}, \text{Plan}[k_q][j_q])$，再在 p_2 中也选择两个圆括号，设 $(O_{S_h}, \text{Plan}[m_h][t_h])$ 和 $(O_{S_n}, \text{Plan}[m_n][t_n])$，使得 $i_p = S_h$，$i_q = S_n$，即 $O_{i_p} = O_{S_h}$，$Q_{i_q} = Q_{S_n}$。

② 用 p_1 的 $(O_{i_p}, \text{Plan}[k_p][j_p])$ 去交换 p_2 的 $(O_{S_h}, \text{Plan}[m_h][t_h])$，同时还要用 p_1 中的 $(O_{i_q}, \text{Plan}[k_q][j_q])$ 去交换 p_2 的 $(O_{S_n}, \text{Plan}[m_n][t_n])$。

(2) 变异算子：交换 p_1 的 $(O_{i_p}, \text{Plan}[k_p][j_p])$ 与 $(O_{i_q}, \text{Plan}[k_q][j_q])$ 的位置，即为对 p_1 进行了变异。

3）编码方法 3 及相应的遗传算子

编码方法 3：$p = (O_{i_1}: m_{j_1}, m_{j_2}, \cdots, m_{j_k})\cdots(O_{i_N}: m_{k_1}, m_{k_2}, \cdots, m_{k_S})$。其中，第一个圆括号中的 O_{i_1} 为订单号对应的一个产品，后面的 $m_{j_1}, m_{j_2}, \cdots, m_{j_k}$ 为该产品按某一个加工计划加工时设计的机器的一个排序。

相应的遗传算子：

(1) 交叉算子。设 p_1、p_2 如下：

$$p_1 = (O_{i_1}: m_{j_1}, m_{j_2}, \cdots, m_{j_k})\cdots(O_{i_N}: m_{k_1}, m_{k_2}, \cdots, m_{k_S})$$
$$p_2 = (O_{r_1}: m_{h_1}, m_{h_2}, \cdots, m_{h_k})\cdots(O_{r_N}: m_{t_1}, m_{t_2}, \cdots, m_{t_S})$$

① 在 p_1 中随机选择两个圆括号，即指定两种产品的计划，设这两种产品为 X 和 Y，对应的括号分别记为“括号 p_{1x}”和“括号 p_{1y}”。同时，在 p_2 中找出两个圆括号，一个为产品 X 的计划，另一个为产品 Y 的计划，并分别记为“括号 p_{1x}”和“括号 p_{2y}”。

② 交换“括号 p_{1x}” 和“括号 p_{1x}”的位置，同时交换“括号 p_{1y}”和“括号 p_{2y}”的位置，从

而得到两个后代。

(2) 变异算子。假设对 p_1 变异，随机在 p_1 中选两个圆括号，仍旧设为“括号 p_{1x}”和“括号 p_{1y}”，交换它们的位置，即为对 p_1 变异。

2. Flow-Shop 调度问题

设有 N 个工件，分别编号为 1，2，…，N，每个工件均有 M 个加工阶段，分别编号为 1，2，…，M，第 i 个加工阶段有 m_i 台机器可以提供使用，并分别编号为 1，2，…，m_i，现分别确定每个加工阶段各工件的加工顺序及各工件在哪台机器上加工，使得某一指标最优(如总加工时间最小)。

编码方法　每个解由 M 个子串组成，每个子串对应一个阶段的加工顺序及加工的机器：

$$p=\underbrace{i_1, i_2, \cdots, i_N}_{\text{阶段1}}, \underbrace{j_1, j_2, \cdots, j_N}_{\text{阶段2}}, \underbrace{k_1, k_2, \cdots, k_N}_{\text{阶段}M}$$

式中，$i_1, i_2, \cdots, i_N \in \{1, 2, \cdots, m_1\}$；$j_1, j_2, \cdots, j_N \in \{1, 2, \cdots, m_2\}$；$k_1, k_2, \cdots, k_N \in \{1, 2, \cdots, m_M\}$。在第 s 阶段，h_r 表示第 r 个工件在第 h_r 台机器上加工，$h \in \{i, j, \cdots, k\}$，$r \in \{1, 2, \cdots, N\}$。另外，在同一阶段，如在第二阶段 $\underbrace{j_1, j_2, \cdots, j_N}_{\text{阶段2}}$，$j_1, j_2, \cdots, j_N$ 规定了工件的加工顺序。例如，$j_1, j_2, \cdots, j_N=1, 1, 3, 2, 1, 2, 3$ 表示第 1，2，5 个工件要在机器 1 上依次加工，其它类推，且工件被加工的先后顺序为 $\underbrace{\text{工件 1，工件 2，工件 5}}_{①}$。

(1) 交叉算子：交换 p_1 和 p_2 段的算子，也可将各阶段的子串看作一个整体，再利用单点或多点交叉。

(2) 变异算子：改变某个阶段子串中的某一个数字，例如，在 $\underbrace{j_1, j_2, \cdots, j_N}_{\text{阶段2}}$ 中，使 $j_1, j_2, \cdots, j_N$ 改为 $j_1, j_3, j_2, \cdots, j_N$，这样就$\underbrace{\text{改变了加工某个工件所用的机器}}_{②}$。

注意

(1) 由上述画重点线的文字①可知该编码方法的一个局限性：在实际加工中，很多机器可以对不同工件进行多种方式的加工，通常为使某个加工指标(如时间、成本、磨损等)达到最优，加工顺序的选取合理与否是非常重要的，故加工顺序是会变化的，而非一成不变。

(2) 由上述画重点线的文字②处可知该变异方法的另一个局限性：在实际中，有很多工件是要在特定机器上加工的，不能随便更换加工机器，而该变异方法却通过改变加工工件的机器来实现变异。

8.3.2　分组(类)问题

1. 问题

将 n 个物体按照一定要求分成 k 类(组)，分类(组)的要求不同会得出不同的分类(组)问题，如装箱问题、图着色问题等。

2. 编码、译码及遗传算子

编码方法 1：用 n 个物体序号(1, 2, …, n)的一个排列(i_1, i_2, …, i_n)来表示一个解。

译码方法 1：(i_1, i_2, …, i_n)表示一个什么样的分组？下面用图着色问题来说明该译码方法。

给定一个具有 n 个顶点的图，每个顶点给定一个权值，如图 8.3 所示。用 k 种颜色给图的顶点尽可能着色，相邻顶点不能着同一种颜色，且使着上色的顶点的权和最大。

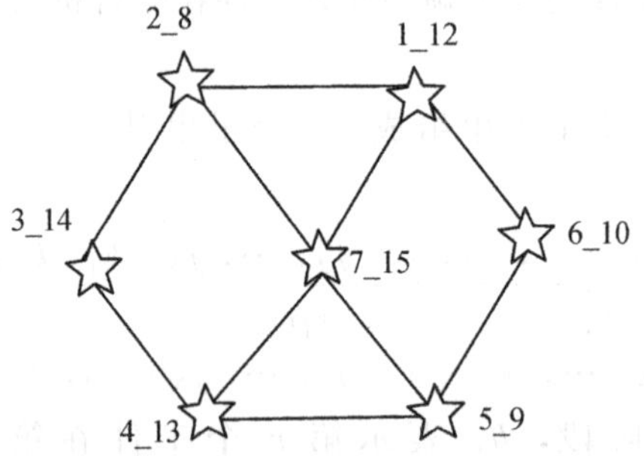

注：顶点旁的2_8中，“2”表示第2个顶点，“8”表示其权值，其它类推。

图 8.3　图着色问题

编码方法 1 相应的遗传算子：对这种译码方法，可用 TSP 问题的路径表示法中的任一遗传算子，只要产生的后代为 1, 2, …, n 的任意排列即可。

编码方法 2：解被编码成(i_1, i_2, …, i_n)，其中任意分量 $i_j \in \{1, 2, \cdots, k\}$，$j \in \{1, 2, \cdots, n\}$，且 i_j 表示第 j 个物体所属的类别。例如，(1, 2, 1, 1, 3, 2, 3)表示第 1 类＝{1, 3, 4}，第 2 类＝{2, 6}，第 3 类＝{5, 7}。

编码方法 2 相应的交叉算子：设 p_1＝{1, 1, 2, 3, 1, 1, 2, 3, 2, 2, 3, 3}，p_2＝{1, 1, 2, 1, 2, 3, 1, 2, 2, 3, 3, 3}，则它们可以被分别译码为如下分类：

p_1：{1, 2, 5, 6}{3, 7, 9, 10}，{4, 8, 11, 12}；

p_2：{1, 2, 4, 7}，{3, 5, 8, 9}，{6, 10, 11, 12}

(1) 在 p_1 中随机选一类(如选第 2 类)，并将 p_2 中对应类(第 2 类)元素改为 * 号，p_2 就变为 $\overline{O_1}$＝(1, 1, *, 1, *, 3, 1, *, *, 3, 3, 3)。

(2) 将 p_1 中的类选出来，即将第 2 类复制到 $\overline{O_1}$ 中的相应位置上，得 $\overline{O_1}$＝(1, 1, 2, 1, *, 3, 2, *, 2, 2, 3, 3)。

(3) 若 $\overline{O_1}$ 中有 * 号，在 * 位置上随机填上除所选类编号以外的其他类编号，则该例中应该填“1”或“3”，得后代 O_1＝(1, 1, 2, 1, 1, 3, 2, 3, 2, 2, 3, 3)。若 $\overline{O_1}$ 中没有 * 号，则令后代 $O_1=\overline{O_1}$。

(4) 交换 p_1 和 p_2 的地位，类似地用以上三步可得另外一个后代 O_2。

编码方法 3：用 1, 2, …, $n+k-1$ 的一个排列来表示一个解，如(i_1, i_2, …, i_{n+k-1})，其中，大于 n 的 $k-1$ 个数包括 $n+1$, $n+2$, …, $n+k-1$，不把它们放在最左边，也不放在最右边，且不能出现两个或两个以上大于 n 的数相连，从而，这些大于 n 的数起到了对 1, 2, …, n 的分隔作用，它们将 1, 2, …, n 分隔成 k 段，每段可作为一类。例如，当 n＝

7，$k=3$ 时，(1，2，8，4，5，3，9，6，7)就表示如下 3 类：{1，2}，{3，4，5}，{6，7}。

编码方法 3 相应的遗传算子：

(1) 变异。交换两个不同类中元素的位置。

(2) 交叉。可用 TSP 中的 OX 或部分匹配交叉。

译码方法 2：设解为$(i_1, i_2, \cdots, i_n)$。

(1) 选第 1 种颜色给 i_1 着色，去掉 i_1 及其相邻点，剩余的顶点记为 $j_1, j_2, \cdots, j_s$，再给 j_1 着第一种颜色，并在 $j_1, j_2, \cdots, j_s$ 中去掉 j_1 及其相邻顶点。重复上述过程，直到没有定点可供选择。

(2) 假设已用第 r 种颜色给图着色，则从 $i_1, i_2, \cdots, i_n$ 中去掉已被这 r 种颜色着色的顶点，在剩下的顶点中用第 $r+1$ 种颜色采用步骤(1)的方法着色。

(3) 当 $r=k$ 时，停止对顶点着色，并将被着色的顶点按被着颜色分类。被着上同种颜色的归为一类，这样被着色的顶点归为 k 类，没有被着色的顶点归为 $k+1$ 类。

译码方法 3：

(1) 将前 k 个物体 $i_1, i_2, \cdots, i_k$ 分别分到第 1，2，…，k 类中。

(2) 将 $i_{k+j}(j=1, 2, \cdots, n-k)$ 个物体放在能使目标函数最好的组中。

译码方法 3 采用了贪婪算法，选择时需对每个解译码。

8.4　求解 TSP 问题的一个新的进化算法

本节讲述的 TSP 问题是十分重要的组合优化问题。

设已知 $n+1$ 个城市和一个距离矩阵 $\boldsymbol{D}=[d_{ij}]$，其中 d_{ij} 是城市 i 和城市 j 之间的距离，TSP 需要在所有的城市中找到一条路径(即城市的排列)，使得经过每个城市只有一次，且最后返回出发的城市，巡行的总路程最短。

本节考虑的是二维对称欧几里得 TSP 问题，其中，城市位于二维空间。这样 TSP 问题是 NP-难问题，已经证明其是没有多项式时间的算法，除非 P=NP。然而，TSP 及其变形问题在实际中有多种应用。在过去的 5 年中，有 1700 多篇相关的文章已经发表，该问题是进化计算领域最活跃的研究课题之一，获得了许多优秀的研究成果。混合进化算法是最成功的进化算法之一，它将局部搜索策略加入进化算法中。文献中提及的混合进化算法含有搜索能力强大的 Lin-Kerninghan(LK)局部搜索算法，是目前最好的解决 TSP 问题的进化算法之一。

本节介绍一个新的进化算法，它以概率 1 收敛到全局最优解。该算法结合了新的编码方式和新的局部搜索策略。在此算法中，使用了新的染色体编码方式和新的交叉算子，并引入了一个新的局部搜索策略来提高交叉产生的后代的质量。这个新的局部搜索方法不是真正的局部优化算法，而是比普通局部优化搜索算法用更少的计算量就可以产生足够好的解的一个策略。交叉算子和局部搜索策略都很容易实现，且产生的后代都是可行解。本节还证明了该算法收敛于全局最优解，而且实验结果表明了该算法的有效性。

8.4.1 新的编码方式和相应的解码方式

1. 编码方式

设 $p_1p_2\cdots p_{n+1}$ 是 1，2，…，$n+1$ 的一个排列，且路径

$$p_1\to p_2\to\cdots\to p_{n+1}\to p_1$$

的起始城市是 p_1。注意到，$n+1$ 个城市的路径 $p_1p_2\cdots p_{n+1}$ 与 $p_ip_{i+1}\cdots p_{n+1}p_1p_2\cdots p_{i-1}(i=2,\cdots,n+1)$，以不同的城市为起点，但有着相同的轨迹和相同的距离，它们可以被认作是同一类的。考虑没有固定起点的 $n+1$ 个城市的二维欧几里得 TSP 问题，即所有在同一类中以不同城市为起点的 $n+1$ 条路径被认为是同样的路径，在这一类中，用一个代表性的路径

$$(n+1)p_1p_2\cdots p_n$$

来表示这类路径。其中，$p_1p_2\cdots p_n$ 是 1，2，…，n 的一个排列。因此，这个问题可以转化为确定 1，2，…，n 的一个排列 $p_1p_2\cdots p_n$，使得这个代表性路径 $(n+1)p_1p_2\cdots p_n$ 最短。

【例 8.4.1】 假设$(a_4, a_3, a_2, a_1)=(1, 3, 0, 1)$，那么$(p_5p_4p_3p_2p_1)=(35124)$。

事实上，当 $a_1=1$ 时，只有一个数在 2 的左边且小于 2，所以 1 在 2 的左边。当 $a_2=0$ 时，没有值在 3 的左边且小于 3，所以 3 在 1 和 2 的左边。同样地，当 $a_3=3$ 及 $a_4=1$ 时，4 在 3、1 和 2 的右边，5 正好在 3 的右边，但在 1、2、4 的左边。所以，$(p_5p_4p_3p_2p_1)=(35124)$。

新的编码方式是使用向量$(a_{n-1}, a_{n-2}, \cdots, a_1)$来表示路径$(n+1)p_1p_2\cdots p_n$。显然，每个向量$(a_{n-1}, a_{n-2}, \cdots, a_1)\in A$ 对应了一个有效的路径$(n+1)p_1p_2\cdots p_n$；反之，每个有效的路径$(n+1)p_1p_2\cdots p_n$ 也对应了一个向量$(a_{n-1}, a_{n-2}, \cdots, a_1)\in A$。

2. 有效的解码方式

在一般的算法中，遗传算子(如交叉算子、变异算子等)都在染色体上执行。对于一个给定的染色体$(a_{n-1}, a_{n-2}, \cdots, a_1)$，它通过编码而来，需要知道它对应 1，2，…，$n$ 排列(对应的具体路径)中的哪一个排列，获得这样一个排列的方法称为解码。对于每个染色体$(a_{n-1}, a_{n-2}, \cdots, a_1)\in A$，下面的解码方式将产生对应的路径。

(1) 如果 $a_{n-1}=0$，那么 n 应该放在最左端的位置，即排列具有这样的形式 $n\cdots$。如果 $a_{n-1}=1$，那么 n 应该放在左边数的第二个位置上，即排列应该具有这样的形式$\cdots r\cdots$。一般地，如果 $a_{n-1}=k(0\leqslant k\leqslant n-1)$，那么 n 应该放在左边数的第 $k+1$ 个位置上，即排列具有这样的形式：$\underbrace{\cdots}_{k+1}n\cdots$。

(2) 如果 $a_1=0$，那么 2 应该放在 1 的左边，但它们并不一定就是邻居，即排列应该具有这样的形式…2…1…。如果 $a_1=1$，那么 2 应该放在 1 的右边，但它们并不一定就是邻居，即排列应该具有这样的形式…1…2…。

(3) 一般地，如果 1，2，…，$k-1$ 相对的左右位置已经确定，那么，重复下面的步骤，直到 $k=n-1$。

① 如果 $a_{k-1}=0$，那么 k 应该放在 1，2，…，$k-1$ 的左边，但它们并不一定就是邻居，

即排列应该具有这样的形式$\cdots k \cdots q_1 \cdots q_2 \cdots q_{k-1} \cdots s$。其中，$q_1 \cdots q_2 q_{k-1}$ 是 1，2，…，$k-1$ 的一个排列，且它们的相对位置已确定。

② 如果 $a_{k-1}=j$ 且 $0 \leqslant j \leqslant k-1$，那么 k 应该放在 1，2，…，$k-1$ 的右边，但它们并不一定就是邻居，即排列应该具有这样的形式$\cdots q_1 \cdots q_2 \cdots q_j q_{k-1} \cdots k \cdots$。

③ $k=k+1$。

(4) 可以获得 1，2，…，n 的一个排列 $p_1 p_2 \cdots p_n$，且对应于染色体$(a_{n-1}, a_{n-2}, \cdots, a_1)$的合法的路径是$(n+1) p_1 p_2 \cdots p_n$。

8.4.2 新的遗传算子和局部搜索

通过新的编码方式，每个染色体$(a_{n-1}, a_{n-2}, \cdots, a_1)$对应于一个有效的路径$(n+1) p_1 p_2 \cdots p_n$。注意，单点、两点和多点交叉可以直接应用在新的编码方式上。事实上，由单点、两点和多点交叉产生的任意的后代$(b_{n-1}, b_{n-2}, \cdots, b_1)$同样满足 $0 \leqslant b_i \leqslant i$，$i=1$，$2 \cdots$，$n$，且对应于一个合法的路径。因此，这些算子可以直接用来产生合法的路径。

为了得到更加多样性的群体，且得到的合法路径更加简单，为这个编码方式设计了一个新的交叉算子，具体细节如下所述。

1. 新的交叉算子

设 $a=(a_{n-1}, a_{n-2}, \cdots, a_1)$和 $b=(b_{n-1}, b_{n-2}, \cdots, b_1) \in A$ 是选出来进行交叉的两个染色体。为使后代代表一个合法的路径，且使群体有更好的多样性，后代应该也是集合 A 的个体，且不同于它们的父母。

设 $c=(c_{n-1}, c_{n-2}, \cdots, c_1)$和 $d=(d_{n-1}, d_{n-2}, \cdots, d_1) \in A$ 代表 a 和 b 通过交叉产生的后代。一种产生有效后代的方便方式可以用下面的伪代码表述：

```
For i=1～n-1 do
    随机产生一个在 a_i 和 b_i 之间的整数 c_i
    一个整数 d_i ∈ [0, i], d_i ≠ c_i, a_i, b_i
End do
```

注意，产生的后代 c 和 d 满足 $0 \leqslant c_i$，$d_i \leqslant i (i=1, \cdots, n-1)$，因此，$c$ 和 d 代表解码后的合法的路径。又因为 $c_i \neq a_i$，b_i 且 $d_i \neq c_i$，a_i，$b_i=1$，…，$n-1$，所以后代 c 和 d 完全不同于它们的父代 a 和 b。因此，交叉后代对于保持群体的多样性有帮助，且可以有效搜索解空间。

2. 新的局部搜索

为了提高交叉后代的质量，可以用局部搜索对它改进。下面设计了一个新的局部搜索策略，它使用相对较少的染色体进行搜索，但它并不是确切的局部搜索算法，通常不能产生局部最优解；然而，它可以用比普通局部优化搜索算法(如 Lin-Keninghan 算法)少得多的计算量产生足够好的解。事实上，这个新的策略仅仅从 6 个候选解中选择最好的一个。其具体细节如下：

设 $c=(c_{n-1}, c_{n-2}, \cdots, c_1)$是任意一个由交叉产生的后代，从

$$\{(c_{n-1}, c_{n-2}, \cdots, c_1) \mid e_1=0, 1, e_2=0, 1, 2\}$$

中选择一个最好的作为局部搜索策略的解，即那个对应于最短路程的路径作为搜索结果。

3. 变异算子

假设 $a=(a_{n-1}, a_{n-2}, \cdots, a_1)$是一个选作变异的染色体，它通过变异产生的后代标记为 $h=(h_{n-1}, h_{n-2}, \cdots, h_1)$，且可以通过下面的伪代码很容易产生：

For $i=1\sim n-1$ do

随机产生一个整数 $h_i\in[0, i]$

End do

由于 $h_i\in[0, i]$是一个随机整数，对于 $i=1, \cdots, n-1$，后代 $h=(h_{n-1}, h_{n-2}, \cdots, h_1)$可以是任意一个合法的路径，这样有利于保持群体的多样性。

8.4.3 一个基于新编码方式的新的遗传算法

基于新编码方式的新的遗传算法的步骤如下：

(1) 初始化。选择群体大小 N、合适的交叉概率 p_c 及变异概率 p_m 等。随机产生初始化群体 $P(0)\subset A$。设进化代数 $t=0$。

(2) 交叉。从 $P(t)$中选择父代进行交叉，概率为 p_c。如果选择的父代个体为奇数，那么随机地再从 $P(t)$中选择一个个体。随后，随机地将父代两两配对，使用提出的交叉算子作用于每一对父代，从而产生两个后代。

(3) 局部搜索。对于交叉产生的后代，采用局部搜索策略产生更好的后代个体。所有这些改进后的后代组成一个集合，记为 o_1。

(4) 变异。从集合 o_1 中选择参加变异的父代，以概率 p_m 变异。对于每个父代，采用变异算法产生一个新的后代，这些新的后代组成一个集合，记为 o_2。

(5) 选择。选择集合 $P(t)\cup o_1\cup o_2$ 中最好的 N 个个体作为下一代的群体 $P(t+1)$。设 $t=t+1$。

(6) 终止。如果终止条件成立，那么停止，保存最好的解作为全局最优解的近似；否则，转向步骤(2)。

习 题 8

1. 试编程实现求解 TSP 问题的遗传算法和一种新型改进算法，并进行比较。
2. 试设计一种求解运输问题的遗传算法。
3. 对于 Job-Shop 调度问题，请给出一种可解释的编码方式。
4. 对于 Flow-Shop 调度问题，请给出一种新的编码方式。
5. 对于城市规模较大(1000 个城市)的 TSP 问题，标准遗传算法能否求解？

第9章 组合算法

近年来，组合数学之所以为最活跃的数学分支，是因为它和计算机科学的相结合，本章通过研究计算机算法，并对它的复杂性进行分析，从而更好地了解组合算法。

9.1 计算的复杂度

我们发现并不是所有的组合数学问题都可以在计算机上解决，至少不能通过枚举法得以解决。假设一个计算机程序实现解决一个组合数学问题的算法，在运行这样的程序之前，我们希望知道这个程序是否能在"合理的"时间总量内运行，且所使用的存储量或内存量不超过"合理的"(或允许的)存储量或内存量。同时一个程序所需要的时间或存储依赖于输入。为了衡量一个程序的运行成本，我们尝试计算一个成本函数(cost function)或复杂度函数(complexity function)，这是一个根据所需要的时间或所需要的存储量衡量成本的函数 f，是作为输入问题尺度 n 的函数。例如，我们也许要问处理两个 n 行、n 列方阵的乘积需要多少个操作，这个操作数量就是 $f(n)$。

通常，在一台特定的机器上运行一个特定的计算机程序的成本将随着程序员的技巧和机器的特性而发生变化，因此，现代计算机科学更加强调算法的比较而不是程序的比较，即强调算法的复杂度 $f(n)$的估算，而估算与所实现算法的特定程序及机器无关。计算算法复杂度的愿望是组合数学技术发展的一个主要推动力。

【例 9.1.1】(卖货郎问题) 一名卖货郎希望遍访 n 个不同的城市，在第一座城市开始并结束他的工作旅程，他不关心到访城市的顺序，关心的是最小化旅程的总成本。假设从城市 i 到城市 j 的旅程成本为 c_{ij}，问题是要寻找一个计算最便宜路程的算法，其中一条路线的成本是该路线中的连接成本 c_{ij} 的和，这是一个典型的组合优化问题。

对于卖货郎问题，我们将牵涉到枚举算法，枚举所有可能的路线并计算每一条路线的成本。我们将尝试计算这一算法的复杂度，其中 n 是输入的大小，即城市的数量，假设对每一条路线，识别该路线及计算其成本都是可比较的，且要花费一个时间单位。

现在，开始且结束于城市 1 的任意路线对应于余下的 $n-1$ 个城市的一个排列，因此，存在$(n-1)!$ 条这样的路线，所以 $f(n)=(n-1)!$ 个时间单位，我们已证明这个数字非常大，如当 $n=26$，$n-1=25$ 时，$f(n)$非常大以至于通过计算机执行这一算法都是不可能的。

【例 9.1.2】(自动取款机(ATM)问题) 银行有很多 ATM，每一天，信使都会一台机器一台机器地收集汇总计算机信息等，为了所花费的时间最小化，以什么样的顺序遍历这些机器呢？

在实际中很多银行都会发生这一问题，ATM 的初期，第一批使用卖货郎算法解决这一问题的一家银行是波士顿的 Shawmut Bank。

【例 9.1.3】(电话亭问题) 每周一次，要遍历一个地区的每一个电话亭收集硬币，为了所花费的时间最小化，应该以什么样的顺序遍历呢？

【例 9.1.4】(自动货栈中的机器人问题) 将来的自动货栈将由机器人来取货。想象一个药物货栈，其中堆满按行和列排列的货架。有一份订货单需要 10 箱阿司匹林、6 箱清洗剂、8 箱邦迪，每一种药物都按照行、列和高度定位。为了最小化所需要的时间，机器人按什么样的顺序取货？我们需要程序化这个机器人以便解决这一卖货郎问题。

【例 9.1.5】(X 射线结晶学问题) 在 X 射线结晶学中，我们必须以一系列指定的角度移动衍射仪。一个接一个这样做需要以时间和设置为成本，我们如何才能最小化这一成本呢？

【例 9.1.6】(制造业) 很多工厂必须做很多工作或必须运行很多工序。在运行工序 i 之后，工序 j 之前可能存在某种设置成本，即为下一工序做准备所需要的时间、金钱或劳动力方面的成本。有时候这一成本很小(例如，简单地做一些小的调整)，而有时候它又比较显著(例如，设备的完全清理或新设备的安装)。为了最小化总成本，各工序应以什么样的顺序运行？

【例 9.1.7】(电路板中的孔) 在 1993 年，Applegate、Bixby、Chvatal 和 Cook 发现了当时难以解决的最大 TSPLIBP 卖货郎问题的解。该问题来自于实际中为了制造一块有 3038 个孔的电路板所涉及的最高效的钻孔顺序问题(这是卖货郎问题的另外一个应用)。

卖货郎问题是激发研究人员付出努力寻找“好”算法的一个例子。这一问题属于著名的 NP 完全问题(NP-complete)或 NP 难题(NP-hard problem)，如果这一算法的复杂度函数 $f(n)$被 n 的多项式界定，我们定义一个算法是“好的”。这样的算法称为多项式算法(polynomial algorithm)，或更精确地称为多项式时间算法.

【例 9.1.8】(调度计算机系统) 一个计算机中心需要运行 n 个程序，每一个程序需要一定的资源，例如编译器、一组处理器且每一个处理器需要一定量的内存等。我们通常把所需的资源称为对应于这一程序的配置(configuration)。系统从第 i 个配置到第 j 个配置的转换会发生与其相关的成本 c_{ij}。例如，如果两个程序需要类似的配置，那么相继运行它们是有利的。

计算机中心希望最小化对应于运行的 n 个程序的总成本。运行每个程序的固定成本不随程序的运行顺序的不同而发生变化，唯一发生变化的是转换成本 c_{ij}。因此，计算机中心希望寻找一种运行程序的顺序，使得总的转换成本达到最小。在运筹学中有很多类似的调度问题，与卖货郎问题一样，枚举程序运行的所有可能顺序的算法是不可行的，因为它有一个 $n!$ 的计算复杂度。

从形式的角度看，这一问题和卖货郎问题几乎是等价的，只需简单地把城市替换成配置就可以了，求解其中的一个问题的任意算法很容易转换成求解另一问题的算法。这是使用数学技术解决实际问题的一个主要动机，即我们可以先解决一个问题，于是很快就会有适用于其他大部分问题的技术，而这些问题在表面上看完全不同。

【例 9.1.9】(在文件中搜索) 在确定计算复杂度的过程中，我们不是总能精确地知道计算要花多长时间，例如，考虑搜索 n 个键(识别数字)的列表来寻找某个人的键以便存取该人的文件。现在，有可能出现的情况是该人的键可能处于列表中的第一个位置。然而最坏的情况是，这个键是列表中的最后一个。处理最坏可能性的成本有时用来度量计算复杂度，称为最坏情况复杂度(worst-case complexity)。这里，$f(n)$应该与 n 成正比。另一方面，计算复杂度的另一个合适的度量是处理一种情况的平均(average)成本，即平均情况复杂度(average case complexity)。假设所有情况都是平等的，那么把计算处理每一种情况的成本加起来，然后除以情况总数就可以计算得到平均成本。在我们的例子中，平均情况复杂度与$(n+1)/2$ 成正比。假设作为搜索对象所有键是平等的，对于处理 n 个情况的成本的和为 $1+2+3+\cdots+n$ 因此，使用这一和的标准公式我们可以得到 $f(n)=\frac{1}{n}(1+2+\cdots+n)=\frac{1}{n}\frac{n(n+1)}{2}=\frac{n+1}{2}$。

9.2 归并排序

排序算法是计算机科学经常遇上的问题，由于要求各异，而且环境差别很大，所以各种排序算法是计算机科学研究的课题，本节只介绍几个排序算法，特别着重于介绍它们的复杂性分析。

9.2.1 排序算法

所谓排序，是将一序列 $x_1, x_2, \cdots, x_n$ 按从小到大或从大到小的次序排列，其中归并排序是将序列分成两半：

$$x_1, x_2, \cdots, x_{\left[\frac{n}{2}\right]}$$

$$x_{\left[\frac{n}{2}\right]+1}, x_{\left[\frac{n}{2}\right]+2}, \cdots, x_n$$

然后分别对这两个子序列进行排序，最后归并成一个经过排序的序列。对两个子序列的排序，依然可以递归地调用归并排序算法，直到最后剩下两个，只要作一次比较，所以归并排序的全过程都是一层一层地归并。

假定两个已排好序的子序列为

$$a_1 < a_2 < a_3 < \cdots < a_m$$

$$b_1 < b_2 < b_3 < \cdots < b_n$$

其归并过程非常直观，依次将两个子序列的最小元素进行比较，将最小的取走排队，反复进行直到最后。当一子序列取尽，另一子序列可直接参加排队。算法过程如下：

S1. $k \leftarrow 1$，$i \leftarrow 1$，$j \leftarrow 1$；

S2. 若 $i \leqslant m$，且 $j \leqslant n$ 则转 S3，否则转 S6；

S3. 若 $a_i < b_j$ 则转 S4，否则作

始 $c_k \leftarrow b_j$，$j \leftarrow j+1$ 转 S5，终；

S4. $c_k \leftarrow a_i$，$i \leftarrow i+1$；

S5. $k \leftarrow k+1$，转 S2；

S6. 若 $i \geqslant m$，则转 S7，否则转 S8；

S7. $c_k \leftarrow b_j$，$j \leftarrow j+1$，$k \leftarrow k+1$

若 $i \leqslant m$，则转 S7，否则转 S8；

S8. $c_k \leftarrow a_j$，$k \leftarrow k+1$，$i \leftarrow i+1$

若，则转 S8，否则转 S9；

S9. 结束。

其中，i 是子序列 a_1，a_2，…，a_m 的指针，j 是 b_1，b_2，…，b_n 的指针，k 是排好序的序列

$$c_1, c_2, \cdots, c_{m+n}$$

的指针。

9.2.2 示例

对下列序列进行归并排序

$$6, 9, 3, 11, 2, 8, 0, 4, 1, 5, 10, 7$$

归并的步骤是自上而下的“一分为二”，然后归并过程是自下而上进行，现将整个过程形象化地表示为图 9.1，其中“|”是自上而下的分界标志，是归并的标志。

6 9 3 11 2 8 | 0 4 1 5 10 7

⇓

6 9 3 | 11 2 8　　0 4 1 | 5 10 7

⇓

6 9 | 3　11 2 | 8　　0 4 | 1　5 10 | 7

⇓

6 9 3 | 2 11 8　　0 4 1 | 5 10 7

⇓

2 3 6 8 9 11 | 0 1 4 5 7 10

⇓

0 1 2 3 4 5 6 7 8 9 10 11

图 9.1　归并过程

9.2.3 复杂性分析

为简单起见，假定初始的待排序的序列长度为 $N=2^n$。设 T_n 为元素个数为 2^n 个利用归并排序法在最好情况时用到的比较次数。最好情况是指对

$$a_1 < a_2 < a_3 < \cdots < a_{2^{n-1}}$$
$$b_1 < b_2 < b_3 < \cdots < b_{2^{n-1}}$$

进行归并时只需做 2^{n-1} 次比较，所以

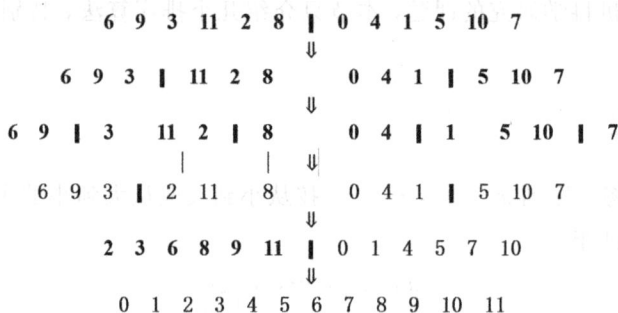

$$T_n = 2T_{n-1} + 2^{n-1}\ T_1 = 1$$

$$G(x) = T_1 + T_2 x + T_{3x^2} + \cdots$$

$$x:\ T_2 = 2T_1 + 2$$

$$x_2:\ T_2 = 2T_2 + 2^2$$

$$\vdots$$

$$G(x) - 1 = 2x[G(x) + (2x + 2^2 x^2 + \cdots)]$$

$$(1-2x)G(x) = 1 + \frac{2x}{1-2x} = \frac{1}{1-2x}$$

$$\begin{aligned} G(x) &= \frac{1}{(1-2x)^2} \\ &= (1 + 2x + 2^2 x^2 + \cdots)(1 + 2x + 2^2 x^2 + \cdots) \\ &= 1 + 2 \cdot 2x + 3 \cdot 2^2 x^2 + 4 \cdot 2^3 x^3 + \cdots \end{aligned}$$

x^{n-1} 项的系数为：

$$T_n = n \cdot 2^{n-1} = \frac{1}{2} n \cdot 2^n = \frac{1}{2} N \text{lb} N$$

最坏情况下的复杂性分析：设 2^n 个元素的归并排序在最坏情况下所需的比较次数为 C_n，则有

$$C_n = 2C_{n-1} + 2_n\ C_1 = 1$$

等式两端同时除以 2^n 得

$$\frac{C_n}{2^n} = \frac{C_{n-1}}{2^{n-1}} + 1 = \frac{C_{n-2}}{2^{n-2}} + 2 = \cdots = \frac{C_0}{2^0} + n$$

补充定义 C_0 得

$$C_1 = 2C_0 + 2,\ 2C_0 = -1,\ C_0 = -\frac{1}{2}$$

故

$$\frac{C_n}{2^n} = n - \frac{1}{2},\ C_n = n2^n - \frac{1}{2}2^n$$

$$C_n = N \text{lb} N - \frac{1}{2} N = O(N \text{lb} N)$$

或直接解递推关系，令

$$G(x) = C_1 + C_2 x + C_{3x^2} + \cdots$$

$$x:\ C_2 = 2C_1 + 4$$

$$x^2:\ C_3 = 2C_2 + 8$$

$$\vdots$$

$$G(x) - 1 = 2x[G(x)] + \frac{2^2 x}{1-2x}$$

$$(1-2x)G(x) = 1 + \frac{4x}{1-2x} = \frac{1+2x}{1-2x}$$

$$G(x)=\frac{1}{(1-2x)^2}+\frac{2x}{(1-2x)^2}=[1+2\cdot 2x+3\cdot 2^2x^2+\cdots]+2x[1+2\cdot 2x+\cdots]$$

$$C_n=n2^{n-1}+2(n-1)2^{n-1}=n2^{n-1}+(n-1)2^{n-1}=2n2^{n-1}-2^{n-1}=n2^n+2^{n-1}$$

$$=N\text{lb}N-\frac{1}{2}N$$

$$C_n=O(N\text{lb}N)$$

但是，归并排序需要存储单元为 $2N$，这是它的弱点。

9.3 排 序 网 络

排序网络是用于排序的硬件设备，它的基本元器件是比较元件(见图 9.2)，它有 x 和 y 两个输入端，输出的两端分别是 $\min\{x, y\}$，$\max\{x, y\}$，为方便起见，通常采用"|"代表比较元件，如图 9.3 所示。

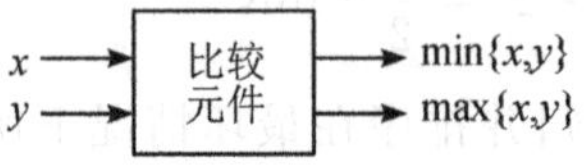

图 9.2 比较元件

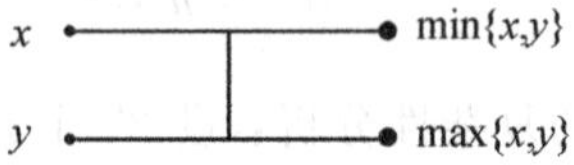

图 9.3 比较元件简化

用比较元件构造的排序网络通常以图 9.4 表示，输入端为待排序的序列：$x_1, x_2, \cdots, x_n$，输出端为排好序的序列：$y_1<y_2<\cdots<y_{n-1}<y_n$。

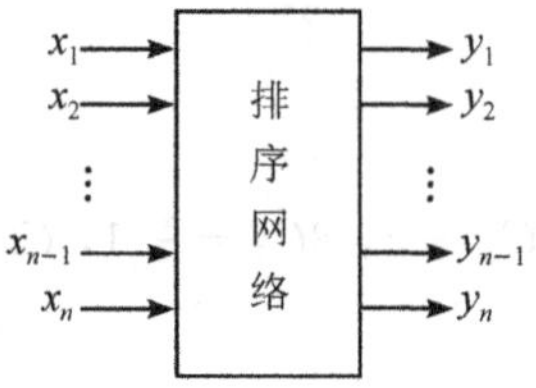

图 9.4 比较元件构造的排序网络

9.3.1 0-1 原理

定理 9.3.1 一个具有 n 个输入端的排序网络，工作正确的充要条件是输入端是 0-1 序列时工作正确。

证 设排序网络对 0-1 序列工作正确。对于一般序列失败，即存在序列$\{x_1, x_2, \cdots, x_n\}$，通过网络后出现原来工作 $x_i<x_j$，结果 x_j 排在 x_i 前面了。

定义一个单调增函数：

$$h(x)=\begin{cases}0 & (x\leqslant x_i)\\ 1 & (x>x_i)\end{cases}$$

则对于排序网络，若输入端 $X=\{x_1, x_2, \cdots, x_n\}$，输出端为 $y_1, y_2, \cdots, y_n$，如图 9.5(a) 所示，则应有如图 9.5(b)所示的结果。$x_i<x_j$，而 $h(x_j)$在 $h(x_i)$之前，与假定 0-1 序列工

作正确相矛盾。这就证明了对0-1序列工作正确，是排序网络工作正确的充分条件。

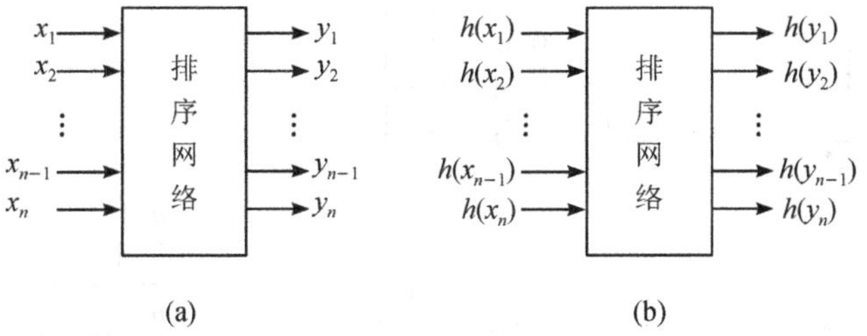

图9.5 排序网络工作

反之，若对0-1序列工作不正确，排序网络工作不可能正确，因为0-1序列本身就是一种序列，必要条件是显然的。

排序网络工作正确，应以 n 个数的全排列都保持工作正确为标准，即将它的全排列作为输入端，网络工作全部正确作为条件，0-1原理告诉我们，只要对 $2n$ 种0-1状况工作正确就可以了。

9.3.2 BN网络

在介绍BN网络前先引进双调序列概念。如下有两种0-1序列：

$$\underbrace{00\cdots0}_{p}\underbrace{11\cdots1}_{q}\underbrace{00\cdots0}_{r}\quad(p+q+r=n)$$

$$\underbrace{11\cdots1}_{i}\underbrace{00\cdots0}_{j}\underbrace{11\cdots1}_{k}\quad(i+j+k=n)$$

这两种序列称为双调序列。

利用双调序列引进BN网络。假定 n 是偶数，n 个输入端中第 i 个输入端与第 $\frac{n}{2}+i$ 个输入端以比较元件相连，$i=1, 2, \cdots, \frac{n}{2}$，这样的网络称为BN型网络。

先通过如图9.6所示的例子看看双调序列通过BN网络时会出现什么情况。

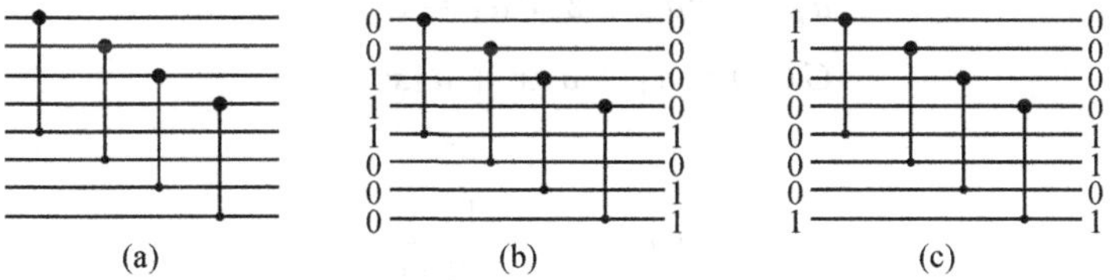

图9.6 双调序列通过BN网络

在任何情况下当双调序列通过BN网络时，输出端有一半被清除了的序列是双调序列：双调被压缩到前一半或后一半，即一半为全0或全1，见图9.7。

利用0-1原理和BN网络的以上性质可构造排序网络 $B(n=8)$ 如图9.8所示。

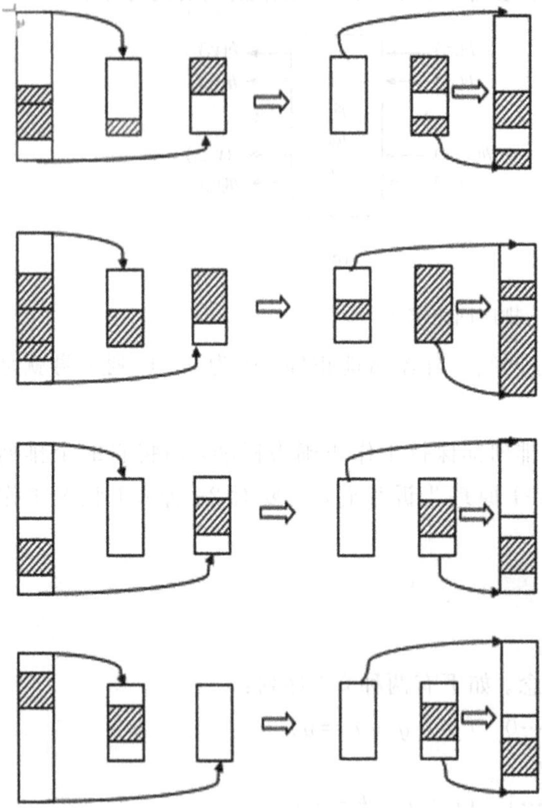

图 9.7　双调序列通过 BN 网络时出现的情况

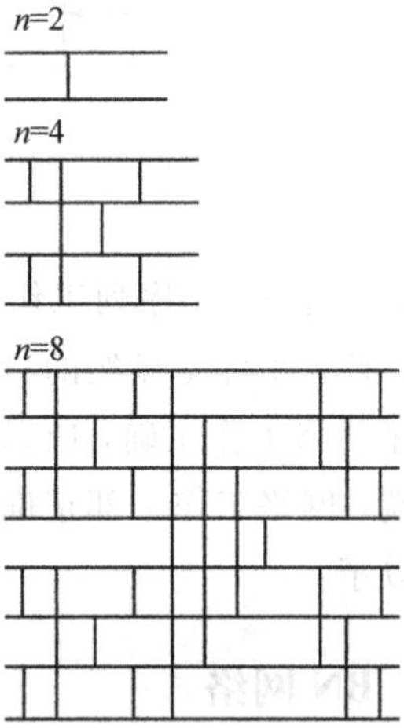

图 9.8　构造的排序网络

9.3.3　复杂性分析

1. 元件数目的估计

设 BN 所需的比较元件数为 a_k，其中 $n=2^k$，则有

$$a_{k+1}=2a_k+2^k,\ a_1=1$$
$$G(x)=a_1+a_2x+a_3x^2+\cdots$$

易得

$$G(x)=\frac{1}{(1-2x)^2}$$
$$a_k=k2^{k-1}$$

因此，BN 网络需要 $\frac{1}{2}n\ \mathrm{lb}n$ 个比较元件。

2. 时间复杂性分析

注意 BN 排序网络的 n 个输入端，第 i 个输入端与第 $\frac{n}{2}+i$ 个输入端作比较，$i=1,2,$

…，$\frac{n}{2}$并行处理，一次完成，所以 $n=2^k$ 个元素的排序在 k 次比较后完成。

9.3.4　Batcher 奇偶归并网络

Batcher 归并网络的思想是将待排序的序列分成前后两半，前一半和后一半各自进行排序得到两个有序的子序列，然后再进行归并，如图 9.6 所示。假定 $x_1<x_2<\cdots<x_m$，$y_1<y_2<\cdots<y_n$，归并算法可描述如下：

(1) x_1，x_3，x_5，…和 y_1，y_3，y_5，…归并得

$$z_1,\ z_2,\ z_3,\ \cdots$$

和 x_2，x_4，x_6，…，y_2，y_4，y_6，…归并得

$$w_1,\ w_2,\ w_3,\ \cdots$$

(2) 按顺序

$$z_1,\ w_1,\ z_2,\ w_2,\ \cdots$$

利用(2，3)，(4，5)…比较元件作用于这个序列，其中(2，3)即连接序列中第 2 个元素 w_1 和第 3 个元素 z_2 的比较元件，以此类推。

例如，$m=2$，$n=1$ 的网络 $B(2,1)$如图 9.9 所示。

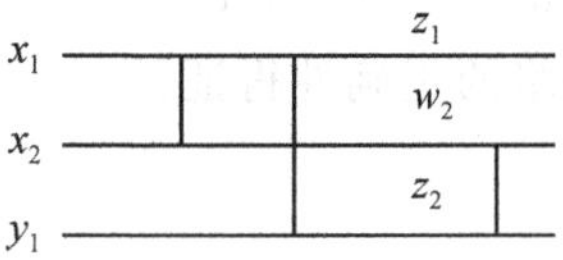

图 9.9　网络 $B(2,1)$

同样，$B(2,2)$、$B(3,2)$分别如图 9.10、图 9.11 所示。

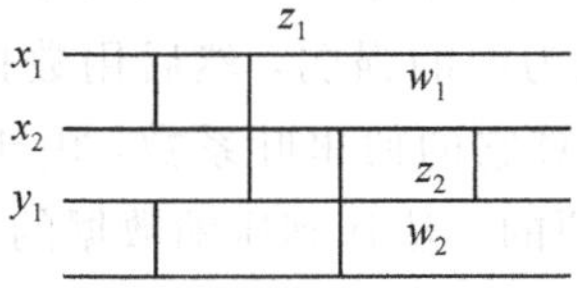

图 9.10　网络(2，2)

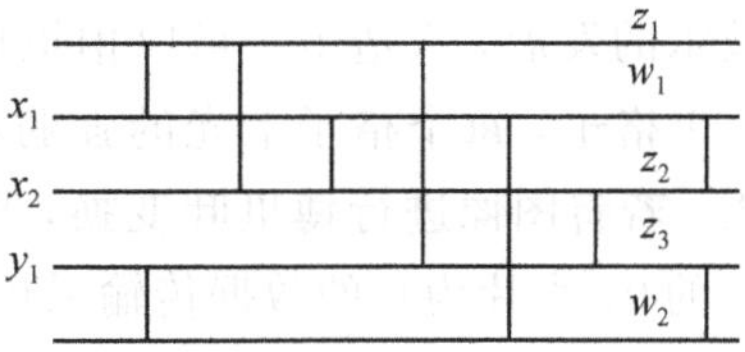

图 9.11　网络(3，2)

下面利用 0-1 原理证明 Batcher 排序网络的正确性。设

$$x_1x_2\cdots x_m=\underbrace{00\cdots0}_{l\text{位}}\underbrace{11\cdots1}_{m-l\text{位}}$$

$$y_1y_2\cdots y_m=\underbrace{00\cdots0}_{k\text{位}}\underbrace{11\cdots1}_{n-k\text{位}}$$

奇偶归并后得到

$$z_1z_2\cdots z_m=\underbrace{00\cdots0}_{r_1}\underbrace{11\cdots1}_{s_1}$$

$$w_1w_2\cdots w_m=\underbrace{00\cdots0}_{r_2}\underbrace{11\cdots1}_{s_2}$$

由于序列 $x_1x_2\cdots x_m$ 有 $\left[\frac{l}{2}\right]$个奇数 0，$\left[\frac{l}{2}\right]$个偶数 0；$y_1y_2\cdots y_n$ 有 $\left[\frac{k}{2}\right]$个奇数 0，$\left[\frac{k}{2}\right]$个偶数 0，所以归并后，$z_1z_2\cdots z_p$ 有 $\left[\frac{l}{2}\right]+\left[\frac{k}{2}\right]$个 0，$w_1w_2\cdots w_q$ 有 $\left[\frac{l}{2}\right]+\left[\frac{k}{2}\right]$个 0。关键在于

$$\left[\frac{l}{2}\right]+\left[\frac{k}{2}\right]-\left(\left[\frac{l}{2}\right]+\left[\frac{k}{2}\right]\right)=0,\ 1\ 或\ 2$$

分别分析如下：

$$r_1-r_2=0\qquad \begin{array}{l} z:000111 \\ \quad\ \ /\ /\ /\ /\ / \\ w:00011 \end{array}$$

$$r_1-r_2=1\qquad \begin{array}{l} z:000011 \\ \quad\ \ /\ /\ /\ /\ / \\ w:00001 \end{array}$$

$$r_1-r_2=2\qquad \begin{array}{l} z:000011 \\ \quad\ \ /\ /\ /\ /\ / \\ w:001111 \end{array}$$

斜线“/”是比较元件，排序网络的正确性得证。

9.4 快速傅里叶变换

随着空间技术的发展，人造卫星可以拍摄地面的照片并用电波送回地面。传送时将照片分割成 $n\times m$ 个格子，每个格子上光的强弱转化为波的强弱，然后用数据来表达，这种数据量大得惊人。若将图像进行傅里叶变换，即计算它的傅里叶系数，由于高频部分的傅里叶系数有大量的0，大片为0的数据传输采用方便的办法达到压缩数据的目的。但计算傅里叶系数需要付出一定的代价。为此，计算傅里叶系数的快速算法便提到日程上来，FFT (Fast Fourier Transform)，即快速傅里叶变换便在此基础上提了出来。可通过傅里叶系数恢复图像。从图像求傅里叶系数，称之为作傅里叶变换，而由傅里叶系数恢复图像是反变换。

9.4.1 预备定理

引理 9.4.1 若 r 和 m 都是整数，则

$$\sum_{k=0}^{n-1}\mathrm{e}^{2\pi ik(r-m)/n}=\begin{cases}n & (r=m)\\ 0 & (r\neq m)\end{cases}$$

其中，i 是 0 数。

证 当 $r=m$ 时，$\mathrm{e}^{2\pi ik(r-m)/n}=\mathrm{e}^0=1$，有

$$\sum_{k=0}^{n-1}\mathrm{e}^{2\pi ik(r-m)/n}=\sum_{k=0}^{n-1}\mathrm{e}^0=n$$

故引理成立

当 $r \neq m$ 时，令 $e^{2\pi ik(r-m)/n}=w$，有

$$\sum_{k=0}^{n-1} e^{2\pi ik(r-m)/n}=\sum_{k=0}^{n-1} e^{w}=\frac{1-w^n}{1-w}$$

$$w^n=e^{2\pi ik(r-m)}=\cos 2(r-m)\pi+i\sin 2(r-m)\pi=1w^n$$

所以 $r \neq m$ 时，有

$$\sum_{k=0}^{n-1} e^{2\pi ik(r-m)/n}=0$$

定理9.4.1 若数列 $x(0)$，$x(1)$，…，$x(n-1)$和数列 $Z(0)$，$Z(1)$，…，$Z(n-1)$满足

$$Z(k)=\frac{1}{n}\sum_{j=0}^{n-1} x(j)e^{-2\pi ijk/n} \quad (k=0, 1, 2, \cdots, n-1) \tag{9.1}$$

则

$$x(j)=\sum_{j=0}^{n-1} Z(k)e^{-2\pi ijk/n} \quad (j=0, 1, 2, \cdots, n-1) \tag{9.2}$$

证 将式(9.1)看作关于 $x(0)$，$x(1)$，…，$x(n-1)$的线性代数方程组，式(9.2)是解。将式(9.2)代入式(9.1)得

$$\begin{aligned}\frac{1}{n}\sum_{j=0}^{n-1} x(j)e^{-2\pi ijk/n} &= \frac{1}{n}\sum_{j=0}^{n-1}\left[\sum_{r=0}^{n-1} Z(r)e^{-2\pi ijr/n}\right]e^{-2\pi ijk/n} \\ &= \frac{1}{n}\sum_{j=0}^{n-1}\sum_{r=0}^{n-1} Z(r)e^{-2\pi ij(r-k)n} \\ &= \frac{1}{n}\sum_{r=0}^{n-1} Z(r)\sum_{r=0}^{n-1} e^{2\pi ij(r-k)n}\end{aligned} \tag{9.3}$$

因为

$$\sum_{j=0}^{n-1} e^{2\pi ij(r-k)n}=\begin{cases} n & (r=k) \\ 0 & (r \neq k)\end{cases}$$

所以式(9.3)的右端只有 $r=k$ 时有贡献，即

$$\frac{1}{n}\sum_{j=0}^{n-1} x(j)e^{-2\pi ijk/n}=Z(k)$$

9.4.2 快速算法

从表面上看，从 $x(0)$，$x(1)$，…，$x(n-1)$计算 $Z(0)$，$Z(1)$，…，$Z(n-1)$，和从 $Z(0)$，$Z(1)$，…，$Z(n-1)$求 $x(0)$，$x(1)$，…，$x(n-1)$都要作约 n^2 次的乘积和 $n(n-1)$次加法，其实不然，以 $n=2$ 和 $n=4$ 为例，通过发现其规律性，使计算量大大降低，然后可以推及一般情况。

(1) $n=2$ 时：

$$w_1=e^{\pi i}=\cos\pi+i\sin\pi=-1$$

$$x(0)=\sum_{k=0}^{1} Z(k)=Z(0)+Z(1)$$

$$x(1)=\sum_{k=0}^{1} Z(k)w_2^k=Z(0)-Z(1)$$

或写成矩阵形式为

$$\begin{bmatrix} x(0) \\ x(1) \end{bmatrix} = \begin{bmatrix} 1 & 1 \\ 1 & -1 \end{bmatrix} \begin{bmatrix} Z(0) \\ Z(1) \end{bmatrix}$$

也可表示成流程图，如图 9.12 所示。

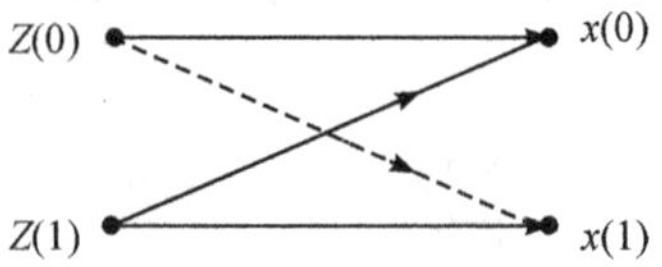

图 9-12　$n=2$ 时计算流程图

实际计算不是四次乘法和加法，而只作两次加法。

(2) $n=2^2=4$ 时：

$$w_4 = e^{\frac{\pi}{2}i} = \cos\frac{\pi}{2} + i\sin\frac{\pi}{2} = i$$

$$w_4^0 = 1,\ w_4^1 = i,\ w_4^2 = -1 = w_2$$

$$w_4^3 = -i,\ w_4^4 = w_4^0 = 1$$

故有

$$x(0) = Z(0) + Z(1) + Z(2) + Z(3)$$

$$x(1) = Z(0) + Z(1)w_4 + Z(2)w_4^2 + Z(3)w_4^3$$

$$x(2) = Z(0) + Z(1)w_4^2 + Z(2)w_4^4 + Z(3)w_4^6$$

$$x(3) = Z(0) + Z(1)w_4^3 + Z(2)w_4^6 + Z(3)w_4^9$$

或写成矩阵形式为

$$\begin{bmatrix} x(0) \\ x(2) \\ x(1) \\ x(3) \end{bmatrix} = \begin{bmatrix} 1 & 1 & 1 & 1 \\ 1 & w_4^2 & 1 & w_4^2 \\ 1 & w_4 & w_4^2 & w_4^3 \\ 1 & w_4^3 & w_4^2 & w_4 \end{bmatrix} \begin{bmatrix} Z(0) \\ Z(1) \\ Z(2) \\ Z(3) \end{bmatrix}$$

但是有

$$\begin{bmatrix} 1 & w_4 \\ 1 & w_4^3 \end{bmatrix} = \begin{bmatrix} 1 & 1 \\ 1 & w_4^2 \end{bmatrix} \begin{bmatrix} 1 & 0 \\ 0 & w_4 \end{bmatrix}$$

$$\begin{bmatrix} w_4^2 & w_4^3 \\ w_4^2 & w_4 \end{bmatrix} = \begin{bmatrix} 1 & 1 \\ 1 & w_4^2 \end{bmatrix} \begin{bmatrix} -1 & 0 \\ 0 & -w_4 \end{bmatrix} = \begin{bmatrix} -1 & -1 \\ -1 & i \end{bmatrix}$$

于是有

$$\begin{bmatrix} 1 & 1 & 1 & 1 \\ 1 & w_4^2 & 1 & w_4^2 \\ 1 & w_4 & w_4^2 & w_4^3 \\ 1 & w_4^3 & w_4^2 & w_4 \end{bmatrix} = \begin{bmatrix} 1 & 1 & 0 & 0 \\ 1 & w_4^2 & 0 & 0 \\ 0 & 0 & 1 & 1 \\ 0 & 0 & 1 & w_4^2 \end{bmatrix} \begin{bmatrix} 1 & 0 & 1 & 0 \\ 0 & 1 & 0 & 1 \\ 1 & 0 & -1 & 0 \\ 0 & w_4 & 1 & -w_4 \end{bmatrix}$$

$$w_4^2 = w_2$$

令

$$\begin{bmatrix} Z_1(0) \\ Z_1(1) \\ Z_1(2) \\ Z_1(3) \end{bmatrix} = \begin{bmatrix} 1 & 0 & 1 & 0 \\ 0 & 1 & 0 & 1 \\ 1 & 0 & -1 & 0 \\ 0 & w_4 & 1 & -w_4 \end{bmatrix} \begin{bmatrix} Z(0) \\ Z(1) \\ Z(2) \\ Z(3) \end{bmatrix}$$

也可表示成流程图，如图 9.13 所示。

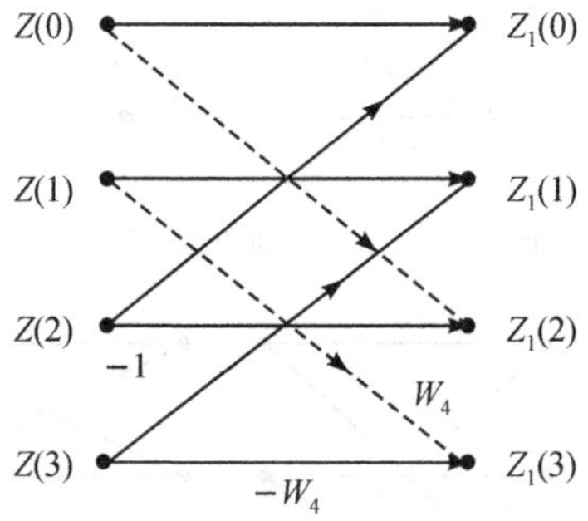

图 9.13 $n=4$ 时计算流程图

$$\begin{bmatrix} x(0) \\ x(2) \\ x(1) \\ x(3) \end{bmatrix} = \begin{bmatrix} 1 & 1 & 0 & 0 \\ 1 & w_4^2 & 0 & 0 \\ 0 & 0 & 1 & 1 \\ 0 & 0 & 1 & w_2 \end{bmatrix} \begin{bmatrix} Z_1(0) \\ Z_1(1) \\ Z_1(2) \\ Z_1(3) \end{bmatrix}$$

或如图 9.14 所示看作两个 $n=2$ 的 FFT。

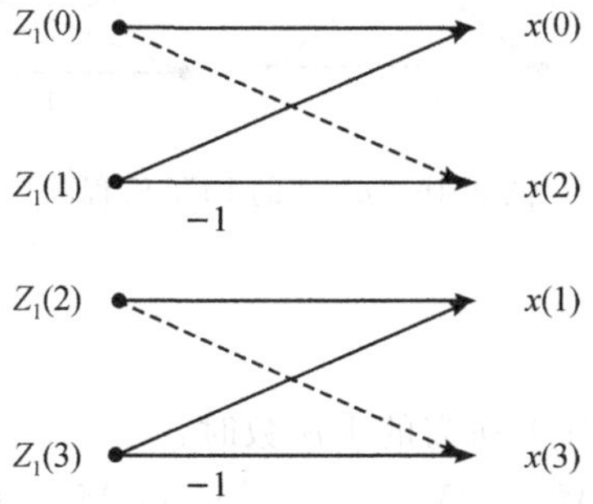

图 9.14 两个 $n=2$ 的 FFT 流程图

$n=4$ 的 FFT 流程图如图 9.15 所示，$n=8$ 的流程图如图 9.16 所示。从 $n=2$ 到 $n=4$，从 $n=4$ 到 $n=8$ 有内在的规律，请读者自己总结出从 $n=8$ 到 $n=16$ 的流程图。

右端：从 $n=2$ 的 $x(0)$，$x(1)$，到 $n=4$ 的 $x(0)$，$x(2)$，$x(1)$，$x(3)$，又到 $n=8$ 的 $x(0)$，$x(4)$，$x(2)$，$x(6)$，$x(1)$，$x(5)$，$x(3)$，$x(7)$，还可推出 $n=6$ 的右端顺序还可以从 $n=4$ 将字符顺序倒过来得 00，10，01，11，即 0，2，1，3；$n=8$ 的右端 000，001，010，011，100，101，110，111，字符顺序倒过来得 000，001，010，011，100，101，110，111，即依次为 0，4，2，6，1，5，3，7。

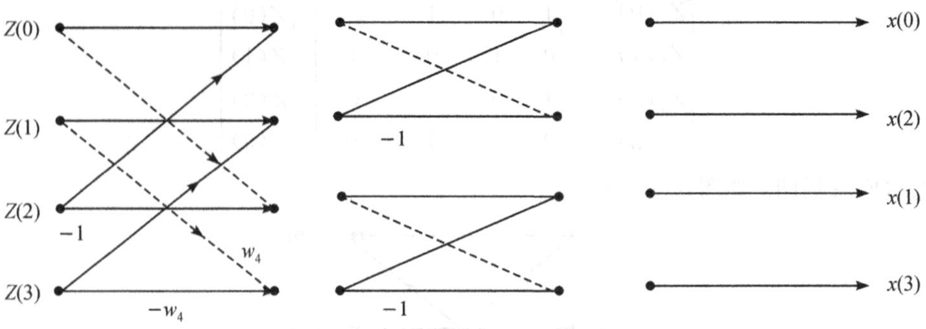

图 9.15 $n=4$ 的 FFT 流程图

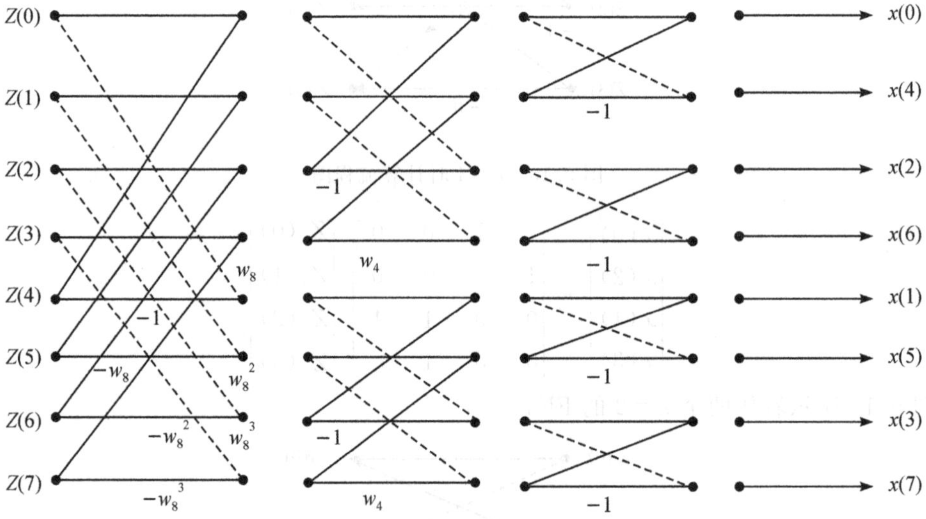

图 9.16 $n=8$ 的 FFT 流程图

9.4.3 复杂性分析

(1) 当 M_N 为 $N=2^n$ 的 FFT 所需的乘法数时：

$$M_n=2M_{n-1}+2^{n-1}-1,\ M_1=0$$

$$G_1(x)=M_1+M_2x+M_3x^2+\cdots$$

$$G_1(x)=\frac{x}{(1-x)(1-2x)^2}=\frac{A}{1-x}+\frac{B}{1-2x}+\frac{C}{(1-2x)^2}$$

$$=\frac{1}{1-x}-\frac{2}{1-2x}+\frac{1}{(1-2x)^2}$$

$$=(1+x+x^2+\cdots)-2(1+2x+2^2x^2+\cdots)+(1+2x+2^2x^2+\cdots)$$

$$M_n=1-2^n+n2^{n-1}=1-N+\frac{1}{2}N\mathrm{lb}N$$

(2) 当 A_N 为 $N=2^n$ 的 FFT 所需的加法数时：

$$A_n=2A_{n-1}+2^n,\ A_1=2$$

$$A_n=n2^n=N\mathrm{lb}N$$

例如，$N=4$ 的乘法数 $M_2=1-4+4=1$，加法数 $A_2=8$。

必须指出，FFT 运算可以并行处理，在速度上有质的飞跃，是并行计算最成功的范例之一。它影响到空间技术的发展，所以毫不夸张地说 FFT 的成功是科技上的一件大事。

9.5 卷积的快速算法

卷积(Convolution)是数字信号处理中最常见的计算问题，数字滤波、相关甚至离散 Fourier 变换(DFT)都可以变成卷积的计算，在数字信号处理之外的领域也经常遇到。对卷积的快速算法研究受快速傅里叶变换(FFT)的刺激而得到了快速发展。FFT 算法可用于计算卷积，并使 N 点序列的卷积的运算量从 $O(N^2)$ 减少为 $O(N\log N)^*$，大大提高了卷积的计算速度。然而用 FFT 计算也有一些缺点，如复运算不能精确计算，计算长度受限制等。尽管后来提出了另外一些变换，如数论变换、多项式变换等，亦可用于计算卷积，并克服了用 FFT 计算的一些缺点，但同时又增加了新的麻烦。

在 20 世纪 70 年代中后期，以 Winograd 及 Agarwal-Cooley 等为代表的人物提出了计算卷积的另一种方法，这种方法是首先建立短卷积的乘法运算量最少的算法，即常说的 Winograd 短卷积算法，然后利用嵌套或迭代的技巧计算长卷积及多维卷积。同变换方法相比，这种算法的运算量很多情况下更少，并可克服变换方法的某些限制。当然，也由于算法结构相对变换方法复杂一些而增加了实现的难度。本章要介绍的就是这一类算法，并统一用多项式代数对算法进行描述。

9.5.1 卷积及其等价形式

在数字信号处理及其它学科中，由于用途不同，卷积有多种形式，常见的有循环卷积、斜循环卷积、线性卷积等，我们不讨论这些卷积的实际背景及其用途，只讨论其形式定义及算法。上述卷积都可用多项式相乘表示，这样，就可统一地利用多项式代数来研究它们的快速算法。

尽管本章中大部分内容与卷积所在的数域没有关系，但有些地方与数域有关。因此，以下设 F 为一个数域，所讨论的是数域 F 中卷积。在实际应用中，F 通常为实数域、复数域或有限域。

定义 9.5.1 设 a_n 和 $b_n(n=0, 1, \cdots, N-1)$ 为 F 中两个长 N 的序列，称

$$c_k=\sum_{n=0}^{y-1} a_n b_{\langle k-n\rangle_n} \quad (k=0, 1, \cdots, N-1) \tag{9.4}$$

为 a_n 和 b_n 的(一维)循环卷积(Cyclic Convolution)。其中 $\langle k-n\rangle_y$ 表示 $k-n$ 关于模 N 的最小非负剩余；为书写方便起见，有时简记为 $\langle k-n\rangle$。

根据定义，也可以写成

$$c_k=\sum_{n=0}^{k} a_n b_{k-n}+\sum_{n=k+1}^{N-1} a_n b_{N+k-n} \quad (k=0, 1, \cdots, N-1)$$

循环卷积又称圆卷积或周期卷积，是本章讨论的重点。

定义 9.5.2 设 a_n 和 $b_n(n=0, 1, \cdots, N-1)$ 为 F 中两个长 N 的序列。称

$$c_k=\sum_{n=0}^{k}a_nb_{k-n}-\sum_{n=k+1}^{N-1}a_nb_{N+k-n}\quad(k=0,1,\cdots,N-1)\tag{9.5}$$

为 a_n 和 b_n 的(一维)斜循环卷积(Skew-Cyclic Convolution)。

定义 9.5.3 设 $a_n(n=0, 1, \cdots, N-1)$，$b_l(l=0, 1, \cdots, L-1)$为 F 中两个序列，并设 $a_n=0(n<0, n\geqslant N)$，$b_l=0(l<0, l\geqslant L)$称

$$c_k=\sum_{n=0}^{y-1}a_nb_{k-n}\quad(k=0,1,\cdots,L+N-2)$$

为 a_n 和 b_n 的线性卷积(Linear Convolution)。

上述 3 种卷积在数字信号处理中应用非常广泛，FIR 滤波就是线性卷积，相关可变成线性卷积或循环卷积，DFT 也可变成线性卷积。下面给出这些卷积的多项式表示形式。

由序列 $a_n(n=0, 1, \cdots, N-1)$可构造一个次数不超过 $N-1$ 的多项式

$$A(z)=\sum_{n=0}^{N-1}a_nz^n$$

$A(z)$称为 a_n 的生成多项式。显然 a_n 和 $A(z)$是一一对应的关系。因此，求序列 a_n 的问题等价于求出 a_n 的生成多项式 $A(z)$。这样，快速计算卷积的问题可利用多项式代数理论进行研究。

引理 9.5.1 设 c_k，a_n，b_n 为 F 中长 N 的序列，其生成多项式分别为 $C(z)$，$A(z)$，$B(z)$则 c_k 为 a_n 和 b_n 的循环卷积的充要条件是

$$C(z)\equiv A(z)B(z)\bmod(z^N-1)\tag{9.6}$$

c_k 为 a_n 和 b_n 的斜循环卷积的充要条件是

$$C(z)\equiv A(z)B(z)\bmod(z^N+1)\tag{9.7}$$

记号 $P(z)\bmod Q(z)$表示多项式 $P(z)$除以多项式 $Q(z)$所得的剩余多项式。因此，$P(z)\bmod(z^N-1)$只要把 $P(z)$中 z^N 用 1 代替即可。例如 $4z^3+3z^2+2z+1\bmod(z^2-1)=4z+3+2z+1=6z+4$。同样，$P(z)\bmod(z^N+1)$只要把 z^N 用 -1 代替即可。

引理 9.5.2 设 $a_n(n=0, 1, \cdots, N-1)$，$b_l(l=0, 1, \cdots, L-1)$为 F 中二个序列，则 $c_k(k=0, 1, \cdots, L+N-2)$为 a_n 和 b_l 的线性卷积的充要条件是

$$C(z)=A(z)B(z)\tag{9.8}$$

其中，$C(z)$、$A(z)$和 $B(z)$分别为 c_k，a_n，b_l 的生成多项式。

上述引理可通过简单计算证明，请读者自己完成。

这样，循环卷积、斜循环卷积和线性卷积可分别用多项式形式(9.6)、(9.7)及(9.8)表示，这种形式在以后的讨论中将经常用到。

定义 9.5.4 设 $a_{n_1,n_2,\cdots,n_r}$，$b_{n_1,n_2,\cdots,n_r}$ $(n_i=0, 1, \cdots, N_i-1;\ i=1, 2, \cdots, r)$为 F 中二个 r 维序列，称

$$c_{k_1,k_2,\cdots,k_r}=\sum_{n_1=0}^{N_1-1}\cdots\sum_{n_r=0}^{N_r-1}a_{n_1,n_2,\cdots,n_r}b_{\langle k_1-n_1\rangle,\cdots,\langle k_r-n_r\rangle N_r}$$

$$(k=0,1,\cdots,N_i-1;\ i=1,2,\cdots,r)\tag{9.9}$$

为序列 $a_{n_1,n_2,\cdots,n_r}$ 及 $b_{n_1,n_2,\cdots,n_r}$ 的 r 维循环卷积。特别地当 $r=2$ 时为二维循环卷积。

设序列 $a_{n_1,n_2,\cdots,n_r}$ 对应一个 r 元多项式

$$A(z_1, \cdots, z_r) = \sum_{n_1=0}^{y_l-1} \cdots \sum_{n_r=0}^{y_r-1} a_{n_1, n_2, \cdots, n_r} z_1^{n} 1 \cdots z_r^{n} r$$

称为 $a_{n_1, n_2, \cdots, n_r}$ 的生成多项式 $a_{n_1, n_2, \cdots, n_r}$，和其生成多项式是一一对应的。同样，若令 $b_{n_1, n_2, \cdots, n_r}$ 和 $c_{k_1, k_2, \cdots, k_r}$ 的生成多项式分别为 $B(z_1, \cdots, z_r)$ 和 $C(z_1, \cdots, z_r)$，则容易证明。

引理 9.5.3 $c_{k_1, k_2, \cdots, k_r}$ 为 $a_{n_1, n_2, \cdots, a_r}$ 和 $b_{n_1, n_2, \cdots, a_r}$ 的 r 维循环卷积的充要条件为

$$C(z_1, \cdots, z_r) = A(z_1, \cdots, z_r) B(z_1, \cdots, z_r) \bmod (z_1^{V_1} - 1), \cdots, (z_1^{V_r} - 1) \tag{9.10}$$

同样地，序列 $a_{n_1, n_2, \cdots, a_r}$，也可用其生成多项式序列来表示，设

$$A_{n_i}(z_2, \cdots, z_r) = \sum_{n_2=0}^{N_2-1} \cdots \sum_{n_r=0}^{N_r-1} a_{n_1, n_2, \cdots, n_r} z_1^{n_1} 2 \cdots z_r^{n} r$$

$$(n_1 = 0, 1, \cdots, N_1 - 1)$$

则 $a_{n_1, n_2, \cdots, n_r}$ 和 $r-1$ 元多项式序列 $A_{n_i}(z_1, \cdots, z_r)(n_i = 0, 1, \cdots, N_1 - 1)$ 形成一一对应。同样，可定义 $b_{n_1, n_2, \cdots, n_r}$ 和 $c_{k_1, k_2, \cdots, k_r}$ 的生成多项式序列为 $B_{n_i}(z_1, \cdots, z_r)$ 和 $C_{n_i}(z_1, \cdots, z_r)(k_i, n_i = 0, 1, \cdots, N_1 - 1)$，通过简单计算可验证。

引理 9.5.4 $c_{k_1, k_2, \cdots, k_r}(k_i = 0, 1, \cdots, N_1 - 1)$ 为 $a_{n_1, n_2, \cdots, a_r}$ 和 $b_{n_1, n_2, \cdots, a_r}(n_i = 0, 1, \cdots, N_1 - 1)$ 的 r 维循环卷积的充要条件为

$$C_{k_1}(z_2, \cdots, z_r) = \sum_{n=0}^{y-1} A_{n_i}(z_2, \cdots, z_r) B_{\langle k_1 - n_1 \rangle}(z_2, \cdots, z_r) \bmod (z_1^{N_2} - 1), \cdots, (z_r^{N_r} - 1)$$

$$(k = 0, 1, \cdots, N - 1) \tag{9.11}$$

即一个 r 维循环卷积可用一个一维循环卷积表示。但这个一维循环卷积不是数的卷积，而是多项式卷积，即卷积的每个元素为 $r-1$ 元多项式。

9.5.2 复杂度分析

本节考虑的问题是：对于长 N 的卷积，至少需要多少次乘法才能计算出来。因此，必须对算法有一个比较严格的定义，本节将要介绍计算复杂性的概念。

1. 算法和计算的复杂性

要严格地给算法下定义，需要用到较多的知识，本书中无法做到。这里只能对算法做一个不是很正式的描述。即一个算法是一个有穷规则的有序集合。这些规则确定了某一类问题的一个运算序列。对于这一类问题的任何一个初始输入，它能机械地一步一步地计算，通过有限步之后，计算终止，并产生一个输出。由于我们主要考虑的是卷积的计算问题，它属于数值计算范畴，所以算法还可以做更加简单的描述。

我们说计算两个序列 $a_n(n=0, 1, \cdots, N-1)$，$b_m(m=0, 1, \cdots, L-1)$ 的卷积 $c_l(l=0, 1, \cdots, M-1)$ 的算法的定义，是指对任何输入 a_n 及 b_m 算法均可以得到一个输出 c_l，c_l 和 a_n，b_m 之间满足卷积，而不是指对某个固定的输入或某些特殊的输入能得到 c_l。因此，所有的输入都应该当成是变元或称不定元，而不是特定的数。设 F 为一个数域，$F[x_1, x_2, \cdots, x_n]$ 为 F 上的所有变元为 $x_1, x_2, \cdots, x_n$ 的 n 元多项式组成的环。x_1, x_2，

…，x_n 称为不定元(indeterminate)或变元，它是在某个范围内取值的变量，这个范围通常为数域 F 或 F 的某个扩张域(环)。

定义 9.5.5 计算 $F[x_1, x_2, \cdots, x_n]$ 中一组表达式 $g_i[x_1, x_2, \cdots, x_n]$ $(i=1, \cdots, k)$ 的算法是指一系列(有限个)形如

$$f_i \leftarrow \alpha_i \odot \beta_i \quad (i=1, 2, \cdots, m)$$

的步骤，其中运算符⊙表示加“+”、减“−”或乘“·”，α_i、β_i 为 F 中的元素(不同时为 F 中元素)或不定元 x_j，或 $f_1, f_2, \cdots, f_{i-1}$ 中的某一个，且每个 $g_i(i=1, \cdots, k)$ 为上述 f_j $(j=1, 2, \cdots, m)$ 中的一个。

【例 9.5.1】 两个复数相乘 $(a_0+a_1j)(b_0+b_1j)$，相当于计算 $F[a_0, a_1, b_0, b_1]$ 中的两个表达式

$$g_1=a_0b_0-a_1b_1, \; g_2=a_0b_1+a_1b_0$$

其中一个算法为

$$f_1 \leftarrow a_0b_0$$
$$f_2 \leftarrow a_1b_1$$
$$f_3 \leftarrow f_1-f_2$$
$$f_4 \leftarrow a_0b_1$$
$$f_5 \leftarrow a_1b_0$$
$$f_6 \leftarrow f_4+f_5$$

不难验证

$$f_3=g_1, \; f_6=g_2$$

这个算法就是通常的复数相乘算法，用了 4 次乘法和 2 次加法。

一般地，输入序列 $a_n(n=0, 1, \cdots, N-1)$，$b_m(m=0, 1, \cdots, L-1)$ 的卷积计算问题相当于计算 $F[a_0, \cdots, a_{N-1}, b_0, \cdots, b_{L-1}]$ 中的一组表达式。例如，当 $N=L$ 的循环卷积问题相当于计算表达式

$$c_l=\sum_{n=0}^{N-1} a_n b_{\langle l-n\rangle} \quad (l=0, 1, \cdots, N-1)$$

卷积的计算属于更小的范围，即属于矩阵乘向量的问题：

$$\boldsymbol{c}=\boldsymbol{T}\boldsymbol{a}$$

其中，$\boldsymbol{c}=(c_0, \cdots, c_{r-1})'$；$\boldsymbol{a}=(a_0, \cdots, a_{N-1})'$；$\boldsymbol{T}$ 为 $r\times N$ 的矩阵，其元素由 b_m 的线性组合构成。令 $E[b_0, \cdots, b_{L-1}]$ 表示由 $b_0, \cdots, b_{L-1}$ 的线性组合组成的集合，它是域 F 上的线性空间，因此矩阵 $\boldsymbol{T}$ 的元素为 $\boldsymbol{E}$ 中的元素。

以上对算法的概念作了一些说明。对于某个问题的一个算法，如何评价这个算法的好坏，是否还有改进的余地，这对于算法研究者而言是必须回答的问题。评价一个算法的好坏的标准有多种，比如，有时用乘法次数及加法次数的多少来衡量，有时用算法结构的简单程度来衡量，有时用算法要占用的存储量来衡量。然而，即使给定了一个标准。要求出在此标准下最佳的算法通常是非常困难的。

在讨论卷积的算法时，我们将选择乘法次数作为算法好坏的标准。这样选择主要有两个原因，一是卷积的计算为不含除法的算术运算，乘法代价往往高于加法代价，特别是当

计算的是一般环(如多项式剩余环)中的卷积时，乘法代价远远大于加法代价。例如在用嵌套方法计算长卷积时，应选择短卷积的乘法次数最少的算法；二是为了分析简单，目前还没有能力分析加法复杂性。

对于乘法，也必须对其加以区别。比如，一个常数乘一个多项式和两个多项式相乘代价差别就很大，因而不能一视同仁，前者实际上相当于两个多项式相加。因此，在算法的定义 9.5.5 中规定：$f_i \leftarrow a_i \cdot \beta_i$，当 a_i 和 β_i 为不定元或 f_1，f_2，…，f_{i-1} 中某一个时，称为一般乘法，其它的乘法统称为平凡乘法(包括常数乘常数，常数乘变元及常数乘 f_i)。我们只考虑一般乘法的次数，平凡乘法认为是和加法代价相似的。

2. 矩阵乘向量的乘法次数下界

下面将对一般的矩阵乘向量问题给出其乘法次数下界的几个结果。

$E[b_0, \cdots, b_{L-1}]$表示由不定元 b_0，…，b_{L-1} 的线性组合(系数取自域 F)组成的域 F 上的线性空间。E 不是一个域，所以域上矩阵的性质对矩阵 $\boldsymbol{T}$ 未必成立。

定义 9.5.6 设 $\boldsymbol{\beta}_1$，…，$\boldsymbol{\beta}_r$ 为元素取自 $E[b_0, \cdots, b_{L-1}]$的 r 个 m 维向量。若存在不全零的 λ_1，…，$\lambda_r \in F$，使

$$\sum_{i=1}^{r} \lambda_i \boldsymbol{\beta}_i = \boldsymbol{0}$$

则称 $\boldsymbol{\beta}_1$，…，$\boldsymbol{\beta}_r$ 线性相关，否则称为线性无关。$\boldsymbol{\beta}_1$，…，$\boldsymbol{\beta}_r$ 中最大的线性无关向量组称为极大线性无关组。

【例 9.5.2】 $\boldsymbol{\beta}_1 = (b_0, 0, 0)$，$\boldsymbol{\beta}_2 = (b_1, 0, 0)$，则 $\boldsymbol{\beta}_1$ 和 $\boldsymbol{\beta}_2$ 线性无关。因为若

$$\lambda_1 \boldsymbol{\beta}_1 + \lambda_2 \boldsymbol{\beta}_2 = \boldsymbol{0}$$

则 $\lambda_1 b_0 + \lambda_2 b_1 = 0$ 对任何 b_0、b_1 成立。故 $\lambda_1 = \lambda_2 = 0$。

由例 9.5.2 可以看出，若 b_0、b_1 看成是固定的数，向量 $\boldsymbol{\beta}_1$、$\boldsymbol{\beta}_2$ 是线性相关的，而作为不定元时，是线性无关的。要特别注意两者的区别。

定义 9.5.7 矩阵 $\boldsymbol{T}$ 的行(列)向量组成的极大线性无关组的向量个数称为 $\boldsymbol{T}$ 的行(列)秩。

需要指出的是，这里行秩和列秩不一定相等，如

$$\boldsymbol{T} = \begin{bmatrix} b_0 & b_1 & 0 \\ b_1 & b_2 & 0 \\ b_1 & b_0 & 0 \end{bmatrix}$$

$\boldsymbol{T}$ 的行秩为 3，列秩为 2。

定理 9.5.1 (行秩定理) 设 $\boldsymbol{T}$ 为 $E[b_0, \cdots, b_{L-1}]$上的 $\boldsymbol{M} \times \boldsymbol{N}$ 矩阵，$\boldsymbol{a} = (a_0, \cdots, a_{N-1})'$，$\boldsymbol{T}$ 的行秩为 r，则

$$\boldsymbol{c} = \boldsymbol{T}\boldsymbol{a}$$

的计算至少需要 r 个一般乘法。

证 为了不失一般性，不妨设 $\boldsymbol{T}$ 只有 r 行，即 $\boldsymbol{T}$ 的行线性无关。

设算法的计算步骤 f_1，…，f_m 中一般乘法步为 e_1，…，e_s，则存在 F 上的矩阵 $\boldsymbol{A}$ 及向量 $\boldsymbol{h}$，$\boldsymbol{h}$ 的元素为不定元 b_0，…，b_{L-1}，a_0，…，a_{N-1} 的线性组合。或再加上 F 中的数，使

$$\boldsymbol{c} = \boldsymbol{A}\boldsymbol{e} + \boldsymbol{h}$$

其中 $\boldsymbol{A}$ 为 $M\times s$ 矩阵，$\boldsymbol{e}=(e_1, \cdots, e_s)'$。

若 $s<r$，则 $M=r>s$。所以，$\boldsymbol{A}$ 的行向量线性相关，即存在 M 维纯数向量 $\boldsymbol{B}\neq\boldsymbol{0}$，使

$$\boldsymbol{B}'\boldsymbol{A}=\boldsymbol{0}$$

因而 $\boldsymbol{B}'\boldsymbol{c}=\boldsymbol{B}'\boldsymbol{h}$ 或

$$\boldsymbol{B}'\boldsymbol{T}\boldsymbol{a}=\boldsymbol{B}'\boldsymbol{h}$$

由于 $\boldsymbol{B}'\boldsymbol{T}$ 的元素属于 E，而 $\boldsymbol{B}'\boldsymbol{h}$ 的元素为 $b_0, \cdots, b_{L-1}, a_0, \cdots, a_{N-1}$ 的线性组合(或加上一个 F 中的数)，因此，$\boldsymbol{B}'\boldsymbol{T}=\boldsymbol{0}$，即 $\boldsymbol{T}$ 的行线性相关。这和假设矛盾。所以 $s\geqslant r$。

定理 9.5.2(列秩定理) 在定理 9.5.1 的假设下，设 $\boldsymbol{T}$ 的列秩为 q，则 $\boldsymbol{c}=\boldsymbol{T}\boldsymbol{a}$ 的计算至少需要 q 个一般乘法。

证 用数学归纳法证明。若 $q=1$，$\boldsymbol{T}$ 中至少有一个非零元素，故 $\boldsymbol{c}=\boldsymbol{T}\boldsymbol{a}$ 的计算至少需要一个一般乘法。

设 $q-1$ 时结论成立，下面考虑 q 时的情形。

计算 $\boldsymbol{c}=\boldsymbol{T}\boldsymbol{a}$ 的最少乘法次数的算法 Alg 用了 s 个乘法 $e_1, \cdots, e_s$，为了不失一般性，不妨设计算中出现的第一个一般乘法的形式为

$$e_1 \leftarrow \alpha_1 \cdot \beta_1$$

其中 α_1 为 $a_0, \cdots, a_{N-1}$ 的非零线性组合。不妨设 $\alpha_1=\sum_{i=0}^{N-1} l_i a_i$，且 $l_0\neq 0$。把出现 a_0 的地方都用 $-\frac{1}{l_0}\sum_{i=0}^{N-1} l_i a_i$ 代替，则算法 Alg 变成了计算

$$\tilde{\boldsymbol{c}}=\boldsymbol{T}\begin{bmatrix} -\frac{1}{l_0}\sum_{i=1}^{N-1} l_i a_i \\ a_1 \\ \vdots \\ a_{N-1} \end{bmatrix}$$

的算法。由于计算 $-\frac{1}{l_0}\sum_{i=0}^{N-1} l_i a_i$ 不需一般乘法，所以计算 $\tilde{\boldsymbol{c}}$ 只需 $s-1$ 个一般乘法。

设 $\boldsymbol{T}=(\boldsymbol{T}_1\boldsymbol{T}_2\cdots\boldsymbol{T}_N)$，$\boldsymbol{T}_i$ 为 $\boldsymbol{T}$ 的第 i 个列向量，则

$$\tilde{\boldsymbol{c}}=(\boldsymbol{T}_1\boldsymbol{T}_2\cdots\boldsymbol{T}_N)\begin{bmatrix} -\frac{1}{l_0}\sum_{i=0}^{N-1} l_i a_i \\ a_1 \\ \vdots \\ a_{N-1} \end{bmatrix}=[\boldsymbol{T}_2-l_0^{-1}l_1\boldsymbol{T}_1, \cdots, \boldsymbol{T}_N-l_0^{-1}l_{N-1}\boldsymbol{T}_1]\begin{bmatrix} a_1 \\ \vdots \\ a_{N-1} \end{bmatrix}=\tilde{\boldsymbol{T}}\begin{bmatrix} a_1 \\ \vdots \\ a_{N-1} \end{bmatrix}$$

显然，$\tilde{\boldsymbol{T}}$ 的元素仍属于 E。且易证向量 $\boldsymbol{T}_2-l_0^{-1}l_1\boldsymbol{T}_1, \cdots, \boldsymbol{T}_N-l_0^{-1}l_{N-1}\boldsymbol{T}_1$ 中至少有 $q-1$ 个线性无关，所以 $\tilde{\boldsymbol{T}}$ 的列秩$\geqslant q-1$。根据归纳假设，计算 $\tilde{c}$ 至少需要 $q-1$ 个一般乘法，故 $s-1\geqslant q-1$，即 $s\geqslant q$。

【例 9.5.3】 两个 n 阶矩阵相乘至少需要 n^2 个一般乘法。

证 设 $\boldsymbol{A}$、$\boldsymbol{B}$ 为两个 n 阶矩阵。$\boldsymbol{A}=(a_{ij})$，$\boldsymbol{B}=(b_{ij})$。令

$$\boldsymbol{b}=(b_{11}b_{21}\cdots b_{n1}b_{12}b_{22}\cdots b_{n2}\cdots b_{1n}b_{2n}\cdots b_{nn})'$$

并设

$$T=\begin{bmatrix} a_{11} & \cdots & a_{1n} & 0 & \cdots & 0 & \cdots & 0 & \cdots & 0 \\ 0 & \cdots & 0 & a_{11} & \cdots & a_{1n} & \cdots & 0 & \cdots & 0 \\ \vdots & & \vdots & \vdots & & \vdots & & \vdots & & \vdots \\ 0 & \cdots & 0 & 0 & \cdots & 0 & \cdots & a_{11} & \cdots & a_{1n} \\ a_{21} & \cdots & a_{2n} & 0 & \cdots & 0 & \cdots & 0 & \cdots & 0 \\ \vdots & & \vdots & \vdots & & \vdots & & \vdots & & \vdots \\ 0 & \cdots & 0 & 0 & \cdots & 0 & \cdots & a_{21} & \cdots & a_{2n} \\ \vdots & & \vdots & \vdots & & \vdots & & \vdots & & \vdots \\ a_{n1} & \cdots & a_{nn} & 0 & \cdots & 0 & \cdots & 0 & \cdots & 0 \\ \vdots & & \vdots & \vdots & & \vdots & & \vdots & & \vdots \\ 0 & \cdots & 0 & 0 & \cdots & 0 & \cdots & a_{n1} & \cdots & a_{nn} \end{bmatrix}$$

显然，$\boldsymbol{Tb}$ 的元素构成 $\boldsymbol{AB}$ 的所有元素，而 $\boldsymbol{T}$ 的行(列)秩为 n^2。由定理 9.5.1 或定理 9.5.2 可知，求 $\boldsymbol{Tb}$ 至少需用 n^2 个一般乘法。

3. 卷积的乘法复杂性

定理 9.5.3 线性卷积

$$C(z)=A(z)B(z)$$

的计算至少需要 $L+N-1$ 个一般乘法。这里 $\deg A(z)=N-1$，$\deg B(z)=L-1$。$\deg P(z)$ 表示 $P(z)$ 的次数。

证 线性卷积的计算可表示成矩阵乘向量

$$\boldsymbol{c}=\boldsymbol{Ta}$$

其中

$$\boldsymbol{T}=\begin{bmatrix} b_0 & 0 & \cdots & 0 & 0 \\ b_1 & b_0 & \cdots & 0 & 0 \\ \vdots & \vdots & & \vdots & \vdots \\ 0 & 0 & \cdots & b_{L-1} & b_{L-2} \\ 0 & 0 & \cdots & 0 & b_{L-1} \end{bmatrix}$$

$\boldsymbol{T}$ 为 $(L+N-1)\times N$ 的矩阵，且易知其行线性无关，即行秩为 $L+N-1$。根据行秩定理，$\boldsymbol{Ta}$ 的计算至少需要 $L+N-1$ 个一般乘法。

用 Cook-Toom 算法或 Winograd 算法计算只用 $L+N-1$ 次一般乘法。因此，它们是乘法次数最少的算法。

定理 9.5.4 设 $P(z)=\bar{P}^l(z)$ 为首一多项式。$\bar{P}(z)$ 在 F 上不可约，$\deg P(z)=n$，则

$$C(z)=A(z)B(z)\bmod P(z)$$

的计算至少需要 $2n-1$ 个一般乘法。

证 设 $P(z)=p_0+p_1z+\cdots+p_{n-1}z^{n-1}+z^n$，并设 $\boldsymbol{C}_r$ 为多项式 $P(z)$ 的伴随矩阵，即

$$C_r = \begin{bmatrix} 0 & 0 & \cdots & 0 & -p_0 \\ 1 & b_0 & \cdots & 0 & -p_1 \\ 0 & 1 & \cdots & 0 & -p_2 \\ \vdots & \vdots & & \vdots & \vdots \\ 0 & 0 & \cdots & 1 & -p_{n-1} \end{bmatrix}$$

令

$$V_r = \{v \in F^n \mid \text{存在多项式 } q(z) \neq 0,\ \deg q < n,\ \text{且 } vq(\boldsymbol{C}_r) = 0\}$$

由于 $\overline{P}(z)$ 为不可约多项式，故 $q(\boldsymbol{C}_r)$ 为非奇异矩阵当且仅当 $\overline{P}(z) \nmid q(z)$。因此，若非零向量 $\boldsymbol{r}$ 使 $\boldsymbol{r}q(\boldsymbol{C}_r)=0$，则 $q(z)$ 可表示为 $q(z)=\overline{P}^l(z)\bar{q}(z)$，$0<r<l$，$\bar{q}(z)$ 和 $\overline{P}(z)$ 互素。这样，有

$$vq(\boldsymbol{C}_r) = v\overline{p^l}(\boldsymbol{C}_r)\bar{q}(\boldsymbol{C}_r) = 0$$

因而

$$v\overline{p^l}(\boldsymbol{C}_r) = 0 \Rightarrow vv\overline{p^l}(\boldsymbol{C}_r) = V_r = \{v \in F^n \mid vv\overline{p^l}(\boldsymbol{C}_r) = 0\}$$

由于 $\overline{P}^l(\boldsymbol{C}_r) \neq 0$，所以，$V_r$ 的维数 $<n$。

$C(z)=A(z)B(z)\bmod P(z)$ 的矩阵表示为

$$\boldsymbol{c} = \boldsymbol{Ta}$$

$$\boldsymbol{T} = (\boldsymbol{bC}_r,\ \boldsymbol{b}\cdots\boldsymbol{C}_r^{n-1}\boldsymbol{b})$$

由于 $C(z)$ 的系数可取任意值，所以 $\boldsymbol{T}$ 的行必定线性无关，即 $\boldsymbol{T}$ 的行秩为 n。若 $\boldsymbol{Ta}$ 的最少乘法的算法用 t 个一般乘法 e_1，…，e_t，则存在常数矩阵 $\boldsymbol{M}$ 及向量 $\boldsymbol{h}$（其构成同定理 9.5.1），使

$$\boldsymbol{c} = \boldsymbol{Me} + \boldsymbol{h}$$

由于 $\boldsymbol{T}$ 的行线性无关，故 $\boldsymbol{M}$ 的行必定线性无关，即 $\boldsymbol{M}$ 的秩为 n。因而 $\boldsymbol{M}$ 有 n 个线性无关列。不妨设前 n 列线性无关，于是存在可逆矩阵 $\boldsymbol{W}$，使

$$\boldsymbol{WM} = (\boldsymbol{IU})$$

其中，$\boldsymbol{I}$ 为 n 阶单位阵。因此

$$\boldsymbol{WTa} = (\boldsymbol{IU})\boldsymbol{e} + \boldsymbol{h}^*$$

由于 $\boldsymbol{W}$ 为非奇异矩阵，故其行向量构成 F^n 的一组基，但 V_r 的维数 $<n$，所以 $\boldsymbol{W}$ 的行向量中至少有一个不属于 V_r，不妨设为第一行 W_1，于是

$$\boldsymbol{W}_1\boldsymbol{Ta} = (10\cdots0u_1'\cdots u_{l-n}')\boldsymbol{e} + \boldsymbol{h}_1^*$$

$1\ 0\cdots0\ u_1'\cdots\ u_{l-n}'$ 中至多有 $t-n+1$ 个非零元素，所以 $\boldsymbol{W}_1\boldsymbol{Ta}$ 的计算至多需要 $t-n+1$ 个一般乘法。但 $\boldsymbol{W}_1\boldsymbol{T}$ 的各列线性无关，事实上，有

$$\boldsymbol{W}_1\boldsymbol{T} = (\boldsymbol{W}_1\boldsymbol{bW}_1\boldsymbol{C}_r\boldsymbol{b}\cdots\boldsymbol{W}_1\boldsymbol{C}_r^{n-1}\boldsymbol{b})$$

若其各列的某个线性组合为零，即

$$\lambda_0\boldsymbol{W}_1\boldsymbol{b} + \lambda_1\boldsymbol{W}_1\boldsymbol{C}_r\boldsymbol{b} + \cdots + \lambda_{n-1}\boldsymbol{W}_1\boldsymbol{C}_r^{n-1}\boldsymbol{b} = \boldsymbol{0}$$

由于 $\boldsymbol{h}$ 为任意向量，所以

$$\lambda_0\boldsymbol{W}_1 + \lambda_1\boldsymbol{W}_1\boldsymbol{C}_r + \cdots + \lambda_{n-1}\boldsymbol{W}_1\boldsymbol{C}_r^{n-1} = \boldsymbol{W}_1\alpha(\boldsymbol{C}_r) = \boldsymbol{0}$$

其中 $\alpha(z) = \sum_{i=0}^{n-1}\lambda_i z^i$。由于 $\boldsymbol{W}_1 \notin V_r$，所以

$$\alpha(z)=0,\ \lambda_0=\lambda_1=\cdots=\lambda_{n-1}=0$$

根据定理9.5.1，$\boldsymbol{W}_1\boldsymbol{Ta}$ 的计算至少需要 n 个一般乘法，所以 $t-n+1\geqslant n$，即

$$t\geqslant 2n-1$$

若 $P(z)=P_1^{l_1}(z)\cdots P_k^{l_k}(z)$，其中 $P_1(z)$，…，$P_k(z)$为 F 上的不可约多项式，则

$$C(z)=A(z)B(z)\bmod P(z)$$

的计算可转化为

$$C_i(z)=A_i(z)B_i(z)\bmod p_i^{l_i(z)}\quad(i=1,\ \cdots,\ k)$$

设 $\deg P_i^{l_i}(z)=n_i$，用 Winograd 最佳算法计算式(9.3)，只需

$$\sum_{i=0}^{k}(2n_i-1)=2n-k$$

个一般乘法。下面证明，这个乘法次数不能更少。

定理 9.5.5 设 $C^{(i)}=T_{p_i}a^{(i)}$ 表示

$$C^{(i)}(z)\equiv A^{(i)}(z)B^{(i)}(z)\bmod P_i^{l_i}(z)$$

的计算($i=1,\ 2,\ \cdots,\ k$)。$p_i(z)$在 F 上不可约。$A^{(i)}(z)$、$B^{(i)}(z)$($i=1,\ \cdots,\ k$)互相独立，$\deg P_i^{l_i}(z)=n_i$，则计算

$$\boldsymbol{c}=\begin{bmatrix}T_{p_i} & & \\ & \ddots & \\ & & T_{p_r}\end{bmatrix}\boldsymbol{a}=\boldsymbol{Ta}$$

至少需要 $2n-k$ 个一般乘法$\left(n=\sum_{i=1}^{k}n_i\right)$。

证 由于 $C^{(i)}(z)$的系数可取任意值，故 $\boldsymbol{T}$ 的各行线性无关，即行秩为 n。设 $\boldsymbol{Ta}$ 的最少乘法算法用了 t 个一般乘法，则存在数矩阵 $\boldsymbol{M}$，使

$$\boldsymbol{c}=\boldsymbol{Ta}=\boldsymbol{Me}+\boldsymbol{h}$$

其中 $\boldsymbol{e}$ 和 $\boldsymbol{h}$ 的定义同定理9.5.1。由于 $\boldsymbol{T}$ 的行线性无关，故 $\boldsymbol{M}$ 的各行线性无关，即 $\boldsymbol{M}$ 的秩为 n，故存在可逆矩阵 $\boldsymbol{W}$，使

$$\boldsymbol{WTa}=(\boldsymbol{IU})\boldsymbol{e}+\boldsymbol{h}^*$$

把 $\boldsymbol{W}$ 分块为

$$\boldsymbol{W}=(\boldsymbol{W}^1\boldsymbol{W}^2\cdots\boldsymbol{W}^k)$$

其中，$\boldsymbol{W}^1$ 为前 n_1 列，$\boldsymbol{W}^2$ 为接下去的 n_2 列，…，$\boldsymbol{W}^k$ 为最后 n_k 列。由于 $\boldsymbol{W}$ 的非奇异性，$\boldsymbol{W}^i$ 的秩为 n_i($i=1,\ \cdots,\ k$)，所以每个 $\boldsymbol{W}^i$ 至少有一行属于 V_{p_i}(定义同定理9.5.4)。设 $\boldsymbol{W}_j^i$ 表示 $\boldsymbol{W}^i$ 的第 j 行，并令 $p(j)$表示集合$\{i\mid \boldsymbol{W}_j^i\notin V_{p_i}\}$的元素个数，则必定有某些 j 使 $p(j)=s\geqslant 1$。不妨设 $p(1)=s\geqslant 1$，且 $\boldsymbol{W}_1^i\notin V_{p_i}$($i=1,\ 2,\ \cdots,\ s$)。

令 j_{s+1}，…，j_k 为使 $\boldsymbol{W}_{j_r}^r\notin V_{p_r}$ 的下标，$r=s+1$，…，k。那么，根据线性代数有关理论可知，存在只在 1，j_{s+1}，…，j_k 这些位置非零的 n 维向量 $\boldsymbol{\beta}$，使

$$\boldsymbol{r}=\boldsymbol{BW}=(r_1\cdots r_k)$$

的每个 $r_i\notin V_{p_i}$($i=1,\ \cdots,\ k$)。

考虑 $\boldsymbol{\beta WTa}=\boldsymbol{\beta}(\boldsymbol{IU})\boldsymbol{e}+\boldsymbol{\beta h}^*$ 的计算。由于 $\boldsymbol{B}(\boldsymbol{IU})$最多只有 $k-s+1+t-n$ 个非零系数，

故 $\beta WTak-s+1+t-n$ 个一般乘法计算出来，另一方面，有

$$\boldsymbol{\beta WT}=\boldsymbol{rT}=(r_1T_{p_1}r_2T_{p_2}\cdots r_kT_{p_k})$$

其各列的线性组合为

$$\sum_{i=1}^{k}r_iT_{p_i}\boldsymbol{\lambda}^{(i)}$$

其中 $\boldsymbol{\lambda}^{(i)}$ 为 n_i 维向量，若

$$\sum_{i=1}^{k}r_iT_{p_i}\boldsymbol{\lambda}^{(i)}=\mathbf{0}$$

则由于 T_{p_i} 的独立性，必有

$$r_iT_{p_i}\boldsymbol{\lambda}^{(i)}\quad(i=1,2,\cdots,k)$$

由于 $r_i\notin V_{p_i}$，类似于定理 9.5.5 的证明，必须有

$$\boldsymbol{\lambda}^{(i)}=0\quad(i=1,2,\cdots,k)$$

所以，$\boldsymbol{\beta WT}$ 的各列线性无关。故 $\boldsymbol{\beta WT}$ 的计算至少需要 n 个一般乘法，所以

$$k-s+1+t-n\geqslant n$$

故

$$t\geqslant 2n-k+s-1+t\geqslant 2n-k$$

推论 设 $P(z)$ 在 F 上的不同的互素因子的个数为 k，$\deg P(z)=n$，则计算

$$C(z)\equiv A(z)B(z)\bmod P(z)$$

至少需要 $2n-k$ 个一般乘法。

所以，Winograd 算法就乘法量而言是最优的。

9.6 多项式变换及其应用

多项变换(PT)是 1978 年法国著名信号处理与计算机专家、IEEE 会士 H. J. Nussbaumer 提出的一种正交离散变换，当时主要是用来计算多维数字卷积和多维 DFT，引起了国际上普遍关注。著名数学家、美国科学院院士 S. Winograd 指出用多项式变换计算二维 DFT 的算法同阿贝尔半单代数有密切关系，并且它可能成为处理多维问题的一种有力工具。

多项式变换是以多项式 $M(z)$ 为模的多项式剩余环 $F[z]/(M(z))$ 上的一种离散傅里叶变换，由于常用的多项式变换的计算不需要乘法运算(只需加法运算)，因此已成功地用于一维及多维数字卷积、多维 DFT、多项式乘积、大整数乘积等快速计算中，其效率高于 FFT，而且特别适合并行计算。我们对多项式变换理论及其应用作过系统的研究，得到一系列重要结果：对有理数域上的多项式变换作过系统研究，证明了对于任意正整数 N。$N\times N$ 二维 DFT 及 $N\times N$ 循环卷积都可用多项式变换计算，其效率高于其它快速算法，对有限域 $GF(p^n)$ 及一般交换环特别是整数剩余类环 Z_M 上的多项式变换作过深入的研究，给出存在的充分必要条件，构造方法和个数定理，这些都收集在专著《多项式变换及其应用》中；我们用快速多项式变换计算二维 DFT 及二维数字卷积的计算机软件，成功地运行在地震数据处理及银河巨型机的应用软件中。

9.6.1 多项式变换的引进

考虑 $N\times M$ 二维循环卷积

$$y_{u,l}=\sum_{n=0}^{N-1}\sum_{m=0}^{M-1}h_{n,m}x_{\langle u-n\rangle_N\langle l-m\rangle_{M'}}\quad(u=0,1,\cdots,N-1;\ l=0,1,\cdots,M-1)\tag{9.12}$$

其中 $[X]=(x_{n,m})_{N\times M}$，$[H]=(h_{n,m})_{N\times M}$ 为已知 $N\times M$ 二维数列。为简单起见，我们用多项式表示。按列作 $[Y]$，$[X]$，$[H]$ 的母多项式序列

$$\begin{cases}Y_l(z)=\sum\limits_{u=0}^{N-1}y_{u,l}z^n\\ X_m(z)=\sum\limits_{n=0}^{N-1}x_{n,m}z^n\ (l,m=0,1,\cdots,M-1)\\ H_m(z)=\sum\limits_{n=0}^{N-1}h_{n,m}z^n\end{cases}\tag{9.13}$$

容易证明，式(9.12)就为

$$Y_l(z)=\sum_{m=0}^{M-1}H_m(z)X_{\langle l-m\rangle_M}(z)\bmod(Z^N-1)\quad(l=0,1,\cdots,M-1)\tag{9.14}$$

其中，$k=k\bmod M$，式(9.14)为以 Z^N-1 为模的多项式循环卷积。如按行作 $[Y]$，$[X]$，$[H]$ 的母多项式序列 $Y_u(z)$，$X_n(z)$，$H_n(z)(n=0,1,\cdots,N-1)$，那么就有

$$Y_u(z)=\sum_{n=0}^{N-1}H_n(z)X_{\langle u-n\rangle_M}(z)\bmod(Z^M-1)\quad(u=0,1,\cdots,N-1)\tag{9.15}$$

这表示，只要按式(9.14)或式(9.15)计算出 $[Y]$ 的母多项式序列，其系数就是式(9.12)的二维循环卷积值。

为了引进多项式变换，先考虑 $N=M=p$ 为奇素数的情况，这时有

$$\begin{aligned}&z^p-1=(z-1)P(z)\\&P(z)=z^{p-1}+z^{p-2}+\cdots+z+1\end{aligned}\tag{9.16}$$

其中，$P(z)$ 为不可约多项式。如设

$$\begin{aligned}&Y_{1,l}(z)=Y_l(z)\bmod P(z)\\&Y_{2,l}(z)=Y_l(z)\bmod P(z-1)\end{aligned}\tag{9.17}$$

可得

$$Y_l(z)=\frac{1}{p}[p-P(z)]Y_{1,l}(z)+\frac{1}{p}P(z)Y_{2,l}(z)\bmod(z^p-1)\quad(l=0,1,\cdots,p-1)\tag{9.18}$$

式(9.18)为孙子定理恢复(或重构)。由此可知，$Y_l(z)$ 的计算又化简为 $Y_{1,l}(z)$ 和 $Y_{2,l}(z)$ 的计算。$Y_{2,l}(z)$ 的计算比较简单。事实上，有

$$Y_{2,l}(z)=Y_l(z)\bmod(z-1)=\sum_{m=0}^{p-1}H_m(z)X_{\langle l-m\rangle_p}(z)\bmod(z-1)$$

$$=\sum_{m=0}^{p-1}H_{2,m}X_{2\langle l-m\rangle_p}\quad(l=0,1,\cdots,p-1)\tag{9.19}$$

$$X_{2m}=X_m(z)\bmod(z-1)=\sum_{n=0}^{p-1}x_{n,m}\quad(m=0,1,\cdots,p-1)$$

$$H_{2,m}=H_m(z)\bmod(z-1)=\sum_{n=0}^{p-1}h_{n,m}\tag{9.20}$$

因此，$Y_{2,l}$ 是长为 p 的一维循环卷积，可用各种快速算法(如 FFT、Agarwal-Cooley 算法)计算。

$Y_{1,l}(z)$的计算较复杂些，由定义有

$$Y_{1,l}(z)=\sum_{m=0}^{p-1}H_{1,m}(z)X_{1,\langle l-m\rangle_p}(z)\bmod P(z)\quad(l=0,1,\cdots,p-1)\tag{9.21}$$

其中：

$$X_{1,m}=X_m(z)\bmod P(z)$$
$$H_{1,m}=H_m(z)\bmod P(z)\ (m=0,1,\cdots,p-1)\tag{9.22}$$

为了计算 $Y_{1,l}(z)$，可以引进一个与 DFT 类似构造的正交离散变换，其中通常的复数变换因子 W 用一个变量 z 的乘幂代替，且所有的运算均为模 $P(z)$的运算，这种变换称为多项式变换(PT)。其定义为：设 $H_m(z)$为长 p 的多项式序列，$P(z)=(z^p-1)/(z-1)=z^{p-1}+z^{p-2}+\cdots+z+1$，称

$$\overline{H}_k(z)=\sum_{m=0}^{p-1}H_m(z)z^{mk}\bmod P(z)\quad(m=0,1,\cdots,p-1)\tag{9.23}$$

为多项式变换，其逆变换为

$$H_m(z)=\frac{1}{p}\sum_{m=0}^{p-1}\overline{H}_k(z)z^{-mk}\bmod P(z)\quad(m=0,1,\cdots,p-1)\tag{9.24}$$

本节最后我们将证明式(9.23)和式(9.24)为一对互逆变换，并且还具有循环卷积特性(CCP)。所谓 CCP 是指：设$\{\overline{X}_l(z)\}$，$\{\overline{H}_l(z)\}$和$\{\overline{Y}_l(z)\}$分别是$\{X_m(z)\}$，$\{H_m(z)\}$和$\{Y_m(z)\}$的多项式变换，并且 $Y_m(z)$是 $X_m(z)$和 $H_m(z)$的以 $P(z)$为模的多项式循环卷积，如果有

$$\overline{Y}_l(z)=\overline{X}_l(z)\overline{H}_l(z)\bmod P(z)\quad(l=0,1,\cdots,p-1)\tag{9.25}$$

就称多项式变换式(9.23)具有 CCP。

下面利用变换式(9.23)及其循环卷积特性来计算 $Y_{1,l}(z)$。计算多项式变换

$$\overline{X}_{1,k}(z)=\sum_{m=0}^{p-1}X_{1,m}(z)z^{km}\bmod P(z)$$
$$(k=0,1,\cdots,p-1)\tag{9.26}$$
$$\overline{H}_{1,k}(z)=\sum_{m=0}^{p-1}H_{1,m}(z)z^{km}\bmod P(z)$$

作它们的乘积：

$$\bar{Y}_{1,k}(z)=\bar{X}_{1,k}(z)\bar{H}_{1,k}(z)\bmod P(z)\ (k=0,1,\cdots,p-1)$$

计算它的逆变换，有

$$Y_{1,l}(z)\equiv\frac{1}{p}\sum_{k=0}^{p-1}\bar{Y}_{1,k}(z)z^{-kl}\bmod P(z)\ (l=0,1,\cdots,p-1) \tag{9.27}$$

这样就计算出了 $Y_{1,l}(z)$。由此可知，其计算结构类似于 DFT。

下面再把孙子定理恢复式(9.18)化简一下，由于

$$\begin{aligned}\frac{1}{p}[p-P(z)]&=\frac{1}{p}[p-z^{p-1}-z^{p-1}\cdots-z-1]\\&=\frac{1}{p}\begin{bmatrix}-z^{p-1}+z^{p-2}-2z^{p-2}+2z^{p-3}\cdots-(p-2)z^2\\+(p-2)z-(p-1)z+(p-1)\end{bmatrix}\\&=\frac{1}{p}(z-1)[-z^{p-2}-2z^{p-3}-3z^{p-4}\cdots-(p-2)z-(p-1)]\\&=\frac{1}{p}(z-1)T_1(z)\end{aligned} \tag{9.28}$$

其中 $T_1(z)=-z^{p-2}-2z^{p-3}-3z^{p-4}\cdots-(p-2)z-(p-1)$。再将式(9.19)及式(9.28)的 $Y_{2,l}$ 和 $Y_{1,l}$ 重新定义为

$$Y_{2,l}=\sum_{m=0}^{p-1}X_{2,\langle l-m\rangle_p}\left[\frac{1}{p}H_{2,m}\right] \tag{9.29}$$

$$Y_{1,l}(z)=\frac{1}{p}\sum_{k=0}^{p-1}X_{1,k}(z)\left[\frac{1}{p}T_1(z)\bar{H}_{1,k}(z)\right]z^{-kl}\bmod P(z)\ (l=0,1,\cdots,p-1) \tag{9.30}$$

孙子定理恢复就取如下简单形式：

$$Y_l(z)=(z-1)Y_{1,l}(z)+P(z)Y_{2,l}(z)\bmod(z^p-1)\ (l=0,1,\cdots,p-1) \tag{9.31}$$

这就是利用多项式变换计算 $p\times p$ 二维循环卷积的公式。计算步骤为：首先根据式(9.20)和式(9.21)计算简化多项式，然后计算其多项式变换式(9.26)，并计算 k 个模 $p(z)$ 的多项式乘积 $\left\{X_{1,k}(z)\left[\frac{1}{p}T_1(z)\bar{H}_{1,k}(z)\right]\bmod P(z)\right\}$；再计算这个乘积的逆变换(9.30)及一个 p 点一维循环卷积，最后孙子定理恢复式(9.31)得到 $Y_l(z)$。在大多数实际应用中，二维数序列[H]是固定的，可以预先计算好式(9.29)和(9.30)右端方括号中的项，其运算量也不必计算。

我们知道，直接计算 $p\times p$ 二维循环卷积需 p^4 次乘法及 $p^2(p^2-1)$ 次加法。在上述计算过程中，简化多项式(9.20)和式(9.21)以及孙子定理恢复式(9.31)的计算各只需 $2p(p-1)$ 次加法。事实上，有

$$\left.\begin{aligned}X_{2,m}(z)&=X_m(z)\bmod(z-1)=\sum_{n=0}^{p-1}x_{n,m}\\X_{1,m}(z)&=X_m(z)\bmod P(z)=\sum_{n=0}^{p-2}(x_{n,m}-x_{p-1,m})z^n\end{aligned}\right\}\ (m=0,1,\cdots,p-1) \tag{9.32}$$

这需要 $2p(p-1)$ 次加法。在式(9.31)中，如设

$$Y_{1,l}(z)=\sum_{u=0}^{p-2}y_{1,u,l}z^{u}$$

孙子定理恢复就成为

$$Y_{l}(z)=(Y_{2,l}-y_{1,0,l})+\sum_{u=1}^{p-2}(y_{1,u-1,l}-y_{1,u,l}+Y_{2,l})z^{u}+(Y_{2,l}+y_{1,p-2,l})z^{p-1}$$
$$(l=0,1,\cdots,p-1) \tag{9.33}$$

亦需 $2p(p-1)$ 次加法。两个多项式变换式(9.26)及式(9.30)(一个正变换，一个逆变换)中，由于

$$z^{-1}=z^{p-1}\bmod P(z)$$

因此在逆变换中以 z^{p-1} 代 z^{-1} 就可得到正变换相同结构的多项式(只是排列顺序不同)，因此只需考虑正变换，且运算量也相同。设

$$X_{1,m}(z)=\sum_{n=0}^{p-1}x_{1,n,m}z^{n},\ x_{1,p-1,m}=0\quad(m=0,1,\cdots,p-1)$$

由于 $P(z)$ 是 $z^{p}-1$ 的因子，所以正变换式(9.26)的各项有

$$X_{1,m}(z)z^{mk}\bmod P(z)=[X_{1,m}(z)z^{mk}\bmod(z^{p}-1)]\bmod P(z)$$

记 $q=mk\bmod p$，就有

$$X_{1,m}(z)z^{mk}\bmod(z^{p}-1)=\sum_{n=0}^{p-1}x_{1,n,m}z^{n},\ z^{q}\bmod(z^{p}-1)=\sum_{n=0}^{p-1}x_{1,\langle n-q\rangle_{m}}z^{n}$$

从而

$$X_{1,m}(z)z^{mk}\bmod(z^{p}-1)=\sum_{n=0}^{p-2}[x_{1n-qm}-x_{1p-q-1m}]z^{n}\ (m=0,1,\cdots,p-1)$$

其中 $x_{1\cdot n-q\cdot m}=0$，$\langle n-q\rangle=(n-q)\bmod p$。由此可知各项 $X_{1,m}(z)z^{mk}\bmod P(z)$ 是一个 $p-2$ 次多项式，其系数由 $X_{1,m}(z)$ 的系数作一旋转(旋转 q 位)后再与 $x_{1\cdot p-q-1\cdot m}$ 作减法便可得到。因此多项式变换(9.26)的计算完全不需要乘法运算，只需要加法运算。加法量可这样计算，在式(9.26)中，设

$$\begin{cases}R_{k}(z)=-\sum_{m=1}^{p-1}X_{1,m}(z)z^{mk}\bmod P(z)\\ \overline{X}_{1,k}(z)=X_{1,0}(z)+R_{k}(z)\bmod P(z)\end{cases}\quad(k=0,1,\cdots,p-1)$$

其中，$R_{0}(z)$ 是 $p-1$ 个 $p-2$ 次多项式相加，共需 $(p-1)(p-2)$ 次加法。当 $k\neq0$，$p-1$ 时，

$$R_{k}(z)=\left[\sum_{m=1}^{p-1}X_{1,m}(z)z^{mk}\bmod(z^{p}-1)\right]\bmod P(z)\ (k=0,1,\cdots,p-2)$$

由于 $X_{1,m}(z)z^{mk}\bmod(z^{p}-1)$ 是一个 $(p-1)$ 次多项式，p 个系数中有一个为零($x_{1\cdot p-1\cdot m}=0$)，故对于某个固定的 k 上式方括号的计算量为 $(p-2)+(p-3)(p-1)=p^{2}-3p+1$ 次加法，再关于 $P(z)$ 作模运算还需 $p-1$ 次加法，故需 $(p-2)(p^{2}-3p+1+p-1)=p(p-2)^{2}$ 次加法。

然而

$$R_{p-1}(z)=\sum_{m=1}^{p-1}X_{1,m}(z)z^{m(p-1)}\bmod P(z)$$
$$=-\sum_{k=0}^{p-2}\sum_{m=1}^{p-1}X_{1,m}(z)z^{km}\bmod P(z)$$
$$=\sum_{k=0}^{p-2}R_k(z)\bmod P(z)$$

因此，共需$(p-1)(p-2)$次加法，最后由$\overline{X}_{1,k}(z)=X_{1,0}(z)+R_k(z)\bmod P(z)$得，还需$p(p-1)$次加法。因此多项式变换式(9.25)的计算共需

$$A=(p-1)(p-2)+p(p-2)^2+(p-1)(p-2)+p(p-1)$$
$$=p^3-p^2-3p+4$$

次加法。

p 个多项式乘积为

$$\overline{Y}_{1,k}(z)=\overline{X}_{1,k}(z)\overline{H}'_{1,k}(z)\bmod P(z)\quad(k=0,1,\cdots,p-1)\tag{9.34}$$

其中，$\overline{H}'_{1,k}(z)=\frac{1}{p}T_1(z)\overline{H}_{1,k}(z)\bmod P(z)$。根据 Winograd 定理，每个这样的乘积需要 $2p-3$ 次乘法和 A_1 次加法，从而计算 $\overline{Y}_{1,k}(z)$ 共需 $p(2p-3)$ 次乘法和 pA_1 次加法($A_1=O(p^2)$)。

p 的一维循环卷积式(9.29)用 Agarwal-Cooley 算法计算，需 $2p-2$ 次乘法和 A_2 次加法($A_2=O(p^2)$)。

因此，利用多项式变换计算 $p\times p$ 二维循环卷积的运算量为

$$M=p(2p-3)+2p-2=2p^2-p-2\tag{9.35}$$

$$A=2p(p-1)+2p(p-1)+2(p^3-p^2-3p+4)+pA_1+A_2$$
$$=2(p^3+p^2-5p+4)+pA_1+A_2\tag{9.36}$$

其中，$A_1=O(p^2)$，$A_2=O(p^2)$。

最后我们来证出式(9.23)和式(9.24)确为一对互逆变换且具有 CCP。

定理 9.6.1 如下的一对变换确为互逆变换：

$$\overline{H}_k(z)=\sum_{m=0}^{p-1}H_m(z)z^{mk}\bmod P(z)\ (k=0,1,\cdots,p-1)$$

$$H_m(z)=\frac{1}{p}\sum_{m=0}^{p-1}\overline{H}_k(z)z^{-mk}\bmod P(z)\ (m=0,1,\cdots,p-1)$$

其中，$P(z)=\frac{z^p-1}{z-1}=z^{p-1}+z^{p-2}+\cdots+z+1$，$H_m(z)$为已知多项式序列，$p$ 为奇素数。其中 $P(z)$称为变换的模，z 称为变换因 z(或根)，p 为变换长度。

定理 9.6.2 以 $P(z)$为模，z 为变换因子，长为 p 的多项式变换具有循环卷积特性(CCP)。

这里不详细给出这两个定理的证明，只要将正变式代入逆变式以及利用两个变换乘积的逆变式，就可看出，只要证明

$$\frac{1}{p}\sum_{m=0}^{p-1}z^{mt}=\begin{cases}1\bmod P(z) & (t=0\bmod p)\\0\bmod P(z) & (t\neq 0\bmod p)\end{cases}$$

即可。由于 $z^p=1 \bmod P(z)$ 。所以上述第一式显然成立，对于第二式只需证明

$$\sum_{m=0}^{p-1} z^{mt}=0 \bmod P(z) \quad (1 \leqslant t \leqslant p-1)$$

因为

$$(z^t-1)\sum_{m=0}^{p-1} z^{mt}=z^{pt}-1=0 \bmod P(z)$$

$$z^t-1 \bmod P(z) \quad (1 \leqslant t \leqslant p-1)$$

这表示 $(z^t-1, P(z))=1$，故有

$$\sum_{m=0}^{p-1} z^{mt}=0 \bmod P(z) \quad (1 \leqslant t \leqslant p-1)$$

9.6.2 一维快速多项式变换

设 N 和 M 均为 2 的幂，即

$$N=2^t,\ M=2^{r-1}N=2^{t+r-1}$$

其中 $t=1, 2, \cdots, r=0, 1, \cdots$。$\{A_n(z)\}$ 是长为 N、次数为 $M-1$ 的多项式序列

$$A_n(z)=\sum_{m=0}^{M-1} a_{n,m}z^m, \ (n=0, 1, \cdots, N-1)$$

其中 $a_{n,m}$ 为实常数或复常数。下面是一对具有 CCP 的互逆变换：

$$\overline{A}_k(z)=\sum_{n=0}^{N-1} A_n(z)(\tilde{z})^{nk} \bmod (z^M+1) \quad (k=0, 1, \cdots, N-1) \tag{9.37}$$

$$A_n(z)=\frac{1}{N}\sum_{k=0}^{N-1} \overline{A}_k(z)(\tilde{z})^{-nk} \bmod (z^M+1) \quad (n=0, 1, \cdots, N-1) \tag{9.38}$$

其中 $\tilde{z}=z^{2M/N}=z^{2^r}$ 。这种变换的模 $M(z)=z^M+1$ 是不可约多项式，足够简单，变换因子是单项式 $z^{2M/N}$，变换长度 N 是高复合数 2^t。

由于 $\tilde{z}\cdot(\tilde{z})^{N-1}=1 \bmod (z^M+1)$，所以 $(\tilde{z})^{-1}\equiv(\tilde{z})^{N-1} \bmod (z^M+1)$，将这逆元代入式(9.38)中，便有

$$A_n(z)=\frac{1}{N}\sum_{k=0}^{N-1} \overline{A}_k(z)((\tilde{z})^{N-1})^{nk} \bmod (z^M+1) \quad (n=0, 1, \cdots, N-1) \tag{9.39}$$

由于 $(\tilde{z})^N=1 \bmod (z^M+1)$，逆变式(9.39)与正变式(9.37)除一个常数因子外有相同的结构，特别是式(9.39)中第 i 个式子与式(9.37)中的第 $N-i$ 个式子相同。因此按正变换的结构计算出 $\{\overline{A}_k(z)\}$ 的变换 $\{A'_n(z)\}$，将 $A'_n(z)$ 与 $A'_{N-n}(z)$ 简单互换并除以 N，就得到逆变换 $A_n(z)(n=0, 1, \cdots, N-1)$，这表示逆变换可由正变换的计算得到。为此只需讨论正变换(9.37)的快速计算。

在式(9.37)中，z^M+1 是 $z^{2M}-1$ 的一个因子，所以

$$A_n(z)z^{2^r nk} \bmod (z^M+1)=[A_n(z)z^{2^r nk} \bmod (z^{2M}-1)] \bmod (z^M+1)$$

由于 $z^{2M}=1 \bmod (z^{2M}-1)$，所以指数 $z^r nk$ 按模 $2M$ 定义，不妨设

$$q=z^r nk \bmod 2M, \ (q=0, 1, \cdots, 2M-1)$$

于是有

$$
\begin{aligned}
A_n(z)z^{2^r nk} \bmod (z^{2M}-1) &= \sum_{m=0}^{2M-1} a_{n,m} z^{m+q} \bmod (z^{2M}-1) \\
&= \sum_{m=0}^{2M-q-1} a_{n,m} z^{m+q} + \sum_{m=2M-q}^{2M-1} a_{n,m} z^{m+q} \bmod (z^{2M}-1) \\
&= \sum_{m=0}^{2M-1} a_{n,\langle m-q\rangle} z^m \bmod (z^{2M}-1)
\end{aligned}
$$

其中利用了 $a_{n,m}=0(M\leqslant m\leqslant 2M-1)$，$m-q=(m-q) \bmod 2M$，因此

$$
A_n(z)z^{2^r nk} \bmod (z^M+1) = \sum_{m=0}^{2M-1} a_{n,\langle m-q\rangle} z^m \bmod (z^m+1) = \sum_{m=0}^{M-1} [a_{n,\langle m-q\rangle} - a_{n,\langle M+m-q\rangle}] z^m
$$

$$
(n=0,\ 1,\ \cdots,\ N-1)
$$

从而式(9.37)就成为

$$
\overline{A}_k(z) = \sum_{n=0}^{N-1} \left[\sum_{m=0}^{M-1} (a_{n,\langle m-q\rangle} - a_{n,\langle M+m-q\rangle}) z^m \right] \quad (k=0,\ 1,\ \cdots,\ N-1) \tag{9.40}
$$

这里 $q=z^r nk \bmod 2M$，由此知，$\{\overline{A}_k(z)\}$ 的计算完全不需要乘法运算，只需要加法运算及多项式系数的转移。由式(9.40)知，直接计算 $\overline{A}_k(z)$需 N 个 $M-1$ 次多项式相加，所以总共需

$$
A'_d = NM(N-1)
$$

次实加或复加(视 $a_{n,m}$ 是实数还是复数而定)，或需要 $N(N-1)$次向量长度为 M 的向量加法运算。

下面是式(9.37)的逆变换的快速算法——FPT，所需的加法量为

$$
A_d = NM\mathrm{lb}N \tag{9.41}
$$

或 $N\log_2 N$ 次向量长度为 M 的向量加法运算，其加法量减少了一个数量级。

在式

$$
\overline{A}_k(z) = \sum_{n=0}^{N-1} A_n(z)(\tilde{z})^{nk} \bmod (z^M+1) \quad (k=0,\ 1,\ \cdots,\ N-1)
$$

中，将 n，k 用二进制表作运算为

$$
k = 2^{t-1}k_{t-1} + 2^{t-2}k_{t-2} + \cdots + 2k_1 + k_0 = (k_{t-1}k_{t-2}\cdots k_1 k_0)
$$

$$
n = 2^{t-1}n_{t-1} + 2^{t-2}n_{t-2} + \cdots + 2n_1 + n_0 = (n_{t-1}n_{t-2}\cdots n_1 n_0)
$$

其中 n，$k=0$，1，…，$N-1$；n_i，$k_i=0$，1。于是有

$$
\overline{A}_k(z) = \overline{A}_{k_{t-1}\cdots k_1 k_0}(z) = \sum_{n_{t-1}=0}^{1} \cdots \sum_{n_1=0}^{1} \sum_{n_0=0}^{1} A_{k_{t-1}\cdots k_1 k_0}(z)(\tilde{z})^{nk} \bmod (z^M+1) \tag{9.42}
$$

注意到$(\tilde{z})^N=1 \bmod (z^M+1)$，将指数 nk 按输入下标展开就有

$$
\begin{aligned}
(\tilde{z})^{nk} &= (\tilde{z}) \sum_{l=0}^{t-1} n_l 2^l \sum_{q=0}^{t-1} k_q 2^q \\
&= (\tilde{z})^{2^{t-1}n_{t-1}k_0} (\tilde{z})^{2^{t-2}n_{t-2}(2k_1+k_0)} \cdots (\tilde{z})^{2n_1(2^{t-2}k_{t-2}+\cdots+2k_1+k_0)} (\tilde{z})^{n_0(2^{t-2}k_{t-2}+\cdots+2k_1+k_0)} \bmod (z^M+1)
\end{aligned} \tag{9.43}
$$

就有

$$\overline{A}_k(z)=\overline{A}_{k_{t-1}\cdots k_1k_0}(z)=\sum_{n_0=0}^{1}\cdots\sum_{n_1=0}^{1}\sum_{n_{t-1}=0}^{1}A_{n_0n_1\cdots n_{t-1}}(z)(\tilde{z})^{2^{t-1}n_{t-1}k_0}$$

$$(\tilde{z})^{2^{t-2}n_{t-2}(2k_1+k_0)}\cdots(\tilde{z})^{2n_1(2^{t-2}k_{t-2}+\cdots+2k_1+k_0)}(\tilde{z})^{n_0(2^{t-2}k_{t-2}+\cdots+2k_1+k_0)}\bmod(z^M+1)$$

注意$(\tilde{z})^{N/2}=-1\bmod(z^M+1)$，若设

$$\begin{cases}\overline{A}^{(1)}_{n_0n_1\cdots n_{t-1}}(z)=\displaystyle\sum_{n_{t-1}=0}^{1}\overline{A}^{(0)}_{n_0n_1\cdots n_{t-1}}(z)\ (-1)^{n_{t-1}k_0}\bmod(z^M+1)\\ \overline{A}^{(2)}_{n_0n_1\cdots n_{t-1}}(z)=\displaystyle\sum_{n_{t-1}=0}^{1}\overline{A}^{(0)}_{n_0n_1\cdots n_{t-1}}(z)\cdot(\tilde{z})^{2^{t-2}n_{t-2}k_0}(-1)^{n_{t-2}k_1}\bmod(z^M+1)\\ \quad\vdots\\ \overline{A}^{(t-1)}_{n_0k_{t-2}\cdots k_0}(z)=\displaystyle\sum_{n_{t-1}=0}^{1}\overline{A}^{(t-2)}_{n_0n_1\cdots k_1k_0}(z)\cdot(\tilde{z})^{2n_1(2^{t-3}k_{t-3}+\cdots+2k_1+k_0)}(-1)^{n_1k_{t-2}}\bmod(z^M+1)\\ \overline{A}^{(t)}_{k_{t-1}\cdots k_1k_0}(z)=\displaystyle\sum_{n_0=0}^{1}\overline{A}^{(t-1)}_{n_0k_{t-2}\cdots k_0}(z)\cdot(\tilde{z})^{n_0(2^{t-2}k_{t-2}+\cdots+2k_1+k_0)}(-1)^{n_0k_{t-1}}\bmod(z^M+1)\end{cases}\tag{9.44}$$

就有

$$\overline{A}_k(z)=\overline{A}_{k_{t-1}\cdots k_1k_0}(z)=\overline{A}^{(t)}_{k_{t-1}\cdots k_1k_0}(z)\bmod(z^M+1)$$

为简单起见，式(9.44)可用如下一个式子表示为：

$$\overline{A}^{(r)}_{n_0n_{t-(r+1)}k_{r-1}\cdots k_0}(z)=\sum_{n_{t-r}=0}^{1}\overline{A}^{(r-1)}_{n_0\cdots n_{t-r}k_{r-2}\cdots k_0}(z)(\tilde{z})^{\sum\limits_{l=0}^{r-2}k_l2^{t-r+1}}(-1)^{n_{t-r}k_{r-2}}\bmod(z^M+1)$$

$$(r=1,2,\cdots,t)$$

其中 $\sum\limits_{l=0}^{r-2}k_l2^{t-r+1}$ 恰表示 $t-1$ 位二进制数，这样式(9.44)就可规整地表示为

$$\overline{A}^{(r)}_{n_0n_{t-(r+1)}k_{r-1}\cdots k_0}(z)=\sum_{n_{tr}=0}^{1}\overline{A}^{(r-1)}_{n_0\cdots n_{t-r}k_{r-2}\cdots k_0}(z)(\tilde{z})^{n_{t-1}(k_{r-2}\cdots k_1k_00\cdots 0)}(-1)^{n_{t-r}k_{r-1}}\bmod(z^M+1)$$

$$(r=1,2,\cdots,t)\tag{9.45}$$

$$\overline{A}_k(z)=\overline{A}_{k_{t-1}\cdots k_1k_0}(z)=\overline{A}^{(t)}_{k_{t-1}\cdots k_1k_0}(z)\bmod(z^M+1)\quad(k=0,1,\cdots,N-1)\tag{9.46}$$

由此可知，求给定多项式序列$\{A_n(z)\}$的多项式变换$\{\overline{A}_k(z)\}$，可分作 t 次迭代来进行。但要注意，初始序列$\overline{A}^{(0)}_n(z)$的下标与给定输入序列$\{A_n(z)\}$的下标是逆序关系，最后所得即为所求变$\overline{A}^{(l)}_k(z)$换序列$\{\overline{A}_k(z)\}$。

下面再来看每步迭代是如何进行的，由上述式(9.37)的规整表示知，当已经求出 N 个$\overline{A}^{(r-1)}_{n_0\cdots n_{t-r}k_{r-2}\cdots k_0}(z)$，而求 N 个$\overline{A}^{(r)}_{n_0\cdots n_{t-(r+1)}k_{r-1}\cdots k_0}(z)$(第 r 次迭代)时，对于给定的 n_0，…，$n_{t-(r+1)}$，$k_{r-2}\cdots k_0$，$k_{r-1}=0$ 以及 $k_{r-1}=1$ 时的$\overline{A}^{(r)}_{n_0\cdots n_{t-(r-1)}k_{r-1}\cdots k_0}(z)$的值可由 $n_{t-r}=0$ 及 $n_{t-r}=1$ 时的$\overline{A}^{(r-1)}_{n_0\cdots n_{t-r}k_{r-2}\cdots k_0}(z)$得到，即

$$\overline{A}^{(r)}_{n_0\cdots n_{t-(r+1)}0k_{r-2}\cdots k_0}(z)=\overline{A}^{(r-1)}_{n_0\cdots n_{t-(r+1)}0k_{r-2}\cdots k_0}(z)+(\tilde{z})^{(k_{r-2}\cdots k_00\cdots 0)}\overline{A}^{(r-1)}_{n_0\cdots n_{t-(r+1)}k_{r-2}\cdots k_0}(z)\bmod(z^M+1)$$

$$\overline{A}^{(r)}_{n_0\cdots n_{t-(r+1)}1k_{r-2}\cdots k_0}(z)=\overline{A}^{(r-1)}_{n_0\cdots n_{t-(r+1)}0k_{r-2}\cdots k_0}(z)-(\tilde{z})^{(k_{r-2}\cdots k_00\cdots 0)}\overline{A}^{(r-1)}_{n_0\cdots n_{t-(r+1)}k_{r-2}\cdots k_0}(z)\bmod(z^M+1)$$

9.7 小波变换的 Mallat 金字塔算法

小波变换(Wavelet Transform)是近年来在图像处理中受到十分重视的新技术，面向图像压缩、特征检测以及纹理分析的许多新方法，如多分辨率分析、时频域分析、金字塔算法等，都最终归于小波变换的范畴中。

线性系统理论中的傅里叶变换是以在两个方向上都无限伸展的正弦曲线波作为正交基函数的。而对于瞬态信号或高度局部化的信号(例如边缘)，由于这些成分并不类似于任何一个傅里叶基函数，它们的变换系数(频谱)不是紧凑的，频谱上呈现出一幅相当混乱的构成。这种情况下，傅里叶变换是通过复杂的安排，以抵消一些正弦波的方式构造出在大部分区间都为零的函数而实现的。

为了克服上述缺陷，使用有限宽度基函数的变换方法逐步发展起来了。这些基函数不仅在频率上而且在位置上是变化的，它们是有限宽度的波并被称为小波(wavelet)。基于它们的变换就是小波变换。

1. 函数的多尺度逼近

已知有一个给定的多尺度分析($\{V_j\}_{j\in z}$，$\phi(t)$)、$\Psi(t)$ 以及相应的 $\{W_j\}_{j\in z}$，而且 $L^2(R)=\sum\limits_{m=-\infty}^{+\infty}W_m$，对于任何 $f(t)\in L^2(R)$，存在：

$$f(t)=\sum_{j,k\in z}d_{j,k}\Psi_{j,k}(t) \tag{9.47}$$

其中，$d_{j,k}=\langle f(t),\Psi_{j,k}(t)\rangle$，$j,k\in z$。由离散小波变换的定义知，$\{d_{j,k}\}_{j,k\in z}$ 就是 $f(t)$的正交小波变换，式(9.47)就是 $f(t)$的重构公式，或称 $f(t)$的正交小波分解。

令 $g_j(t)=\sum\limits_{k\in z}d_{j,k}\Psi_{j,k}(t)$，则 $g_j\in W_j$，而 $W_j\oplus V_j=V_{j-1}$，而 V_j 的频率范围恰好是 V_{j-1} 的一半，且是 V_{j-1} 中的低频表现部分，所以 W_j 的频率表现在 V_j 与 V_{j-1} 之间的部分，它表现的是一个有限频带。所以通常说 V_j 表现了 V_{j-1} 的“概貌”，而 W_j 表现了 V_{j-1} 的“细节”。由于 W_j 的频带是互不重叠的，所以每一个 W_j 表现的是不同频带中的“细节”。可以把式(9.47)写成：

$$f(t)=\sum_{j\in z}g_j(t) \tag{9.48}$$

说明：任何一个函数 $f(t)\in L^2(R)$可以分解成不同频带的细节之和。不同 j 对应的频带互不重合，且是充满整个空间。如此，正交离散小波变换 $\{d_{j,k}\}_{j,k\in z}$ 的时频窗相互邻接、互不重合。

在实际问题中，由于物理仪器记录下的信号只有有限的分辨率，任何函数 $f(t)\in L^2(R)$ 只有有限的细节。我们将具有最精细的细节的函数空间记为 V_0，并假设 $f(t)\in V_0$，由于

$$V_0=V_0+W_1=V_2+W_2+W_1=\cdots=V_j+W_j+W_{j-1}+\cdots+W_2+W_1$$

故

$$\begin{aligned}f(t)&=f_j(t)+g_j(t)+g_{j-1}(t)+\cdots+g_1(t)\\&=\sum_{k\in z}c_{j,k}\Psi_{j,k}(t)+\sum_{i=1}^{J}\sum_{k\in z}d_{i,k}\Psi_{i,k}(t)\end{aligned} \tag{9.49}$$

其中：

$$c_{j,k}=\langle f(t),\ \phi_{j,k}(t)\rangle,\ d_{i,k}=\langle f(t),\ \phi_{i,k}(t)\rangle \quad (k\in z)$$

(1) $f_j(t)=\sum_{k\in z}c_{j,k}\psi_{j,k}(t)$ 是 $f(t)$ 在 V_j 空间的投影，表示 $f(t)$ 的频率不超过 2^{-j} 的成分，这是 $f(t)$ 在尺度 j 下的一种连续逼近(平滑逼近)，j 越大，逼近越差，是 $f(t)$ 第 j 级的"模糊像"，称其系数 $c_{j,k}$ 为 $f(t)$ 的离散逼近；

(2) $g_i(t)=\sum_{k\in z}d_{i,k}\Psi_{i,k}(t)$ 是 $f(t)$ 在 W_i 中的投影，是频率 $f(t)$ 在 2^{-i} 到 2^{-i+1} 之间的细节成分，也就是 V_{i-1} 和 V_i 两级相邻平滑逼近之差。它反映了这两级逼近间的误差，为 $f(t)$ 在尺度 i 下(或频率 2^{-i})的一种连续细节，称其系数 $d_{i,k}$ 为 $f(t)$ 的离散细节，就是小波变换。式(9.49)对所有 $j(j\geqslant 1)$ 成立。

2. 快速分解算法

当 $\phi(t)$、$\Psi(t)$ 已经确定时，只要知道 $\{c_{j,k}\}_{k\in z}$ 就可以得到函数 $f(t)\in L^2(R)$ 的多尺度逼近 $f_j(t)$；同理，只要知道 $\{d_{j,k}\}_{k\in z}$，就能得到 $f(t)$ 在 j 尺度下的细节。

实际上，$\{c_{j,k}\}_{k\in z}$ 和 $\{d_{j,k}\}_{k\in z}$ 的计算相对有传递关系。考虑 $c_{1,k}$ 与 $\{c_{0,k}\}_{k\in z}$ 的递推关系为

$$V_0=V_1+W_1$$

由于

$$f_0(t)=f_1(t)+g_1(t)$$

$$\phi\left(\frac{t}{2}\right)=\sqrt{2}\sum_{k\in z}h_k\phi(t-k)$$

所以

$$\begin{aligned}c_{1,k}&=\langle f(t),\ \phi_{1,k}(t)\rangle=\langle f_1(t),\ \phi_{1,k}(t)\rangle+\langle g_1(t),\ \phi_{1,k}(t)\rangle\\&=\langle f_0(t),\ \phi_{1,k}(t)\rangle=\sum_{k\in z}c_{0,n}\langle \phi_{0,n}(t),\ \phi_{1,k}(t)\rangle\end{aligned}$$

注意：$\langle g_1(t),\ \phi_{1,k}(t)\rangle=0$。

但是，由于

$$\begin{aligned}\phi_{1,k}&=\frac{1}{\sqrt{2}}\phi\left(\frac{t}{2}-k\right)=\frac{1}{\sqrt{2}}\sqrt{2}\sum_{l\in z}h_l\phi(t-2k-l)\\&=\sum_{m\in z}h_{m-2k}\phi(t-m),\ m=2k+l\end{aligned}$$

所以

$$\begin{aligned}c_{1,k}&=\sum_{n\in z}c_{0,n}\phi_{0,n}(t),\ \sum_{m\in z}h_{m-2k}\phi(t-m)\\&=\sum_{n\in z}c_{0,n}\langle\phi(t-n),\ h_{n-2k}\phi(t-n)\rangle\\&=\sum_{n\in z}c_{0,n}\bar{h}_{n-2k}\quad(k\in z)\end{aligned}$$

考虑 $c_{j+1,k}$ 与 $\{c_{j,k}\}_{k\in z}$ 的递推关系，由于

$$V_j=V_{j+1}+W_{j+1}$$

$$f_j(t)=f_{j+1}(t)+g_{j+1}(t)$$

$$\phi\left(\frac{t}{2}\right)=\sqrt{2}\sum_{k\in z}h_k\phi(t-k)$$

所以，有

$$\begin{aligned}c_{j+1,k}&=\langle f(t),\phi_{j+1,k}(t)\rangle=\langle f_{j+1}(t),\phi_{j+1,k}(t)\rangle+\langle g_{j+1}(t),\phi_{j+1,k}(t)\rangle\\&=\langle f_j(t),\phi_{j+1,k}(t)\rangle=\langle\sum_{n\in z}c_{j,n}\phi_{j,n}(t),\phi_{j+1,k}(t)\rangle\\&=\sum_{n\in z}c_{j,n}\langle\phi_{j,n}(t),\phi_{j+1,k}(t)\rangle\end{aligned}$$

然而，有

$$\begin{aligned}\langle\phi_{j,n}(t),\phi_{j+1,k}(t)\rangle&=\langle 2^{-\frac{j}{2}}\phi(2^{-j}t-n),2^{-\frac{j+1}{2}}\phi(2^{-j-1}t-k)\rangle\\&=2^{-j-\frac{1}{2}}\langle\phi(2^{-j}t-n),\phi(2^{-j-1}t-k)\rangle\end{aligned}$$

考虑双尺度方程为

$$\phi\left(\frac{t}{2^{j+1}}-k\right)=\sum_{l\in z}\sqrt{2}h_l\phi\left(\frac{t}{2^j}-2k-l\right)=\sqrt{2}\sum_{m\in z}h_{m-2k}\phi\left(\frac{t}{2^j}-m\right)$$

所以

$$\begin{aligned}\langle\phi_{j,n}(t),\phi_{j+1,k}(t)\rangle&=2^{-j}\langle\phi(2^{-j}t-n),\sum_{m\in z}h_{m-2k}\phi(2^{-j}t-m)\rangle\\&=2^{-j}\langle\phi(2^{-j}t-n),h_{n-2k}\phi(2^{-j}t-n)\rangle=\bar{h}_{n-2k}\end{aligned}$$

从而得到 Mallat 快速算法(快速分解公式如下)：

$$c_{j+1,k}=\sum_{n\in z}c_{j,n}\bar{h}_{n-2k}\quad(k\in z)$$

$$d_{j+1,k}=\sum_{n\in z}c_{j,n}\bar{g}_{n-2k}\quad(k\in z)$$

从上式可以看出，只要知道双尺度方程中的传递系数 $\{h_n\}_{n\in z}$ 和 $\{g_n\}_{n\in z}$ $(g_n=(-1)^{1-n}\bar{h}_{1-n})$，就可由 $\{c_{0,n}\}_{n\in z}$ 计算出 $\{c_{1,n}\}_{n\in z}$ 和 $\{d_{1,n}\}_{n\in z}$，再由 $\{c_{1,n}\}_{n\in z}$ 计算出 $\{c_{2,n}\}_{n\in z}$ 和 $\{d_{1,n}\}_{n\in z}$，…其过程如图 9.17 所示。

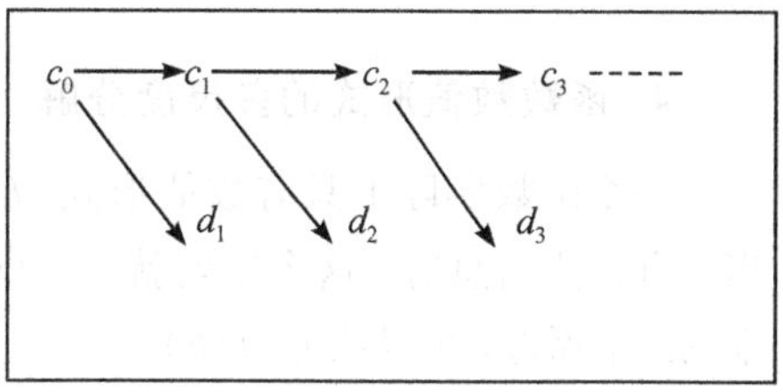

图 9.17　快速分解算法计算过程

3. 快速重构算法

可以由 $\{c_{j+1,n}\}_{n\in z}$ 和 $\{d_{j+1,n}\}_{n\in z}$ 重构出 $\{c_{j,n}\}_{n\in z}$。因为

$$c_{j,k}=\langle f(t),\phi_{j,k}(t)\rangle=\langle f_j(t),\phi_{j,k}(t)\rangle=\langle f_{j+1}(t),\phi_{j,k}(t)\rangle+\langle g_{j+1}(t),\phi_{j,k}(t)\rangle$$

其中：

$$\begin{aligned}\langle f_{j+1}(t),\phi_{j,k}(t)\rangle&=\langle\sum_{n\in z}c_{j+1,n}\phi_{j+1,n}(t),\phi_{j,k}(t)\rangle\\&=\sum_{n\in z}c_{j+1,n}\langle\phi_{j+1,n}(t),\phi_{j,k}(t)\rangle\\&=\sum_{n\in z}c_{j+1,n}\overline{\langle\phi_{j,k}(t),\phi_{j+1,n}(t)\rangle}\\&=\sum_{n\in z}c_{j+1,n}\bar{h}_{n-2k}\end{aligned}\tag{9.50}$$

然而，有

$$\langle g_{j+1}(t),\ \phi_{j,k}(t)\rangle=\langle\sum_{n\in z}d_{j+1,n}\Psi_{j+1,n}(t),\ \phi_{j,k}(t)\rangle$$
$$=\sum_{n\in z}d_{j+1,n}\langle\Psi_{j+1,n}(t),\ \phi_{j,k}(t)\rangle$$

由双尺度方程知道：

$$\langle\Psi_{j+1,n}(t),\ \phi_{j,k}(t)\rangle=\langle 2^{-\frac{j+1}{2}}\Psi\left(\frac{t}{2^{j+1}}-n\right),\ 2^{-\frac{j}{2}}\phi\left(\frac{t}{2^j}-k\right)\rangle$$
$$=2^{-\frac{j+1}{2}}\langle\Psi\left(\frac{t}{2^{j+1}}-n\right),\ \phi\left(\frac{t}{2^j}-k\right)\rangle$$
$$=2^{-\frac{j+1}{2}}\langle\sum_{l\in z}\sqrt{2}g_l\phi\left(\frac{t}{2^j}-2n-l\right),\ \phi\left(\frac{t}{2^j}-k\right)\rangle$$
$$=2^{-j}\sum_{m\in z}g_{m-2n}\langle\phi\left(\frac{t}{2^j}-m\right),\ \phi\left(\frac{t}{2^j}-k\right)\rangle$$
$$=2^{-j}g_{k-2n}\langle\phi\left(\frac{t}{2^j}-k\right),\ \left(\phi\left(\frac{t}{2^j}-k\right)\rangle=g_{k-2n}\right)$$

将这个结果再代入 $\langle g_{j+1}(t),\ \phi_{j,k}(t)\rangle=\sum_{n\in z}d_{j+1,n}\langle\Psi_{j+1,n}(t),\ \phi_{j,k}(t)\rangle$ 中，可得

$$\langle g_{j+1}(t),\ \phi_{j,k}(t)\rangle=\sum_{n\in z}d_{j+1,n}g_{k-2n}\tag{9.51}$$

把式(9.50)和式(9.51)代入式(9.49)得

$$c_{j,k}=\sum_{n\in z}c_{j+1,n}\bar{h}_{n-2k}+\sum_{n\in z}d_{j+1,n}g_{k-2n}\quad(k\in z)\tag{9.52}$$

这样从 $\{c_{j+1,n}\}_{n\in z}$ 和 $\{d_{j+1,n}\}_{n\in z}$ 重构出了 $\{c_{j,n}\}_{n\in z}$，这种重构算法过程如图 9.18 所示。

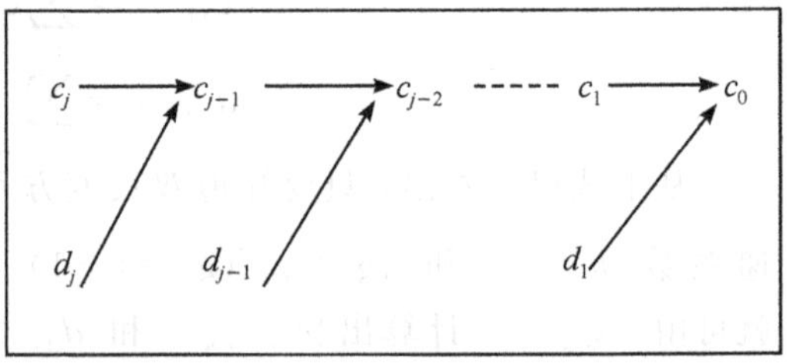

图 9.18　快速重构算法计算过程

4. 函数数值形式的多尺度分解

一个函数实际上只有数值形式 $\{f(k)\}_{k\in z}$，当没有其他信息时，这个序列就是 $f(t)$ 的最精细的细节逼近，可以认为 $\{f(k)\}_{k\in z}$ 是 $f(t)$ 在某空间尺度 V_j 的投影，若这个尺度空间 V_0 为

$$f_0(t)=\sum_{k\in z}c_{0,k}\phi_{k,0}(t)=\sum_{k\in z}c_{0,k}\phi(t-k)$$

由于当采样间隔充分小时，$\phi(t-k)$ 类似于 $\delta(t-k)$ 的行为，所以在尺度为 0 时，可以取

$$c_{0,k}=f(k)\quad(k\in z)$$

于是 $f(t)$ 在 V_j 的表达式，即在尺度 j 下的逼近式为

$$f_j(t)=\sum_{k\in z}c_{j,k}\phi_{j,k}(t)=\sum_{k\in z}2^{-\frac{j}{2}}c_{j,k}\phi\left(\frac{t}{2^j}-k\right)$$

由上式可得

$$f_j(2^jk)=2^{-\frac{j}{2}}c_{j,k}\quad(k\in z)$$

其中：

$$c_{j+1,k}=\sum_{n\in z}c_{j,n}\bar{h}_{n-2k}\quad(k\in z)$$

这就是 $f(t)$在尺度 j 下逼近的数值形式。

5. 函数数值形式的多尺度重构

由于 $f_{j-1}(t)=f_j(t)+g_j(t)$，所以 $f(j)$相对于 $f_{j-1}(t)$的细节差异(剩余细节)为

$$
\begin{aligned}
g_j(t) &= \sum_{k\in z} d_{j,k}\Psi_{j,k}(t) = \sum_{k\in z} d_{j,k}2^{-\frac{j}{2}}\Psi\left(\frac{t}{2^j}-k\right) \\
&= \sum_{k\in z} 2^{-\frac{j}{2}} d_{j,k}\sum_{l\in z}\sqrt{2}g_l\phi\left(\frac{t}{2^{j-1}}-2k-l\right) = \sum_{k\in z} 2^{-\frac{j-1}{2}} d_{j,k}\sum_{n\in z} g_{n-2k}\phi\left(\frac{t}{2^{j-1}}-n\right) \\
&= \sum_{n\in z}\left(\sum_{k\in z} 2^{-\frac{j-1}{2}} d_{j,k}g_{n-2k}\right)\phi\left(\frac{t}{2^{j-1}}-n\right)
\end{aligned}
$$

由上式可以得到

$$
g_j(2^{j-1}n)=2^{-\frac{j-1}{2}}\sum_{k\in z} d_{j,k}g_{n-2k} \quad (n\in z)
$$

其中

$$
d_{j+1,k}=\sum_{n\in z} c_{j,n}\bar{g}_{n-2k} \quad (k\in z)
$$

这就是$\{f_j(2^jk)\}_{k\in z}$ 相对于$\{f_{j-1}(2^{j-1}k)\}_{k\in z}$ 的细节的数值形式。

9.8 余弦变换

当 $N=2^t(t>0)$时，设 $\hat{x}(n)$为实序列，B. G. Lee 给出了 DCT-Ⅲ：

$$
X(k)=\sqrt{\frac{2}{N}}\sum_{n=0}^{N-1} a_n\hat{x}(n)\cos\frac{n(2k+1)\pi}{2N} \quad (k=0, 1, \cdots, N-1)
$$

的一种快速算法。为便于计算，设

$$
x(n)=\sqrt{\frac{2}{N}}\sum_{n=0}^{N-1} a_n\hat{x}(n) \quad (n=0, 1, \cdots, N-1)
$$

$$
X(k)=\sqrt{\frac{2}{N}}\sum_{n=0}^{N-1} x(n)\cos\frac{n(2k+1)\pi}{2N} \quad (k=0, 1, \cdots, N-1)
$$

由于 $N=2^t$，有

$$
\begin{aligned}
X(k) &= \sum_{n=0}^{N/2-1} x(2n)\cos\frac{n(2k+1)\pi}{2N} + \sum_{n=0}^{N/2-1} x(2n+1)\cos\frac{(2n+1)(2k+1)\pi}{2N} \\
&\stackrel{\text{def}}{=} G'(k)+H'(k) \quad (k=0, 1, \cdots, N-1)
\end{aligned}
$$

考虑前一半及后一半输出，有

$$
\begin{aligned}
X(k) &= G'(k)+H'(k) \quad (k=0, 1, \cdots, N/2-1) \\
X(N-k-1) &= G'(N-k-1)+H'(N-k-1) \\
&= \sum_{n=0}^{N/2-1} x(2n)\cos\frac{n(2k+1)\pi}{N} - \sum_{n=0}^{N/2-1} x(2n+1)\cos\frac{(2n+1)(2k+1)\pi}{2N} \\
&= G'(k)-H'(k) \quad (k=0, 1, \cdots, N/2-1)
\end{aligned}
$$

因此有

$$X(k)=G'(k)+H'(k)\quad (k=0,1,\cdots,N/2-1)$$

$$X(N-k-1)=G'(k)-H'(k)\quad (k=0,1,\cdots,N/2-1)$$

容易看出，$G'(k)$是一个 $N/2$ 点 DCT-Ⅲ(只相差一个常数因子)，而

$$\begin{aligned}2\cos\frac{(2k+1)\pi}{2N}H'(k)&=\sum_{n=0}^{N/2-1}x(2n+1)2\cos\frac{(2k+1)\pi}{2N}\cos\frac{(2n+1)(2k+1)\pi}{2N}\\&=\sum_{n=0}^{N/2-1}x(2n+1)\left[2\cos\frac{(2k+1)n\pi}{N}+\cos\frac{(n+1)(2k+1)\pi}{N}\right]\\&=\sum_{n=0}^{N/2-1}x(2n+1)\cos\frac{(2k+1)n\pi}{N}+\sum_{n=0}^{N/2-1}x(2n+1)\cos\frac{(2k+1)n\pi}{N}\\&=\sum_{n=0}^{N/2-1}[x(2n+1)+x(2n-1)]\cos\frac{(2k+1)n\pi}{N}\\&(k=0,1,\cdots,N/2-1)\end{aligned}$$

其中，设 $x(-1)=0$。

根据以上分析，得到 DCT-Ⅲ的如下递推算法：

(1) 计算

$$g(n)=x(2n)$$

$$h(n)=x(2n+1)+x(2n-1)\quad (n=0,1,\cdots,N/2-1)$$

其中，设 $x(-1)=0$。

(2) 计算两个 $N/2$ 点 DCT-Ⅲ：

$$G(x)=\sum_{n=0}^{N/2-1}g(n)\cos\frac{(2k+1)n\pi}{N}$$

$$H(x)=\sum_{n=0}^{N/2-1}h(n)\cos\frac{(2k+1)n\pi}{N}\quad (k=0,1,\cdots,N/2-1)$$

(3) 计算

$$X(k)=G(k)+\frac{H(k)}{2\cos\frac{(2k+1)\pi}{2N}}$$

$$X(N-k-1)=G(k)-\frac{H(k)}{2\cos\frac{(2k+1)\pi}{2N}}\quad (k=0,1,\cdots,N/2-1)$$

这样就把一个 N 点 DCT-Ⅲ分解为两个 $N/2$ 点 DCT-Ⅲ以及 $N/2$ 个乘法和 $3N/2-1$ 个加法来计算。由于 $N=2^t$，可以反复运用这个递推减半过程，直至两点 DCT-Ⅲ为止。如用 $M(k)$、$A(k)$表示 k 点 FCT-Ⅱ所需的实乘与实加数，由上述算法得到：

$$M(N)=2M\left(\frac{N}{2}\right)+\frac{N}{2}$$

$$A(N)=2A\left(\frac{N}{2}\right)+\frac{3}{2}N-1$$

由于 $M(2)=1$，$A(2)=2$，故

$$M(N)=2\left[2M\left(\frac{N}{4}\right)+\frac{N}{4}\right]+\frac{N}{2}=4M\left(\frac{N}{4}\right)+2\,\frac{N}{2}=\cdots=2^{t-1}M(2)+(t-1)\,\frac{N}{2}=\frac{1}{2}Nt$$

$$A(N)=2\left[2A\left(\frac{N}{4}\right)+\frac{3}{4}N-1\right]+\frac{3}{2}N-1=4A\left(\frac{N}{4}\right)+2\,\frac{3}{2}N-(1+2)$$

$$=2^{t-1}A(2)+(t-1)\,\frac{3}{2}N-(1+2+\cdots+2^{t-2})$$

$$=\frac{3}{2}Nt-N+1$$

因此 $N=2^t$ 点 FCT-Ⅲ的实运算为

$$M(N)=\frac{1}{2}N\text{lb}N$$

$$A(N)=\frac{3}{2}N\text{lb}N-N+1$$

表 9.1 列出了各类 $N=2^t$ 点 FCT，FST 及 DFT 的运算量，这是目前最好的结果。DFT 所需运算量与 SRFFT 以及 RCFA 相同。

表 9.1 各类 DCT、DST 和 DFT 的实运算量

类别		乘法量	加法量
FCT-Ⅰ		$\frac{1}{2}N\text{lb}N-N+1$	$\frac{3}{2}N\text{lb}N-2N+4$
FST-Ⅰ		$\frac{1}{2}N\text{lb}N-N+1$	$\frac{3}{2}N\text{lb}N-2N-\text{lb}N+2$
FCT-Ⅱ FST-Ⅱ		$\frac{1}{2}N\text{lb}N$	$\frac{3}{2}N\text{lb}N-N+1$
FCT-Ⅲ FST-Ⅲ		$\frac{1}{2}N\text{lb}N$	$\frac{3}{2}N\text{lb}N-N+1$
FCT-Ⅳ FST-Ⅳ		$\frac{3}{2}N\text{lb}N+\frac{3}{2}N+2$	$\frac{3}{2}N\text{lb}N-\frac{1}{2}N$
DFT	复输入	$N\text{lb}N-3N+4$	$3N\text{lb}N-3N+4$
	实输入	$\frac{1}{2}N\text{lb}N-\frac{3}{2}N+2$	$\frac{3}{2}N\text{lb}N-\frac{5}{2}N+4$

习 题 9

1. 如果一台计算机一秒钟可以处理 1000 亿个顺序而不是 10 亿个顺序，如果 $n=26$，那么通过枚举法它需要花多少年解决卖货郎问题？

2. 考虑 n 个学术会议有序参加 n 个连续时间间隔的会议的调度问题，每一个会议主席都声明某个时间间隔是他的首选，我们设法安排这些会议使得得到首选会议时间的会议主席的数量尽可能多，假设我们通过枚举所有可能的安排来解决这一问题，且对于每一个安排我们将计算得到首选会议时间的会议主席的数量，这一过程的计算复杂度是什么？（对计算得到首选的会议主席数量的步骤做一个假设。）

3. 假设在一个地区有 n 个电话亭，我们希望能遍历它们。每个电话亭访问两次，但不能连续访问。讨论寻找最小化总遍历时间的遍历顺序的朴素算法的计算复杂度。

4. 通过枚举法解决卖货郎问题。其中 $n=4$，而且成本是由下面的方阵给出的：

$$\boldsymbol{c}_{ij}=\begin{bmatrix} - & 1 & 8 & 11 \\ 16 & - & 3 & 6 \\ 4 & 9 & - & 11 \\ 8 & 3 & 2 & - \end{bmatrix}$$

5. 假设检查每一个键所花的时间为 3×10^{-11}，重复练习 4。

6. 假设检查一个列表中的每一个键所花的时间为 3×10^{-9}。如果存在 n 个键，且我们依次搜索它们直到发现正确的键，求：

(1) 最坏情况复杂度；

(2) 平均情况复杂度。

7. 假设检查每一个键所花的时间为 3×10^{-11}，求练习 6 的问题。

8. 假设 L 是长度为 n 的位串的一个集合，A 是确定给定长度为 n 的位串是否在 L 中的算法。若 A 总是需要花 2^n 秒给出答案，那么 A 有相等的最坏情况复杂度和平均情况复杂度 2^n，设 $\hat{L}$ 是由形如

$$x_1x_2\cdots x_nx_1x_2\cdots x_n$$

的所有位串组成的，其中 $x_1x_2\cdots x_n$ 在 L 中。例如，如果 $L=\{00, 10\}$，那么 $\hat{L}=\{0000, 1010\}$，考虑下面确定给定长度为 $2n$ 的位串 $y=y_1y_2\cdots y_{2n}$ 是否在 $\hat{L}$ 中的算法 B。

首先，确定 y 的形式是否 $x_1x_2\cdots x_nx_1x_2\cdots x_n$，这很容易检查。出于讨论的缘故，假设回答此问题所花的时间为 0 秒，如果 y 的形式不正确，则停止并回答 y 不在 $\hat{L}$ 中；如果 y 的形式正确，则检查 y 的前 n 个数字是否构成 L 中的位串。

(1) 计算算法 B 的最坏情况复杂度。

(2) 计算算法 B 的平均情况复杂度。

(3) 你的答案表明平均复杂度可能不是一个好的度量吗？为什么？

9. 对下列序列，利用归并排序法进行排序。

(1) 5，2，4，3，18，10，11，16，9，8；

(2) 5，9，3，27，10，22，19，6，14，15。

10. 试讨论 $n=2^4$ 的 FFT，并作其算法流程图。

11. 设 $\{x_1(n)\}_{n=0}^{3}=\{3, 1, 2, -1\}$，$\{x_2(n)\}_{n=0}^{3}=\{1, 2, 3, 1\}$，计算线性卷积 $x_1(n)*x_2(n)$。

12. 若 $G_1(z)=-z^{2K+1}G_0(-z^{-1})$ 成立，请证明 $g_1(n)=(-1)^ng_0(2K-1-n)$。

第10章　编码理论

本章从编码的基础理论及相应的编码方法等几个方面进行详细介绍。

编码理论的发展与信息技术的进步有着密切的联系，这些技术已应用于因特网和网络技术的新时代。计算机和通信领域使用的种类繁多的网络化设备的快速发展对编码理论提出了挑战，带来了一些新问题。本章简单介绍编码使用中的两个问题：保证传输信息的隐秘性以及发现并改正传输错误。我们讨论的方法已经应用于计算机通信、远距离空间探测器通信、与发射台中导弹的通信、电子商务、光学和磁记录、遗传编码等方面。

10.1　信息传输

信息传输的基本步骤如图10.1所示。我们想象一下，从一个英语单词或某种编码中的字(如一个位串)开始，在步骤(a)，我们对它编码，通常是把这个字编码成一个位串；然后在步骤(b)，我们通过一个传输信道传输这一码字；最后，在步骤(c)，接收到的字被解码。这一步骤适用于电话线的物理通信路径中的传输，也适用于跨越空间经无线电波的传输。

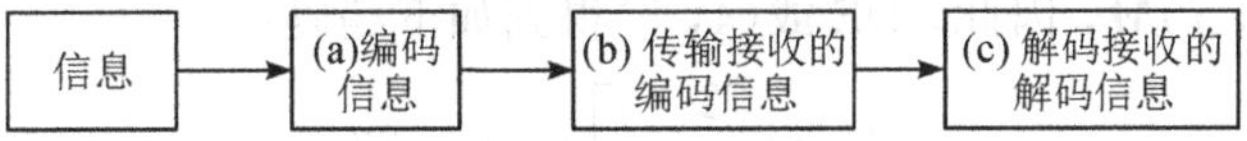

图10.1　信息传输的基本步骤

我们假设唯一发生错误的地方是步骤(b)，而且错误是由噪声或弱信号引起的。在10.2节，我们将讨论步骤(a)和步骤(c)，即编码和解码步骤，而不考虑传输中的错误。10.3节着手了解如何处理这些错误。在10.4节，我们说明如何通过编码和解码发现和改正传输中的错误。

10.2　编码与解码

有时候在图10.1的步骤(a)会从一个包含“敏感”信息的信息中产生一个编码信息，在这种情况下，我们使用术语“加密”和“解密”来描述图10.1的步骤(a)和(c)。在密码学中我们称之为“编码”和“解码”。本节讨论密码学的编码和解码问题，但不讨论破译问题。

要编码的信息涉及某个信息字母表(message alphabet)A 的符号序列，编码信息将是一个编码字母表(code alphabet)B 的符号序列，字母表 B 可能与信息字母表 A 相同。

【例 10.2.1】(凯撒密码) 如果 A 和 B 二者都是字母表中的 26 个大写字母，一个简单的编码规则可以取 $E(a)$为 a 后面的字母，其中 $E(Z)=A$。因此，信息

$$\text{DEPOSIT SIX MILLION DOLLARS} \tag{10.1}$$

将被编码成

EFQPTJU TJY NJMMJPO EPMMBST

如果 A 仍为如上定义的字母表，而 $B=\{0, 1, 2, \cdots, 25\}$，那么我们可以取 $E(a)$ 为 a 在这个字母表中的位置$+2$。其中我们假设 Z 在位置 0。这里 $24+2$ 被解释为 0，而 $25+2$ 被解释为 1(模 26 的加法)。因此，$E(D)=6$。大约在 2000 年前，Julius Caesar 使用了类似的编码。这些编码现在称为凯撒密码(Caesar cypher)。

只要我们能合理地解码，任何从 A 到 B 的函数 $E(a)$都可用于编码，即从 $E(a)$获取 a。为了非歧义地做这一工作，当 $a\neq b$ 时不能有 $E(a)=E(b)$，即 $E(a)$必须是一一对应的。

可把长信息分割成符号的分组，而不是单一符号，并且编码分组中的信息通常很有用。例如，如果我们使用长度为 2 的分组，那么式(10.1)变成

$$\text{DE PO SI TS IX MI LL IO ND OL LA RS} \tag{10.2}$$

然后，我们编码每一个有 2 个符号的序列，即每一个分组①进行编码分组的一个方法是使用矩阵，如下例所示。

【例 10.2.2】(矩阵编码) 我们用表示字母在字母表中位置的数字来代替字母表中的每一个字母(Z 在位置 0)。于是，一个分组对应于一个向量。例如，上面的分组 DE 对应于向量(4, 5)。假设所有分组的长度都为 m。设 $\boldsymbol{M}$ 是一个 $m\times m$ 矩阵，如 $\boldsymbol{M}=\begin{bmatrix}2 & 3\\1 & 2\end{bmatrix}$。

于是，我们就可以把一个分组 a 编码成一个分组 $a\boldsymbol{M}$。同理，我们把分组(i, j)编码成分组 $E(i, j)=(i, j)\boldsymbol{M}$，因此，DE 或(4, 5)得到如下编码：

$$(4, 5)\begin{bmatrix}2 & 3\\1 & 2\end{bmatrix}=(13, 22)$$

可以核实，当把式(10.1)式分割成形如式(10.2)时，我们得到编码

13, 22, 47, 78, 47, 75, 59, 98, 42, 75, 35, 57, 36, 60, 33, 57, 32, 50, 42, 69, 25, 38, 55, 92

我们定义的这一过程称为矩阵编码(matrix encoding)，它很高效，而且容易解码。为了解码，我们把编码信息分解成各分组 b，并寻找使得 $a\boldsymbol{M}=b$ 的 a。当 $\boldsymbol{M}$ 有逆时，我们能够非歧义地解码。因为此时 $a=b\boldsymbol{M}^{-1}$，有

$$\boldsymbol{M}^{-1}=\begin{bmatrix}2 & -3\\1 & 2\end{bmatrix}$$

---

① 为了保证信息总能被分割成相同大小的分组，我们总可以通过添加可识别作为相同字母的拷贝的“结束”串来加长信息，如 Z 或 zzz。

例如，如果有编码分组(6, 11)，那么它来自下面的编码：

$$(6,\ 11)\boldsymbol{M}^{-1}=(6,\ 11)\begin{bmatrix}2 & -3\\ 1 & 2\end{bmatrix}=(1,\ 4)=\mathrm{AD}$$

注意，如果我们有编码分组(3, 4)，则解码给出下面的结果：

$$(3,\ 4)\boldsymbol{M}^{-1}=(2,\ -1)$$

因为(2, −1)不对应于任何字母对，所以我们可以得出在传送包含分组(3, 4)的信息的过程中产生了一个错误的结论。

一般地，假设信息被分解成长度为 k 的分组。设 A^k 是由信息字母表 A 中长度为 k 的所有分组(序列)组成的，而 B^n 是代码字母表 B 中长度为 n 的所有分组(序列)组成的。设 $\mathcal{A}$ 是 A^k 的子集，称为信息分组(message block)的集合。在大多数实际应用中，$\mathcal{A}=A^k$。分组码(block code)或 $k\to n$ 分组码($k\to n$ block code)是一个一一对应的函数 E：$\mathcal{A}\to B^n$。对于 $\mathcal{A}$ 中的所有 a，所有 $E(a)$的集合 C 定义为码字(codeword)的集合。有时称 C 为编码/码字集合。在例 10.2 中，$k=n=2$，有

$$A=\{\mathrm{A},\ \mathrm{B},\ \cdots,\ \mathrm{Z}\}$$

$$B=\{0,\ 1,\ \cdots,\ 25\}$$

且 $\mathcal{A}=A^k$。分组(13, 22)和(6, 11)是码字，然而，分组(3, 4)不是码字。在大多数实际例子中，A 和 B 都是{0, 1}，信息是位串，而编码则用于把长度为 k 的位串转换成长度为 n 的位串。

【例 10.2.3】(重复码) 编码信息的最简单方法是重复这一信息。这种类型的编码会产生重复编码 (repetition code)。假设我们这样定义 E：$A^k\to A^{pk}$：

$$E(a_1a_2\cdots a_k)=a_1a_2\cdots a_ka_1a_2\cdots a_ka_1a_2\cdots a_k$$

其中，$a_1a_2\cdots a_k$ 有 p 个拷贝。例如，假设 $k=4$ 且 $p=3$，那么 $E(a_1a_2a_3a_4)=a_1a_2a_3a_4a_1a_2a_3a_4a_1a_2a_3a_4$。这是三重复码或 $k\to 3k$ 分组码的例子。在这样的编码中，通过比较所接收编码信息的 A^k 的连续元素很容易检测错误，甚至可以利用重复码来校正错误。我们可以简单地使用多数解码规则，对于信息中的第 i 个数字，我们挑选 p 个拷贝中在这个位置出现最频繁的信息字母表中的字母。例如，$k=4$，$p=3$，接收到的信息为 $axybauybaxvb$，其中，字母 x 在第 2 个位置上出现的次数最多，而 y 在第 3 个位置上出现的次数最多，我们“改正”错误，并把原来的信息解释成 $axyb$。

【例 10.2.4】(置换码) 假设 $A=B=\{0,1\}$，π 是$\{1, 2, \cdots, k\}$的排列。我们可以通过取 $E(a_1a_2\cdots a_k)=a_{\pi(1)}a_{\pi(2)}\cdots a_{\pi(k)}$ 来定义 E：$A^k\to B^k$。例如，假设 $k=3$，$\pi(1)=2$，$\pi(2)=3$，$\pi(3)=1$，那么 $E(a_1a_2a_3)=a_2a_3a_1$，所以 $E(011)=110$，$E(101)=011$。

可以看出，每一个这样的置换码和重复码是矩阵编码。

10.3 错误校正码

10.3.1 错误校正和汉明距离

本节研究传输中检测错误和校正错误的编码的使用，重点研究 10.1 节的步骤(b)。假

设从一个已编码信息开始，这一编码信息是使用分组码编码的，编码字母表中的分组的长度为 n。例如，编码信息是一个位串，则所有的分组是长度为 n 的位串。因此，我们讨论的是二进制编码(binary code)，或二进制分组码(binary block code)，或二进制 n 编码(binary n-code)。修改这一假设，且取编码信息为数字表{0，1，…，$q-1$}的位串，于是讨论的内容变为 q 进制编码(q-ary code)。通过分组输送信息时，我们假设在编码中不存在错误，则被发送的分组仅是码字，并假设在传输过程中唯一可能发生的错误是数字 0 和 1 的互换(对其他错误，如漏掉一个数字或多出一个数字都不加以考虑。这些错误很容易检测，因为所有分组都有相同的长度)。根据习惯做法，我们假设把 1 交换成 0 的概率与把 0 交换成 1 的概率相同，而且每个数字处发生错误的概率相同，且与前面可能出现的错误无关②。在这种情况下，我们讨论二进制对称信道(binary symmetric channel)。

如果只发送码字，但接收到一个不是码字的分组，那么我们检测到了一个传输错误。例如，如果发送码字 10010，而接收到的是分组 10110，且 10110 不是码字，那么就存在一个错误。存在这样的情况时，我们希望校正这个错误，即猜测所发送的码字是什么，特别是当我们不能要求重新发送的时候。

现在有很多设计错误校正码的方法。若我们选择的编码使得在码字集合中没有两个码字太接近或太相似，例如假设仅有如下码字：

$$000000,\ 010101,\ 101010,\ 111111, \tag{10.3}$$

那么我们几乎不可能把其中的两个混淆，而接收到的不同于码字的信息可以容易地解释成最靠近它的码字。

相同长度的两个位串之间的汉明距离(Hamming distance)是它们的相应位中数字不同的位的数量。如果使用 $d(\cdot,\ \cdot)$来表示这一距离，我们有

$$d(000000,\ 010101)=3$$

假设我们已找到一个码字集合(根据我们现在的假设，所有码字的长度相同)，若这些码字之间的最小距离是 d，那么我们可以检测所有 $d-1$ 或更少个数字的错误。因为如果 $d-1$ 或更少个数字被交换，那么结果位串将不是码字，而且我们能够识别或检测出存在一个错误。例如，如果可能的码字是式(10.3)中的那些码字，那么 d 等于 3，而且我们能够检测出最多两个数字的错误。假设我们使用这样的策略，即如果我们接收到一个非码字，那么我们把它解释成在汉明距离的意义下最接近的码字(在距离相同时随机选取)，这一规则称为最近邻居规则(nearest-neighbor rule)。例如，码字是式(10.3)中的码字，而且我们接收到了字 010000，我们将把这个字解释成 000000，因为

$$d(010000,\ 000000)=1$$

而对于其他码字 α，都有

$$d(010000,\ \alpha)>1$$

使用最近邻居规则，我们可以校正涉及小于 $d/2$ 个数字的所有错误，因为如果小于 $d/2$ 个数字被交换，那么其结果位串最接近于(被传输的)正确的码字，根据最近邻居规则，它被解释成这个码字。因此，我们 t 校正码(error-correcting code)是能够校正至多 t 个错误的代码。

---

② 非随机发生的错误有时会突发性地发生，几处错误在一起连续出现。

定理 10.3.1 假设 d 是二进制码 C 的两个码字之间的最小(汉明)距离，那么 C 可以检测出至多 $d-1$ 个错误，使用最近邻居规则，可以校正至多$\lceil (d/2)-1 \rceil$个错误。

定理 10.3.2 假设 d 是二进制码 C 的两个码字之间的最小(汉明)距离，那么没有可以检测出多于 $d-1$ 个错误的错误校正规则，也没有可以校正多于 $t=\lceil (d/2)-1 \rceil$个错误的错误校正规则。

证 因为 d 是最小(汉明)距离，所以存在两个码字 α 和 β，有 $d(\alpha, \beta)=d$。如果 α 被传送，且有 d 个错误发生，那么可能接收到 β，因此检测不出错误。接下来，错误校正规则给每一码字 λ(即每一个长度为 n 的位串 λ)指定一个码字 $R(\lambda)$。设 γ 是与 α 和 β 不同的码字且有 $d(\alpha, \gamma)\leqslant t+1$，$d(\beta, \gamma)\leqslant t+1$，那么 $R(\gamma)$一定是某个码字，这个码字不能是 α，也不能是 β。那么传送 α，且至多有 $t+1$ 个错误接收到 γ，这个接收字被校正为不同于 α 的 $R(\gamma)$。

假设 $d=2t+1$，码字 a 和 b 间的汉明距离不小于 $2t+1$。在以 a 为中心，汉明距离 t 为半径的域内，包含了 a 由于不超过 t 个错误而得到的字符(但不一定是码字)。同样，在以 b 为中心，t 为半径的域内，包含了 b 由于不超过 t 个错而得到的字符。

下面证明以 a 为中心，t 为半径的圆域与以 b 为中心，t 为半径的圆域不相交。如若不然，存在 c，使

$$d(a, c)\leqslant t, \ d(b, c)\leqslant t$$

$$d(a, b)\leqslant d(a, c)+d(b, c)\leqslant 2t$$

与假定最小距离 $d=2t+1$ 相矛盾。

所以，最近邻法可以正确纠正 t 个错。

因为最近邻居规则(以及任意其他合理的规则)不能校正所能检测到的所有错误，所以有时候，我们不校正错误而只是检测错误，如果检测到错误就要求重新传输。在发送发射导弹或改变空间发射路线命令这样的重要场合，就是这样的情形。

假设我们知道什么样的错误可能发生。若经常发生这样的错误，那么我们希望码字具有相当大的最小汉明距离；若错误不常发生，那么最小汉明距离可以更小，例如，如果发生的错误数量不超过 1，那么这个距离可以是 3。一般地，我们希望能够构造出有给定长度 n 和最小给定汉明距离 d 的代码字集合。这样的二进制编码的码字集合将称为(n, d)编码((n, d)-code)。

如果 $d\leqslant n$，那么总存在(n, d)编码。设这个码字集合是

$$\underbrace{000\cdots0}_{n\text{个}0} \text{ 和 } \underbrace{111\cdots1}_{d\text{个}1}\underbrace{00\cdots0}_{n-d\text{个}0}$$

这一编码的间距是码字的数量很少，只能编码两个不同信息区组的集合 A。想要构建更丰富编码的方法，需有更多可能码字的编码。

【例 10.3.1】(重复码) 正如我们在例 10.2.3 中所描述的那样，重复一个分组 r 次的重复码 $k\to rk$ 码取 $E(a)=aa\cdots a$，其中 a 被重复 r 次。使用这样的编码，我们能够容易地检测错误及校正错误。例如，考虑三重复码的情况。码字集合 C 是由长度为 $3k$ 的分组组成的，这样的分组是长度为 k 的分组被重复三次。为了检测错误，我们在 k 分组的 3 个重复中比较第 i 个数字。因此，假设 $k=4$ 且我们接收到 001101110110，并把这个接收字分解成 k 分组 0011/0111/0110。此时，我们知道存在一个错误，例如，前两个 k 分组的第二个数字不同。我们用这样的方法可以检测到至多两个传输错误。然而，如果错误都出现在原来 k

分组中的相同数字上，那么也许有 3 个错误没有被检测到。当然，两个码字 aaa 之间的最小距离是 $d=3$，所以这一观察与定理 10.3.2 的结果一致。我们可以尝试如下校正这一错误：注意 k 分组的第 2 个数字 1 是两次而 0 是一次。如果我们假设错误不常发生，那么可以使用多数规则并假设正确数字是 1。使用类似的推理，我们可以解码 001101110110 为 0111。这种错误校正过程能校正至多一个错误。然而，如果两个错误出现在相同的位置上，那么它们被不正确地"校正"。这一观察再一次与定理 10.3.2 的结果一致，因为我们有 $d=3$ 的编码。如果我们希望校正更多的错误，我们可以简单地使用更多重复。例如，5 重复码 $E(a)=aaaaa$ 有 $d=5$，这一编码可以检测至多 4 个错误，校正至多 2 个错误。

【例 10.3.2】(奇偶校验码) 检测单一错误的一个简单方法是在一个分组中加入一个数字，这个数字总是把 1 的数量变成偶数。所加入的这个额外数字称为奇偶校验数字(parity check digit)，对应的编码是 $k\to(k+1)$ 编码，它使 $E(0011)=00110$，$E(0010)=00101$。我们可以通过下式表示 E：

$$E(a_1a_2\cdots a_k)=a_1a_2\cdots a_k\sum_{i=1}^{k}a_i$$

其中 $\sum_{i=1}^{k}a_i$ 被解释成模 2 求和，加法都解释成模加法，因此，$1+1=0$，这就是为什么 $E(0011)=00110$ 的原因。在这样的奇偶校验码(parity check code)E 中，两个码字的最小距离是 $d=2$，所以可以检测出一个错误，但没有对错误进行校正。

10.3.2 汉明界

在(n, d)编码 C 中固定给定位串 s，设长度为 n 的距位串 s 距离正好为 t 的位串的集合被记为 $B_t(s)$，于是 $B_t(s)$中的位串数量等于$\binom{n}{t}$，因为我们从 n 个位置中选出 t 个位置改变其中的符号。设 $B_t'(s)$表示距 s 的距离至多为 t 的长度为 n 的位串集合。因此，$B_t'(s)$中的位串数量为

$$b=\binom{n}{0}+\binom{n}{1}+\cdots+\binom{n}{t} \tag{10.4}$$

如果$t=\lceil(d/2)-1\rceil$，那么对 C 中每一个 $s\neq s^*$，有 $B't(s)\cap B't(s^*)=\varnothing$，因此，对于 $t=\lceil(d/2)-1\rceil$，长度为 n 的每一个位串至多在一个集合 $B't(s)$中。因为长度为 n 的位串有 2^n 个，所以我们有

$$|C|b=\sum_{s\in C}|B't(s)|=\left|\bigcup_{s\in C}B't(s)\right|\leqslant 2^n$$

因此，我们有下面的定理。

定理 10.3.3(汉明界) 如果 C 是(n, d)编码且 $t=\lceil(d/2)-1\rceil$，那么

$$|C|\leqslant\frac{2^n}{\binom{n}{0}+\binom{n}{1}+\cdots+\binom{n}{t}} \tag{10.5}$$

这一结果是 Hamming 提出的。有时我们称其为球封装边界(sphere packing bound)。为了说明这一定理，我们取 $n=d=3$，那么 $t=1$。我们发现，任意的(n, d)编码至多有

$$\frac{2^3}{\binom{3}{0}+\binom{3}{1}}=2$$

个码字，存在两个码字的(3，3)编码，即位串 111 和 000。

10.3.3 错误的概率

假设有一个二进制对称信道：从 1 切换到 0 的概率与从 0 切换到 1 的概率相同，而这个共同概率 p 对每一个符号都相同，与任意前面可能已发生的错误无关。这时，我们有下面的定理。

定理 10.3.4 在二进制对称信道中，传输长度为 n 的位串正好产生 r 个错误的概率为

$$\binom{n}{t}p^r(1-p)^{n-r} \tag{10.6}$$

证 我们寻求的概率为可以进行任何次试验且每次试验的成功概率为 p 时 n 个独立的重复试验中成功 r 次的概率。定理中所给的公式就是这一概率的著名公式。

例如，假设 $p=0.01$，那么在一个 4 数字信息中，没有错误的概率是

$$(1-0.01)^4=0.960596$$

有一个错误的概率是

$$\binom{4}{1}(0.01)(1-0.01)^3=0.03881$$

有两个错误的概率是

$$\binom{4}{1}(0.01)^2(1-0.01)^2=0.000588$$

有多于两个错误的概率是

$$1-0.960596-0.038812-0.000588=0.000004$$

比较例 10.3.1 和例 10.3.2 中的两个编码，假设希望发送一条有 1000 个数字的信息，且错误的概率为 $p=0.01$，如果不进行编码，那么不出现错误的概率等于 $(1-0.01)^{1000}$，这个概率近似等于 0.000 043。作为对照，我们使用例 10.3.1 的 $k\to 3k$ 三重复码，且 $k=1$。假设我们想要发送一个数字 a，我们把它编码为 aaa。正确地发送区组 aaa 的概率等于 $(0.99)^3$，或近似等于 0.970 299。根据定理 10.3.4，一个错误的概率是 $\binom{3}{1}(0.01)(0.99)^2$，或近似于 0.029 403。因此，能够校正一个错误，正确地解释信息 aaa 的概率和正确地解码单一数字 a 的概率为 0.970 299+0.029 403=0.999 702。在原来的信息中有 1000 个数字，所以正确地解码整个信息的概率是 $(0.999702)^{1000}$，或近似于 0.742 268。这个概率要比 0.000 043 大得多。

注意，大幅度增加无错误传输可能性需要如下的代价是：为了接收到 1000 个数字的信息，我们需要传送 3000 个数字。

与奇偶校验码进行比较：假设我们把这 1000 数字信息分解成长度为 10 的分组，总共有 100 个分组。每一个分组通过加入一个奇偶校验数字被编码成 11 数字分组。发送 11 数字分组而不产生任何错误的概率是 $(0.99)^{11}$，或近似等于 0.895 338。同样，根据定理

10.3.4，发送这个分组只产生一个错误的概率是$\binom{11}{1}(0.01)(0.99)^{10}$，或近似等于0.099 482。现在，如果产生一个错误。那么我们能够检测出它并要求重新发送。因此，可以合理地假设我们可以消除单一错误。因此，正确地接收到11数字区组的概率为

$$0.895\ 338+0.099\ 482=0.994\ 820$$

现在，原来的1000数字信息有100个长度为10的分组，所以最后正确地解码整个信息的概率为$(0.994820)^{100}$，或近似等于0.594 909。正确传输的概率小于使用三重复码的概率，但是远大于不编码的传输概率。其代价远小于三重复码为得到1000个数字，需要发送1100个数字的代价。

10.3.4 合意解码及其与寻找分子序列中的模式之间的关系

考虑在一个很容易产生错误的"嘈杂"的二进制对称信道内传输的情况，例如重复码在接收B_n中的位串集合(例如位串x_1，x_2，…，x_p)时，也许要求重新发送若干次的情况。这些位串中的某些在码字集合C中，而另一些不在C中。我们希望确定C中的哪些码字是预期的码字。这个问题是在C中寻找与实际接收的字在某种意义上是"合意"的字。"多数规则解码"的想法是这一情况的特殊情况。这一"合意"问题在很多应用中都会遇到，包括"投票"和"群策"，以及从分子序列数据库中选取最接近的匹配，或因特网上(比较若干搜索引擎的结果)的"元搜索"等。在有关"数学社会学"的文献中人们对合意问题的数学做了广泛的研究。

中值过程(median procedure)是一种广泛使用的合意过程，是指寻找C中$\sum_{i=1}^{p}d(w,x_i)$最小的码字w，其中d是汉明距离。另一个合意过程是平均值过程(mean procedure)，是在C中寻找$\sum_{i=1}^{p}d(w,x_i)^2$最小的码字w。例如，考虑由式(10.3)中的码字组成的码字集合C。假设我们要求传输信息3次并接收到如下3个字：

$$x_1=100000,\ x_2=110000,\ x_3=111000$$

我们计算得

$$\sum_{i=1}^{3}d(000000,x_i)=1+2+3=6$$

$$\sum_{i=1}^{3}d(010101,x_i)=4+3+4=11$$

$$\sum_{i=1}^{3}d(101010,x_i)=2+3+2=7$$

$$\sum_{i=1}^{3}d(111111,x_i)=5+4+3=12$$

因为000000有最小和，所以中值过程选出它并称它为中值(median)。类似地，计算

$$\sum_{i=1}^{3}d(000000,x_i)^2=1+4+9=14$$

$$\sum_{i=1}^{3} d(010101, x_i)^2 = 16 + 9 + 16 = 41$$

$$\sum_{i=1}^{3} d(101010, x_i)^2 = 4 + 9 + 4 = 17$$

$$\sum_{i=1}^{3} d(111111, x_i)^2 = 25 + 16 + 9 = 50$$

所以，平均过程同样选出码字 000000 并称它为平均值(mean)。

中值过程和平均值过程的结果不总相同，另外，它们也不总是给出唯一的解码，即可能存在歧义性。例如，考虑码字集合

$$C = \{111111, 001110\}$$

假设接收到字 $x_1 = 001111$，$x_2 = 101011$，则

$$\sum_{i=1}^{2} d(111111, x_i) = 2 + 2 = 4$$

$$\sum_{i=1}^{2} d(001110, x_i) = 1 + 3 = 4$$

$$\sum_{i=1}^{2} d(111111, x_i)^2 = 4 + 4 = 8$$

$$\sum_{i=1}^{2} d(001110, x_i)^2 = 1 + 9 = 10$$

中值过程存在歧义，给出 C 中的两个码字为中值。而平均过程导致唯一解 111111 为平均值。

在社会学和生物学的很多问题中，数据以某个字母表Σ的序列或“字”的形式出现。给定序列的集合，寻找一个广泛出现的模式(pattern)或特性(feature)，我们把这一模式看成合意序列(consensus sequence)或序列的集合。一个模式通常被认为是一个短的且有固定长度的连续子序列。

如果 b 的长度大于 a，那么作为 b 的连续子序列，$d(a, b)$可以是 a 的所有可能的对准中错配的最小数目。我们称这个最小数目为最佳错配距离(best-mismatch-distance)。如果这些序列是位串，这个最佳错配距离就是与 a 等长度的 b 的所有连续子序列与 a 之间的最小汉明距离。例如，考虑 $a = 0011$，111010，那么可能的对准是

111010	1111010	111010
0011	0011	0011

最佳错配距离是 2，在第三个对准中达到了这个距离。度量 $d(a, b)$的另一个方法是计数序列间的最小错配数，这些序列可以通过在 a 和 b 的适当位置插入空格而得到(其中，Σ 的字母与空格间的错配作为通常的错配计数)。 尽管这个方法在分子生物学中有着广泛的应用，但我们不使用这种距离度量方法。 Waterman 和其他文章研究了这样的情况，其中 Σ 是一个有限的字母表，M 是一个固定的有限数(模式的长度)$\chi = \{x_1, x_2, \cdots, x_n\}$ 是 Σ 的长度为 L 的字(序列) 的集合，其中 $L \geqslant M$，我们从 Σ 寻找长度为 M 的合意字的集合 $F(\chi) = F(x_1, x_2, \cdots, x_n)$。 这个合意字集合可能是 Σ^M 中的任意 n 个字，或者认可模式字的固定子集中的字。 我们将不考虑后者，这里取自于 Waterman 的数据小片段，在该论

文中，他考察了 59 个细菌促长因子序列：

RRNABPl ACTCCCTATAATGCGCCA

TNAAGAGTGTAATAATGTAGCC

UVRBP2TTATCCAGTATAATTTGT

SFCAAGCGGTGTTATAATGCC

注意，如果我们要寻找长度为 4 的模式，那么每一个序列有模式 TAAT。然而，假设我们加入如下另一个序列：

MlRNAAACCCTCT ATACTGCGCG

模式 TAAT 不在这里出现。然而，因为字 TACT 出现，所以它几乎出现，而且这个字与模式 TAAT 只有一个错配。所以在某种意义上，模式 TAAT 是一个良好的合意模式。

实际上，问题要比刚才所描述的更复杂。有长序列且考虑开始于固定位置的情况，比如说第 j 个位置的长度为 L 的“窗口”。因此，我们考虑在一个长序列中开始于第 j 个位置的长度为 L 的字。对于每一个长度为 M 的可能模式，我们要问在开始于第 j 个位置的长度为 L 的窗口内的每一个序列与它匹配的程度。为了公式化这一描述，设 Σ 是一个大小至少为 2 的有限字母表，而且 X 是 Σ 上长度为 L 的字的有限集合。设 $F(\chi)$ 是长度为 $M\geqslant 2$ 的字的集合，也就是合意模式(consensus pattern). 设 $\chi=\{x_1, x_2, \cdots, x_p\}$。定义 $F(\chi)$的一种方法如下所述。

设 $d(a, b)$是最佳错配距离。考虑非负参数 λ_d，这一参数伴随着 d 单调递减，且设 $F=(x_1, x_2, \cdots, x_p)$是 Σ 的长度为 M 且使下式最大的字 ω 的全体，其定义为

$$s_\chi(w)=\sum_{i=1}^{p}\lambda_d(w, x_i)$$

我们称这样的 F 为 Waterman 合意(Waterman consensus)。特别地，Waterman 和其他人使用参数 $\lambda_d=(M-d)/M$。

作为例子，我们注意到一个频繁使用的字母表是嘌呤/嘧啶字母表$\{R, Y\}$，其中 $R=A$ 或 G，$Y=C$ 或 T。为简便起见，使用数字 0，1 而不是字母 R、Y。因此，设 $\Sigma=\{0, 1\}$，$M=2$，并考虑 $F(x_1, x_2)$，其中 $x_1=111010$，$x_2=111111$。可能的模式字是 00，01，10，11。我们有

$$d(00, x_1)=1,\ d(00, x_2)=2,\ d(01, x_1)=0,\ d(01, x_2)=1$$
$$d(10, x_1)=0,\ d(10, x_2)=1,\ d(11, x_1)=0,\ d(11, x_2)=0$$

因此

$$s_\chi(00)=\sum_{i=1}^{2}\lambda_d(00, x_i)=\lambda_1+\lambda_2$$
$$s_\chi(01)=\sum_{i=1}^{2}\lambda_d(01, x_i)=\lambda_0+\lambda_1$$
$$s_\chi(10)=\sum_{i=1}^{2}\lambda_d(10, x_i)=\lambda_0+\lambda_1$$
$$s_\chi(11)=\sum_{i=1}^{2}\lambda_d(11, x_i)=\lambda_0+\lambda_0$$

根据 Waterman 合意的定义，只要 $\lambda_0>\lambda_1>\lambda_2$，那么 11 就是合意模式。

作为另一个例子，设 $\Sigma=\{0, 1\}$，$M=3$，考虑 $F(x_1, x_2, x_3)$，其中 $x_1=000000$，

$x_2=100000$，$x_3=111110$。可能的模式字是 000，001，010，011，100，101，110，111。我们有

$$s_\chi(000)=\lambda_2+2\lambda_0,\ s_\chi(001)=\lambda_2+2\lambda_1,\ s_\chi(100)=2\lambda_1+\lambda_0$$

现在，$\lambda_0>\lambda_1>\lambda_2$ 意味着 $s_\chi(000)>s_\chi(001)$。类似地，可以证明，$s_\chi(000)$ 或 $s_\chi(001)$ 最大化 s_χ。

另一个合意过程是使用中值过程的一个变形，这个过程给出最小化下式的所有长度为 M 的字 w：

$$\sigma_\chi(w)=\sum_{i=1}^{p}d(w,\ x_i)$$

或者可以使用如下平均过程的一个变形，这个过程给出最小化下式的长度为 M 的所有字。

$$T_\chi(w)=\sum_{i=1}^{p}d(w,\ x_i)^2$$

假设 $\sum=\{0,\ 1\}$，$M=2$，$\chi=\{x_1,\ x_2,\ x_3,\ x_4\}$，$x_1=1111$，$x_2=0000$，$x_3=1000$，$x_4=0001$，那么可能的模式字是 00，01，10，11。我们有

$$\sum_{i=1}^{4}d(00,\ x_i)=2,\ \sum_{i=1}^{4}d(01,\ x_i)=3$$

$$\sum_{i=1}^{4}d(10,\ x_i)=3,\ \sum_{i=1}^{4}d(11,\ x_i)=4$$

因此，00 是中值。然而，我们有

$$\sum_{i=1}^{4}d(00,\ x_i)^2=4,\ \sum_{i=1}^{4}d(01,\ x_i)^2=3$$

$$\sum_{i=1}^{4}d(10,\ x_i)^2=3,\ \sum_{i=1}^{4}d(11,\ x_i)^2=6$$

所以平均过程产生两个字 01 和 10，其中任何一个都不是中值。

现在，我们考虑带有特殊参数 $\lambda_d=(M-d)/M$ 的 Waterman 合意，这个参数常用于实际应用中。我们有

$$s_\chi(w)=\sum_{i=1}^{p}d(w,\ x_i)=p-\frac{1}{M}\sum_{i=1}^{p}d(w,\ x_i)$$

因此，对于固定的 $M\geqslant2$，大小至少为 2 的 Σ，以及长度为 $L\geqslant M$ 的 x_i 的任意大小的集合 χ，对于所有长度为 M 的字 w 和 w'，有

$$\sigma_\chi(w)\geqslant\sigma_\chi(w')\leftrightarrow s_\chi(w)\leqslant s_\chi(w')$$

因此，对于固定的 $M\geqslant2$，大小至少为 2 的 Σ，以及长度为 $L\geqslant M$ 的 x_i 的任意大小的集合 χ，存在使得 Waterman 合意与中值相同的参数 λ_d 的选择(对于 $M=1$ 或 $|\Sigma|=1$ 这一结论也成立，但是此时是一般的情况)。

类似地可以证明，对于固定的 $M\geqslant2$，大小至少为 2 的 Σ，以及长度为 $L\geqslant M$ 的 x_i 的任意大小的集合 χ，存在参数 λ_d 的选择使得对于长度为 M 的所有字 w 和 w'，有

$$\tau_\chi(w)\geqslant\tau_\chi(w')\leftrightarrow s_\chi(w)\leqslant s_\chi(w')$$

对于这样的 λ_d 的选择，一个字是 Waterman 合意的当且仅当它是平均值，然而，广泛使用的 Waterman 合意实际上可以是不易识别的中值或平均值。

10.4 线性分组码

10.4.1 生成矩阵

本节将介绍如何使用编码的步骤去构建错误检测和错误校正码。同时给出的编码和解码过程非常高效。

我们扩展例 10.3.2，我们可以把 $k \to n$ 代码 E 考虑成是将 $n-k$ 个奇偶校验数字(parity check digit)加到长度为 k 的分组中，信息分组(message block)$a_1a_2\cdots a_k$ 被编码为 $x_1x_2\cdots x_n$。其中 $x_1=a_1$，$x_2=a_2$，…，$x_k=a_k$，而且奇偶校验数字是由 k 个信息数字(message digit)$a_1a_2\cdots a_k$ 决定的。得到这样编码的最容易的方法是扩展例 10.2.2 的矩阵编码方法。我们令 $\boldsymbol{M}$ 是 $k\times n$ 矩阵，并称其为生成矩阵(generator matrix)，且定义 $E(a)$为 $a\boldsymbol{M}$。

【例 10.4.1】 设 $k=3$，$n=6$，$\boldsymbol{M}=\begin{bmatrix}1&0&0&1&1&0\\0&1&0&0&1&1\\0&0&1&1&0&1\end{bmatrix}$ 信息字 110 被编码为(110)× $\boldsymbol{M}$=110101，第五个数字是 0。因为 1+1=0，此处使用的是模 2 加法。注意，$\boldsymbol{M}$ 开始于 3×3 单位矩阵。因为想要对于 $i=1,2,\cdots,k$，有 $a_i=x_i$，每一个生成矩阵都将开始于 $k\times k$ 单位矩阵 $\boldsymbol{I}_k$

例 9.6 的奇偶校验码是通过取 $\boldsymbol{M}$ 为下面的矩定义的：

$$\boldsymbol{M}=\begin{bmatrix}1&0&0&\cdots&0&1\\0&1&0&\cdots&0&1\\0&0&1&\cdots&0&1\\\vdots&\vdots&\vdots&&\vdots&\vdots\\0&0&0&\cdots&1&1\end{bmatrix}\tag{10.7}$$

我们把全都是 1 的一列加入 $k\times k$ 单位矩阵 $\boldsymbol{I}_k$。例 10.3.1 的三重复码是通过取矩阵 M 为 $k\times k$ 单位矩阵的 3 个拷贝而得到的。如果一个编码是通过生成矩阵定义的，那么(传输正确时的)解码是直截了当的。我们简单地解码 $x_1x_2\cdots x_n$ 为 $x_1x_2\cdots x_k$；即放弃 $n-k$ 个奇偶校验数字。

一般地，通过这样的生成矩阵定义的编码称为线性码(linear code)。这是因为如果 $x=x_1x_2\cdots x_n$ 和 $y=y_1y_2\cdots y_n$ 是码字，那么第 i 个数字是 x_i+y_i 的字 $x+y$，也是码字，其中加法是模 2 的。如果 $a\boldsymbol{M}=x$，$b\boldsymbol{M}=y$，那么$(a+b)\boldsymbol{M}=x+y$。③

所以 0=00…0 是每一个(非空)线性码的码字。因为，如果 x 是任意一个码字，那么由于加法是模 2 的，所以有 $x+x=0$。线性码有时候称为二进制群编码(binary group code)。

定理 10.4.1 在线性码 C 中，两个码字之间的最小距离等于非零码字的最小汉明权 ω。

---

③ 在本节中，我们假设 $\boldsymbol{A}=\boldsymbol{A}^k$。

证 注意，如果 $d(x, y)$ 是汉明距离，那么因为 C 是线性的，所以 $x+y$ 仍在 C 中，于是有

$$d(x, y)=\omega t(x+y)$$

这一结论使用了加法模 2。假设对于 C 中的特定 x，y，最小汉明距离 d 是由 $d(x, y)$ 给出的. 那么

$$d=d(x, y)=\omega t(x+y)\geqslant\omega$$

其次，假设 C 中 $u\neq0$ 有最小权 ω。那么因为 $0=u+u$ 仍在 C 中，我们有

$$\omega=\omega t(u)=\omega t(u+0)=d(u, 0)\geqslant d$$

根据定理 10.4.1 得出，在例 10.3.2 的代码中，两个代码字之间的最小距离等于 2，因为非 0 码字的最小权等于 2。例如，在串 11000 中可以达到这个权，这个最小距离如下：

$$d(11000, 00000)$$

10.4.2 使用线性码的错误校正

如果 $\boldsymbol{M}$ 是一个线性码的生成矩阵，那么它可以示意地表示成 $[\boldsymbol{I}_k\boldsymbol{G}]$，其中 $\boldsymbol{G}$ 是一个 $k\times(n-k)$ 矩阵。设 $\boldsymbol{G}^T$ 是矩阵 $\boldsymbol{G}$ 的转置矩阵且设 $\boldsymbol{H}=[\boldsymbol{G}^{\mathrm{T}}\boldsymbol{I}_{n-k}]$ 是一个 $(n-k)\times n$ 矩阵，$\boldsymbol{H}$ 称为奇偶校验矩阵(parity check matrix)。在例 10.3.2 中，矩阵 $\boldsymbol{G}^{\mathrm{T}}$ 是 k 个 1 的行向量，而矩阵 $\boldsymbol{H}$ 是 $k+1$ 个 1 行向量。在例 10.3.1 中，使用三次重复及长度为 4 的信息区组，我们有

$$\boldsymbol{G}^{\mathrm{T}}=\begin{bmatrix}1&0&0&0\\0&1&0&0\\0&0&1&0\\0&0&0&1\\1&0&0&0\\0&1&0&0\\0&0&1&0\\0&0&0&1\end{bmatrix}$$

且

$$\boldsymbol{H}=\begin{bmatrix}1&0&0&0&1&0&0&0&0&0&0&0\\0&1&0&0&0&1&0&0&0&0&0&0\\0&0&1&0&0&0&1&0&0&0&0&0\\0&0&0&1&0&0&0&1&0&0&0&0\\1&0&0&0&0&0&0&0&1&0&0&0\\0&1&0&0&0&0&0&0&0&1&0&0\\0&0&1&0&0&0&0&0&0&0&1&0\\0&0&0&1&0&0&0&0&0&0&0&1\end{bmatrix}\tag{10.8}$$

在例 10.4.1 中，有

$$\boldsymbol{H}=\begin{bmatrix}1&0&1&1&0&0\\1&1&0&0&1&0\\0&1&1&0&0&1\end{bmatrix}\tag{10.9}$$

注意，我们可以通过由生成矩阵 $\boldsymbol{M}$ 给出的矩阵 $\boldsymbol{G}$ 或奇偶校验矩阵 $\boldsymbol{H}$ 来定义线性码。因为，我们可以从 $\boldsymbol{G}$ 得到 $\boldsymbol{H}$ 及从 $\boldsymbol{H}$ 得到 $\boldsymbol{G}$。我们将看到奇偶校验矩阵将提供一种检测及校正错误的方法。

定理 10.4.2 如在线性码中，区组 $\boldsymbol{a}=a_1a_2\cdots a_k$ 被编码成 $\boldsymbol{x}=x_1x_2\cdots x_n$，当且仅当对于 $i\leqslant k$，有 $a_i=x_i$ 且 $\boldsymbol{Hx}^{\mathrm{T}}=\boldsymbol{0}$。

根据编码的定义，如果区组 $a=a_1a_2\cdots a_k$ 被编码成 $\boldsymbol{x}=x_1x_2\cdots x_n$，那么有

$$(a_1a_2\cdots a_k)\ [\boldsymbol{I}_k\boldsymbol{G}]=(x_1x_2\cdots x_n)$$

显然，对于 $i\leqslant k$，有 $a_i=x_i$，而且有

$$\boldsymbol{Hx}^{\mathrm{T}}=\boldsymbol{H}(\boldsymbol{a}[\boldsymbol{I}_k\boldsymbol{G}])^{\mathrm{T}}=\boldsymbol{H}[\boldsymbol{I}_k\boldsymbol{G}]^{\mathrm{T}}\boldsymbol{a}^{\mathrm{T}}=[\boldsymbol{G}^{\mathrm{T}}I_{n-k}]\begin{bmatrix}I_k\\G^T\end{bmatrix}\boldsymbol{a}^{\mathrm{T}}=(\boldsymbol{G}^{\mathrm{T}}+\boldsymbol{G}^{\mathrm{T}})\,\boldsymbol{a}^{\mathrm{T}}=\boldsymbol{0a}^{\mathrm{T}}=\boldsymbol{0}$$

其中 $\boldsymbol{G}^{\mathrm{T}}+\boldsymbol{G}^{\mathrm{T}}=0$，因为加法是模 2 的。

反过来，假设对于 $i\leqslant k$ 有 $a_i=x_i$，且 $\boldsymbol{Hx}^{\mathrm{T}}=0$。现在，设 $\boldsymbol{a}$ 被编码为 $y=y_1y_2\cdots y_n$，那么，对于 $i\leqslant k$，有 $a_i=y_i$。所以，对于 $i\leqslant k$，有 $x_i=y_i$。同样，根据证明的第一部分，$\boldsymbol{Hy}^{\mathrm{T}}=\boldsymbol{0}$，所以 $x=y$ 成立。注意，等式 $\boldsymbol{Hx}^{\mathrm{T}}=\boldsymbol{0}$ 和 $\boldsymbol{Hy}^{\mathrm{T}}=\boldsymbol{0}$ 中的每一个都给出一个方程组。对于第一种情况，第 j 个方程至多包含变量 x_1，x_2，…，x_k 和 x_{k+j}。因此，因为 x_1，x_2，…，x_k 是由 a_1，a_2，…，a_k 给出的，所以第 j 个方程使用 k 个信息数字 a_1，a_2，…，a_k 唯一地定义 x_{k+j}。这一论述对 y_{k+j} 同样适用，因此，$x_{k+j}=y_{k+j}$。

推论 10.4.1 位串 $\boldsymbol{x}=x_1x_2\cdots x_n$ 是码字当且仅当 $\boldsymbol{Hx}^{\mathrm{T}}=\boldsymbol{0}$。

推论 10.4.2 存在唯一位串 $\boldsymbol{x}$ 使得对于 $i\leqslant k$ 有 $x_i=a_i$，且 $\boldsymbol{Hx}^{\mathrm{T}}=\boldsymbol{0}$。这个位串 $\boldsymbol{x}$ 是 a_1，a_2，…，a_k 的编码。使用 a_1，a_2，…，a_k 表示 $\boldsymbol{x}$ 的项 x_{k+j}，其表达式是把 $\boldsymbol{H}$ 的第 j 行乘以 $\boldsymbol{x}^{\mathrm{T}}$。

证 这一结论是定理证明的推论。在奇偶校验码中，$\boldsymbol{H}=(11\cdots1)$ 有 $n=k+1$ 个 1。这时，$\boldsymbol{Hx}^{\mathrm{T}}=\boldsymbol{0}$ 当且仅当

$$x_1+x_2+\cdots+x_{k+1}=0 \tag{10.10}$$

但是，因为加法是模 2 的，所以式(10.10)正好等价于下面的条件：

$$x_{k+1}=x_1+x_2+\cdots+x_k$$

这个方程称为奇偶校验方程(parity check equation)。类似地，在 $k=4$ 的三重复码中，我们从式(10.8)看到 $\boldsymbol{Hx}^{\mathrm{T}}=\boldsymbol{0}$ 当且仅当

$$\begin{aligned}&x_1+x_5=0,\quad x_2+x_6=0,\ x_3+x_7=0,\ x_4+x_8=0\\&x_1+x_9=0,\quad x_2+x_{10}=0,\ x_3+x_{11}=0,\ x_4+x_{12}=0\end{aligned} \tag{10.11}$$

因为加法是模 2 的，所以式(10.11)等价于

$$x_1=x_5,\ x_2=x_6,\ x_3=x_7,\ x_4=x_8$$

$$x_1=x_9,\ x_2=x_{10},\ x_3=x_{11},\ x_4=x_{12}$$

最后，在例 10.4.1 中，通过式(10.9)，$\boldsymbol{Hx}^{\mathrm{T}}=\boldsymbol{0}$ 当且仅当

$$x_1+x_3+x_4=0$$

$$x_1+x_2+x_5=0$$

$$x_2+x_3+x_6=0$$

因为加法是模 2 的，这些方程等价于下面的奇偶校验方程，这些方程使用下面的信息数字

$x_i(i \leqslant k)$ 确定奇偶校验数字 x_{k+j}。

$$x_4 = x_1 + x_3$$
$$x_5 = x_1 + x_2$$
$$x_6 = x_2 + x_3$$

因此，正如我们前面所看到的那样，因为 $x_4=1+0=1$，$x_5=1+1=0$，$x_6=1+0=1$，110 被编码为 110101。

一般地，根据推论 10.4.2，方程 $\boldsymbol{H}\boldsymbol{x}^{\mathrm{T}}=\mathbf{0}$ 使用 a_1，a_2，…，a_k 定义 x_{k+j}。利用这些项给出 x_{k+j} 的方程是奇偶校验方程。

定理 10.4.2 和推论 10.4.1 给出了一种检测错误的方法。我们注意到，如果接收到 x 且 $\boldsymbol{H}x^{\mathrm{T}} \neq 0$，那么就出现了错误。奇偶校验矩阵使得我们不仅可以检测出错误，而且可以校正这些错误。

定理 10.4.3 假设奇偶校验矩阵 $\boldsymbol{H}$ 的各列都是非零的且各不相同，若传输了码字 y 接收到字 $\boldsymbol{x}$，且 $\boldsymbol{x}$ 只在第 i 个数字上不同于 y，那么 $\boldsymbol{H}\boldsymbol{x}^{\mathrm{T}}$ 是 $\boldsymbol{H}$ 的第 i 列。

证 注意，根据推论 10.4.1，$\boldsymbol{H}\boldsymbol{y}^{\mathrm{T}}=\mathbf{0}$，现在 $\boldsymbol{x}$ 可以写成 $\boldsymbol{y}+\boldsymbol{e}$。其中 $\boldsymbol{e}$ 是错误串，即在不同于 $\boldsymbol{y}$ 的位上是 1 的位串。(加法是模 2 的)我们得出结论：

$$\boldsymbol{H}\boldsymbol{x}^{\mathrm{T}} = \boldsymbol{H}(\boldsymbol{y}+\boldsymbol{e})^{\mathrm{T}} = \boldsymbol{H}(\boldsymbol{y}^{\mathrm{T}}+\boldsymbol{e}^{\mathrm{T}}) = \boldsymbol{H}\boldsymbol{y}^{\mathrm{T}} + \boldsymbol{H}\boldsymbol{e}^{\mathrm{T}} = \boldsymbol{H}\boldsymbol{e}^{\mathrm{T}}$$

如果 $\boldsymbol{e}$ 是除第 i 个位置上是 1 之外所有位上都是 0 的向量，那么 $\boldsymbol{H}\boldsymbol{e}^{\mathrm{T}}$ 是 $\boldsymbol{H}$ 的第 i 列。

为了说明这一结果，假设我们有一个 $k=4$ 的三重复码，那么奇偶校验矩阵 $\boldsymbol{H}$ 由式(10.8)给出。若发送码字 $y=110111011101$，而接收的字 $x=110011011101$，它在第 4 个位置上不同于 y，那么注意

$$\boldsymbol{H}\boldsymbol{x}^{\mathrm{T}} = \begin{bmatrix} 0 \\ 0 \\ 0 \\ 1 \\ 0 \\ 0 \\ 0 \\ 1 \end{bmatrix}$$

这是 $\boldsymbol{H}$ 的第 4 列。

一般地，使用奇偶校验矩阵 $\boldsymbol{H}$ 的错误校正将按如下的过程进行：

(1) 假设 $\boldsymbol{H}$ 的各列不同且都是非 0 的。接收到的分组是 $\boldsymbol{x}$ 时，计算 $\boldsymbol{H}\boldsymbol{x}^{\mathrm{T}}$。

(2) 如果计算结果是 0，那么传输中出现错误的可能性不大，因此可以合理地假设 x 是正确的。

(3) 如果其计算结果不是 0，而是 $\boldsymbol{H}$ 的第 i 列，且出现多个错误的可能性不大，那么可以合理地假设出现一个错误，所以正确的字在第 i 个位上不同于 x。

(4) 如果 $\boldsymbol{H}\boldsymbol{x}^{\mathrm{T}}$ 不等于 0 且不是 $\boldsymbol{H}$ 的一个列，那么在传输中至少出现了两个错误，而且不能使用这种方法进行错误校正。

10.4.3 汉明码

对于错误校正，我们希望$(n-k)\times n$奇偶校验矩阵$\boldsymbol{H}$有非0的且各不相同的列。现在，如果$p=n-k$，$\boldsymbol{H}$的列是长度为p的位串，存在2^p个这样的串，2^p-1个非0串。如果我们取$\boldsymbol{H}$为这样的矩阵：它的列是所有2^p-1个非0的长度为p的位串，且按照任意顺序排列，这时我们得到汉明码(Hamming code)H_p。从技术上讲，为了与我们的定义一致，后$n-k$列应该形成单位矩阵。上面的结果代码是$k\to n$代码，其中$n=2^p-1$，$k=n-p=2^p-1-p$。例如，$p=2$，那么$n=2^2-1=3$且典型的$\boldsymbol{H}$可以是由下面的矩阵给出的：

$$\boldsymbol{H}=\begin{bmatrix}1&1&0\\1&0&1\end{bmatrix}$$

很容易看出$\boldsymbol{H}$定义$1\to3$三重复码。如果$p=3$，那么$n=2^3-1=7$，且典型的$\boldsymbol{H}$可以由下面的矩阵给出：

$$\boldsymbol{H}=\begin{bmatrix}0&1&1&1&1&0&0\\1&0&1&1&0&1&0\\1&1&0&1&0&0&1\end{bmatrix}$$

我们得到一个$4\to7$编码。注意如果改变$\boldsymbol{H}$中列的顺序，我们得到(实质上)相同的代码，或代码字集合。因为通过改变奇偶校验数字的顺序，任意两个这样的代码被看成是等价的。这就是都称其为汉明码$\boldsymbol{H}_p$的原因。

定理 10.4.4 对于$p\geqslant2$，在汉明码$\boldsymbol{H}_p$中，两个码字之间的最小距离是3。

证 因为奇偶校验矩阵$\boldsymbol{H}$的列是非0且互不相同的，所以可以校正单一的错误(参见定理10.4.3后面的讨论)。因此，根据定理10.3.2，$d\geqslant3$。容易证明，对于$p\geqslant2$，总是存在3个长度为p的非0位串，(在模2加法下)它们的和等于0。如果这三个位串作为矩阵$\boldsymbol{H}$的列u，v和w出现，我们取$\boldsymbol{x}$是这样的向量：在u，v，w的位置上是1，而其他位置是0。那么$\boldsymbol{Hx}^{\mathrm{T}}$是$\boldsymbol{H}$的第$u$列，第$v$列和第$w$列的和，所以等于0。因此，$x$是权重为3的代码字，根据定理10.4.1，$d\leqslant3$。

所以，根据定理10.4.4可知，汉明码总可以检测出至多两个错误并可以校正至多一个错误。

习 题 10

1. 假设

$$\boldsymbol{M}=\begin{bmatrix}1&0\\2&4\end{bmatrix}$$

使用由$\boldsymbol{M}$定义的矩阵编码来编码下面的表达式。

(1) AX；　(2) UV；　(3) BUNNZ HIL；

(4) SELL ALL SHARES OF IBM；　(5) INVEST TWO MILLION；

(6) ABORT THE MISSIONZ(注意：Z已被加入到末端，因为有奇数个字母)。

2. 假设

$$M=\begin{bmatrix}1&0&1&1\\0&1&1&0\end{bmatrix}$$

利用 $\boldsymbol{M}$，确定对应于下面每一个信息字 $a_1a_2\cdots a_k$ 的码字 $x_1x_2\cdots x_n$。

(1) 11；　(2) 10；　(3) 01；　(4) 00。

3. 假设

$$M=\begin{bmatrix}1&2&3\\2&3&4\\1&2&1\end{bmatrix}$$

使用 $\boldsymbol{M}$ 定义的矩阵编码来编码下面的表达式。

(1) ABC；　(2) XAT；　(3) TTU；

(4) BUY TWENTY SHARES；

(5) SEND THE MESSAGE AT EIGHT；

(6) OBSERVE THE TRANSFERSZZ(注意：已加入两个 Z 使得字母的数量可以被 3 整除)。

4. 对于下面$\{1, 2, \cdots, k\}$的每一个置换，确定在下面对应的置换码中表示的 E 的值。

(1) $k=3$，$\pi(1)=3$，$\pi(2)=2$，$\pi(3)=1$。

① $E(110)$；　② $E(010)$；　③ $E(011)$。

(2) $k=4$，$\pi(1)=3$，$\pi(2)=4$，$\pi(3)=1$，$\pi(4)=2$。

① $E(0110)$；　② $E(1100)$；　③ $E(0111)$。

(3) $k=5$，$\pi(1)=5$，$\pi(2)=1$，$\pi(3)=4$，$\pi(4)=2$，$\pi(5)=3$。

① $E(00001)$；　② $E(10101)$；　③ $E(11010)$。

5. 证明每一个置换码是一个矩阵编码。

6. 在下列每一种情况中，确定两个码字 x 和 y 之间的汉明距离。

(1) $x=1010001$，$y=0101010$；　(2) $x=11110011000$，$y=11001001001$；

(3) $x=10011001$，$y=10111101$；　(4) $x=111010111010$，$y=101110111011$。

7. 在奇偶校验码中，对于下列各 a，确定 $E(a)$。

(1) 111111；　(2) 1001011；　(3) 001001001；　(4) 010101101。

8. 对于下列每一种编码 C，确定可能被检测出的错误数量，以及使用最近邻居规则所能校正的错误数量。

(1) $C=\{00000000, 11111110, 10101000, 01010100\}$；

(2) $C=\{000000000, 111111111, 111110000, 000001111\}$；

(3) $C=\{000000000, 111111111, 111100000, 000011111, 101010101, 010101010\}$。

9. 证明存在长度为 n 的码字集合 C 和长度为 n 的信息集合，使得中值过程给出唯一解而平均值过程不给出唯一解。

10. q 进制区组 n 代码(q-ary block n-code)(q 进制码(q-ary code))是从数字表$\{0, 1, \cdots, q-1\}$选出的长度为 n 的串集合。这个数字表上的两个串之间的汉明距离(Hamming distance)同样定义为不同数字的数目。例如，如果 $q=4$，那么 $d(0123, 1111)=3$。

(1) 确定下列串 x 和 y 之间的汉明距离。

① $x=0226215$，$y=2026125$；

② $x=000111222333$，$y=001110223332$；

③ $x=01010101010$，$y=01020304050$。

(2) 如果 q 进制区组 n 代码中两个码字之间的最小距离是 d，那么这个编码能检测出多少个错误？

(3) 在最邻近规则下，这个编码可以校正多少个错误？

11. 对于码字的长度为 7，且可以校正至多 2 个错误的编码 C，确定码字数量的上界。

12. 假设码字是长度为 10 的位串，我们有二进制对称信道，且错误的概率是 0.1。确定在发送一个码字时，产生下面错误的概率：

(1) 没有错误；　　(2) 正好只有一个错误；

(3) 正好有两个错误；　　(4) 多于两个错误。

13. 假设我们有一条 10 个数字的信息，且出现一个错误的概率 $p=0.1$。

(1) 如果我们不使用编码，在传输中没有错误出现的概率是多少？

(2) 如果我们使用 $k\to 3k$ 三重复码且 $k=1$，那么正确地传输这条信息的概率是多少？

(3) 如果我们使用大小为 2 的分组的奇偶校验码，那么正确地传输这条信息的概率是多少？

14. 假设我们把多数规则解码用于 $k\to 3k$ 重复码，且 $k=5$。

(1) 如果我们接收到 auvwbcuvzbcuvwd，那么“校正”的信息是什么？

(2) 如果一条信息中的一个给定数字被改变的概率是 $p=0.1$，且这一概率与这个数字在这条信息中的位置无关，那么正确地接收到长度为 $3k$ 的信息的概率是多少？

(3) 继续(2)，如果我们使用多数规则解码，那么正确地解码长度 $k=5$ 的信息的概率是多少？

(4) 继续(2)，如果我们使用多数规则解码，那么为使正确地解码长度 $k=5$ 的信息的概率至少达到 0.9999，我们需要的重复数量是多少？

15. 设 $\Sigma=\{0, 1\}$，$L=6$，$M=2$，且 $\chi=\{110100, 010101\}$。

(1) 对于 Σ^M 中的所有可能的字 w，计算 $s_\chi(w)$。

(2) 对于 $\lambda_d=(M-d)/M$，确定 Waterman 合意。

(3) 对于 Σ^M 中的所有 w，计算 $\sigma_\chi(w)$。

(4) 对于 Σ^M 中的所有 w，计算 $\tau_\chi(w)$。

(5) 确定所有中值。

(6) 确定所有平均值。

16. 下面的每一编码都是线性码，对于每一个编码，确定两个码字之间的最小距离。

(1) 000000，001001，010010，100100，011011，101101，110110，111111；

(2) 0000，0011，0101，1001，0110，1010，1100，1111；

(3) 00000，00011，00101，01001，10001，00110，01010，01100，10010，10100，11000，01111，11011，10111，11101，11110；

(4) 11111111，10101010，11001100，10011001，11110000，10100101，11000011，10010110，00000000，01010101，00110011，01100110，00001111，01011010，00111100，01101001。

17. 确定对应于下奇偶校验矩阵 $\boldsymbol{H}$ 的生成矩阵 $\boldsymbol{M}$。

(1) $\boldsymbol{H}=\begin{bmatrix}1&1&0&1&0&0\\1&0&1&0&1&0\\0&1&1&0&0&1\end{bmatrix}$；

(2) $\boldsymbol{H}=\begin{bmatrix}1&1&1&0&0\\1&0&0&1&0\\1&1&0&0&1\end{bmatrix}$；

(3) $\boldsymbol{H}=\begin{bmatrix}1&0&1&0&0&0\\1&1&0&1&0&0\\0&1&0&0&1&0\\0&0&0&0&0&1\end{bmatrix}$。

18. 假设我们使用 $k\to5k$ 的 5 重复码，其中 $k=2$。确定奇偶校验矩阵 $\boldsymbol{H}$，推导奇偶校验方程。

19. 在 $p=3$ 的汉明码 $\boldsymbol{H}_p$ 中，编码下面的字。

(1) 1001；　　(2) 0001；　　(3) 1110。

20. 确定汉明码 $\boldsymbol{H}_2$ 的所有码字。

21. 对于 $p\geqslant2$，在汉明码 $\boldsymbol{H}_p$ 中考虑码字 $x_1x_2\cdots x_n$，设 $k=n-p$。

(1) 证明对于所有 $i\leqslant k$，如果 $x_i=0$，那么对于所有的 i，$x_i=0$。

(2) 证明不存在正好有一个 x_i 等于 1 而所有其他的 x_i 等于 0 的情况。

22. 考虑奇偶校验矩阵

$$\boldsymbol{H}=\begin{bmatrix}1&0&0&1&0&0\\1&1&0&0&1&0\\1&1&1&0&0&1\end{bmatrix}$$

确定对应于编码中的所有码字。这个编码校正所有单一错误吗？

23. 设 C 是一个线性码，其码字的长度是 n，而且其中有一些码字有奇数权。通过把 0 加入到有偶数权的 C 的每一个字的末端，而把 1 加入到有奇数权的 C 的每一个字的末端，形成一个新编码 C'。

(1) 如果 $\boldsymbol{M}$ 是 C 的奇偶校验矩阵，证明 C' 的奇偶校验矩阵由下面的矩阵给出：

$$\begin{bmatrix}1&1&\cdots&1\\&&&0\\&M&&0\\&&&\vdots\\&&&0\end{bmatrix}$$

(2) 证明 C' 的任意两个码字之间的距离是偶数。

(3) 证明：如果 C 的两个码字之间的最小距离 d 是奇数，那么 C 的两个码字之间的最小距离是 $d+1$。

(4) 对于所有 $p\geqslant2$，确定一个线性码，其码字的长度是 $n=2^p$ 且两个码字之间的最小距离等于 4。

参考文献

[1] 李宇寰. 组合数学[M]. 北京：北京师范学院出版社，1988.
[2] 王天民. 组合数学教程[M]. 北京：机械工业出版社，1993.
[3] 郁松年，邱伟德. 组合数学[M]. 北京：国防工业出版社，1995.
[4] 王元元，王庆瑞，黄纪麟，等. 组合数学理论与题解[M]. 上海：上海科学技术文献出版社，1989.
[5] 吴世煦. 排列与组合[M]. 南京：江苏人民出版社，1979.
[6] 邵嘉裕. 组合数学[M]. 上海：同济大学出版社，1991
[7] 李乔. 组合数学基础[M]. 北京：高等教育出版社，1993.
[8] 卢开澄，卢华明. 组合数学[M]. 北京：清华大学出版社，2002.
[9] 庄心谷. 组合数学及其在计算机科学中的应用[M]. 西安：西安电子科技大学出版社，1989.
[10] 周振黎，康泰. 组合数学[M]. 重庆：重庆大学出版社，1986.
[11] 曹汝成. 组合数学[M]. 广州：华南理工大学出版社，2012.
[12] 史济怀. 组合恒等式[M]. 合肥：中国科学技术大学出版社，2009.